“十三五”普通高等教育本科重点系列教材

信号与系统分析

（第三版）

编著　宗　伟　盛惠兴　杜鹏英
主审　孟　桥

中国电力出版社
CHINA ELECTRIC POWER PRESS

内 容 提 要

本书为“十三五”普通高等教育本科重点系列教材，亦为北京市高等教育精品教材。

全书共分九章，主要内容包括信号与系统的基础知识、连续时间系统的时域分析、连续时间信号与系统的频域分析、连续时间系统的 s 域分析和系统函数、离散系统的时域分析、离散系统的 z 域分析、离散傅里叶变换与快速傅里叶变换、数字滤波器、线性系统的状态变量分析等。每章末均配有习题，书后附有虚拟实验介绍。本书注重实际应用，取材适当，结构新颖，论述内容深入浅出。

本书可作为普通高等院校电气类、电子类、自动化类等相关专业教材，也可作为函授教材，同时可供相关工程技术人员参考。

图书在版编目（CIP）数据

信号与系统分析/宗伟，盛惠兴，杜鹏英编著. —3版. —北京：中国电力出版社，2015.11（2022.11重印）
“十三五”普通高等教育本科重点规划教材
ISBN 978-7-5123-8154-4

Ⅰ.①信… Ⅱ.①宗…②盛…③杜… Ⅲ.①信号分析－高等学校－教材 ②信号系统－系统分析－高等学校－教材 Ⅳ.①TN911.6

中国版本图书馆CIP数据核字（2015）第187268号

中国电力出版社出版、发行
（北京市东城区北京站西街19号 100005 http://www.cepp.sgcc.com.cn）
望都天宇星书刊印刷有限公司印刷
各地新华书店经售
*
2004年2月第一版
2015年11月第三版 2022年11月北京第十七次印刷
787毫米×1092毫米 16开本 19.25印张 464千字
定价 **39.00** 元

前　言

本教材自 2004 年出版以来，受到了广大高校师生的关注，并于 2007 年出版了第二版。为进一步适应课程体系的改革、课程内容的更新，依据第二版教材出版后读者反馈的信息，决定修订出版第三版。

第三版较第二版做了如下修改和补充：离散部分增加了双边 Z 变换；增加了系统函数的流程图；补充了卷积和的计算方法，差分方程的框图表示；第四章增加了连续时间系统的 s 域分析。根据新增内容又补充了部分例题和习题。

本版教材的修订由宗伟、盛惠兴、杜鹏英完成，宗伟统稿。本版教材由东南大学孟桥教授主审，提出了宝贵的修改意见，编者在此致以衷心的感谢。

虽然本版教材较前两版越来越完善，但随着科技的发展，相关问题与不足将会有所显现，敬请读者指正。

编著者

2015 年 9 月

第二版前言

为贯彻落实教育部《关于进一步加强高等学校本科教学工作的若干意见》和《教育部关于以就业为导向深化高等职业教育改革的若干意见》的精神，加强教材建设，确保教材质量，中国电力教育协会组织制订了普通高等教育“十一五”教材规划。该规划强调适应不同层次、不同类型院校，满足学科发展和人才培养的需求，坚持专业基础课教材与教学急需的专业教材并重、新编与修订相结合。本书为修订教材。

随着科学技术的迅速发展，新兴学科不断增加，知识总量不断增长，迫使本科教育不断向着基础化方向发展。加强基础、拓宽口径、增强适应性、注重人才综合素质的培养，已成为社会各界的共识。为此，教育部于 1998 年正式决定把原仅为信息类的专业基础课《信号与系统》也列为了电气工程及其自动化、自动化、测控技术与仪器等专业的主干课程，以淡化强弱电类专业的界限，使得有关电专业的本科生有着共同的技术基础，达到通识教育。为适应这一需要，根据非信息类专业的特点，同时兼顾信息类专业在后续专业课学习中所应具备的信号与系统的知识，我们编写了本教材。

本教材对传统的《信号与系统》教材在内容的取舍上做了如下调整：

（1）传统的《信号与系统》教材，信号与系统分析基本各占一半。本教材加强了信号分析的内容，尤其增加了离散信号的傅里叶分析，从而改变了过去以系统分析为主，信号分析为辅的模式。

（2）在处理连续与离散的内容方面，加强了离散信号与离散系统的分析，特别增加了数字信号处理的内容，使读者通过本课程的学习能为进一步学习数字信号处理打下良好的基础，以适应数字技术及计算机技术的飞速发展及广泛应用的需要。

（3）本教材强调基本内容的深刻理解和基本概念的建立，强化所学知识的综合应用与创新能力的培养。

（4）本教材的另一特色是加入了实验教学内容。编者以 MATLAB 为软件平台，开发了计算机虚拟实验。考虑到大部分院校还没有将 MATLAB 纳入教学计划中，学生还不能熟练使用该软件。因此，本实验由人机交互形式构成，界面友好，操作简单，并具有可扩充性。实验软件已编译成可脱离运行环境的独立的软件包，并在任一 Windows 系统下运行。

第二版在仍保持第一版的特色基础之上，主要做了如下修订：

（1）第四章和第九章内容作了较大调整，使系统分析的拉氏变换法和状态变量分析的状态变量法更切合工程实际；

（2）补充了第六章部分问题的详解；

（3）删减了部分习题，增加了具有实际意义的部分例题和习题；

（4）标示＊号部分为参考内容，可以根据专业和课时需要有所取舍。

全书共分九章，每章均有适量的习题及习题答案，附录中配有常用变换公式及数学公式。讲授全部内容约需要56学时，对于不同专业可按需要进行筛选。另外，本书配套的《信号与系统分析习题解答》也将于近期出版。

本书第一版由华北电力大学宗伟、浙江大学李培芳、河海大学盛惠兴主编，宗伟统稿全书。其中，宗伟编写第二、三章及附录A、B、C；李培芳选定第五、六、七、八章内容；盛惠兴编写第四、九章；李江编写第五、六章；杜鹏英编写第七、八章；汪燕编写第一章。教学实验开发人员有：宗伟、刘春磊、王泽一、李志力、李渤龙、王默玉。全书由田璧元教授主审。

参加本书修订工作的有宗伟、盛惠兴、杜鹏英。

本书在编写过程中得到华北电力大学电气工程学院的领导及同仁们的大力支持和帮助，在此表示感谢。

本书虽然在第一版基础之上，根据各方面的读者提出的建设性意见作了一些改进，但误漏之处在所难免，敬请读者提出宝贵意见。

电子信箱：zongwei@ncepu. edu. cn。

编　者
2007年7月于北京

目　录

第一章　信号与系统的基础知识

第一节　信　　号

信号是信息的载体，消息中所包含的事先不确定的内容就是信息。现在，将消息这个载体以物理量的形式表现出来，如用声、光、电、位移、速度、加速度、温度、湿度、颜色等代替消息，则构成信号。信号是反映信息的物理量。从信息的传输和处理角度来说，信号较之消息的其他表现形式，如文字、语言等，更便于被系统所接收，特别是电信号这种物理形式，已被广泛应用于各种技术领域中，这是当今电子信息技术迅猛发展和快速普及的根本原因。

一、信号的分类

信号分类多种多样，根据不同的分类原则，可将信号进行分类。

（一）电信号与非电信号

电信号的基本形式是随时间变化的电压和电流。一般电信号容易传输和控制，因此在工程实际中，常把非电信号转换成电信号进行传输与处理。声信号、光信号等均为非电信号。

（二）周期信号与非周期信号

按照信号 $f(t)$ 是否按一定时间间隔重复可分为周期信号与非周期信号。

如果一个信号的函数表达式为

$$f(t)=f(t+kT) \qquad [k=0,\pm 1,\pm 2,\cdots(\text{任意整数})]$$

则称该信号为周期信号，T 为信号的周期。只要给出此信号在任一周期内的变化过程，便可确知它在任一时刻的数值。周期信号的特点是“周而复始，贯彻始终”。若令周期信号的周期 T 趋于无限大，则成为非周期信号。

（三）确定性信号与随机信号

按照信号是否可以预知，通常把信号分为确定性信号与随机信号。

如果信号能够用一确定的时间函数来表示，当给定某一时间值时，函数有确定的数值与之对应，这种信号称为确定性信号或规则信号。比如正弦信号、指数信号等，这类信号的变化规律可以确知，某函数值在以后相同的条件下，能够准确地重现。反之，如果只知道信号取某一数值的概率，而不能用一确定的时间函数来表示，则这种信号称为随机信号或不规则信号，在以后相同的条件下不能准确地重现。

实际上，生活中所存在的信号在一定程度上都是随机的，即使是确定性信号，在传输的过程中也存在着某些“不确定因素”或“事先不可预知性”。譬如，在通信系统中，信号在传送和处理的各个环节中不可避免地要受到干扰和噪声的影响，这些干扰和噪声都具有随机特性，是随机信号。但是随机信号在一定条件下能够表现出某些确定性，可以按照确定性信号分析处理，仍能满足工程实际的应用。故本书只讨论确定性信号，它是研究随机信号特性的基础，而对随机信号的分析要用概率、统计的观点和方法，是后续课程的任务。

（四）连续时间信号与离散时间信号

按照信号 $f(t)$ 的自变量 t 是否连续取值，可将信号分为连续时间信号与离散时间信号（简称连续信号与离散信号）两种。

如果信号的自变量连续取值，而信号除了若干个不连续点以外，在任何时刻都有定义，这类信号称为连续信号。图 1-1 所示为幅值连续的连续时间信号，图 1-2 为幅值离散的连续时间信号。$f_1(t)$ 在整个时间定义域内连续，但 $f_2(t)$ 在 $t=t_0(t_0=0,1,2,3,4)$ 处不连续，这两类信号都属于连续信号。对于时间和幅值都连续的信号称为模拟信号。

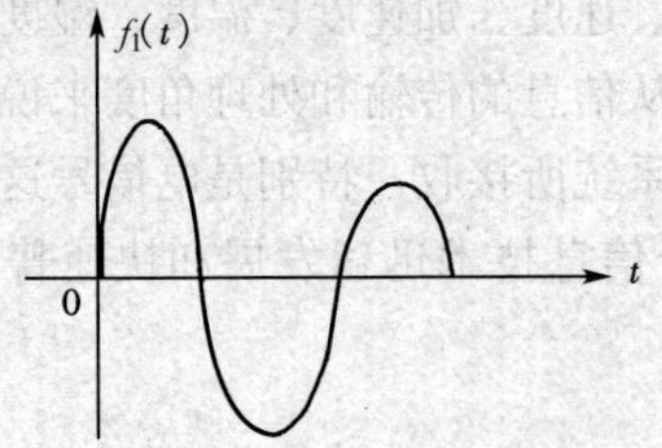

图 1-1 幅值连续的连续时间信号

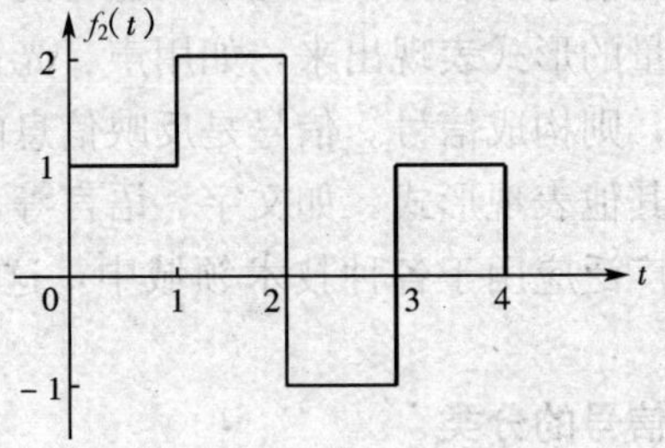

图 1-2 幅值离散的连续时间信号

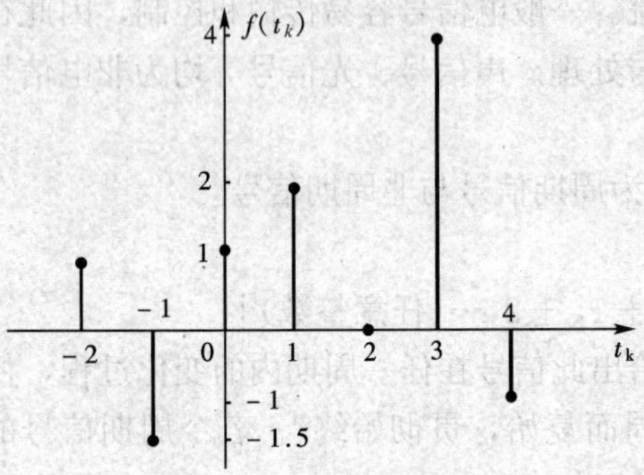

图 1-3 离散信号

离散时间信号，是指仅在一些离散的瞬间才有定义的信号，即信号的自变量不连续，信号只定义在这些离散时刻，其他时间没有定义，如图 1-3 所示。此图对应的函数 $f(t_k)$ 在 $t_k=\cdots-2,-1,0,1,2,3,4,\cdots$ 离散时刻给出函数值 $\cdots 1,-1.5,1,2,0,4,-1,\cdots$ 给出函数值的离散时刻的间隔可以是均匀的，也可以是不均匀的，一般情况都采用均匀间隔。图 1-3 表示的离散信号为 $f(k)=\{\cdots 1,-1.5,\overset{\downarrow}{1},2,0,4,-1,\cdots\}$，箭头指示处表示相应的序号 k 为零。

如果离散时间信号的幅值是连续的模拟量，则称该信号为抽样（或采样）信号。对于时间和幅值都量化的信号称为数字信号。

（五）能量信号与功率信号

按照信号的能量或功率是否为有限值，研究不同信号所具有的能量或功率的分布规律，信号可分为能量信号和功率信号。

如果信号 $f(t)$ 的功率为有限值，能量为无穷大，则称这样的信号为功率信号；如果信号 $f(t)$ 的能量为有限值，功率为零，则称这样的信号为能量信号。可见，一个信号不能既是能量信号又是功率信号。

若将信号 $f(t)$ 视作为加在 1Ω 电阻两端的电压或其中流过的电流，则单位电阻在一周期内消耗的总能量为

$$E=\int_{-T/2}^{T/2} f^2(t)\mathrm{d}t \tag{1-1}$$

平均功率为

$$P=\frac{1}{T}\int_{-T/2}^{T/2}f^2(t)\mathrm{d}t \tag{1-2}$$

如果周期为无穷大，信号 $f(t)$ 为复数，则

$$E=\lim_{T\to\infty}\int_{-T/2}^{T/2}f^2(t)\mathrm{d}t=\lim_{T\to\infty}\int_{-T/2}^{T/2}|f(t)|^2\mathrm{d}t=\int_{-\infty}^{\infty}|f(t)|^2\mathrm{d}t \tag{1-3}$$

$$P=\lim_{T\to\infty}\frac{1}{T}\int_{-T/2}^{T/2}f^2(t)\mathrm{d}t=\lim_{T\to\infty}\frac{1}{T}\int_{-T/2}^{T/2}|f(t)|^2\mathrm{d}t \tag{1-4}$$

一般周期信号是常见的功率信号，因为周期信号是周而复始的，因而在其全部时间内的能量是无限大，但其平均功率（一周期内功率的平均值）是有限的。而非周期信号一般可能出现四种情况：①持续时间有限的非周期信号为能量信号，如图 1-4（a）所示，它具有无限大的周期，故在一周期内功率的平均值为零；②持续时间无限、幅度有限的非周期信号为功率信号，如图 1-4（b）所示；③持续时间无限、幅度也无限的非周期信号为非功率非能量信号，如图 1-4（c）所示。④信号能量无限，而功率为零的非周期信号也是既非功率信号又非能量信号。

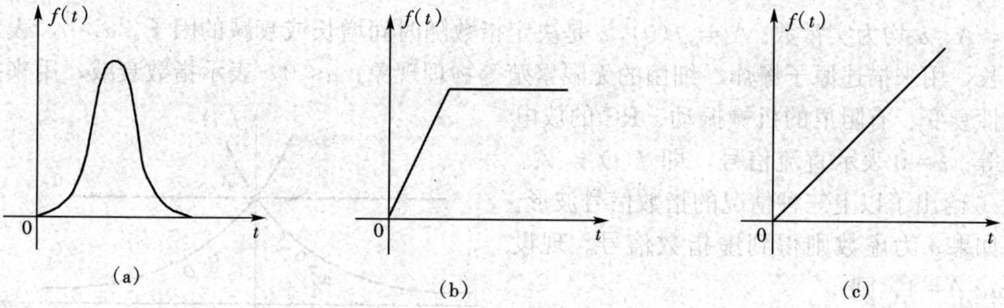

图 1-4　三种非周期信号

（a）能量信号；（b）功率信号；（c）非功率、非能量信号

（六）有始信号与双边信号

如果信号 $f(t)$ 在 $t<0$ 时恒等于零，则称 $f(t)$ 为有始信号（或单边信号），否则为双边信号。

（七）实信号与复信号

物理上可实现的信号都是时间的实函数，其在各时刻的函数值均为实数，统称为实信号。复信号虽然实际上不能产生，但为了理论分析的需要，常常利用复信号，最常用的是复指数信号。

二、基本信号

基本信号亦称常见信号，这类信号的图形和表达式都十分简洁，可用来组成其他一些较复杂的信号。这里仅介绍常见的连续信号。

（一）正弦信号

正弦信号和余弦信号仅在相位上相差$\frac{\pi}{2}$，经常统称为正弦信号，一般写作

$$f(t)=K\cos(\omega t+\theta)\qquad(-\infty<t<\infty) \tag{1-5}$$

式中，K 为振幅；ω 为角频率；θ 为初相位。三者构成正弦量的三要素。

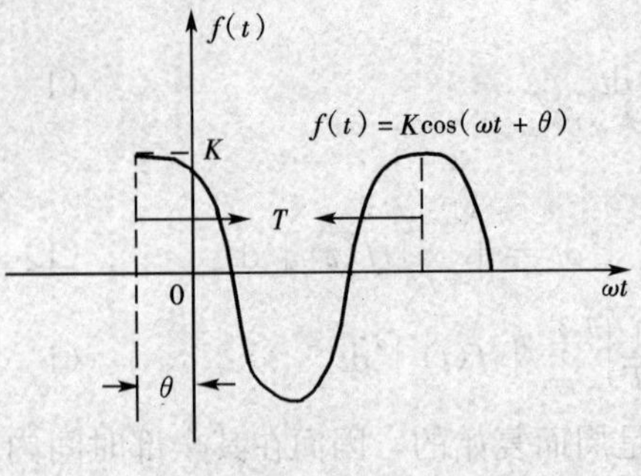

图 1-5　正弦信号的波形

正弦信号波形如图 1-5 所示。

正弦信号是周期信号，其周期 T 与角频率 ω 和频率 f 满足关系式

$$T=\frac{2\pi}{\omega}=\frac{1}{f}$$

正弦信号具有处处光滑、连续可微等特点，同频率正弦量的相加、微分、积分运算以后仍得同频率的正弦量，所以正弦量的应用非常广泛。

有时会遇到变幅的正弦信号，例如二阶电路的欠阻尼状态，这时电路中的响应为衰减的正弦信号，其表示式为

$$f(t)=K\mathrm{e}^{-\frac{t}{\tau}}\cos\omega t \qquad (t\geqslant 0) \tag{1-6}$$

（二）指数信号

实指数信号表达式

$$f(t)=A\mathrm{e}^{\alpha t} \qquad (-\infty<t<\infty) \tag{1-7}$$

式中，A、α 均为实常数。$A=f(0)$，α 是决定指数随时间增长或衰减的因子。$\alpha>0$，表示指数增长，用来描述原子爆炸、细菌的无限繁殖等物理现象；$\alpha<0$，表示指数衰减，用来描述放射性衰变、有阻尼的机械振动、RC 的放电过程等；$\alpha=0$ 表示直流信号，即 $f(t)=A$。图 1-6 给出了以上三种情况的指数信号波形。

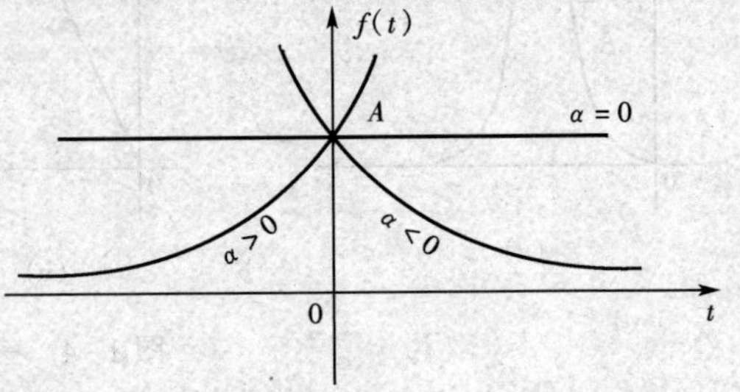

图 1-6　$\alpha>0$，$\alpha<0$，$\alpha=0$ 三种情况的指数信号波形

如果 α 为虚数则得到虚指数信号。现设 $\alpha=\mathrm{j}\omega$，$A=1$，则

$$f(t)=\mathrm{e}^{\mathrm{j}\omega t} \tag{1-8}$$

根据欧拉公式

$$\mathrm{e}^{\mathrm{j}\omega t}=\cos\omega t+\mathrm{j}\sin\omega t \tag{1-9}$$

$$\mathrm{e}^{-\mathrm{j}\omega t}=\cos\omega t-\mathrm{j}\sin\omega t \tag{1-10}$$

可以看出，虚指数信号是一个很重要的信号，它可以用来描述许多基本信号。它和正弦信号的内在联系，将经常用到。

（三）抽样信号①

抽样信号（波形如图 1-7 所示）的表示式为

$$Sa(x)=\frac{\sin x}{x} \tag{1-11}$$

抽样函数是由 $\sin x$ 与 x 两个函数之比构成，其性质如下：

(1) $Sa(x)=(\sin x)\left(\frac{1}{x}\right)=Sa(-x)$，两个奇函数相乘，等于一个偶函数。

(2) 当 x 等于 π 的整数倍时，即 $x=\pm\pi$，$\pm 2\pi$，…，$\pm n\pi$ 时，$Sa(x)=0$，其函数值等于零。

---

① 此处抽样信号并非第 2 页中提到的抽样（或采样）信号。

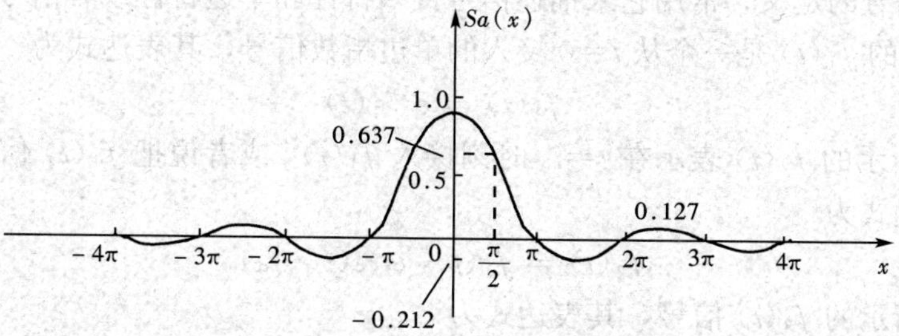

图 1-7　抽样信号

(3) 当 $x\to 0$ 时，$Sa(x)=1$，存在一个重要极限，即

$$\lim_{x\to 0}\frac{\sin x}{x}=1$$

(4) $Sa(x)$ 曲线下的面积等于 π，即

$$\int_{-\infty}^{\infty}Sa(x)\mathrm{d}x=\pi$$

（四）单位阶跃信号

如果信号 $f(t)$ 满足

$$f(t)=\begin{cases}1 & (t>0)\\ 0 & (t<0)\end{cases} \tag{1-12}$$

则称这个信号为单位阶跃信号，波形如图 1-8 所示。单位阶跃信号用 $\varepsilon(t)$ 表示

$$\varepsilon(t)=\begin{cases}1 & (t>0)\\ 0 & (t<0)\end{cases} \tag{1-13}$$

函数在 $t=0$ 处是不连续的，$\varepsilon(0_-)=0$，$\varepsilon(0_+)=1$，$t=0$ 称为跳变点；函数值 $\varepsilon(0)$ 一般没有定义，这并不影响分析结果，但有时如果需要，则定义该点的函数值为

$$\varepsilon(0)=[\varepsilon(0_-)+\varepsilon(0_+)]/2=1/2$$

从物理意义来解释阶跃信号，又可将其称作开关信号。$t<0$ 时，信号为零；$t=0$ 时，接入信号，并且无限持续下去。$t=0$ 处是信号的突变点，信号从零值突变到单位值。因此认为阶跃信号是理想开关的模拟函数。如果接入信号的时刻为 t_0（设 $t>0$），则得到延时的单位阶跃信号

$$\varepsilon(t-t_0)=\begin{cases}0 & (t<t_0)\\ 1 & (t>t_0)\end{cases} \tag{1-14}$$

波形如图 1-9 所示，$\varepsilon(t-t_0)$ 的跳变点不在 $t=0$，而在 $t=t_0$ 处。

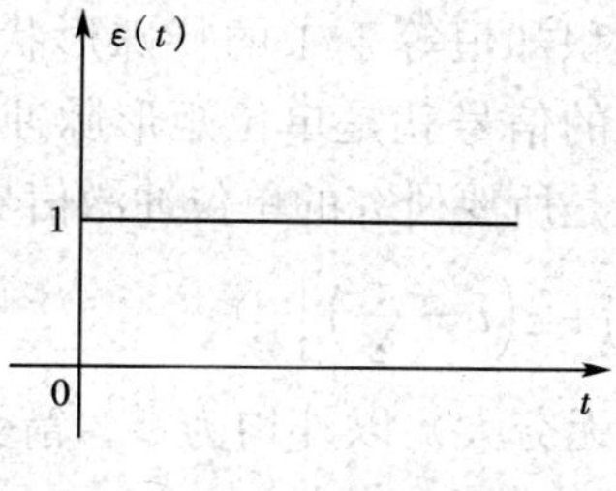

图 1-8　单位阶跃信号

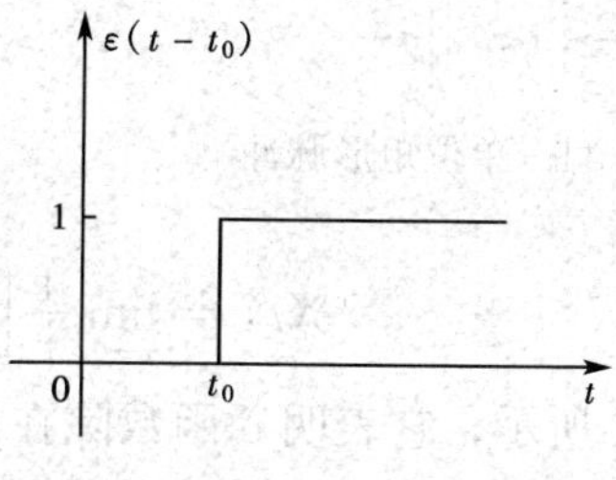

图 1-9　延时的单位阶跃信号

根据阶跃信号的定义，常用它来描述信号接入特性和单边特性或者信号存在的时域，图 1-10（a）所示的 $f_1(t)$ 是一个从 $t=0$ 接入的单边指数信号，其表达式为

$$f_1(t)=\mathrm{e}^{-\sigma t}\varepsilon(t)$$

图 1-10（b）所示的 $f_2(t)$ 表示在 $t=t_0$ 时刻接入 $f_1(t)$，或者说把 $f_1(t)$ 信号向右平移了 t_0 个单位，其表达式为

$$f_2(t)=f_1(t-t_0)\varepsilon(t-t_0)$$

图 1-10（c）所示的 $f_3(t)$ 信号，其表达式为

$$f_3(t)=f_1(t)[\varepsilon(t-1)-\varepsilon(t-3)]$$

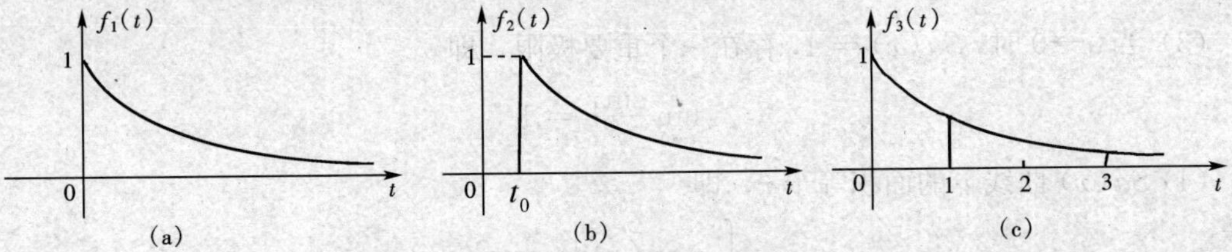

图 1-10　单边指数信号

(a) 单边指数信号（$t=0$ 时接入）；(b) 时移指数信号；(c) 时限指数信号

（五）单位冲激信号

冲激信号（又称 δ 函数）是电路分析与系统理论中的又一个重要信号，它与阶跃信号一样也是一个奇异信号，是一种特殊的理想化的信号，需要用广义函数或分布函数的理论来分析。这里着重从工程实用的角度来介绍，不做深入的数学分析。工程上定义 δ 函数为

$$\int_{-\infty}^{\infty}\delta(t)\mathrm{d}t=1$$

$$\delta(t)=\begin{cases}\infty & (t=0)\\ 0 & (t\neq 0)\end{cases}\tag{1-15}$$

为了对它有一个直观的认识，不妨先将它看成一个普通的函数，如图 1-11 所示的窄矩形脉冲。这个信号有一个十分突出的特点，这就是它的脉宽（脉冲所占时间的宽度）τ 和它的脉高（脉冲的高度）$1/\tau$ 成反比关系。这表明脉宽越窄时，脉高将越高，但信号与时间轴围成的面积（简称信号的面积）却始终保持为单位 1。

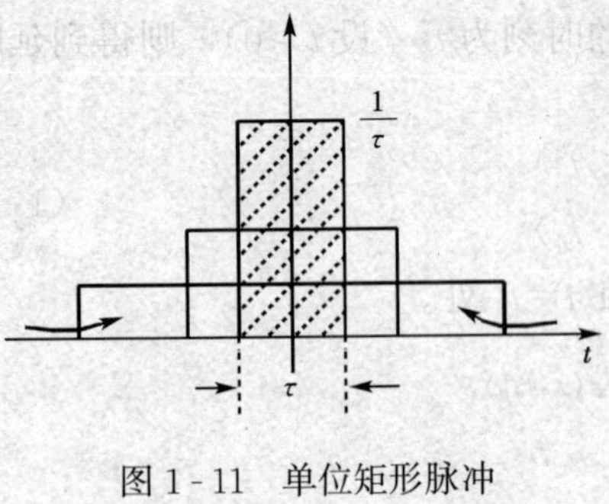

图 1-11　单位矩形脉冲

对于图 1-11，设想减小 τ 值，使 $\tau\to 0$，$1/\tau\to\infty$，即这时的矩形脉冲信号变化成为一个仅存在于 $0_-<t<0_+$ 时间内的无限狭窄、幅高趋于无穷而其面积却恒等于 1 的特殊形状的信号。这个特殊形状的信号就是单位矩形脉冲信号的极限函数，也就是所要研究的单位冲激信号，即

$$\delta(t)=\lim_{\tau\to 0}\frac{1}{\tau}\left[\varepsilon\left(t+\frac{\tau}{2}\right)-\varepsilon\left(t-\frac{\tau}{2}\right)\right]\tag{1-16}$$

波形如图 1-12 所示，它表明 δ 函数除在原点（为无穷大）以外均为零。箭头旁的（1）表示冲激强度，也就是单位矩形脉冲的面积。

如果描述任一点 $t=t_0$ 处所出现的冲激，可有如下 $\delta(t-t_0)$ 在函数工程上的定义

$$\int_{-\infty}^{\infty}\delta(t-t_0)\mathrm{d}t=1$$

$$\delta(t-t_0)=\begin{cases}0 & (t\neq t_0)\\ \infty & (t=t_0)\end{cases} \tag{1-17}$$

称为延迟的单位冲激信号，信号图形如图 1-13 所示。

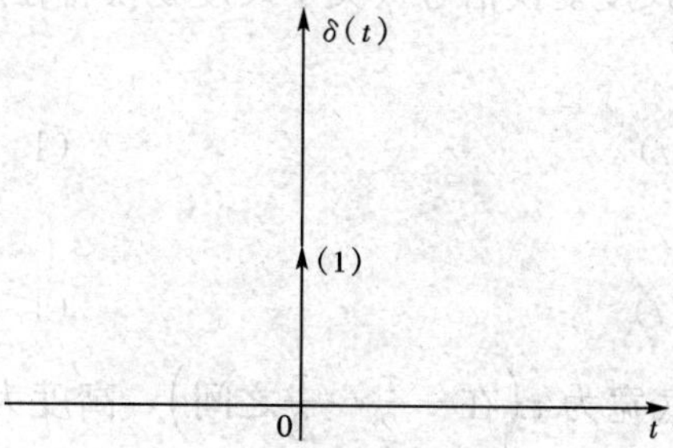

图 1-12　单位冲激信号

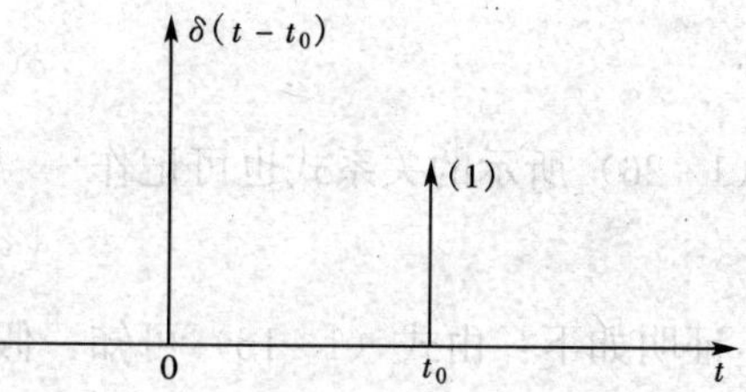

图 1-13　延迟的单位冲激信号

下面讨论 δ 函数的性质。

1. 筛选性质

对于任何在原点连续的函数 $f(t)$，如果与单位冲激信号相乘，则乘积仅在 $t=0$ 处得到 $f(0)\delta(t)$，其余各点乘积均等于零，即

$$f(t)\delta(t)=f(0)\delta(t) \tag{1-18}$$

类似地，如果冲激出现在 $t=t_0$ 点，而且 $f(t)$ 在 t_0 点连续，则有

$$f(t)\delta(t-t_0)=f(t_0)\delta(t-t_0) \tag{1-19}$$

由式（1-18）和式（1-19），可以得到冲激信号的抽样特性（或称“筛选”特性）。连续时间信号 $f(t)$ 与单位冲激信号 $\delta(t)$ 相乘并在 $-\infty\sim\infty$ 时间内积分，可以得到 $f(t)$ 在 $t=0$ 点（抽样时刻）的函数值 $f(0)$，即“筛选”出 $f(0)$。若将单位冲激信号移到 t_0 时刻，则抽样值取 $f(t_0)$，即

$$\int_{-\infty}^{\infty}f(t)\delta(t)\mathrm{d}t=f(0) \tag{1-20}$$

$$\int_{-\infty}^{\infty}f(t)\delta(t-t_0)\mathrm{d}t=f(t_0) \tag{1-21}$$

2. 偶函数特性

δ 函数是一偶函数，满足

$$\delta(-t)=\delta(t) \tag{1-22}$$

证明如下：

因为

$$\int_{-\infty}^{\infty}f(t)\delta(-t)\mathrm{d}t=f(0) \tag{1-23}$$

这里，用到变量置换 $\tau=-t$。将所得结果与式（1-20）对照，即可得出 $\delta(t)$ 与 $\delta(-t)$ 相等的结论。

3. 冲激函数与阶跃函数的关系

它们都是奇异函数，它们之间具有内在的联系，即

$$\delta(t)=\frac{\mathrm{d}\varepsilon(t)}{\mathrm{d}t} \tag{1-24}$$

$$\varepsilon(t)=\int_{-\infty}^{t}\delta(\tau)\mathrm{d}\tau \tag{1-25}$$

可见，冲激函数与阶跃函数是互为积分与微分的关系。

4. 尺度变换特性

如果将自变量乘以常量 a，则 $\delta(at)$ 称为 $\delta(t)$ 的尺度变换信号（关于尺度变换将在后面讨论），有

$$\delta(at)=\frac{1}{|a|}\delta(t) \tag{1-26}$$

式（1-26）所示的关系式也可记作

$$|a|\delta(at)=\delta(t) \tag{1-27}$$

证明如下：由式（1-16）可知，假定矩形脉冲底宽为 $\tau\left(\text{在}-\frac{\tau}{2}\sim\frac{\tau}{2}\text{之间}\right)$，高度为 $\frac{1}{\tau}$，在 $\tau\to0$ 时即得 $\delta(t)$。现在若将自变量 t 经尺度变换为 at，则其底宽变为 $\frac{\tau}{a}$ $\left(\text{在}-\frac{\tau}{2a}\sim\frac{\tau}{2a}\text{之间}\right)$，于是冲激函数的面积应为 $\frac{1}{a}$，即 $\delta(at)=\frac{1}{a}\delta(t)$。由于 δ 函数为偶函数，因而对实系数取绝对值。显然证明过程很简单。

5. $\delta(t)$ 的导数

冲激函数的一阶导数可用 $\delta'(t)$ 表示，称为冲激偶信号（简称冲激偶），亦称二次冲激信号，如图 1-14 所示，即

$$\delta'(t)=\frac{\mathrm{d}\delta(t)}{\mathrm{d}t} \tag{1-28}$$

$\delta'(t)$ 是奇函数，满足关系式

$$\delta'(t)=-\delta'(-t) \tag{1-29}$$

$\delta'(t)$ 的抽样性质为

$$\int_{-\infty}^{\infty}f(t)\delta'(t)\mathrm{d}t=-f'(0) \tag{1-30}$$

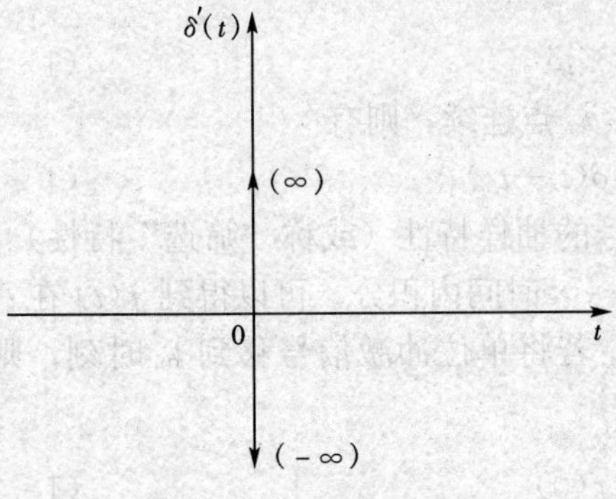

图 1-14 冲激偶信号

式（1-30）表明，任意信号 $f(t)$［这里 $f'(t)$ 在 0 点连续］与 $\delta'(t)$ 的乘积在 $-\infty<t<\infty$ 区间内积分，恰是 $f'(t)$ 在 $t=0$ 瞬间的函数值的负值。

证明

$$\int_{-\infty}^{\infty}f(t)\delta'(t)\mathrm{d}t=\int_{-\infty}^{\infty}f(t)\mathrm{d}[\delta(t)]$$

$$=f(t)\delta(t)\Big|_{-\infty}^{\infty}-\int_{-\infty}^{\infty}\delta(t)f'(t)\mathrm{d}t=-f'(0)$$

【例 1-1】 计算下列各式：

(1) $\int_{-\infty}^{+\infty}\mathrm{e}^{-3t}\cos t\delta(t)\mathrm{d}t$；　　(2) $\int_{-\infty}^{+\infty}\sin t\delta(t-2)\mathrm{d}t$；

(3) $\int_{0}^{+\infty}\mathrm{e}^{-t}\delta(t+3)\mathrm{d}t$；　　(4) $\int_{-4}^{2}\mathrm{e}^{-t}\delta(t+3)\mathrm{d}t$；

(5) $\int_{-\infty}^{+\infty}(t^3+4)\delta(1-t)\mathrm{d}t$；　　(6) $\int_{-\infty}^{+\infty}A\sin t\delta'(t)\mathrm{d}t$。

解

(1) 因为 $\int_{-\infty}^{+\infty}f(t)\delta(t)\mathrm{d}t=f(0)$，所以

$$\int_{-\infty}^{+\infty}\mathrm{e}^{-3t}\cos t\delta(t)\mathrm{d}t=1$$

(2) 因为 $\int_{-\infty}^{+\infty}f(t)\delta(t-t_0)\mathrm{d}t=f(t_0)$，所以

$$\int_{-\infty}^{+\infty}\sin t\delta(t-2)\mathrm{d}t=\sin 2$$

(3) $\int_{0}^{+\infty}\mathrm{e}^{-t}\delta(t+3)\mathrm{d}t=0$

(4) $\int_{-4}^{2}\mathrm{e}^{-t}\delta(t+3)\mathrm{d}t=\int_{-4}^{2}\mathrm{e}^{3}\delta(t+3)\mathrm{d}t=\mathrm{e}^{3}\int_{-4}^{2}\delta(t+3)\mathrm{d}t=\mathrm{e}^{3}$

(5) $$\begin{aligned}\int_{-\infty}^{+\infty}(t^3+4)\delta(1-t)\mathrm{d}t&=\int_{+\infty}^{-\infty}(-q^3+4)\delta(1+q)\mathrm{d}(-q)\\&=\int_{-\infty}^{+\infty}(-q^3+4)\delta(q+1)\mathrm{d}q=[-(-1)^3+4]=5\end{aligned}$$

(6) 因为 $\int_{-\infty}^{+\infty}f(t)\delta'(t)\mathrm{d}t=-f'(0)$，所以

$$\int_{-\infty}^{+\infty}A\sin t\delta'(t)\mathrm{d}t=-A(\sin t)'\Big|_{t=0}=-A\cos 0=-A$$

（六）单位斜坡信号

单位斜坡信号又称单位斜变信号，其定义式为

$$r(t)=\begin{cases}t & (t\geqslant 0)\\0 & (t<0)\end{cases}\qquad(1-31)$$

如果用单位阶跃函数表示，则为

$$r(t)=t\varepsilon(t)\qquad(1-32)$$

其波形如图 1-15 所示。

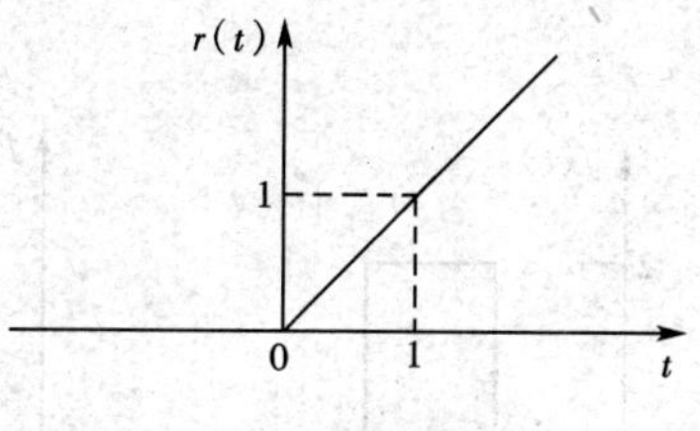

图 1-15　单位斜坡信号

单位斜变信号与单位阶跃信号为微积分关系，即

$$r(t)=\int_{-\infty}^{t}\varepsilon(\tau)\mathrm{d}\tau\qquad(1-33)$$

$$\varepsilon(t)=\frac{\mathrm{d}}{\mathrm{d}t}r(t)\qquad(1-34)$$

三、信号的运算

信号的运算通常是指在坐标轴上的参数变换，比如时移、反转和尺度变换三种情况，这些运算都有鲜明的实际物理背景。而在后面学习傅里叶变换和拉普拉斯变换的性质时都要用到这些概念。有些运算还将在一些科学研究领域，比如“小波变换”中显示它的作用。还有一种简单的幅度的比例、微分、积分运算等。

（一）信号的代数运算

两个信号相加、相乘，得到一个新的时间信号。它是将同一时刻的两个函数值进行相加或相乘运算而得到的。

例如，已知信号 $f_1(t)=\begin{cases}0 & (t<0)\\ \sin\pi t & (t\geqslant 0)\end{cases}$，$f_2(t)=-\sin\pi t$，则

$$f_1(t)+f_2(t)=\begin{cases}-\sin\pi t & (t<0)\\ 0 & (t\geqslant 0)\end{cases}$$

$$f_1(t)f_2(t)=\begin{cases}0 & (t<0)\\ -(\sin\pi t)^2 & (t\geqslant 0)\end{cases}$$

表面看，这是一个十分简单的问题，似乎勿需说明。但实际应用却很广泛，比如通信系统中的调制、解调原理就是其应用之一（本书第三章给予介绍）。

（二）信号的微分与积分

如果将信号 $f(t)$ 沿时间轴对时间变量 t 微分，得 $\dfrac{\mathrm{d}f(t)}{\mathrm{d}t}$，记为 $f'(t)$。其值就是 $f(t)$ 各点随时间变化的变化率。如果将信号 $f(\tau)$ 在区间（$-\infty$，t）内沿时间轴对 τ 积分，得 $\int_{-\infty}^{t} f(\tau)\mathrm{d}\tau$，记为 $f^{(-1)}(t)$，它是曲线 $f(\tau)$ 在区间（$-\infty$，t）内包围的面积。

在进行信号微分与积分运算时，要注意两点：一是对于含有间断点的信号进行微分时，在间断点存在无界值，即冲激信号；二是在分段积分时，前一段的积分值对以后积分有影响，即系统有记忆特性。

图 1-16 给出了信号 $f(t)$ 及其微分、积分的波形。可见，积分是 t 的连续函数，在跳变点微分成为冲激函数，而积分函数的值是连续的，尽管在某些区间内 $f(t)=0$，但积分函数的值不一定为零。

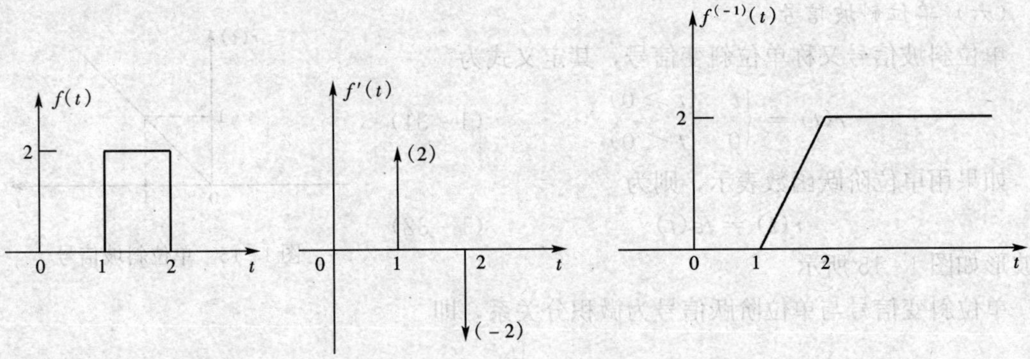

图 1-16　信号的微积分运算

微积分运算的实际应用背景：微分可以突显信号的变化边缘，而积分的作用之一就是削弱一些毛刺（小尖）。

（三）信号的时移

以变量 $t\pm t_0$ 代替信号 $f(t)$ 中的独立变量 t，而得到的新信号 $f(t\pm t_0)$ 称为 $f(t)$ 的时移信号，t_0 是一个实常数。时移后 $f(t)$ 的时间范围定义域中的 t 也要被替换。从波形看，时移信号 $f(t-t_0)$ 比 $f(t)$ 在时间上滞后 t_0，即 $f(t-t_0)$ 的波形是将 $f(t)$ 的波形向右移动 t_0；$f(t+t_0)$ 的波形比 $f(t)$ 在时间上超前 t_0，即 $f(t+t_0)$ 的波形是将 $f(t)$ 的波形向左移动 t_0。例如，求图1-17（a）所示信号 $f(t)$ 的时移信号 $f(t+2)$ 和 $f(t-1)$，如图 1-17（b）、（c）所示。

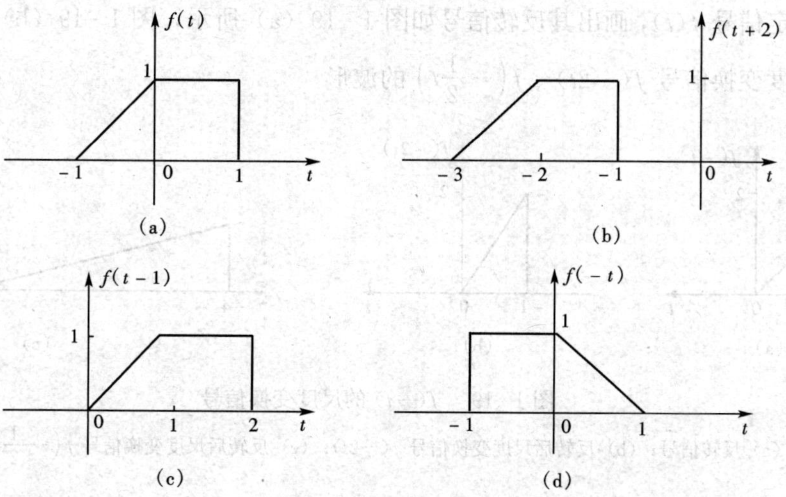

图 1-17　信号的时移和反转

(a) $f(t)$ 波形；(b) $f(t+2)$ 波形；(c) $f(t-1)$ 波形；(d) $f(-t)$ 波形

（四）信号的反转

如果以变量 $-t$ 代替 $f(t)$ 中的独立变量 t 可得新的信号 $f(-t)$，$f(-t)$ 便称为 $f(t)$ 的反转信号。它是以 $t=0$ 为轴反转（折叠）180°而得到的波形。反过来 $f(t)$ 也是 $f(-t)$ 的反转信号，如图 1-17（a）、（d）所示。

（五）信号的尺度变换

如果以变量 at 代替 $f(t)$ 中的独立变量 t 可得 $f(at)$，它是 $f(t)$ 沿时间轴尺度变换（压缩或伸展）而成的信号，称为 $f(t)$ 的尺度变换信号。式中 a 为常数。

图 1-18 中示出了 $f(t)$、$f(at)$ 的波形。图 1-18（b）中的 $a=2$，图 1-18（c）中的 $a=\frac{1}{2}$。从中可见，$f(2t)$ 是 $f(t)$ 沿 t 轴压缩成原来的 $\frac{1}{2}$ 倍；$f\left(\frac{1}{2}t\right)$ 是 $f(t)$ 沿 t 轴扩展为原来的 $1/\frac{1}{2}=2$ 倍。

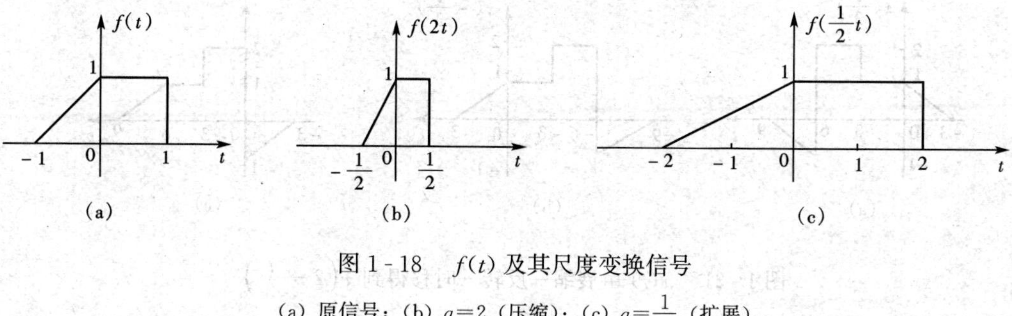

图 1-18　$f(t)$ 及其尺度变换信号

(a) 原信号；(b) $a=2$（压缩）；(c) $a=\frac{1}{2}$（扩展）

由此得到尺度变换的一般规律：

$|a|>1$ 表示 $f(t)$ 沿时间轴压缩成原来的 $\frac{1}{|a|}$ 倍；$|a|<1$ 表示 $f(t)$ 沿时间轴扩展为原来的 $\frac{1}{|a|}$ 倍。如果 a 为负值，则同时进行反转运算。

如果给定信号 $f(t)$，画出其反转信号如图 1-19（a）所示，图 1-19（b）、（c）是 $f(t)$ 反转后的尺度变换信号 $f(-2t)$ 、$f\left(-\frac{1}{2}t\right)$ 的波形。

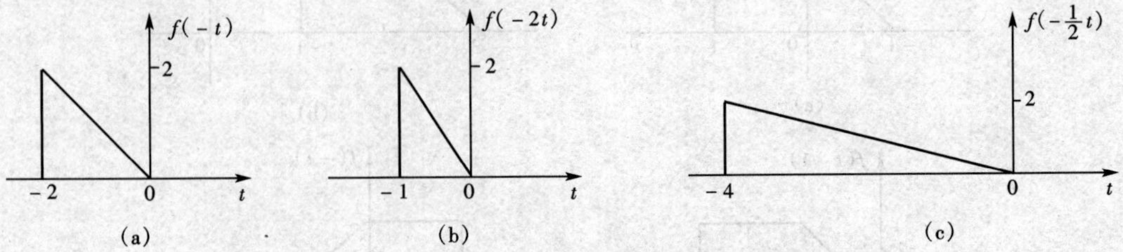

图 1-19　$f(-t)$ 的尺度变换信号

（a）反转信号；（b）反转后尺度变换信号 $f(-2t)$；（c）反转后尺度变换信号 $f\left(-\frac{1}{2}t\right)$

【例 1-2】 已知一连续时间信号 $x(t)$ 如图 1-20 所示，试画出信号 $x(2-t/3)$ 的波形。

解　$x(2-t/3)$ 是 $x(t)$ 经过反转、扩展和时移后的结果，要从 $x(t)$ 求得 $x(2-t/3)$ 必须经过 3 种运算。不过，3 种运算的次序可以是任意的，这样，便有 6 种解法。下面介绍其中的两种解法。

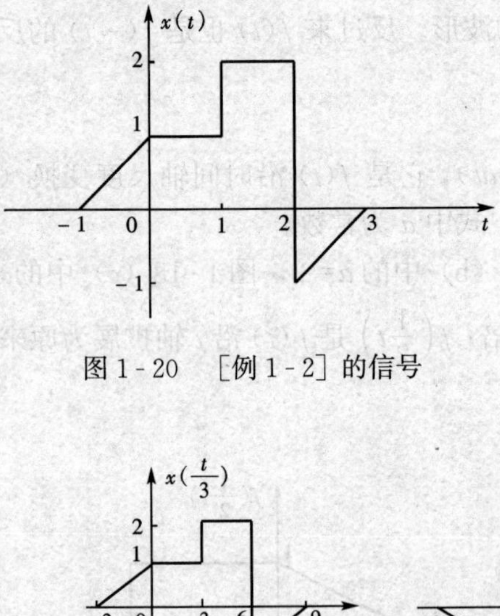

图 1-20　[例 1-2] 的信号

方法一：展缩—反转—平移。

（1）展缩，将 $x(t)$ 以 $t=0$ 为中心线展宽 3 倍可得 $x(t/3)$，如图 1-21（a）所示。

（2）反转，将 $x(t/3)$ 以 $t=0$ 为轴反转得 $x(-t/3)$，如图 1-21（b）所示。

（3）时移，将 $x(-t/3)$ 向右平移 6 得 $x\left[-\frac{1}{3}(t-6)\right]$，即 $x(2-t/3)$ 为所求的波形，如图 1-21（c）所示。

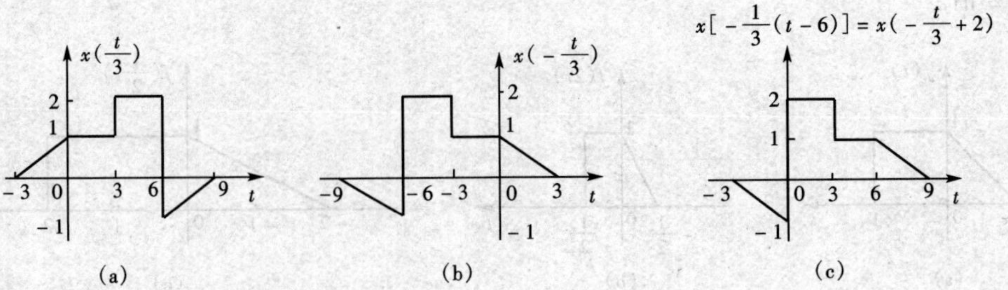

图 1-21　$x(t)$ 由展缩—反转—时移得到 $x\left(2-\frac{t}{3}\right)$

（a）展缩；（b）反转；（c）时移

方法二：反转—时移—展缩。

（1）反转，将 $x(t)$ 以 $t=0$ 为轴反转得 $x(-t)$，如图 1-22（a）所示。

（2）平移，将 $x(-t)$ 向右平移 2 得 $x(-t+2)$，如图 1-22（b）所示。

（3）展缩，以 $t=0$ 为中心线将 $x(-t+2)$ 展宽 3 倍得 $x\left(-\frac{t}{3}+2\right)$，如图 1-22（c）所示。

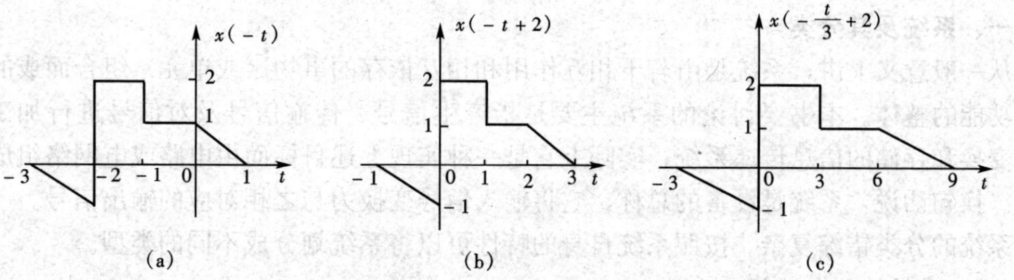

图 1-22　$x(t)$ 由反转—平移—展缩得到 $x(2-t/3)$

（a）反转；（b）平移；（c）展缩

比较图 1-21（c）和图 1-22（c）可见，虽然两种解法顺序不同，但所得结果一致。

读者试用反转—尺度变换—平移；尺度变换—平移—反转；平移—反转—尺度变换；平移—尺度变换—反转 4 种不同顺序的做法求解［例 1-2］，并注意总结其间的规律。

【例 1-3】 已知波形 $f(5-2t)$ 如图 1-23（a）所示，试画出 $f(t)$ 的波形。

解　已知变换后的波形求原波形，变换方法与上面介绍的相似。根据反转、平移和尺度变换的顺序不同，共有 6 种途径，这里仅介绍其中 1 种，其余方法读者自行练习。

按照时移—反转—尺度变换的顺序，则

$$f(5-2t)=f\left[-2\left(t-\frac{5}{2}\right)\right]\xrightarrow{\text{左时移}\frac{5}{2}}f\left[-2\left(t+\frac{5}{2}-\frac{5}{2}\right)\right]=f(-2t)=f[2(-t)]$$

$$\xrightarrow{\text{反转}}f(2t)\xrightarrow{\text{展宽 1 倍}}f\left(2\times\frac{1}{2}t\right)=f(t)$$

其波形依次如图 1-23（b）、（c）、（d）所示。

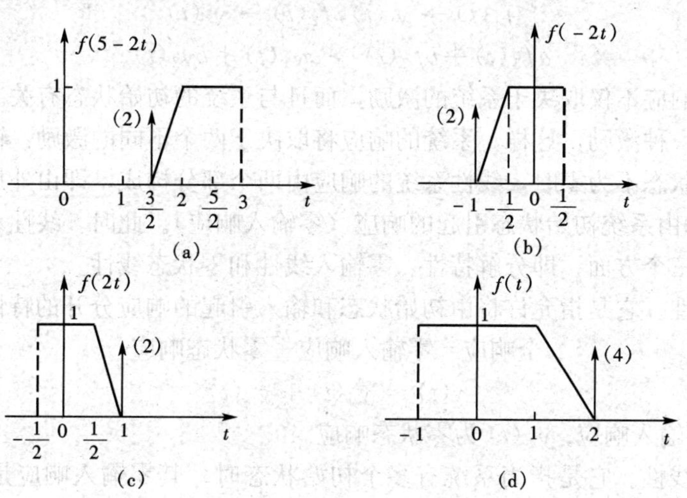

图 1-23　［例 1-3］图

（a）$f(5-2t)$ 波形；（b）左时移$\frac{5}{2}$后波形；（c）反转后波形；（d）展宽 1 倍后波形

第二节 系 统

一、系统及其分类

从一般意义上讲，系统是由若干相互作用和相互依存的事物（或单元）组合而成的具有特定功能的整体。本书要讨论的系统主要是指产生信号、传输信号及对信号进行加工、处理、变换和存储的信息传递系统，实际上它是一种实现上述目标而由电路或电网络组成的电系统。换句话说，系统是设备的总称，它将输入信号变换为与之相对应的输出信号。

系统的分类错综复杂。按照系统自身的特性可以将系统划分成不同的类型。

（一）线性系统与非线性系统

如果系统的输入与输出满足线性关系，则称为线性系统，否则称为非线性系统。线性也就是叠加性，它包括两方面的含义：齐次性（比例性）和可加性。设系统的输入为 $f(t)$，输出为 $y(t)$。

（1）齐次性。如果系统的输入扩大为原输入的 k 倍，则输出同时扩大到原输出的 k 倍，即：

若 $$f(t) \to y(t)$$

则 $$kf(t) \to ky(t) \tag{1-35}$$

式中，k 为任意常数。

（2）可加性。如果系统在激励为 $f_1(t)$ 和 $f_2(t)$ 单独作用下的响应分别为 $y_1(t)$ 和 $y_2(t)$，则在激励 $[f_1(t)+f_2(t)]$ 共同作用下的响应为 $[y_1(t)+y_2(t)]$，即：

若 $$f_1(t) \to y_1(t), f_2(t) \to y_2(t)$$

则 $$f_1(t)+f_2(t) \to y_1(t)+y_2(t) \tag{1-36}$$

如果系统同时具有齐次性和可加性，也就是激励和响应满足叠加性（或者说线性），则该系统是一个线性系统。即齐次性和可加性统一表达为：

若 $$f_1(t) \to y_1(t), f_2(t) \to y_2(t)$$

则 $$af_1(t)+bf_2(t) \to ay_1(t)+by_2(t) \tag{1-37}$$

动态系统的响应不仅取决于系统的激励，而且与系统的初始状态有关。可以将初始状态看做是系统的另一种激励，这样，系统的响应将取决于两个不同的激励：输入信号和初始状态。当系统初始状态不为零时，线性系统的响应由两个部分构成，即由外加激励引起的响应（零状态响应）和由系统初始状态引起的响应（零输入响应）。此时，线性系统的条件还必须具体反映在以下三个方面，即分解特性、零输入线性和零状态线性。

（1）分解特性。它是指允许将由初始状态和输入引起的响应分开的特性，即

$$全响应=零输入响应+零状态响应$$

$$y(t)=y_{zi}(t)+y_{zs}(t) \tag{1-38}$$

式中，$y_{zi}(t)$ 为零输入响应；$y_{zs}(t)$ 为零状态响应。

（2）零输入线性。它是指当系统有多个初始状态时，其零输入响应是由各个初始状态（也可视为输入）独自引起的响应的加权和，即：

若 $$f_1(0) \to y_{zi1}(t), f_2(0) \to y_{zi2}(t)$$

则 $$af_1(0)+bf_2(0) \to ay_{zi1}(t)+by_{zi2}(t) \tag{1-39}$$

式中，$f_1(0)$ 和 $f_2(0)$ 是系统的初始状态；$y_{zi1}(t)$ 和 $y_{zi2}(t)$ 分别是 $f_1(0)$ 和 $f_2(0)$ 独自引起的零输入响应。

（3）零状态线性。它是指当系统有多个输入时，其零状态响应是各个输入独自引起的零状态响应的加权和，即：

若 $$f_1(t) \to y_{zs1}(t), f_2(t) \to y_{zs2}(t)$$

则 $$af_1(t) + bf_2(t) \to ay_{zs1}(t) + by_{zs2}(t) \tag{1-40}$$

式中，$f_1(t)$ 和 $f_2(t)$ 是系统的输入；$y_{zs1}(t)$ 和 $y_{zs2}(t)$ 分别是两个输入引起的零状态响应。

【例 1-4】 判断下面输入、输出方程所表示的系统是线性系统还是非线性系统。其中 $x(0)$ 是初始状态，$f(t)$ 是输入信号。

（1）$y(t) = 5x(0) + 2f^2(t)$；　　（2）$y(t) = tf(t)$；

（3）$y(t) = x(0)f(t) + 5$；　　（4）$y(t) = 3\dfrac{\mathrm{d}f(t)}{\mathrm{d}t}$；

（5）$y(t) = 3x^2(0) + 5f(t)$。

解　（1）$y(t)$ 可以分解 $y_{zi}(t) = 5x(0)$，$y_{zs}(t) = 2f^2(t)$，$y_{zi}(t)$ 满足零输入线性，而 $y_{zs}(t)$ 不满足零状态线性。$y_{zi}(t)$ 是线性的很容易看出，下面说明 $y_{zs}(t)$ 的非线性问题。

设两个输入分别为 $f_1(t)$ 和 $f_2(t)$，则输出分别为

$$y_1(t) = 2f_1^2(t)$$
$$y_2(t) = 2f_2^2(t)$$

令 $f_3(t)$ 是 $f_1(t)$ 和 $f_2(t)$ 的线性组合，即

$$f_3(t) = af_1(t) + bf_2(t)$$

则输出

$$\begin{aligned} y_3(t) &= 2f_3^2(t) = 2[af_1(t) + bf_2(t)]^2 = 2a^2f_1^2(t) + 2b^2f_2^2(t) + 4abf_1(t)f_2(t) \\ &= a^2y_1(t) + b^2y_2(t) + 4abf_1(t)f_2(t) \neq ay_1(t) + by_2(t) \end{aligned}$$

故不满足线性关系，该系统是非线性系统。

（2）仍设两个输入分别为 $f_1(t)$ 和 $f_2(t)$，则输出分别为

$$y_1(t) = tf_1(t)$$
$$y_2(t) = tf_2(t)$$

按式（1-37）有

$$af_1(t) + bf_2(t) \to t[af_1(t) + bf_2(t)] = taf_1(t) + tbf_2(t) = ay_1(t) + by_2(t)$$

可见，该系统满足叠加性，故为线性系统。

（3）不满足分解性，故为非线性系统。

（4）设两个输入分别为 $f_1(t)$ 和 $f_2(t)$，则输出分别为

$$y_1(t) = 3\frac{\mathrm{d}f_1(t)}{\mathrm{d}t}$$

$$y_2(t) = 3\frac{\mathrm{d}f_2(t)}{\mathrm{d}t}$$

按式（1-37）有

$$af_1(t) + bf_2(t) = 3\left\{\frac{\mathrm{d}}{\mathrm{d}t}[af_1(t) + bf_2(t)]\right\} = 3a\frac{\mathrm{d}f_1(t)}{\mathrm{d}t} + 3b\frac{\mathrm{d}f_2(t)}{\mathrm{d}t} = ay_1(t) + by_2(t)$$

故该系统为线性系统。

(5) 零输入响应不具有线性特性，是非线性系统。

（二）时不变系统与时变系统

根据组成系统的元器件的参数是否与时间有关，系统又可分为时不变系统与时变系统。满足时不变性的系统为时不变系统（亦称非时变系统），否则为时变系统。

时不变性是指系统的零状态输出波形仅取决于输入波形与系统特性，而与输入信号接入系统的时间无关。时不变性用公式表示有：

若 $$f(t) \rightarrow y(t)$$

则 $$f(t-t_0) \rightarrow y(t-t_0) \tag{1-41}$$

如果输入信号有一个时移，在输出信号中将产生同样的时移，而输出波形的形状没有变化。

图 1-24 表示一个初始储能为零的系统，在 $t=0$ 时加入一个输入信号 $f(t)$，其输出为 $y(t)$，现若将加入信号的时间延迟 t_0，则其输出响应也相应地延迟 t_0 时间，而它们之间的变化规律保持不变。

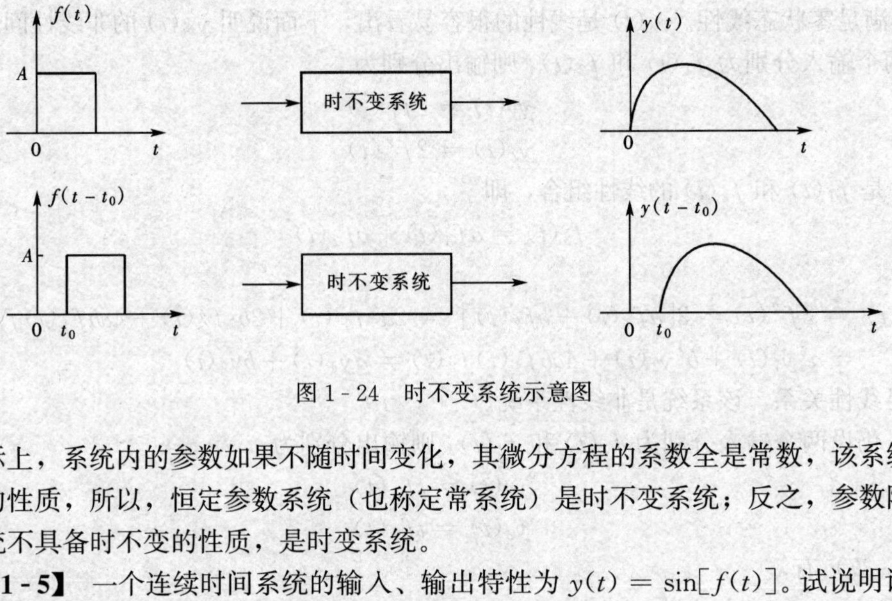

图 1-24 时不变系统示意图

实际上，系统内的参数如果不随时间变化，其微分方程的系数全是常数，该系统就具有时不变的性质，所以，恒定参数系统（也称定常系统）是时不变系统；反之，参数随时间变化的系统不具备时不变的性质，是时变系统。

【例 1-5】 一个连续时间系统的输入、输出特性为 $y(t)=\sin[f(t)]$。试说明该系统为时不变系统。

解 为了确定这个系统是时不变的，必须判定对于任何输入和任何时移 t_0，时不变性成立。令 $f_1(t)$ 是系统的任意一个输入，并令

$$y_1(t)=\sin[f_1(t)] \tag{1-42}$$

式中，$y_1(t)$ 是其相应的输出。

将 $f_1(t)$ 时移 t_0 作为第二个输入

$$f_2(t)=f_1(t-t_0)$$

对于这个输入的输出是

$$y_2(t)=\sin[f_2(t)]=\sin[f_1(t-t_0)] \tag{1-43}$$

而根据式（1-42）有

$$y_1(t-t_0)=\sin[f_1(t-t_0)] \tag{1-44}$$

比较式（1-43）和式（1-44），就可以得到 $y_2(t)=y_1(t-t_0)$，因此这个系统是时不变的。

【例 1-6】 试判断系统 $y(t)=tf(t)$ 是否为时不变系统，其中 $f(t)$ 为激励，$y(t)$ 为响应。

解 当输入信号为 $f_1(t)$ 时，其输出为

$$y_1(t)=tf_1(t)$$

则有

$$y_1(t-t_d)=(t-t_d)f_1(t-t_d)$$

当输入为 $f_2(t)=f_1(t-t_d)$ 时，则相应的输出为

$$y_2(t)=tf_2(t)=tf_1(t-t_d)$$

显然

$$y_2(t)\neq y_1(t-t_d)$$

因此该系统为时变系统。

（三）因果系统与非因果系统

系统的输出是由输入引起的，它的输出不能领先于输入，这种性质称为因果性，这样的系统就称为因果系统。或者说，因果系统在任何时刻的输出仅取决于现在与过去的输入，而与将来的输入无关。激励是产生响应的原因，响应是激励引起的结果，所有实际的物理系统在激励没有作用之前绝不会有输出响应，都属于因果系统。如果系统的响应出现在施加激励之前，则为非因果系统。

比如，RC 电路、汽车的运动系统，都是因果系统。因为电容器上的电压仅对现在的和过去的原电压值作出反应，汽车的运动作为响应当然无法预知驾驶员将来的行动。如果某系统的响应 $y(t)$ 与激励 $f(t)$ 满足关系式 $y(t)=f(t-1)+f(t)$，在某时刻 t_0 的响应 $y(t_0)=f(t_0-1)+f(t_0)$，说明它取决于当前的输入 $f(t_0)$ 和一个单位时间以前的输入 $f(t_0-1)$，响应在激励之后发生，所以是因果系统。如果某系统的响应 $y(t)$ 与激励 $f(t)$ 满足关系式 $y(t)=f(t+1)+f(t)$，在某时刻 t_0 的响应 $y(t_0)=f(t_0+1)+f(t_0)$，说明它不仅取决于当前的输入 $f(t_0)$ 而且还与一个单位时间以后的输入 $f(t_0+1)$ 有关，这种系统是非因果系统。式（1-45）和式（1-46）给出了因果系统和非因果系统的数学表示式

$$y(t)=f(t-1) \tag{1-45}$$

$$y(t)=f(t+1) \tag{1-46}$$

（四）记忆系统与无记忆系统

如果系统的输出不仅取决于该时刻的输入，而且与它过去的状态（历史）有关，称这种性质为记忆性。具有记忆性质的系统为记忆系统。如果系统的输出仅仅取决于该时刻的输入，而与系统的历史状态无关，则称这种系统为无记忆系统。

系统是记忆的还是无记忆的，完全取决于组成该系统的元件的性质。如果该系统的组成含有记忆元件（电容器、电感器、寄存器和存储器等）则称为记忆系统。如果系统全部由无记忆元件（比如电阻元件）组成，则称为无记忆系统。

根据电路理论，描述无记忆系统的方程是根据欧姆定律和基尔霍夫定律列出的，所以是代数方程。而记忆系统由于含有动态元件，所以，所列出的系统方程是微分方程。

（五）稳定系统与不稳定系统

对于一个初始不储能的系统，如果输入有界（即输入的幅值是有限值），输出也有界，系统为稳定系统，即为满足 BIBO 准则的系统。反之，如果输入有界，而输出无界（无限

值），则该系统是不稳定系统。

一个实际系统一定是稳定系统，也就是系统在任一输入信号激励下，响应不会越来越大，即不会发散。

（六）连续时间系统与离散时间系统

如果系统的输入和输出都是时间的连续函数，这个系统就称为连续时间系统。如果输入和输出都是时间的离散时间函数，这个系统就称为离散时间系统。

在连续系统中传输和处理的是连续信号，离散系统传输和处理的是离散信号。在实际工作中常将两系统组合使用，这种情况常称为混合系统。

【例 1 - 7】 对于下述的连续信号，输入为 $x(t)$，输出为 $y(t)$，$T[x(t)]$ 表示系统对 $x(t)$ 的响应，试判定下述系统是否为：①线性系统；②非时变系统；③因果系统；④稳定系统。

(1) $y(t)=T[x(t)]=x(t-2)$；　　(2) $y(t)=T[x(t)]=x(-t)$；

(3) $y(t)=T[x(t)]=x(t)\cos t$；　　(4) $y(t)=T[x(t)]=a^{x(t)}$。

解 (1) 由于

$$T[a_1x_1(t)+a_2x_2(t)]=a_1x_1(t-2)+a_2x_2(t-2)=a_1y_1(t)+a_2y_2(t)$$

故此系统为线性系统，而且由于

$$T[x(t-t_0)]=x(t-t_0-2)$$

$$y(t-t_0)=x(t-t_0-2)$$

所以

$$T[x(t-t_0)]=y(t-t_0)$$

该系统为非时变系统，且输出变化 t 发生在输入变化（$t-2$）之后，故该系统为因果系统，由于系统满足 BIBO 准则，故该系统为稳定系统。

(2) 由于

$$T[a_1x_1(t)+a_2x_2(t)]=a_1x_1(-t)+a_2x_2(-t)=a_1y_1(t)+a_2y_2(t)$$

故此系统为线性系统，而且由于

$$T[x(t-t_0)]=x(-t-t_0)$$

$$y(t-t_0)=x(-t+t_0)$$

故

$$T[x(t-t_0)]\neq y(t-t_0)$$

该系统为时变系统，且当 $t>0$ 时，输出变化 t 发生在输入变化（$-t$）之后，故该系统为因果系统；而当 $t<0$ 时，输出变化 t 发生在输入变化（$-t$）之前，故该系统为非因果系统。由于系统满足 BIBO（输入、输出有界）准则，故该系统为稳定系统。

(3) 由于

$$T[a_1x_1(t)+a_2x_2(t)]=a_1x_1(t)\cos t+a_2x_2(t)\cos t=a_1y_1(t)+a_2y_2(t)$$

故此系统为线性系统，而且由于

$$T[x(t-t_0)]=x(t-t_0)\cos t$$

$$y(t-t_0)=x(t-t_0)\cos(t-t_0)$$

故

$$T[x(t-t_0)]\neq y(t-t_0)$$

该系统为时变系统，且输出与输入同时发生，故该系统为因果系统，由于系统满足 BI-

BO 准则，故该系统为稳定系统。

(4) 由于

$$T[a_1x_1(t)+a_2x_2(t)]=a^{a_1x_1(t)+a_2x_2(t)}$$

而

$$a_1y_1(t)+a_2y_2(t)=a_1a^{x_1(t)}+a_2a^{x_2(t)}$$

故

$$T[a_1x_1(t)+a_2x_2(t)]\neq a_1y_1(t)+a_2y_2(t)$$

所以此系统为非线性系统，而且由于

$$T[x(t-t_0)]=a^{x(t-t_0)}=y(t-t_0)$$

且输出与输入同时发生，故该系统为因果系统，由于系统满足 BIBO 准则，故该系统为稳定系统。

本书将集中讨论线性时不变系统（Linear Time-Invariant System），简称 LTI 系统。

二、系统的表示

如果只对系统的外部特性进行分析，而不关心它的内部情况，可用框图来描述输入和输出的关系。图 1-25 所示为单输入、单输出系统，图 1-26 所示为多输入、多输出系统。

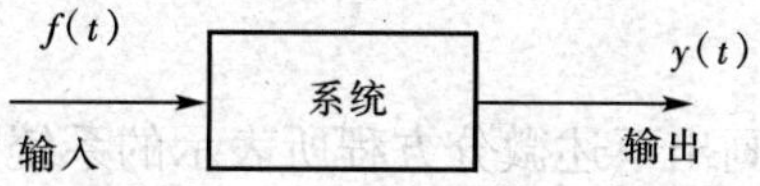

图 1-25　单输入、单输出系统

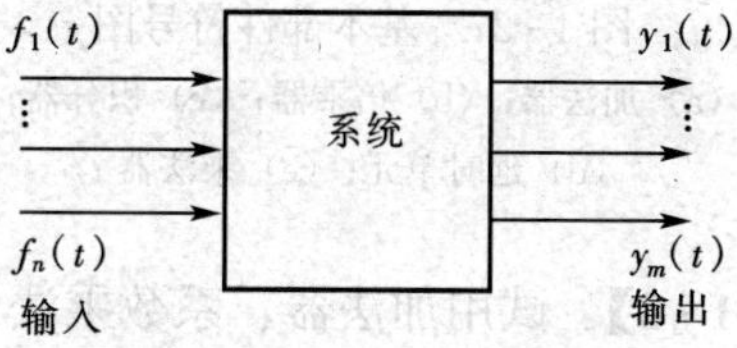

图 1-26　多输入、多输出系统

分析一个物理系统，首先要经过抽象和近似，建立物理系统的数学模型，然后用数学表达式或者用具有理想特性的符号、图形来表征系统。例如在低频段，一个实际的电容器元件，它的模型就是一个理想电容的符号，容量记作 C；对于电感线圈，它的模型是一个理想电感的符号，电感量记作 L。

由于电容器和电感器的端口方程都可以用微分或积分形式来描述，因此可用积分器来模拟储能元件。而电阻元件的端口方程是代数形式，因此电阻器可用倍乘器来模拟。系统分析中常用的基本部件符号及其运算关系如图 1-27 所示。

如图 1-28 所示为一阶 RC 电路，其中 $f(t)$ 是激励信号，$y(t)$ 是电容器的电压，为系统的输出信号。描述该系统的一阶微分方程为

$$RC\frac{\mathrm{d}}{\mathrm{d}t}y(t)+y(t)=f(t)\tag{1-47}$$

将式 (1-47) 两边积分得

$$y(t)=-\frac{1}{RC}\int_{-\infty}^{t}y(\tau)\mathrm{d}\tau+\frac{1}{RC}\int_{-\infty}^{t}f(\tau)\mathrm{d}\tau\tag{1-48}$$

经整理得

$$y(t)=\frac{1}{RC}\int_{-\infty}^{t}[f(\tau)-y(\tau)]\mathrm{d}\tau\tag{1-49}$$

根据式 (1-49)，可画出该系统的模拟框图，如图 1-29 所示。

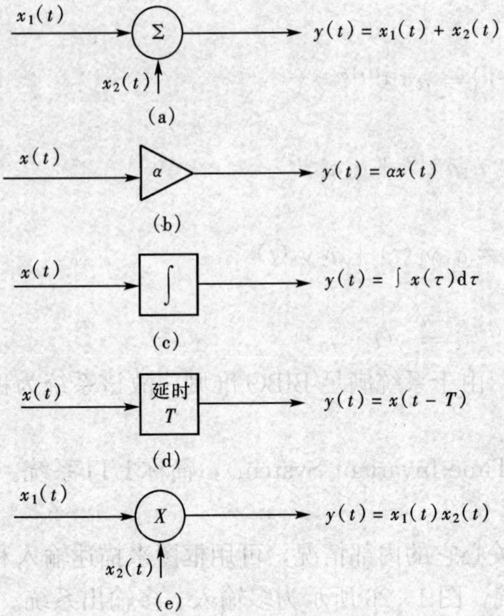

图 1-27　基本部件符号图

(a) 加法器；(b) 倍乘器；(c) 积分器；

(d) 延时单元；(e) 乘法器

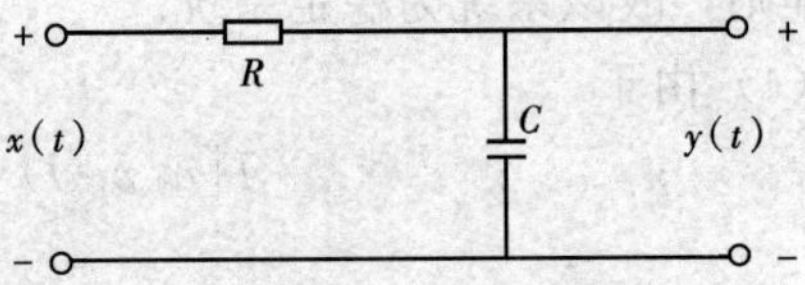

图 1-28　一阶 RC 电路

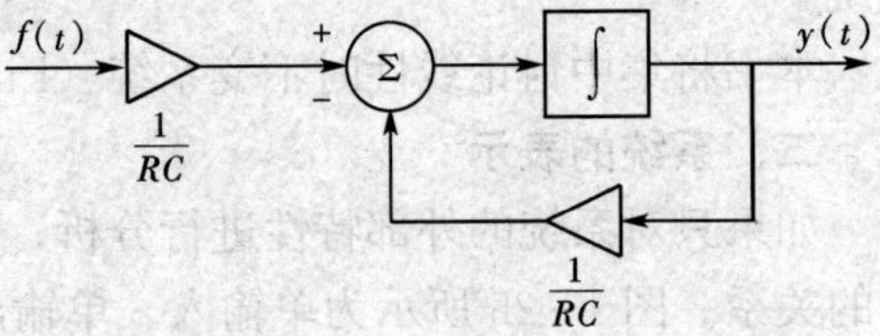

图 1-29　一阶系统的模拟框图

【例 1-8】 试用加法器、系数乘法器和积分器画出下述微分方程所表示的系统的框图。

$$\frac{d^3}{dt^3}y(t)+2\frac{d^2}{dt^2}y(t)+2\frac{d}{dt}y(t)+y(t)=x(t)$$

解　系统框图如图 1-30 所示。

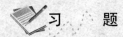

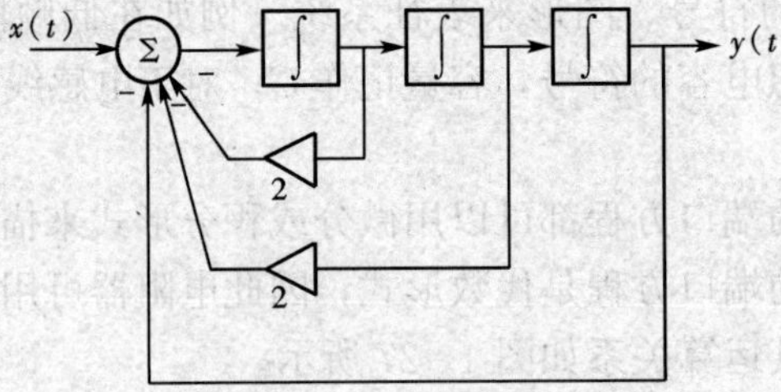

图 1-30　［例 1-8］图

其实，不同的系统可以具有相同的数学模型，因而，它们也可具有相同的框图。

习　题

1-1　已知 $f(t)=e^{-t}$，试画出下列信号的波形，注意它们的区别。

(1) $f(t)\varepsilon(t)$；　(2) $f(t-1)\varepsilon(t-1)$；

(3) $f(t+1)\varepsilon(t)$；　(4) $f(t)\varepsilon(t-1)$；

(5) $f(t)[\varepsilon(t-1)-\varepsilon(t-2)]$。

1-2　已知信号波形如图 1-31 所示，写出各信号的数学表达式。

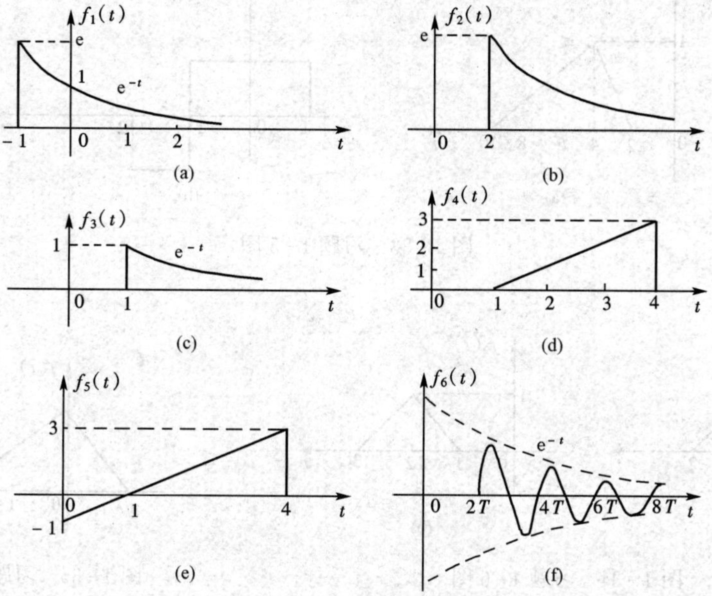

图 1-31　习题 1-2 图

1-3　利用冲激函数的抽样性质求下列各表达式的积分值。

(1) $\int_{-\infty}^{\infty}\delta(t-3)(t-4)\mathrm{d}t$；　(2) $\int_{-\infty}^{\infty}\delta(2t-3)(3t^2+t-5)\mathrm{d}t$；

(3) $\int_{-\infty}^{\infty}\frac{\sin\pi t}{t}\delta(t)\mathrm{d}t$；　(4) $\int_{-\infty}^{\infty}\delta(t+t_0)\varepsilon(t-t_0)\mathrm{d}t(t_0>0)$；

(5) $\int_{-\infty}^{\infty}\mathrm{e}^{-t}[\delta(t)+\delta'(t)]\mathrm{d}t$；　(6) $\int_{-\infty}^{\infty}\delta(t^2-9)\mathrm{d}t$；

(7) $\int_{-\infty}^{\infty}(t^2+4)\delta(1-t)\mathrm{d}t$；　(8) $\int_{-\infty}^{\infty}\delta(t-t_1)\varepsilon(t-t_2)\mathrm{d}t$。

1-4　已知各信号的波形如图 1-32 所示，分别画出它们求导后的波形图。

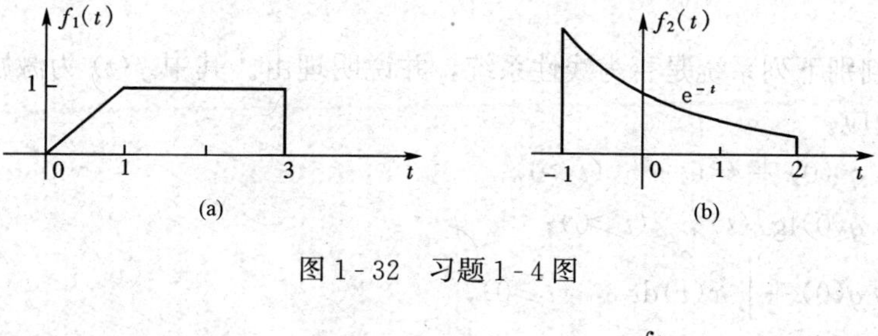

图 1-32　习题 1-4 图

1-5　信号 $f(t)$ 的波形如图 1-33 所示，画出 $f'(t)$ 和 $\int_{-\infty}^{t}f(\tau)\mathrm{d}\tau$ 的波形。

1-6　信号 $f_1(t)$ 和 $f_2(t)$ 的波形如图 1-34 所示，试绘出 $f_1(t)+f_2(t)$、$f_1(t)-f_2(t)$、$f_1(t)f_2(t)$ 的波形。

1-7　已知 $f(t)$ 波形如图 1-35 所示，试画出 $f(t-2)$、$f(t+2)$、$f(-t-2)$、$f(2t)$、$f(-2t+2)$、$f\left(-\frac{1}{2}t+\frac{1}{2}\right)$ 的波形图。

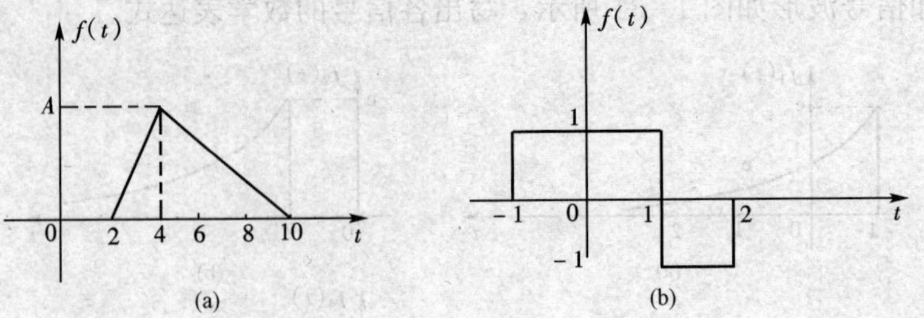

图 1-33 习题 1-5 图

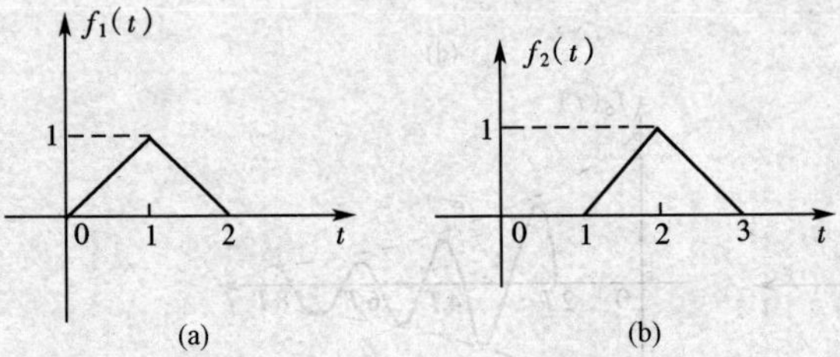

图 1-34 习题 1-6 图

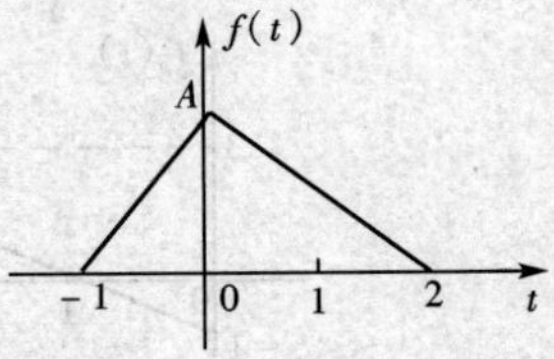

图 1-35 习题 1-7 图

1-8 已知波形 $f(3-3t)$ 如图 1-36 所示，画出 $f(t)$ 的波形。

1-9 已知 $f\left(2-\frac{t}{2}\right)$ 的波形如图 1-37 所示，试画出 $f(t)$ 的波形。

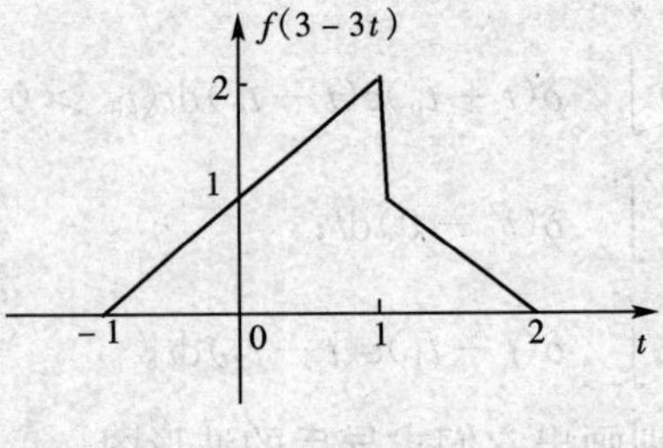

图 1-36 习题 1-8 图

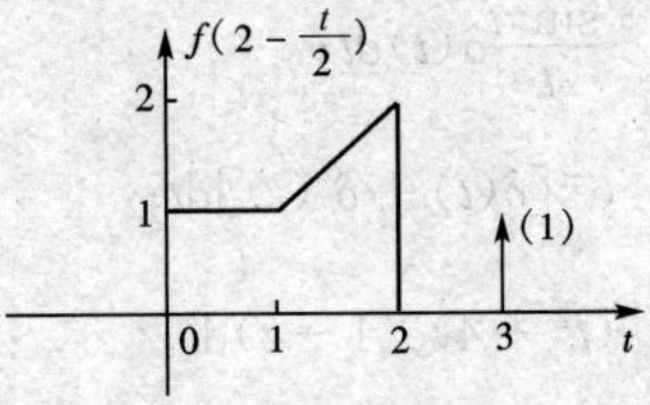

图 1-37 习题 1-9 图

1-10 试判别下列系统是否为线性系统，并说明理由。其中 $f(t)$ 为激励，$q(0)$ 为初始状态，$y(t)$ 为响应。

(1) $y(t)=q^2(0)+f^2(t) \quad (t\geqslant 0)$；

(2) $y(t)=q(0)\lg x(t) \quad (t\geqslant 0)$；

(3) $y(t)=q(0)+\int_0^t x(\tau)\mathrm{d}\tau \quad (t\geqslant 0)$；

(4) $y(t)=q(0)f(t) \quad (t\geqslant 0)$；

(5) $y(t)=\lg[q(0)]+t^2 f(t) \quad (t\geqslant 0)$；

(6) $y(t)=q(0)\sin t+tf(t) \quad (t\geqslant 0)$。

1-11 试判别下列零状态系统是否为线性系统，是否为时不变系统，是否为因果系统。

(1) $\frac{\mathrm{d}}{\mathrm{d}t}y(t)+10y(t)=x(t) \quad (t>0)$；

(2) $\frac{\mathrm{d}}{\mathrm{d}t}y(t)+10y(t)+3=2x(t)\quad (t>0)$；

(3) $\frac{\mathrm{d}}{\mathrm{d}t}y(t)+ty(t)=x(t)\quad (t>0)$；

(4) $\frac{\mathrm{d}}{\mathrm{d}t}y(t)+y^2(t)=x(t)\quad (t>0)$；

(5) $\frac{\mathrm{d}}{\mathrm{d}t}y(t)+10y(t)=x(t+10)\quad (t>0)$；

(6) $\frac{\mathrm{d}}{\mathrm{d}t}y(t)=10tx^2(t)+x(t+5)\quad (t>0)$。

1-12　对于下述的连续信号，输入为 $x(t)$，输出为 $y(t)$，$T[x(t)]$ 表示系统对 $x(t)$ 的响应。试判定下述系统是否为：①线性系统；②非时变系统；③因果系统；④稳定系统。

(1) $y(t)=T[x(t)]=x(t)x(t-1)$；

(2) $y(t)=T[x(t)]=x(t-2)-2x(t-17)$；

(3) $y(t)=T[x(t)]=tx(t)$。

1-13　某线性时不变系统有两个初始条件 $q_1(0)$ 和 $q_2(0)$。已知：

(1) 当 $q_1(0)=1, q_2(0)=0$ 时，其零输入响应为 $\mathrm{e}^{-t}+\mathrm{e}^{-2t}\,(t\geqslant 0)$；

(2) 当 $q_1(0)=0, q_2(0)=1$ 时，其零输入响应为 $\mathrm{e}^{-t}-\mathrm{e}^{-2t}\,(t\geqslant 0)$；

(3) 当 $q_1(0)=1, q_2(0)=-1$，而输入为 $f(t)$ 时，其全响应为 $y(t)=2+\mathrm{e}^{-t}\,(t\geqslant 0)$。

试求当 $q_1(0)=3, q_2(0)=2$，输入为 $2f(t)$ 时的全响应。

1-14　试画出下述微分方程所描述的系统的框图。

(1) $\frac{\mathrm{d}^3}{\mathrm{d}t^3}y(t)+3\frac{\mathrm{d}^2}{\mathrm{d}t^2}y(t)+3\frac{\mathrm{d}}{\mathrm{d}t}y(t)+y(t)=2x(t)$；

(2) $\frac{\mathrm{d}^2}{\mathrm{d}t^2}y(t)+2\frac{\mathrm{d}}{\mathrm{d}t}y(t)+3y(t)=\frac{\mathrm{d}}{\mathrm{d}t}x(t)+2x(t)$。

第二章　连续时间系统的时域分析

从本章开始对线性时不变系统进行讨论，首先讨论连续时间系统（简称连续系统），然后再讨论离散系统。先从最直接的时域分析方法开始。时域分析要求方法直观、物理概念清楚，计算过程繁琐，但它是以后学习其他变换域方法的基础。

第一节　连续时间系统的数学模型

系统分析的过程一般分为三个阶段。首先，建立系统的数学模型，也就是写出联系系统输入与输出信号之间的数学表达式；其次，采用适当的数学方法分析模型，求出系统在给定激励下的响应的数学表达式；最后，对所得到的数学解析表达式进行物理解释，深化系统对信号进行变换处理过程的理解。因此，系统数学模型的建立是进行信号与系统分析的基础。能否完整和准确地反映系统的基本性能，也就是实际的物理过程，在很大程度上取决于对系统的数学描述是否准确。

一、由系统结构建立数学模型

对于不同领域内的系统和现象，其数学模型的建立可根据该领域内特有的规则和定律来进行。例如电系统当然是从电路模型入手，根据基尔霍夫定律和元件的电压、电流特性关系来建立数学模型。具体有三个制约关系：

（1）KCL
$$\Sigma i(t)=0 \tag{2-1}$$

（2）KVL
$$\Sigma u(t)=0 \tag{2-2}$$

（3）VCR
$$u_R(t)=Ri_R(t) \tag{2-3}$$

$$u_L(t)=L\frac{\mathrm{d}i_L(t)}{\mathrm{d}t} \tag{2-4}$$

$$i_C(t)=C\frac{\mathrm{d}u_C(t)}{\mathrm{d}t} \tag{2-5}$$

式（2-3）～式（2-5）中的电压、电流均采用的是关联参考方向。

利用上面的三个约束关系，根据给定的电路具体结构，并选用适当的求解电路的方法，即可列出描述给定系统输入与输出关系的数学模型。由式（2-4）和式（2-5）所列的关系式可知，数学模型必定是微分方程（如果电路中只有电阻存在时，这个方程是代数方程）。下面用例题说明建立数学模型的具体步骤。

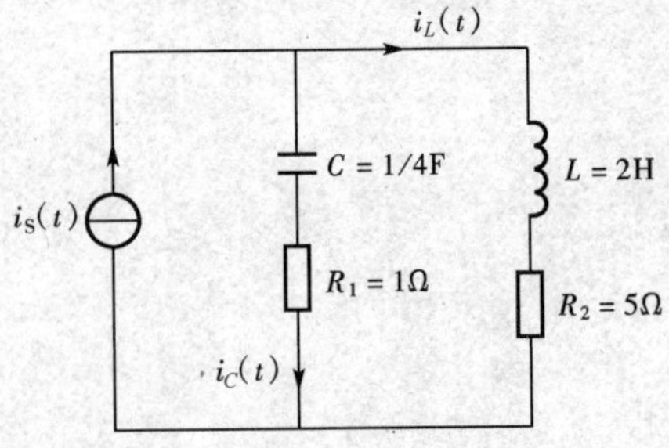

图 2-1　［例 2-1］图

【例 2-1】 试建立图 2-1 所示电路的数学模型。其中电流源 $i_S(t)$ 为激励，$i_L(t)$ 为响应。

解　由元件的伏安特性和电路的 KVL，有

$$\frac{1}{C}\int_{-\infty}^{t} i_C(\tau)\mathrm{d}\tau + R_1 i_C(t) = u_L + R_2 i_L = L\frac{\mathrm{d}i_L}{\mathrm{d}t} + R_2 i_L \tag{2-6}$$

对式（2-6）求导，得

$$\frac{1}{C}i_C(t) + R_1\frac{\mathrm{d}i_C}{\mathrm{d}t} = L\frac{\mathrm{d}^2 i_L}{\mathrm{d}t^2} + R_2\frac{\mathrm{d}i_L}{\mathrm{d}t} \tag{2-7}$$

又由 KCL，有

$$i_C(t) = i_S(t) - i_L(t)$$

将其代入式（2-7），得到

$$\frac{1}{C}[i_S(t) - i_L(t)] + R_1\frac{\mathrm{d}i_S}{\mathrm{d}t} - R_1\frac{\mathrm{d}i_L}{\mathrm{d}t} = L\frac{\mathrm{d}^2 i_L}{\mathrm{d}t^2} + R_2\frac{\mathrm{d}i_L}{\mathrm{d}t} \tag{2-8}$$

对式（2-8）进行整理，得

$$\frac{\mathrm{d}^2 i_L}{\mathrm{d}t^2} + \frac{(R_1+R_2)}{L}\frac{\mathrm{d}i_L}{\mathrm{d}t} + \frac{1}{LC}i_L = \frac{R_1}{L}\frac{\mathrm{d}i_S}{\mathrm{d}t} + \frac{1}{LC}i_S \tag{2-9}$$

将其给定的参数值代入，得到联系输入 $i_S(t)$ 与输出 $i_L(t)$ 的二阶线性常系数微分方程为

$$\frac{\mathrm{d}^2 i_L}{\mathrm{d}t^2} + 3\frac{\mathrm{d}i_L}{\mathrm{d}t} + 2i_L = \frac{1}{2}\frac{\mathrm{d}i_S}{\mathrm{d}t} + 2i_S \tag{2-10}$$

【例 2-2】 图 2-2 是一个简单的机械系统，方块表示质量为 m 的物体，通过弹簧系数为 k_1 的弹簧将它连接在墙上。现外加一个力 $f(t)$ 使物体位移 $y(t)$（与平衡点的距离），试建立该系统的数学模型。

解 由题意可知该系统的输入为外力 $f(t)$，输出为位移 $y(t)$。设弹簧为线性元件，根据虎克定律，弹力与拉力的长度成正比并等于 $k_1 y(t)$。设地面摩擦系数为 k_2，根据牛顿定律，摩擦力等于 $k_2\frac{\mathrm{d}y(t)}{\mathrm{d}t}$，故得描述该系统的动态方程为

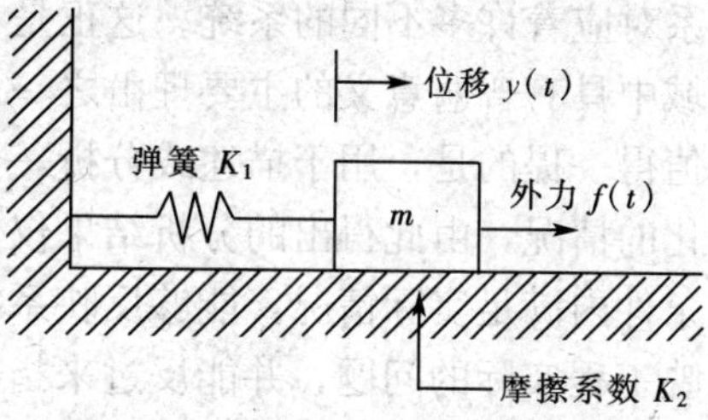

图 2-2　［例 2-2］的机械系统图

$$f(t) - k_1 y(t) - k_2\frac{\mathrm{d}y(t)}{\mathrm{d}t} = m\frac{\mathrm{d}^2 y(t)}{\mathrm{d}t^2}$$

或

$$m\frac{\mathrm{d}^2 y(t)}{\mathrm{d}t^2} + k_2\frac{\mathrm{d}y(t)}{\mathrm{d}t} + k_1 y(t) = f(t)$$

由于 m、k_1、k_2 均为常数，所以该机械系统的数学模型如同［例 2-1］的电系统一样，也是一个二阶定常线性微分方程。

二、由系统模拟框图建立数学模型

如果系统是用模拟框图来表示，则可以根据系统的各部件特性和部件之间相互连接的关系，写出系统的数学模型。

如图 2-3 所示系统中含有两个积分器、两个倍乘器、一个加法器。在 P 端和 Q 端分别满足以下关系式

$$y_P(t) = \frac{\mathrm{d}}{\mathrm{d}t}y(t),\quad y_Q(t) = \frac{\mathrm{d}}{\mathrm{d}t}y_P(t) \tag{2-11}$$

式中，$y_P(t)$ 是 P 端的信号；$y_Q(t)$ 是 Q 端的信号。

在加法器的输出端满足以下关系式

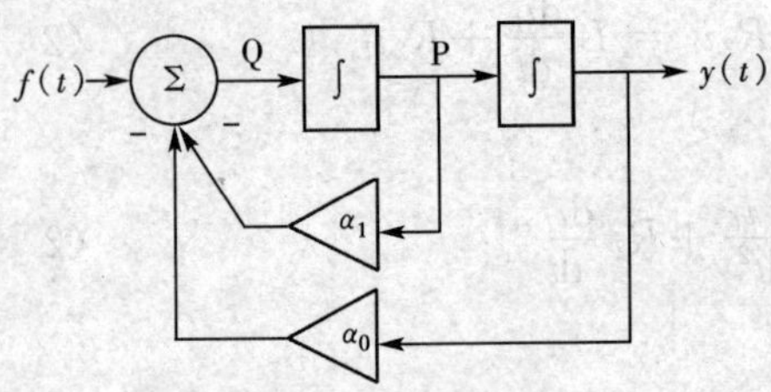

图 2-3　二阶系统图

$$y_Q(t)=f(t)-a_0y(t)-a_1y_P(t) \tag{2-12}$$

将式（2-11）代入式（2-12）中，即可得到该系统的数学模型

$$\frac{d^2}{dt^2}y(t)+a_1\frac{d}{dt}y(t)+a_0y(t)=f(t) \tag{2-13}$$

式（2-13）也是一个二阶常系数线性微分方程。

由此可见，对于一般的线性时不变系统（Linear Time Invariant，LTI），其输入/输出的数学模型均可用微分方程来描述。n 阶常系数线性微分方程的表达式为

$$\begin{aligned}&a_n\frac{d^ny(t)}{dt^n}+a_{n-1}\frac{d^{n-1}y(t)}{dt^{n-1}}+\cdots+a_1\frac{dy}{dt}+a_0y(t)\\&=b_m\frac{d^mf(t)}{dt^m}+b_{m-1}\frac{d^{m-1}f(t)}{dt^{m-1}}+\cdots+b_1\frac{df(t)}{dt}+b_0f(t)\end{aligned} \tag{2-14}$$

式中，a_n，a_{n-1}，…，a_1，a_0 和 $b_m,b_{m-1},\cdots,b_1,b_0$ 均为实常数，一般 $n\geqslant m$，它们均由系统的结构和参数决定；$f(t)$ 为系统的激励；$y(t)$ 是对应的响应。

对于来自不同领域的系统，它们的数学描述都具有共性；反之，一种数学模型的数学描述关系对应着许多不同的系统。这正是本书论述的信号与系统的理论和方法在广泛的工程技术领域中具有普遍意义的主要理由之一。

值得一提的是，用于描述或分析一个实际系统的任何模型，都是代表了那个系统的一种理想化的情况，由此得出的分析结果仅仅是模型本身的结果。然而，只要系统的模拟在某些限定条件内满足实际情况，能够反映系统的物理本质，则对系统建模及模型分析的结果都能够反映工程实际的问题，并能反过来指导工程实际。

以上所讨论的系统数学模型是着眼于建立系统输入与输出之间的关系，研究系统的端部特性而不关心系统内部变量的变化情况，所以称为输入/输出描述。若在时域中，除了考虑输入与输出变量之外，还要研究系统内部变量的变化规律，则所建立的数学模型是一组反映系统内部状态变量之间相互关系的状态方程，将在第九章中介绍。

如上所述，一个 LTI 系统可以用式（2-14）来描述，因而对系统的分析就归结为如何利用适当的数学方法对该微分方程进行求解的问题。微分方程的解就是系统的响应。早期经典的解法是以直接求解微分方程为基础，求解过程由求解齐次方程的解和特解所组成。

第二节　连续时间系统的零输入响应和零状态响应

连续时间系统的时域分析包括经典解法和卷积积分法，本节介绍系统响应的经典解法。

零输入响应［$y_{zi}(t)$］是激励为零时仅由系统的初始状态所引起的响应。零状态响应［$y_{zs}(t)$］是系统的初始状态为零（即系统的初始储能为零）时，仅由输入信号引起的响应。如果系统既有初始值又有输入信号，它们共同引起的响应称之为全响应，即

$$y(t)=y_{zi}(t)+y_{zs}(t) \tag{2-15}$$

在零输入条件下，微分方程式（2-14）等号右端均为零，化为齐次方程。其零输入响

应由该方程的齐次解得到，待定系数由初始条件 $y(0_+), y'(0_+), \cdots, y^{(n-1)}(0_+)$ 来决定。零状态响应由方程的全解得到，其中齐次解的系数应在全解中由零初始状态 $y(0_-)=y'(0_-)=\cdots=y^{(n-1)}(0_-)=0$ 来求得。

因为系统微分方程的解在 $t\in[0_+,\infty)$ 时间范围内，因而不能将 $y^{(k)}(0_-)$ 作为初始条件，而应当用 $y^{(k)}(0_+)$ 作为初始条件来求待定系数。这里为区分 $t=0_-$ 或 $t=0_+$ 时刻的值，定义 $y^{(k)}(0_-)$ 为初始状态，$y^{(k)}(0_+)$ 为初始条件（或初始值）。

【例 2-3】 已知某系统的微分方程模型为

$$\frac{\mathrm{d}^2}{\mathrm{d}t^2}y(t)+\frac{3}{2}\cdot\frac{\mathrm{d}}{\mathrm{d}t}y(t)+\frac{1}{2}y(t)=f(t)$$

初始条件 $y(0)=1, y'(0)=0$，输入 $f(t)=5\mathrm{e}^{-3t}\varepsilon(t)$。求系统的零输入响应 $y_{zi}(t)$，零状态响应 $y_{zs}(t)$ 以及全响应 $y(t)$。

解　(1) 求零输入响应 $y_{zi}(t)$。

由特征方程 $\lambda^2+\frac{3}{2}\lambda+\frac{1}{2}=0$ 得特征根 $\lambda_1=-1, \lambda_2=-1/2$。因此，齐次解 $y_{zi}(t)=c_1\mathrm{e}^{-t}+c_2\mathrm{e}^{-1/2t}$，由初始条件 $y(0)=1, y'(0)=0$，解得 $c_1=-1$，$c_2=2$，零输入响应为

$$y_{zi}(t)=(-\mathrm{e}^{-t}+2\mathrm{e}^{-1/2t})\varepsilon(t) \tag{2-16}$$

(2) 求零状态响应 $y_{zs}(t)$。

根据给定的输入 $f(t)=5\mathrm{e}^{-3t}\varepsilon(t)$，设特解 $y_P(t)=c\mathrm{e}^{-3t}$，代入方程，用比较系数法求得 $c=1$。因此，特解、齐次解和完全解分别是

$$y_p(t)=\mathrm{e}^{-3t}$$

$$y_h(t)=c_1\mathrm{e}^{-t}+c_2\mathrm{e}^{-1/2t}$$

$$y_{zs}(t)=y_p(t)+y_h(t)=c_1\mathrm{e}^{-t}+c_2\mathrm{e}^{-1/2t}+\mathrm{e}^{-3t} \tag{2-17}$$

将初始状态 $y(0)=0, y'(0)=0$ 代入式 (2-17)，解得 $c_1=-5$，$c_2=4$，因此零状态响应是

$$y_{zs}(t)=(-5\mathrm{e}^{-t}+4\mathrm{e}^{-1/2t}+\mathrm{e}^{-3t})\varepsilon(t) \tag{2-18}$$

(3) 求全响应 $y(t)$。

$$\begin{aligned}y(t)&=y_{zi}(t)+y_{zs}(t)=(-\mathrm{e}^{-t}+2\mathrm{e}^{-1/2t})\varepsilon(t)+(-5\mathrm{e}^{-t}+4\mathrm{e}^{-1/2t}+\mathrm{e}^{-3t})\varepsilon(t)\\&=\underbrace{(-6\mathrm{e}^{-t}+6\mathrm{e}^{-1/2t})\varepsilon(t)}_{\text{自由响应}}+\underbrace{\mathrm{e}^{-3t}\varepsilon(t)}_{\text{强迫响应}}\end{aligned} \tag{2-19}$$

【例 2-4】 电路如图 2-1 所示，参数不变，现已知电容上初始电压 $u_c(0_-)=3\mathrm{V}$，电感初始电流 $i_L(0_-)=1\mathrm{A}$；激励电流源 $i_S(t)$ 是单位阶跃函数。试求电感电流 $i_L(t)$ 的零输入响应和零状态响应。

解　首先应列出描述图 2-1 电路的微分方程。以 $i_L(t)$ 为输出的微分方程在［例 2-1］中已经给出，如式 (2-9)，将参数代入后得式 (2-20)

$$\frac{\mathrm{d}^2i_L}{\mathrm{d}t^2}+3\frac{\mathrm{d}i_L}{\mathrm{d}t}+2i_L=\frac{1}{2}\cdot\frac{\mathrm{d}i_S}{\mathrm{d}t}+2i_S \tag{2-20}$$

(1) 零输入响应。

当输入为零时，电感电流的零输入响应 $i_{Lzi}(t)$ 满足齐次方程

$$\frac{\mathrm{d}^2i_{Lzi}}{\mathrm{d}t^2}+3\frac{\mathrm{d}i_{Lzi}}{\mathrm{d}t}+2i_{Lzi}=0$$

其特征根为 $\lambda_1=-1$，$\lambda_2=-2$，所以零输入响应

$$i_{Lzi}(t)=c_{zi1}\mathrm{e}^{-t}+c_{zi2}\mathrm{e}^{-2t} \tag{2-21}$$

系数 c_{zi1}、c_{zi2} 由初始状态导出的初始值决定。为此，可画出为求解零输入响应的初始值等效电路，如图 2-4（a）所示。其中，输入电流源为零，相当于开路。由于 $u_L=L\dfrac{\mathrm{d}i_L(t)}{\mathrm{d}t}$，所以 $\left.\dfrac{\mathrm{d}i_{Lzi}(t)}{\mathrm{d}t}\right|_{t=0_+}=\dfrac{1}{L}u_{Lzi}(0_+)$。根据 KVL 可得

$$u_{Lzi}(0_+)=3-(R_1+R_2)i_{Lzi}(0_+)=-3$$

所以

$$\left.\frac{\mathrm{d}i_{Lzi}(t)}{\mathrm{d}t}\right|_{t=0_+}=-\frac{3}{2}$$

将 $i_{Lzi}(0_+)$ 和 $\left.\dfrac{\mathrm{d}i_{Lzi}(t)}{\mathrm{d}t}\right|_{t=0_+}$ 代入到式（2-21）及其导数，得

$$i_{Lzi}(0_+)=c_{zi1}+c_{zi2}=1$$

$$i'_{Lzi}(0_+)=-c_{zi1}-2c_{zi2}=-\frac{3}{2}$$

解以上两式，得 $c_{zi1}=\dfrac{1}{2}, c_{zi2}=\dfrac{1}{2}$，将它们代回到式（2-21），得电感电流的零输入响应

$$i_{Lzi}(t)=\frac{1}{2}\mathrm{e}^{-t}+\frac{1}{2}\mathrm{e}^{-2t}\qquad(t\geqslant 0) \tag{2-22}$$

（2）零状态响应。

输入 $i_S(t)=\varepsilon(t)$，在 $t>0$ 时，$i_S(t)=1$，$\dfrac{\mathrm{d}i_S(t)}{\mathrm{d}t}=0$。将它们代入到式（2-20）可得电感电流的零状态响应 $i_{Lzs}(t)$ 满足非齐次方程

$$\frac{\mathrm{d}^2 i_{Lzs}}{\mathrm{d}t^2}+3\frac{\mathrm{d}i_{Lzs}}{\mathrm{d}t}+2i_{Lzs}=2 \tag{2-23}$$

于是可得系统的零状态响应

$$i_{Lzs}(t)=c_{zs1}\mathrm{e}^{-t}+c_{zs2}\mathrm{e}^{-2t}+1 \tag{2-24}$$

系数 c_{zs1}、c_{zs2} 由 $t=0_+$ 时的输入和零初始状态下导出的初始值确定。为此，可画出为求解零状态响应的初始值等效电路如图 2-4（b）所示。其中，输入电流 $i_S(0_+)=1\mathrm{A}$。根据图 2-4（b）的等效电路可得

$$i_{Lzs}(0_+)=0$$

$$i'_{Lzs}(0_+)=\frac{1}{L}u_{Lzs}(0_+)=\frac{1}{L}R_1 i_S(0_+)=\frac{1}{2}$$

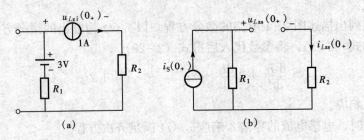

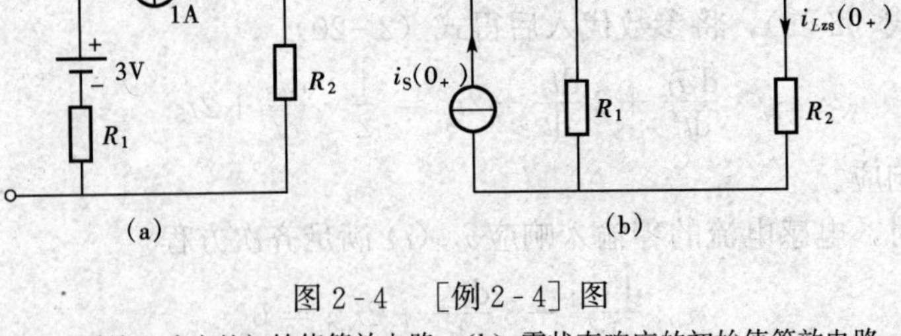

图 2-4　[例 2-4] 图

（a）零输入响应的初始值等效电路；（b）零状态响应的初始值等效电路

将 $i_{Lzs}(0_+)$ 和 $i'_{Lzs}(0_+)$ 代入到式（2-24），得 $c_{zs1}=-\frac{3}{2}$，$c_{zs2}=\frac{1}{2}$。故电感电流的零状态响应

$$i_{Lzs}(t)=-\frac{3}{2}e^{-t}+\frac{1}{2}e^{-2t}+1 \quad (t\geqslant 0) \tag{2-25}$$

最后，电感电流的完全响应

$$\begin{aligned} i_L(t) &= i_{Lzi}(t)+i_{Lzs}(t) \\ &= \overbrace{\underbrace{\frac{1}{2}e^{-t}+\frac{1}{2}e^{-2t}}_{\text{零输入响应}}\ -\frac{3}{2}e^{-t}+\frac{1}{2}e^{-2t}}^{\text{自由响应}}+\overbrace{1}^{\text{强迫响应}} \quad (\text{后四项及 }1\text{ 为零状态响应}) \\ &= \underbrace{-e^{-t}+e^{-2t}}_{\text{暂态响应}}+\underbrace{1}_{\text{稳态响应}} \quad (t\geqslant 0) \end{aligned} \tag{2-26}$$

通过解微分方程来确定系统响应的方法称为经典法。由以上举例看出，经典法中的难点是待定常数要由初始条件确定，而这个初始条件容易得到的是 $t=0_-$ 时刻的值，如果变量发生跃变，确定 0_+ 时刻的初始值比较繁琐。零输入响应是由系统非零初始条件引起的响应，易于求解。而零状态响应需要写出齐次解和特解，再求待定系数。当起始值有跳变时，必须判断 0_+ 时刻的值。在系统的时域分析中，零状态响应常采用另一方法——卷积积分法求得。它避开了求 0_+ 时刻值的问题。同时，如果系统激励是任意信号，特解不易用确定的函数解析式表示，经典法无法得到零状态响应，所以采用卷积积分法。

实际上，系统零状态响应还可以采用杜阿密尔积分法。

第三节　冲激响应和阶跃响应

冲激响应是描述系统特性的重要特征量，是确定零状态响应的关键。

一、冲激响应

线性非时变系统的单位冲激响应，是指系统的初始状态为零，激励为单位冲激信号 $\delta(t)$ 作用下的响应，简称冲激响应，用 $h(t)$ 表示。关于它的求法有许多种，这里先介绍时域求解的几种方法。

（一）直接计算单位冲激信号作用下的零状态响应

对于简单电路，直接计算该电路在单位冲激信号 $\delta(t)$ 作用下的零状态响应即可求得冲激响应 $h(t)$。

【例 2-5】 RL 串联电路如图 2-5 所示，激励为电压源 $u_S(t)$，响应为电流 $i_L(t)$，试求其冲激响应 $h(t)$。

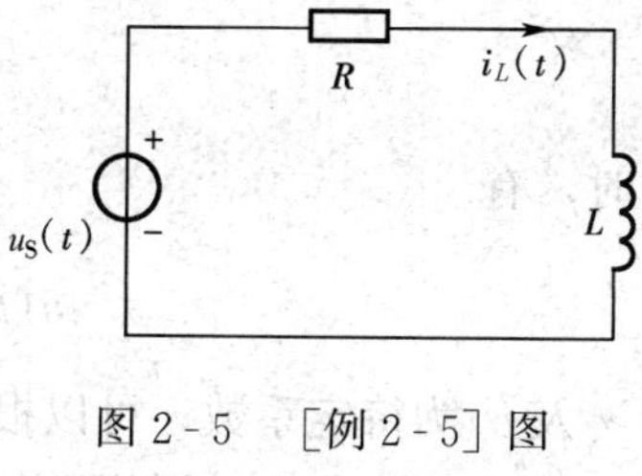

图 2-5　［例 2-5］图

解　由 KVL、KCL 和元件的 VAR，得电路的微分方程为

$$L\frac{di_L(t)}{dt}+Ri_L(t)=u_S(t)$$

由于电路是零状态，即 $i_L(0_-)=0$。设 $u_S(t)=\delta(t)$，在 $t=0$ 时接入电路，这时所求的 $i_L(t)=h(t)$。

电路的微分方程为

$$L\frac{\mathrm{d}i_L(t)}{\mathrm{d}t}+Ri_L(t)=\delta(t)$$

上式两边从 $t=0_-$ 到 $t=0_+$ 取积分，得

$$R\int_{0_-}^{0_+}i_L(t)\mathrm{d}t+Li_L(0_+)-Li_L(0_-)=1$$

因为 $i_L(t)$ 是有限的，故 $\int_{0_-}^{0_+}i_L(t)\mathrm{d}t=0$，又因 $i_L(0_-)=0$，得

$$i_L(0_+)=\frac{1}{L}$$

也就是电感电流在冲激电压信号 $\delta(t)$ 作用下从零跳变到 $\frac{1}{L}$。

当 $t\geqslant 0_+$ 时，$u_S(t)=\delta(t)=0$，可见这又是一个零输入电路，故具有零输入响应

$$i_L(t)=\frac{1}{L}\mathrm{e}^{-\frac{R}{L}t}\varepsilon(t)$$

则

$$h(t)=\frac{1}{L}\mathrm{e}^{-\frac{R}{L}t}\varepsilon(t)$$

（二）从系统的微分方程求解冲激响应

1. 直接求解

已知，描述 n 阶连续 LTI 系统的微分方程见式（2-14）。根据冲激响应的定义，令式中 $f(t)=\delta(t)$，则 $y(t)=h(t)$，将它们代入上式，可知冲激响应 $h(t)$ 是式（2-27）的零状态响应，即

$$\begin{aligned}&a_nh^{(n)}(t)+a_{n-1}h^{(n-1)}(t)+\cdots+a_1h'(t)+a_0h(t)\\&=b_m\delta^{(m)}(t)+b_{m-1}\delta^{(m-1)}(t)+\cdots+b_1\delta'(t)+b_0\delta(t)\end{aligned}\tag{2-27}$$

可以看到，式（2-27）等号右边不但包含冲激函数项，而且还包含其各阶导数项，因此有以下两个特点：

(1) 因为 $t>0$ 时 $\delta(t)$ 及其各项导数均等于零，所以式（2-27）等号右边恒等于零，故 $h(t)$ 与微分方程的齐次解有相同的形式。

(2) $h(t)$ 的形式与 n、m 值的相对大小密切相关。为使式（2-27）成立，待求 $h(t)$ 所包含的各奇异函数项必须与等式右边的各奇异函数项相平衡。

综上所述，如果方程的特征根 $\lambda_i(i=1,2,3,\cdots,n)$ 均为单根，则 $n>m$ 时，有

$$h(t)=\left(\sum_{i=1}^{n}c_i\mathrm{e}^{\lambda_i t}\right)\varepsilon(t)\tag{2-28}$$

$n=m$ 时，有

$$h(t)=c\delta(t)+\left(\sum_{i=1}^{n}c_i\mathrm{e}^{\lambda_i t}\right)\varepsilon(t)\tag{2-29}$$

式中，c 及 c_i 为待定系数，可以根据式（2-27）两边相应项系数对应相等的方法求取。$n<m$ 时，$h(t)$ 中还会包含冲激函数的导数。

【例 2-6】 若描述某系统的微分方程为 $y''(t)+5y'(t)+6y(t)=3f'(t)+2f(t)$，试求其冲激响应 $h(t)$。

解 首先求出方程的特征根，$\lambda_1=-2$，$\lambda_2=-3$。因 $n>m$，由式（2-28），得冲激响应为

$$h(t)=(c_1\mathrm{e}^{-2t}+c_2\mathrm{e}^{-3t})\varepsilon(t) \tag{2-30}$$

对式（2-30）求导，得

$$\frac{\mathrm{d}h(t)}{\mathrm{d}t}=(c_1+c_2)\delta(t)+(-2c_1\mathrm{e}^{-2t}-3c_2\mathrm{e}^{-3t})\varepsilon(t)$$

$$\frac{\mathrm{d}^2h(t)}{\mathrm{d}t^2}=(c_1+c_2)\delta'(t)+(4c_1\mathrm{e}^{-2t}+9c_2\mathrm{e}^{-3t})\varepsilon(t)+(-2c_1-3c_2)\delta(t)$$

将上述 3 个等式以及 $f(t)=\delta(t)$ 代入原微分方程，经整理得

$$(c_1+c_2)\delta'(t)+(3c_1+2c_2)\delta(t)=3\delta'(t)+2\delta(t)$$

则

$$\begin{cases}c_1+c_2=3\\3c_1+2c_2=2\end{cases}$$

解得

$$\begin{cases}c_1=-4\\c_2=7\end{cases}$$

代入式（2-30）得

$$h(t)=(7\mathrm{e}^{-3t}-4\mathrm{e}^{-2t})\varepsilon(t)$$

如果方程的特征根 λ_1 为 k 阶重根时，则式（2-28）或式（2-29）相应的项为 $c_1\mathrm{e}^{\lambda_1 t}+c_2t\mathrm{e}^{\lambda_1 t}+\cdots+c_kt^{k-1}\mathrm{e}^{\lambda_1 t}$。

如果特征方程有共轭复根时，设 $\lambda_1=\alpha+\mathrm{j}\beta$，$\lambda_2=\alpha-\mathrm{j}\beta$，则式（2-28）或式（2-29）相应的项应为 $c_1\mathrm{e}^{\alpha t}\cos\beta t+c_2\mathrm{e}^{\alpha t}\sin\beta t$。

设式（2-14）中的 $n=1$，$m=0$，则一阶微分方程的数学模型为

$$y'(t)+a_0y(t)=b_0f(t)$$

则冲激响应

$$h'(t)+a_0h(t)=b_0\delta(t) \tag{2-31}$$

的解 $h(t)=c\mathrm{e}^{-a_0t}\varepsilon(t)$。将其代入式（2-31），得

$$h(t)=b_0\mathrm{e}^{-a_0t}\varepsilon(t) \tag{2-32}$$

设式（2-14）中的 $n=1$，$m=1$，则微分方程为

$$y'(t)+a_0y(t)=b_1f'(t)+b_0f(t)$$

冲激响应为

$$h(t)=(b_0-a_0b_1)\mathrm{e}^{-a_0t}\varepsilon(t)+b_1\delta(t) \tag{2-33}$$

2. 间接求解

若 n 阶微分方程式（2-14）右侧仅为 $f(t)$，即

$$a_ny^{(n)}(t)+a_{n-1}y^{(n-1)}(t)+\cdots+a_1y'(t)+a_0y(t)=f(t) \tag{2-34}$$

设 $f(t)=\delta(t)$，则式（2-34）的冲激响应记为 $h_0(t)$，即

$$a_nh_0^{(n)}(t)+a_{n-1}h_0^{(n-1)}(t)+\cdots+a_1h'_0(t)+a_0h_0(t)=\delta(t) \tag{2-35}$$

其解的形式为

$$h_0(t)=\sum_{i=1}^{n}c_i e^{\lambda_i t}\varepsilon(t) \tag{2-36}$$

为了使式（2-35）等号两边对应项的系数平衡，式（2-35）左边应有冲激函数项，且该冲激函数项只能出现在第一项 $a_n h_0^{(n)}(t)$ 之中。这是因为，如果在其后面某项中存在冲激函数项，则式（2-35）左边第一项中将出现有 $\delta(t)$ 的导数项，则等式将无法平衡。因此，式(2-35)左边第一项如是冲激函数项，第二项则是阶跃函数项，其后各项则是相应的 t 的正幂函数项，如此等等。

对式（2-35）两边取 $0_-\sim 0_+$ 的定积分，则有

$$a_n\int_{0_-}^{0_+}h_0^{(n)}(t)\mathrm{d}t+a_{n-1}\int_{0_-}^{0_+}h_0^{(n-1)}(t)\mathrm{d}t+\cdots+a_1\int_{0_-}^{0_+}h'_0(t)\mathrm{d}t+a_0\int_{0_-}^{0_+}h_0(t)\mathrm{d}t=\int_{0_-}^{0_+}\delta(t)\mathrm{d}t \tag{2-37}$$

即

$$\begin{aligned}&a_n[h_0^{(n-1)}(0_+)-h_0^{(n-1)}(0_-)]+a_{n-1}[h_0^{(n-2)}(0_+)-h_0^{(n-2)}(0_-)]\\&+\cdots+a_1[h_0(0_+)-h_0(0_-)]+a_0[h_0^{(-1)}(0_+)-h_0^{(-1)}(0_-)]=1\end{aligned} \tag{2-38}$$

考虑到实际系统在冲激信号未作用之前不会有响应，因此在 0_- 时刻 $h_0(t)$ 及其各阶导数的值应为零，即有

$$h_0(0_-)=h'_0(0_-)=\cdots=h_0^{(n-2)}(0_-)=h_0^{(n-1)}(0_-)=0$$

另外，考虑到式（2-37）左边积分第一项因被积分函数是冲激函数，其积分是阶跃函数 $\varepsilon(t)$ 在 $t=0$ 处有跳变，而其他各项积分所得结果在 $t=0$ 处都是连续的，即有

$$h_0(0_+)=h'_0(0_+)=\cdots=h_0^{(n-2)}(0_+)=0 \tag{2-39}$$

在式（2-38）中，非零项仅剩一项，即

$$h_0^{(n-1)}(0_+)=\frac{1}{a_n} \tag{2-40}$$

由此可知，对于如式（2-34）的微分方程，式（2-39）和式（2-40）即为求解 $h_0(t)$ 的 n 个初始条件，代入式（2-36）即可得到在 $t>0$ 时的冲激响应 $h_0(t)$。一旦求得 $h_0(t)$，根据线性时不变系统性质，便可直接写出式（2-27）所描述系统的冲激响应

$$h(t)=b_m h_0^{(m)}(t)+b_{m-1}h_0^{(m-1)}(t)+\cdots+b_1 h'_0(t)+b_0 h_0(t) \tag{2-41}$$

间接法相对于直接法的优点是，在求 $h_0(t)$ 时只可能 $n>m$，无需考虑其他情况。如果 $n\leqslant m$，则响应中会出现冲激函数和冲激函数的各阶导数。由于 n 个初始条件是固定不变的，因而方便了计算。

【例 2-7】 试用间接法重新求解［例 2-6］微分方程的冲激响应。

解 先求 $y''(t)+5y'(t)+6y(t)=f(t)$ 的冲激响应 $h_0(t)$，得

$$h_0(t)=(c_1 e^{-2t}+c_2 e^{-3t})\varepsilon(t)$$

由式（2-39）和式（2-40）有

$$\begin{cases}h_0(0_+)=0\\h'_0(0_+)=1\end{cases}$$

得

$$\begin{cases}c_1+c_2=0\\-2c_1-3c_2=1\end{cases}$$

解得

$$\begin{cases} c_1 = 1 \\ c_2 = -1 \end{cases}$$

即
$$h_0(t) = (\mathrm{e}^{-2t} - \mathrm{e}^{-3t})\varepsilon(t)$$

则
$$h(t) = 3h'_0(t) + 2h_0(t) = (7\mathrm{e}^{-3t} - 4\mathrm{e}^{-2t})\varepsilon(t)$$

显然，与［例 2-6］的结果一致。

冲激响应还可利用阶跃响应求得。另外，还可以用变换域的方法求解，将在后续章节中介绍。

二、阶跃响应

线性非时变系统的单位阶跃响应，是指系统初始状态为零，激励为单位阶跃信号 $\varepsilon(t)$ 作用下的响应，简称阶跃响应，用 $s(t)$ 表示。

系统阶跃响应的求法要比冲激响应简单，因为一般来说，它不会使系统发生能量跃变，而且由于输入的阶跃函数在 $t>0$ 时不为零，因而系统的阶跃响应包括齐次解和特解两部分。

一阶电路的阶跃响应完全可以按照三要素公式求得，二阶以上的系统可采用变换域的方法求得。

根据冲激信号与阶跃信号间的关系

$$\delta(t) = \frac{\mathrm{d}\varepsilon(t)}{\mathrm{d}t} \tag{2-42}$$

可以推得线性非时变系统冲激响应和阶跃响应的关系

$$h(t) = \frac{\mathrm{d}s(t)}{\mathrm{d}t} \tag{2-43}$$

对于一个计算阶跃响应比较方便的系统，先求阶跃响应 $s(t)$，再取其导数便得到冲激响应 $h(t)$。例如对于［例 2-5］所示电路，由三要素公式可得 $s(t) = \frac{1}{R}(1 - \mathrm{e}^{-\frac{R}{L}t})\varepsilon(t)$，再利用式（2-43）得

$$h(t) = \frac{\mathrm{d}s(t)}{\mathrm{d}t} = \frac{1}{L}\mathrm{e}^{-\frac{R}{L}t}\varepsilon(t)$$

当然，反过来，若已知冲激响应 $h(t)$，则 $s(t)$ 也同样可以得到，即为

$$s(t) = \int_{-\infty}^{t} h(\tau)\mathrm{d}\tau \tag{2-44}$$

若为因果系统，且考虑到 $t=0$ 时刻可能出现的冲激及其各阶导数，式（2-44）应表示为

$$s(t) = \int_{0_-}^{t} h(\tau)\mathrm{d}\tau \tag{2-45}$$

在系统理论研究中，常利用冲激响应或阶跃响应表征系统的某些基本性能，例如因果系统的充分必要条件可表示为

$$h(t) = 0 \quad (t < 0)$$

或

$$s(t) = 0 \quad (t < 0)$$

当 $t<0$ 时，冲激响应（或阶跃响应）等于零。

第四节　信号的时域分解和卷积积分

本章第三节讨论了系统对于单位冲激信号和单位阶跃信号激励下的零态响应，本节将开始研究系统在任意波形信号激励下的零态响应问题。关于此问题，本书前面曾指出过，可以按照高等数学中解非齐次微分方程的办法给予解决，但如果激励是较复杂的或不规则的信号，特解便无法用确切的解析函数式表示，所以本节将介绍另一种求解 LTI 系统零态响应的方法——卷积积分法。

卷积积分在信号与系统理论中占有重要地位，随着理论研究的深入和计算机技术的发展，卷积方法得到了更为广泛的应用。卷积积分是以冲激信号作为测试信号，将输入信号分解成一组移位的加权冲激信号之和，求出系统对每一冲激分量的响应，而零态响应就是这些冲激分量响应的叠加。

一、信号的时域分解

对于任意波形的信号 $f(t)$ 可以分割成许多相邻的矩形脉冲，如图 2-6 所示，$\Delta\tau$ 是脉冲宽度，对于 $t=n\Delta\tau$ 时刻的矩形脉冲，其高度即 $f(t)$ 的值为 $f(n\Delta\tau)$。

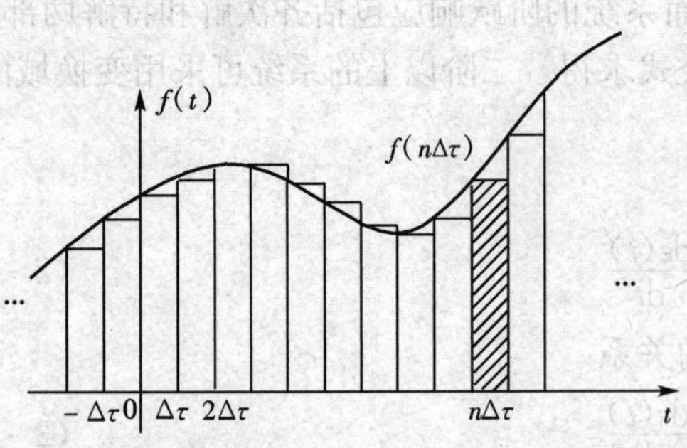

图 2-6　用窄脉冲之和近似表示任意信号

为了讨论方便，这里所应用的脉冲函数 $P_{\Delta\tau}(t)$ 如图 2-7（a）所示。根据第一章广义极限的定义，对 $P_{\Delta\tau}(t)$ 当 $\Delta\tau\to0$ 时的极限函数就是 $\delta(t)$。那么，对图 2-7（b）所示的函数表示为 $P_{\Delta\tau}(t)\Delta\tau$。

这样，可以将 $f(t)$ 近似地看做是由以下一系列强度不同、接入时刻不同的窄脉冲组成。

在 $t=-\Delta\tau$ 时，输入为

$$f(-\Delta\tau)P_{\Delta\tau}(t+\Delta\tau)\Delta\tau$$

在 $t=0$ 时，输入为

$$f(0)P_{\Delta\tau}(t)\Delta\tau$$

在 $t=\Delta\tau$ 时，输入为

$$f(\Delta\tau)P_{\Delta\tau}(t-\Delta\tau)\Delta\tau$$

$$\vdots$$

在 $t=n\Delta\tau$ 时，输入为

$$f(n\Delta\tau)P_{\Delta\tau}(t-n\Delta\tau)\Delta\tau$$

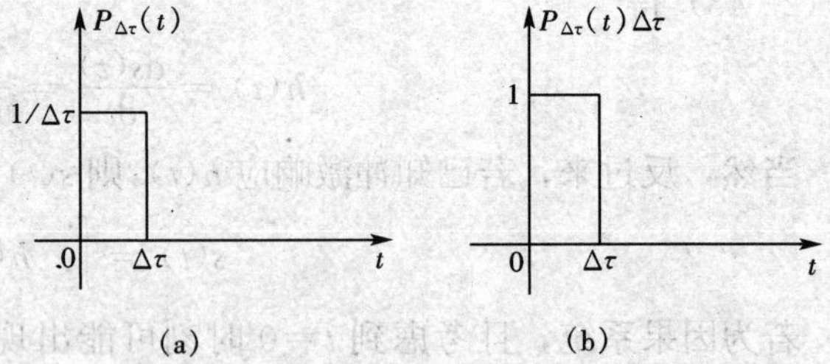

图 2-7　脉冲函数

（a）脉冲函数 $P_{\Delta\tau}(t)$；（b）脉冲函数 $P_{\Delta\tau}(t)\Delta\tau$

无穷多个矩形脉冲的叠加就近似等于原信号 $f(t)$，即

$$f(t)\approx\sum_{n=-\infty}^{\infty}f(n\Delta\tau)P_{\Delta\tau}(t-n\Delta\tau)\Delta\tau \tag{2-46}$$

显然，脉冲宽度越窄，这一近似程度就越好。取式（2-46）当 $\Delta\tau\to0$ 时的极限为

$$f(t)=\lim_{\Delta\tau\to0}\sum_{n=-\infty}^{\infty}f(n\Delta\tau)\delta(t-n\Delta\tau)\Delta\tau \tag{2-47}$$

当 $\Delta\tau\to0$ 时，即 $\Delta\tau\to\mathrm{d}\tau$，$n\Delta\tau$ 成为新变量 τ，求和变成对连续新变量 τ 的积分，即

$$f(t)=\int_{-\infty}^{\infty}f(\tau)\delta(t-\tau)\mathrm{d}\tau \tag{2-48}$$

式（2-48）表明，任意波形的信号 $f(t)$ 可以表示为无穷多个强度为 $f(\tau)\mathrm{d}\tau$ 的冲激信号 $[f(\tau)\mathrm{d}\tau]\delta(t-\tau)$ 的积分，也就是说任意波形的信号可以分解为连续的无穷多项加权的冲激信号之和。任意波形的信号还有其他分解方法。

二、零状态响应的确定——卷积积分

下面研究系统在任意信号 $f(t)$ 激励下的零态响应 $y(t)$［为简便起见，当只讨论零态响应时，不用 $y_{zs}(t)$ 而用 $y(t)$ 表示］的求解问题。

对于 LTI 系统来说，如果系统的冲激响应为 $h(t)$，则以下推理成立：

若 $$f(t)=\delta(t) \quad\rightarrow\quad y(t)=h(t)$$

则 $$f(t)=\delta(t-n\Delta\tau)\rightarrow y(t)=h(t-n\Delta\tau)$$

所以当 $$f(t)=\lim_{\Delta\tau\to 0}\sum_{n=-\infty}^{\infty}f(n\Delta\tau)\delta(t-n\Delta\tau)\Delta\tau$$

可推出 $$y(t)=\lim_{\Delta\tau\to 0}\sum_{n=-\infty}^{\infty}f(n\Delta\tau)h(t-n\Delta\tau)\Delta\tau \tag{2-49}$$

将 $y(t)$ 写成积分的形式，即得任意信号 $f(t)$ 作用于 LTI 系统而引起的零态响应，为

$$y(t)=\int_{-\infty}^{\infty}f(\tau)h(t-\tau)\mathrm{d}\tau \tag{2-50}$$

式（2-50）称为 $f(t)$ 与 $h(t)$ 的卷积积分，简称卷积。记作

$$y(t)=f(t)*h(t) \tag{2-51}$$

式（2-51）表明，一旦求得系统的冲激响应 $h(t)$，只要计算任意信号 $f(t)$ 与 $h(t)$ 的卷积积分，就可得到系统由 $f(t)$ 引起的零状态响应，这种方法将使零状态响应的计算大为简化，通常也称其为卷积分析法，这种方法的关键是求出式（2-50）。

式（2-50）是卷积积分的一般形式，当 $f(t)$ 与 $h(t)$ 受到某种限制时，其积分上、下限会有所变化。

如果 $t<0$ 时，$f(t)=0$，即 $f(t)$ 为因果信号，写为 $f(t)\varepsilon(t)$，因而式（2-50）可写为

$$y(t)=\int_{-\infty}^{\infty}f(\tau)\varepsilon(\tau)h(t-\tau)\mathrm{d}\tau=\int_{0}^{\infty}f(\tau)h(t-\tau)\mathrm{d}\tau \tag{2-52}$$

如果 $f(t)$ 不受以上限制，而有 $t<0$ 时，$h(t)=0$，则 $h(t)$ 可表示为 $h(t)\varepsilon(t)$，将其反折并平移后为 $h(t-\tau)\varepsilon(t-\tau)$，可见当 $\tau>t$ 时，$\varepsilon(t-\tau)=0$。因而式（2-50）可写成为

$$y(t)=\int_{-\infty}^{\infty}f(\tau)h(t-\tau)\varepsilon(t-\tau)\mathrm{d}\tau=\int_{-\infty}^{t}f(\tau)h(t-\tau)\mathrm{d}\tau \tag{2-53}$$

如果 $f(t)$ 和 $h(t)$ 均受到限制，即都为有始函数时，$f(t)$ 和 $h(t)$ 分别表示为 $f(t)\varepsilon(t)$ 和 $h(t)\varepsilon(t)$，则式（2-50）可成为

$$y(t)=\int_{-\infty}^{\infty}f(\tau)\varepsilon(\tau)h(t-\tau)\varepsilon(t-\tau)\mathrm{d}\tau=\int_{0_-}^{t}f(\tau)h(t-\tau)\mathrm{d}\tau \tag{2-54}$$

式（2-54）是常用公式。积分下限取 0_- 是考虑到 $f(t)$ 或 $h(t)$ 可能包含冲激函数。

【例 2-8】 如一线性非时变系统的冲激响应为 $h(t)=\mathrm{e}^{-\alpha t}\varepsilon(t)$，激励为单位阶跃函数 $\varepsilon(t)$，试求系统的零状态响应。

解 将激励和冲激响应代入到式（2-49）中，得系统的零状态响应

$$y(t)=\int_0^t f(\tau)h(t-\tau)\mathrm{d}\tau$$

$$=\int_0^t \varepsilon(\tau)\mathrm{e}^{-\alpha(t-\tau)}\varepsilon(t-\tau)\mathrm{d}\tau=\int_0^t \mathrm{e}^{-\alpha(t-\tau)}\mathrm{d}\tau$$

$$=\frac{1}{\alpha}(1-\mathrm{e}^{-\alpha t})\varepsilon(t)$$

因为被积函数中不含有奇异函数，所以下限只从 0 开始。

一般而言，在线性非时变系统分析中，利用卷积积分求得系统的零状态响应 $y_{zs}(t)$，再与零输入响应 $y_{zi}(t)$ 相加，就得到全响应 $y(t)$。由上例可见，如果激励 $f(t)$ 和冲激响应 $h(t)$ 均为因果函数，并且系统的特征根均为单根，那么全响应为

$$y(t)=y_{zi}(t)+y_{zs}(t)=\sum_{i=1}^{n}C_{zi}\mathrm{e}^{\lambda_i t}+\int_{0_-}^{t}f(\tau)h(t-\tau)\mathrm{d}\tau \tag{2-55}$$

式（2-55）中第一项是零输入响应，第二项是零状态响应。

三、卷积的图解和卷积积分限的确定

第三节讨论了一般形式的卷积积分，并给出了当 $f(t)$ 与 $h(t)$ 都为因果信号时的积分上下限，但实际上卷积积分限还要根据具体情况来确定，特别是当 $f(t)$ 和 $h(t)$ 两者或两者之一为分段定义的函数时，用图解的方法有利于正确地确定卷积积分的区间及积分上下限。

现在暂且离开利用卷积求线性系统零态响应的物理问题，而从数学意义上给出卷积积分运算的定义，并配合以图解。设两个时间函数 $f_1(t)$、$f_2(t)$，计算其卷积

$$y(t)=f_1(t)*f_2(t)=\int_{-\infty}^{\infty}f_1(\tau)f_2(t-\tau)\mathrm{d}\tau \tag{2-56}$$

步骤如下：

（1）换元。将函数 $f_1(t)$ 与 $f_2(t)$ 中的变量 t 换成 τ。

（2）反转。做出 $f_2(\tau)$ 关于纵轴的镜像 $f_2(-\tau)$。

（3）平移。把 $f_2(-\tau)$ 平移一个 t，得 $f_2(t-\tau)$。若 $t>0$，则 $f_2(-\tau)$ 向右移 t；若 $t<0$，则 $f_2(-\tau)$ 向左移 t。

（4）相乘。将 $f_1(\tau)$ 与 $f_2(t-\tau)$ 相乘。

（5）积分。$f_1(\tau)$ 与 $f_2(t-\tau)$ 乘积曲线下的面积即为 t 时刻的卷积值。

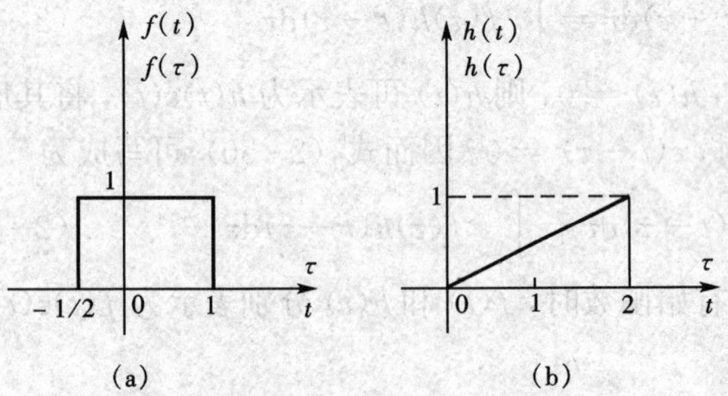

图 2-8 ［例 2-9］图

(a) $f(t)$ 波形；(b) $h(t)$ 波形

【例 2-9】 已知分段函数

$$f(t)=\begin{cases}1 & (-1/2<t<1)\\ 0 & (\text{其他})\end{cases}$$

$$h(t)=\begin{cases}\frac{1}{2}t & (0<t<2)\\ 0 & (\text{其他})\end{cases}$$

其波形分别如图 2-8（a）、（b）所示，试求卷积 $y(t)=f(t)*h(t)$。

解 $h(\tau)$ 的反转和平移分别如图 2-9（a）、（b）所示。

其卷积结果如下：

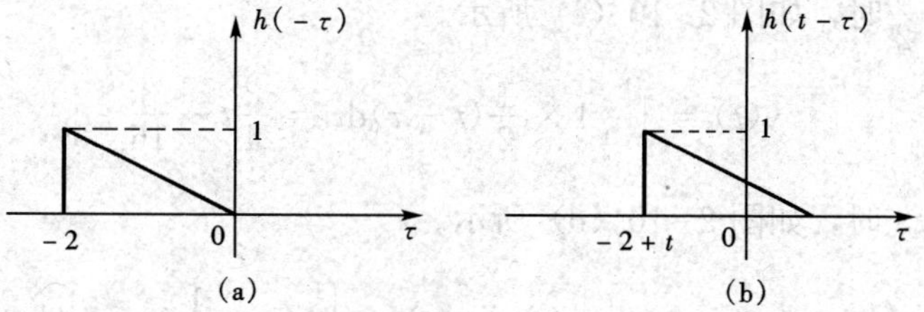

图 2-9　反转和平移

(a) $h(\tau)$ 反转；(b) $h(-\tau)$ 平移

(1) 当 $t<-\frac{1}{2}$ 时，如图 2-10（a）所示。

$$y(t)=0$$

(2) 当 $-\frac{1}{2}\leqslant t<1$ 时，如图 2-10（b）所示。

$$y(t)=\int_{-\frac{1}{2}}^{t}1\times\frac{1}{2}(t-\tau)\mathrm{d}\tau=\frac{t^2}{4}+\frac{t}{4}+\frac{1}{16}$$

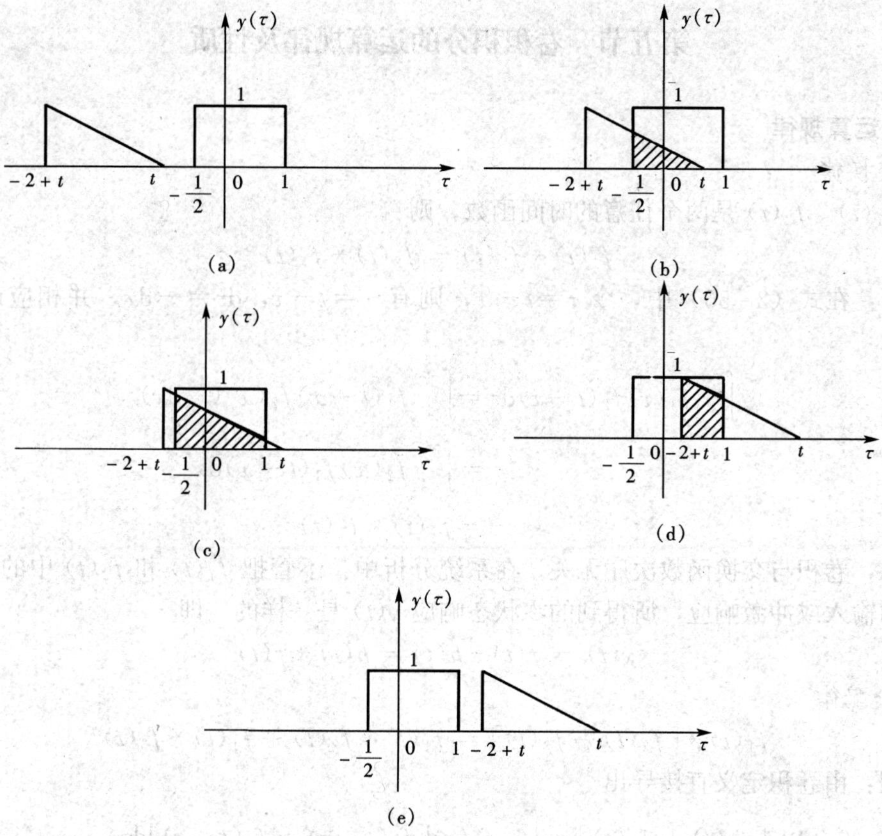

图 2-10　卷积积分的求解过程

(a) $t<-\frac{1}{2}$；(b) $-\frac{1}{2}\leqslant t<1$；(c) $1\leqslant t<\frac{3}{2}$；(d) $\frac{3}{2}\leqslant t<3$；(e) $t\geqslant 3$

（3）当 $1\leqslant t<\frac{3}{2}$ 时，如图 2-10（c）所示。

$$y(t)=\int_{-\frac{1}{2}}^{1}1\times\frac{1}{2}(t-\tau)\mathrm{d}\tau=\frac{3}{4}t-\frac{3}{16}$$

（4）当 $\frac{3}{2}\leqslant t<3$ 时，如图 2-10（d）所示。

$$y(t)=\int_{t-2}^{1}1\times\frac{1}{2}(t-\tau)\mathrm{d}\tau=-\frac{t^2}{4}+\frac{t}{2}+\frac{3}{4}$$

（5）当 $t\geqslant 3$，如图 2-10（e）所示。

$$y(t)=0$$

$f(t)$ 与 $h(t)$ 卷积的结果随 t 变化的曲线如图 2-11 所示。

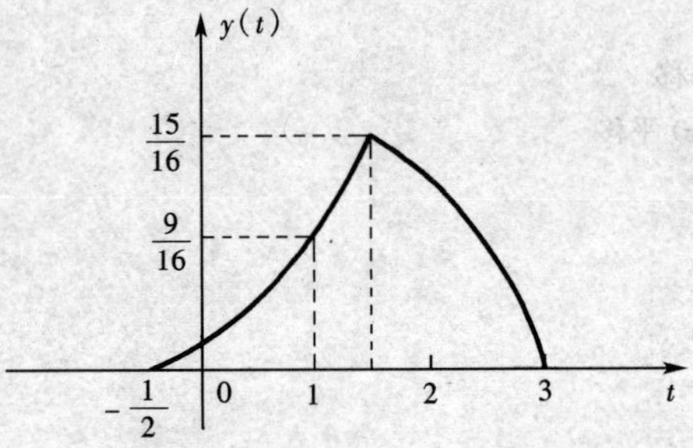

图 2-11 ［例 2-9］的卷积结果波形图

显然，应用卷积的图解能够直观地确定积分的上、下限。

由于卷积积分的计算包括换元、反转、平移、相乘与积分，所以卷积有时也称为褶积或卷乘。

第五节 卷积积分的运算规律及性质

一、运算规律

1. 交换律

若 $f_1(t)$、$f_2(t)$ 是两个任意的时间函数，则

$$f_1(t)*f_2(t)=f_2(t)*f_1(t) \tag{2-57}$$

证明：在式（2-56）中，令 $\tau=t-x$，则有 $x=t-\tau$，$\mathrm{d}\tau=-\mathrm{d}x$，并相应改变积分限，有

$$\begin{aligned}\int_{\infty}^{-\infty}f_1(\tau)f_2(t-\tau)\mathrm{d}\tau&=\int_{\infty}^{-\infty}f_1(t-x)f_2(x)(-\mathrm{d}x)\\&=\int_{-\infty}^{\infty}f_2(x)f_1(t-x)\mathrm{d}x\\&=f_2(t)*f_1(t)\end{aligned}$$

可见，卷积与交换函数次序无关。在系统分析中，不管把 $f_1(t)$ 和 $f_2(t)$ 中的哪一个看作系统的输入或冲激响应，所得到的零状态响应 $y(t)$ 是一样的，即

$$y(t)=f(t)*h(t)=h(t)*f(t)$$

2. 分配律

$$f_1(t)*[f_2(t)+f_3(t)]=f_1(t)*f_2(t)+f_1(t)*f_3(t) \tag{2-58}$$

证明：由卷积定义直接导出

$$\begin{aligned}f_1(t)*[f_2(t)+f_3(t)]&=\int_{-\infty}^{\infty}f_1(\tau)[f_2(t-\tau)+f_3(t-\tau)]\mathrm{d}\tau\\&=\int_{-\infty}^{\infty}f_1(\tau)f_2(t-\tau)\mathrm{d}\tau+\int_{-\infty}^{\infty}f_1(\tau)f_3(t-\tau)\mathrm{d}\tau\\&=f_1(t)*f_2(t)+f_1(t)*f_3(t)\end{aligned}$$

如果 $f_2(t)$、$f_3(t)$ 分别是两个系统的冲激响应，则有

$$f(t)*[h_1(t)+h_2(t)]=f(t)*h_1(t)+f(t)*h_2(t)$$

并联 LTI 系统对于输入 $f(t)$ 的响应等于各个子系统对 $f(t)$ 的响应之和，如图2-12所示，并且有

$$h(t)=h_1(t)+h_2(t) \tag{2-59}$$

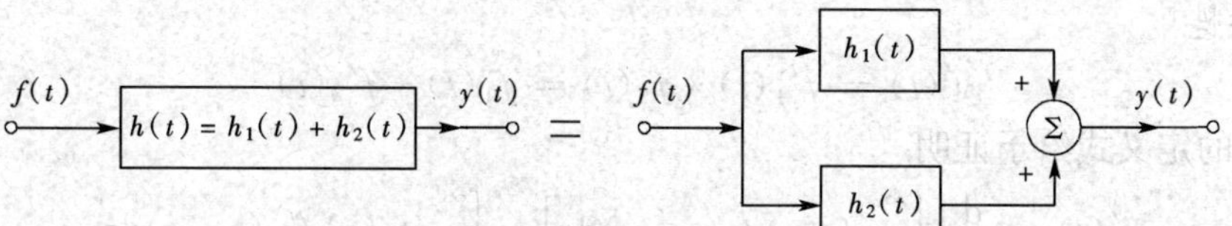

图 2-12　分配律的图示说明

3. 结合律

$$[f_1(t)*f_2(t)]*f_3(t)=f_1(t)*[f_2(t)*f_3(t)] \tag{2-60}$$

证明：左边$=\int_{-\infty}^{\infty}\left[\int_{-\infty}^{\infty}f_1(\tau)f_2(\eta-\tau)\mathrm{d}\tau\right]f_3(t-\eta)\mathrm{d}\eta$，交换积分的次序并将中括号内的 $(\eta-\tau)$ 换为 x，上式等于

$$\int_{-\infty}^{\infty}f_1(\tau)\left[\int_{-\infty}^{\infty}f_2(x)f_3(t-\tau-x)\mathrm{d}x\right]\mathrm{d}\tau=\int_{-\infty}^{\infty}f_1(\tau)f_{23}(t-\tau)\mathrm{d}\tau$$
$$=f_1(t)*[f_2(t)*f_3(t)]$$

$$f_{23}(t-\tau)=\int_{-\infty}^{\infty}f_2(x)f_3(t-\tau-x)\mathrm{d}x$$

即

$$f_{23}(t)=\int_{-\infty}^{\infty}f_2(x)f_3(t-x)\mathrm{d}x=f_2(t)*f_3(t)$$

如果 $f_2(t)$ 和 $f_3(t)$ 分别是两个系统的冲激响应，则有

$$[f(t)*h_1(t)]*h_2(t)=f(t)*[h_1(t)*h_2(t)]$$

两个 LTI 系统级联（或称串联）时，其零状态响应等于激励与总系统的单位冲激响应的卷积，如图 2-13 所示，其中

$$h(t)=h_1(t)*h_2(t) \tag{2-61}$$

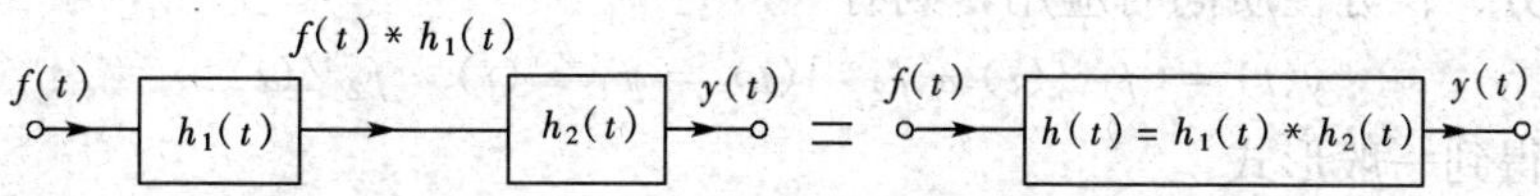

图 2-13　结合律的图示说明

二、卷积性质

若

$$f_1(t)*f_2(t)=y(t)$$

卷积具有以下性质：

1. 时移性

$$f_1(t)*f_2(t-t_0)=y(t-t_0) \tag{2-62}$$

证明
$$f_1(t)*f_2(t-t_0)=\int_{-\infty}^{\infty}f_1(\tau)f_2(t-\tau-t_0)\mathrm{d}\tau$$
$$=\int_{-\infty}^{\infty}f_1(\tau)f_2[(t-t_0)-\tau]\mathrm{d}\tau=y(t-t_0)$$

式（2-62）说明当输入信号延时 t_0，再与冲激响应卷积时，其结果是时移前两信号卷积的延时，并也延时相同的时间。

2. 微分性

$$y'(t)=f'_1(t)*f_2(t)=f_1(t)*f'_2(t) \tag{2-63}$$

由卷积的定义式给予证明

$$y'(t)=\frac{\mathrm{d}}{\mathrm{d}t}\left[\int_{-\infty}^{\infty}f_1(\tau)f_2(t-\tau)\mathrm{d}\tau\right]=\int_{-\infty}^{\infty}f_1(\tau)f'_2(t-\tau)\mathrm{d}\tau$$
$$=f_1(t)*f'_2(t)$$

同理可证

$$y'(t)=f'_1(t)*f_2(t)$$

式（2-63）说明信号微分一次后与另一信号的卷积积分，等于两信号卷积积分后再对 t 微分一次。同理，若微分两次或 n 次，也有相同的结果。

3. 积分性

$$y^{(-1)}(t)=f_1(t)*f_2^{(-1)}(t)=f_1^{(-1)}(t)*f_2(t) \tag{2-64}$$

式中，$y^{(-1)}(t)$、$f_1^{(-1)}(t)$ 和 $f_2^{(-1)}(t)$ 分别表示 $y(t)$、$f_1(t)$ 和 $f_2(t)$ 从 $-\infty\sim t$ 的一次积分。

证明：
$$y^{(-1)}(t)=\int_{-\infty}^{t}y(\lambda)\mathrm{d}\lambda=\int_{-\infty}^{t}\left[\int_{-\infty}^{\infty}f_1(\tau)f_2(\lambda-\tau)\mathrm{d}\tau\right]\mathrm{d}\lambda$$
$$=\int_{-\infty}^{\infty}f_1(\tau)\left[\int_{-\infty}^{t}f_2(\lambda-\tau)\mathrm{d}\lambda\right]\mathrm{d}\tau$$
$$=\int_{-\infty}^{\infty}f_1(\tau)f_2^{(-1)}(t-\tau)\mathrm{d}\tau=f_1(t)*f_2^{(-1)}(t)$$

由卷积的交换律，同理可证 $y^{(-1)}(t)=f_1^{(-1)}(t)*f_2(t)$

式（2-64）说明，两个函数卷积之后的积分和先对其中任何一个函数先积分再与另一函数卷积的结果是一样的。

4. 微、积分性质

如果将微分、积分性质同时应用，则有

$$y(t)=f_1^{(1)}(t)*f_2^{(-1)}(t)=f_1^{(-1)}(t)*f_2^{(1)}(t) \tag{2-65}$$

可以推广得到一般形式

$$y^{(n-m)}(t)=f_1^{(n)}(t)*f_2^{(-m)}(t)=f_2^{(n)}(t)*f_1^{(-m)}(t) \tag{2-66}$$

不难看出，如果 $f_1(t)$、$f_2(t)$ 分别作微分和积分，且次数相等，即 $n=m$，则卷积结果即为函数本身 $y(t)$。

但必须注意，应用上述性质时，被积分的那个函数应为可积函数，而被求导的那个函数在 $t=-\infty$ 处应为零值；否则，会导致错误的结果。

5. 与冲激函数的卷积性质

利用冲激函数的抽样性质和卷积运算的交换律，可以得到

$$f(t)*\delta(t)=\delta(t)*f(t)=f(t) \tag{2-67}$$

式（2-67）表明，任意函数与单位冲激函数的卷积，其结果就是该函数本身。

如果两函数分别有延时，则有

$$f(t-t_1)*\delta(t-t_2)=f(t-t_1-t_2) \tag{2-68}$$

利用上述卷积的性质能够大大简化卷积运算。比如，当信号的波形是由折线组成时，两个函数的卷积过程比较繁琐，若应用卷积的微分性质，使其中一个信号出现冲激，再与另一函数卷积，就是该函数本身，然后将该函数积分（与微分的次数相同）则得卷积结果。

【例 2-10】 求图 2-14 中函数 $f_1(t)$ 与 $f_2(t)$ 的卷积。

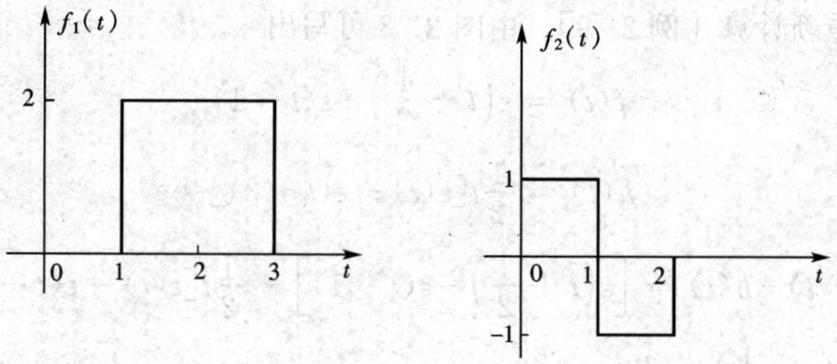

图 2-14　［例 2-10］图

解　直接求 $f_1(t)$ 与 $f_2(t)$ 的卷积比较复杂，如果根据式（2-65），并利用函数与冲激函数的卷积将较为简便。

对 $f_1(t)$ 求导数得 $f_1^{(1)}(t)$，对 $f_2(t)$ 求积分得 $f_2^{(-1)}(t)$，其波形如图 2-15（a）所示。卷积 $f_1^{(1)}(t)*f_2^{(-1)}(t)=f_1(t)*f_2(t)$，如图 2-15（b）所示。

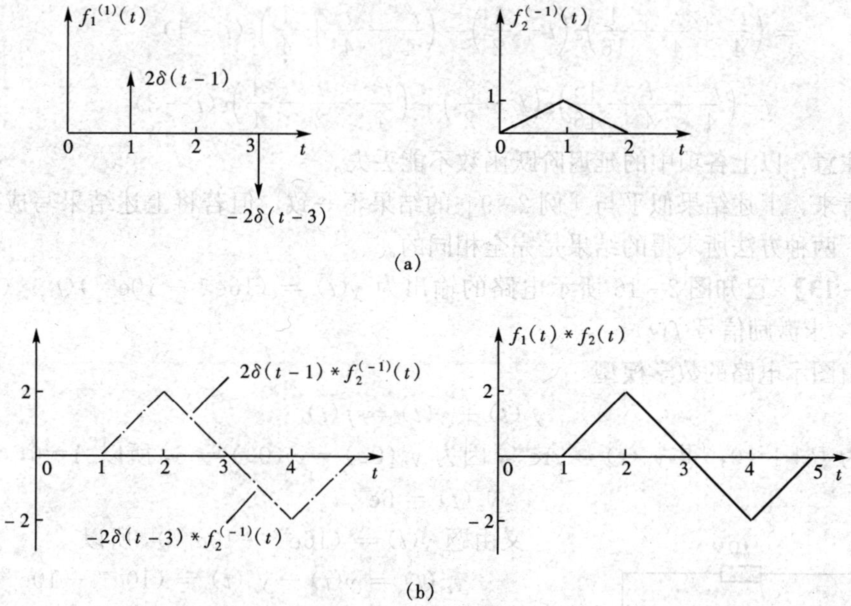

图 2-15　$f_1(t)$ 与 $f_2(t)$ 卷积求解过程

(a) 分别对 $f_1(t)$ 求导和对 $f_2(t)$ 求积分；(b) $f_1^{(1)}(t)$ 与 $f_2^{(-1)}(t)$ 卷积

【例 2-11】 已知 $x(t)=\sin t\varepsilon(t), h(t)=\delta'(t)+\varepsilon(t)$，试求 $x(t)*h(t)$。

解 根据卷积的分配率

$$x(t)*h(t)=x(t)*[\delta'(t)+\varepsilon(t)]=x(t)*\delta'(t)+x(t)*\varepsilon(t)$$

$$=x'(t)+\int_{-\infty}^{t}x(\tau)\mathrm{d}\tau$$

$$=\frac{\mathrm{d}}{\mathrm{d}t}[\sin t\varepsilon(t)]+\left[\int_{0}^{t}\sin\tau\mathrm{d}\tau\right]\varepsilon(t)$$

$$=\sin t\delta(t)+\cos t\varepsilon(t)+[1-\cos t]\varepsilon(t)=\varepsilon(t)$$

【例 2-12】 重新计算［例 2-9］。由图 2-8 可写出

$$f(t)=\varepsilon\left(t+\frac{1}{2}\right)-\varepsilon(t-1)$$

$$h(t)=\frac{1}{2}t[\varepsilon(t)-\varepsilon(t-2)]$$

解 $y(t)=f(t)*h(t)=\left[\varepsilon\left(t+\frac{1}{2}\right)-\varepsilon(t-1)\right]*\frac{1}{2}t[\varepsilon(t)-\varepsilon(t-2)]$

$$=\varepsilon\left(t+\frac{1}{2}\right)*\frac{t}{2}\varepsilon(t)-\varepsilon(t-1)*\frac{t}{2}\varepsilon(t)$$

$$-\varepsilon\left(t+\frac{1}{2}\right)*\frac{t}{2}\varepsilon(t-2)+\varepsilon(t-1)*\frac{t}{2}\varepsilon(t-2)$$

$$=\int_{-\frac{1}{2}}^{t}1\times\frac{t-\tau}{2}\mathrm{d}\tau\varepsilon\left(t+\frac{1}{2}\right)-\int_{1}^{t}1\times\frac{t-\tau}{2}\mathrm{d}\tau\varepsilon(t-1)$$

$$-\int_{-\frac{1}{2}}^{t-2}1\times\frac{t-\tau}{2}\mathrm{d}\tau\varepsilon\left(t-\frac{3}{2}\right)-\int_{1}^{t-2}1\times\frac{t-\tau}{2}\mathrm{d}\tau\varepsilon(t-3)$$

$$=\left(\frac{t^2}{4}+\frac{t}{4}+\frac{1}{16}\right)\varepsilon\left(t+\frac{1}{2}\right)-\left(\frac{t^2}{4}-\frac{t}{4}+\frac{1}{4}\right)\varepsilon(t-1)$$

$$-\left(\frac{t^2}{4}+\frac{t}{4}-\frac{15}{16}\right)\varepsilon\left(t-\frac{3}{2}\right)+\left(\frac{t^2}{4}-\frac{t}{2}-\frac{3}{4}\right)\varepsilon(t-3)$$

必须注意，以上各项中的延迟阶跃函数不能丢失。

粗略看来，上述结果似乎与［例 2-9］的结果不一致，但若将上述结果写成分段函数，不难验证，两种方法所求得的结果是完全相同的。

【例 2-13】 已知图 2-16 所示电路的输出为 $y(t)=(16\mathrm{e}^{-t}-10\mathrm{e}^{-2t})(t>0)$，又已知 $y(0_-)=6$，求激励信号 $f(t)$。

解 由图示电路的数学模型

$$y'(t)+y(t)=f(t)$$

特征方程为 $P+1=0$，得 $y_{zi}(t)=A\mathrm{e}^{-t}$，因为 $y_{zi}(0_-)=y(0_-)=6$，所以 $A=6$，即

$$y_{zi}(t)=6\mathrm{e}^{-t}$$

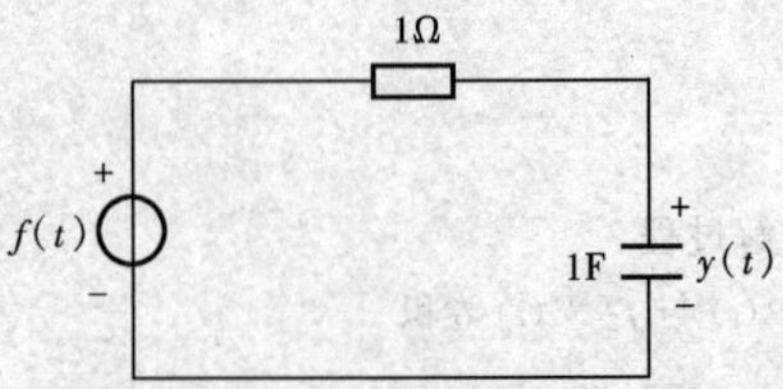

图 2-16 ［例 2-13］电路图

又由题 $y(t)=(16\mathrm{e}^{-t}-10\mathrm{e}^{-2t})$，所以

$$y_{zs}(t)=y(t)-y_{zi}(t)=(10\mathrm{e}^{-t}-10\mathrm{e}^{-2t})\varepsilon(t)$$

因为图示电路在以 $y(t)$ 为输出时的冲激响应是

$$h(t)=\mathrm{e}^{-t}\varepsilon(t)$$

所以有

$$y_{zs}(t)=f(t)*h(t)=f(t)*\mathrm{e}^{-t}\varepsilon(t)$$

同时有

$$y'_{zs}(t)=f(t)*h'(t)=f(t)*[\delta(t)-e^{-t}\varepsilon(t)]=f(t)-f(t)*e^{-t}\varepsilon(t)$$

得

$$y'_{zs}(t)=f(t)-y_{zs}(t)$$

即

$$f(t)=y_{zs}(t)+y'_{zs}(t)$$
$$=(10e^{-t}-10e^{-2t})\varepsilon(t)+(-10e^{-t}+20e^{-2t})\varepsilon(t)=10e^{-2t}\varepsilon(t)$$

通过例题的演算可以看到，在应用零输入、零状态法确定系统响应时，首先需要确定出系统的冲激响应，然后通过卷积积分的运算确定出系统的零状态响应。在通常的情况下，还要确定出零输入响应才能得到系统的全响应。

习　题

2-1　电路如图 2-17 所示，试列写描述输出 $y(t)$ 与输入 $x(t)$ 之间关系的微分方程。

2-2　试列写图 2-18 所示电路输出 $u_1(t)$ 和 $u_2(t)$ 与输入 $i(t)$ 之间关系的数学模型。

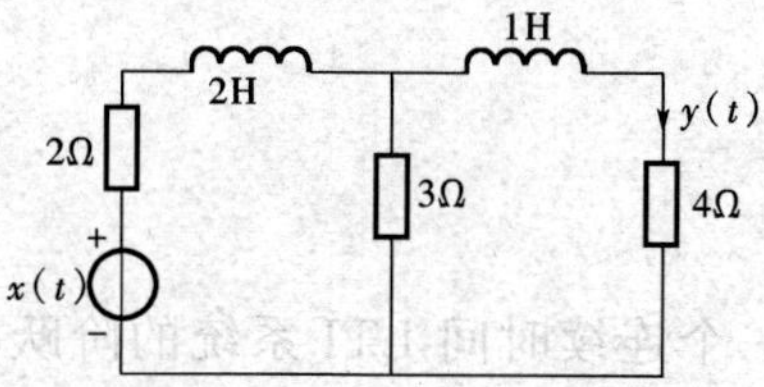

图 2-17　习题 2-1 图

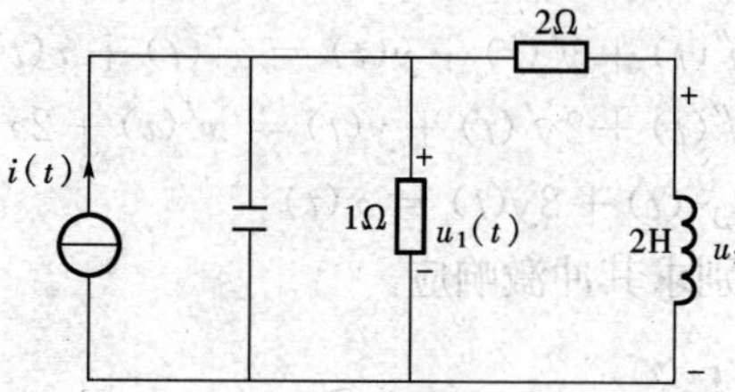

图 2-18　习题 2-2 图

2-3　如图 2-19 所示的连续时间系统由两个积分器和两个比例乘法器构成。写出输入 $x(t)$ 与输出 $y(t)$ 之间的微分方程。

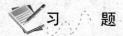

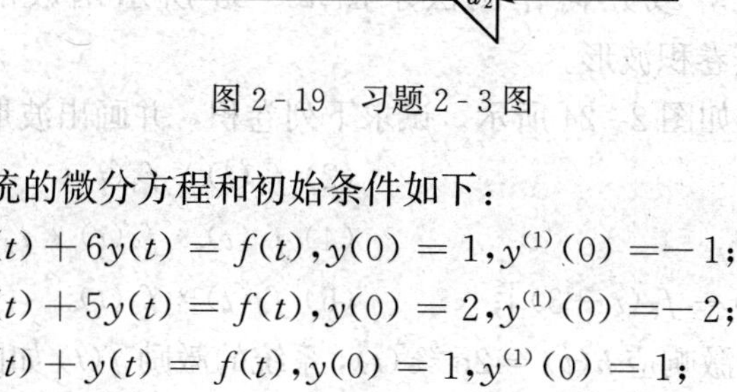

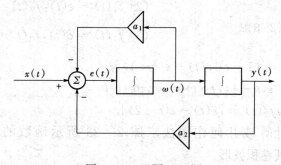

图 2-19　习题 2-3 图

2-4　已知描述系统的微分方程和初始条件如下：

(1) $y^{(2)}(t)+5y^{(1)}(t)+6y(t)=f(t), y(0)=1, y^{(1)}(0)=-1$；

(2) $y^{(2)}(t)+2y^{(1)}(t)+5y(t)=f(t), y(0)=2, y^{(1)}(0)=-2$；

(3) $y^{(2)}(t)+2y^{(1)}(t)+y(t)=f(t), y(0)=1, y^{(1)}(0)=1$；

(4) $y^{(2)}(t)+y(t)=f(t), y(0)=2, y^{(1)}(0)=0$；

(5) $y^{(3)}(t)+4y^{(2)}(t)+5y^{(1)}(t)+2y(t)=f(t), y(0)=0, y^{(1)}(0)=1, y^{(2)}(0)=-1$。

试分别求其零输入响应。

2-5 电路如图 2-20 所示，输入电压信号 $u_S(t)$，电容电压 $u_C(t)$ 为输出信号，试求其冲激响应和阶跃响应。

2-6 图 2-21 所示的电路，其中 $u_S(t)$ 为激励，$i(t)$ 为响应，试求该电路的阶跃响应和冲激响应。

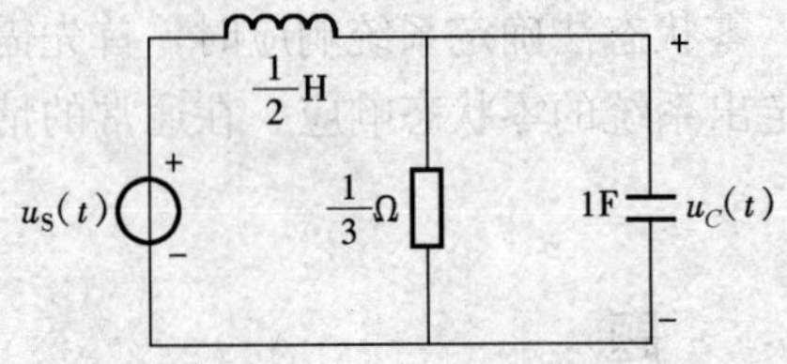

图 2-20 习题 2-5 图

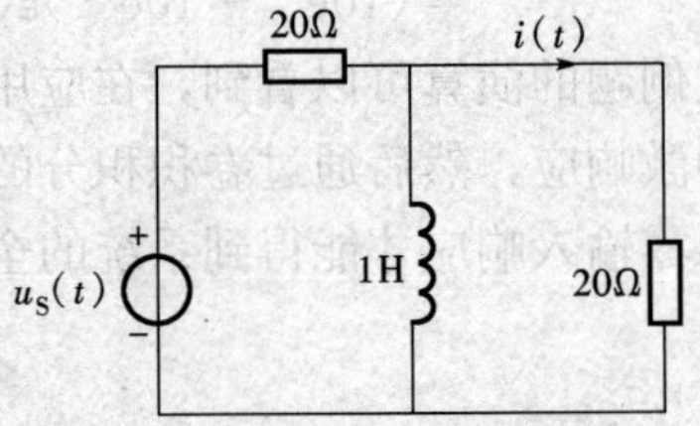

图 2-21 习题 2-6 图

2-7 描述系统的微分方程如下：

(1) $2y'(t)+4y(t)=x(t)$；

(2) $y''(t)+y'(t)+y(t)=x'(t)+x(t)$；

(3) $y''(t)+2y'(t)+y(t)=x'(t)+2x(t)$；

(4) $2y''(t)+8y(t)=x(t)$。

试分别求其冲激响应。

2-8 一个连续时间 LTI 系统的阶跃响应为 $s(t)=e^{-t}\varepsilon(t)$，确定并画出该系统对图 2-22 所示输入 $x(t)$ 的输出。

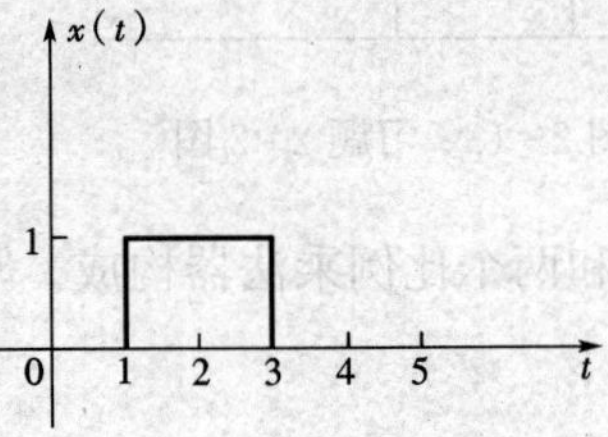

图 2-22 习题 2-8 图

2-9 试求下列函数的卷积积分 $f_1(t)*f_2(t)$。

(1) $f_1(t)=f_2(t)=\varepsilon(t)$；

(2) $f_1(t)=\varepsilon(t), f_2(t)=e^{-at}\varepsilon(t)$；

(3) $f_1(t)=\delta(t), f_2(t)=\cos\left(\beta t+\frac{\pi}{4}\right)\varepsilon(t)$；

(4) $f_1(t)=f_2(t)=(1-t)[\varepsilon(t)-\varepsilon(t-1)]$；

(5) $f_1(t)=\varepsilon(t)-\varepsilon(t-4), f_2(t)=\sin\pi t\varepsilon(t)$；

(6) $f_1(t)=t\varepsilon(t), f_2(t)=[\varepsilon(t)-\varepsilon(t-2)]$。

2-10 用直接计算或几何作图法求图 2-23 所示函数的卷积 $f_1(t)*f_2(t)$ 或 $f_2(t)*f_1(t)$，并画出其卷积波形。

2-11 各函数波形如图 2-24 所示，试求下列卷积，并画出波形图。

(1) $f_1(t)*f_2(t)$； (2) $f_1(t)*f_3(t)$；

(3) $f_1(t)*f_4(t)$； (4) $f_1(t)*f_2(t)*f_2(t)$；

(5) $f_1(t)*[2f_4(t)-f_3(t-3)]$； (6) $f_5(t)*f_6(t)$。

2-12 某系统的冲激响应 $h(t)=2e^{-2t}\varepsilon(t)$，系统的激励 $f(t)$ 如图 2-25 所示，试求其零状态响应。

2-13 已知 $f_1(t)$、$f_2(t)$ 如图 2-26 所示，试求 $f_1(t)*f_2(t)*\delta^{(1)}(t)$，并画出波形图。

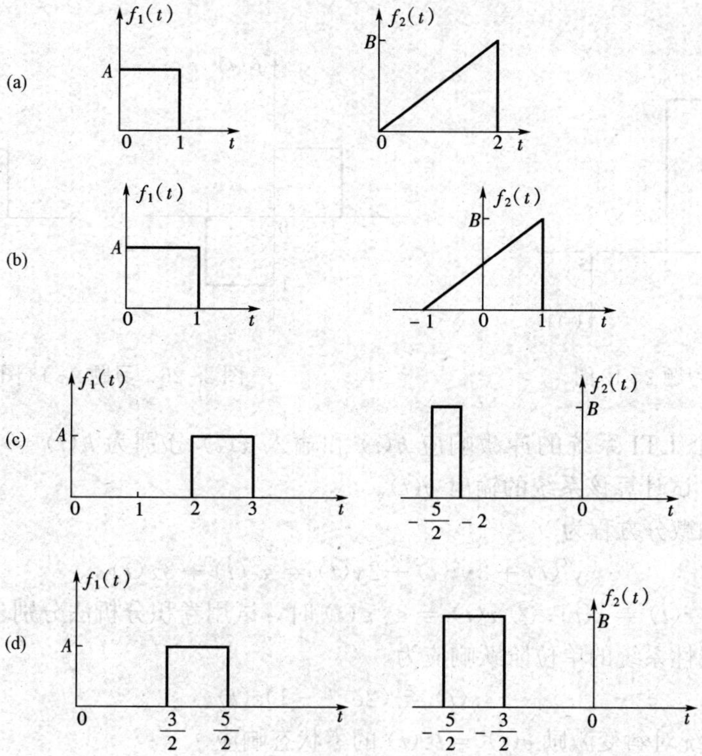

图 2-23　习题 2-10 图

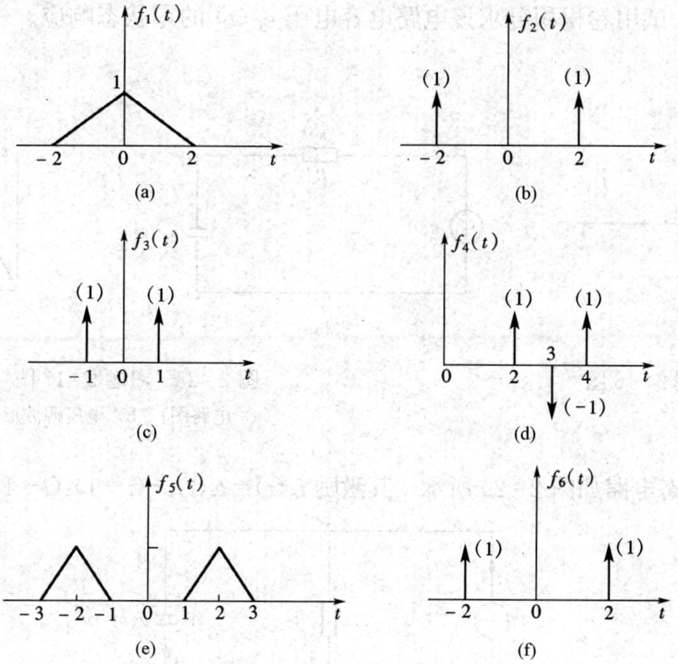

图 2-24　习题 2-11 图

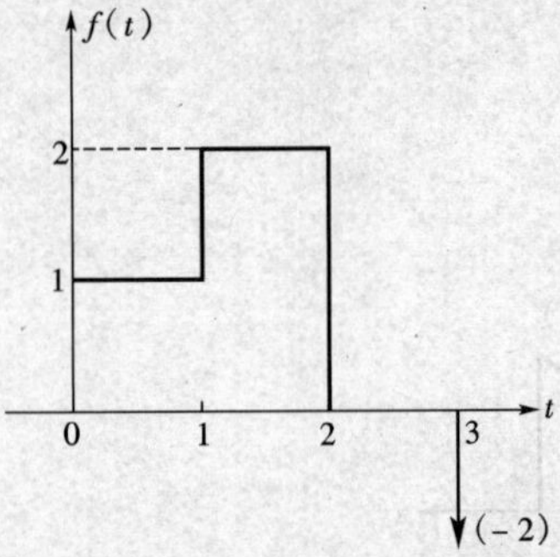

图 2-25　习题 2-12 图

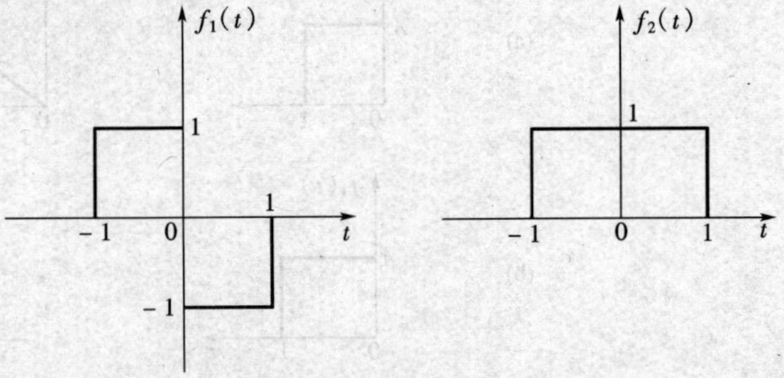

图 2-26　习题 2-13 图

2-14　一个 LTI 系统的冲激响应 $h(t)$ 和输入 $x(t)$ 分别为 $h(t)=e^{-\alpha t}\varepsilon(t)$，$x(t)=e^{\alpha t}\varepsilon(-t)$，$\alpha>0$，试计算该系统的输出 $y(t)$。

2-15　已知微分方程为

$$y''(t)+3y'(t)+2y(t)=x'(t)+3x(t)$$

当激励分别为① $x(t)=\varepsilon(t)$；② $x(t)=e^{-3t}\varepsilon(t)$ 时，试用卷积分析法分别求其零状态响应。

2-16　某线性系统的单位阶跃响应为

$$s(t)=(2e^{-2t}-1)\varepsilon(t)$$

试求：(1) 该系统对斜变激励 $e(t)=t\varepsilon(t)$ 的零状态响应。

(2) 该系统对图 2-27 波形激励下的零状态响应。

2-17　图 2-28 (a) 所示电路，已知 $R=0.1\text{M}\Omega$，$C=10\mu\text{F}$，其输入电压源 $u_S(t)$ 如图 2-28 (b) 所示，试用卷积积分求该电路电容电压 $u_C(t)$ 的零状态响应。

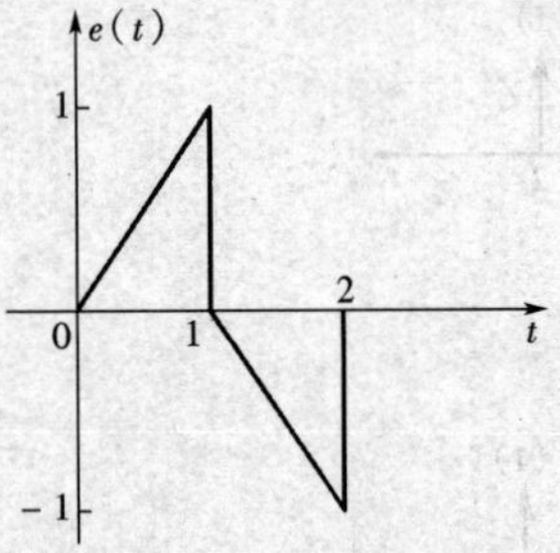

图 2-27　习题 2-16 图

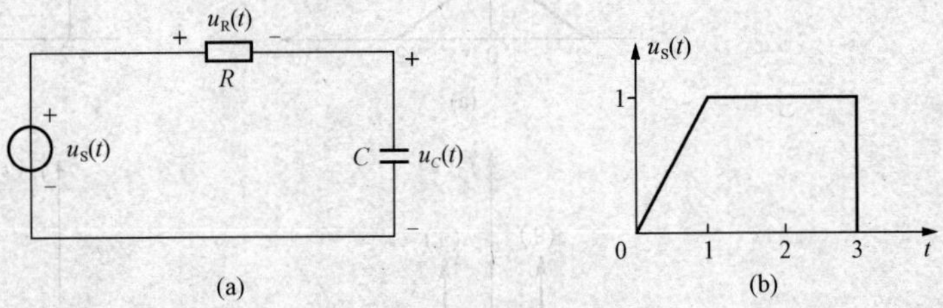

图 2-28　习题 2-17 图
(a) 电路图；(b) 电压源波形

2-18　零状态电路如图 2-29 所示，其激励 $i_S(t)=t\varepsilon(t)-(t-1)\varepsilon(t-1)$，试求响应 $u(t)$。

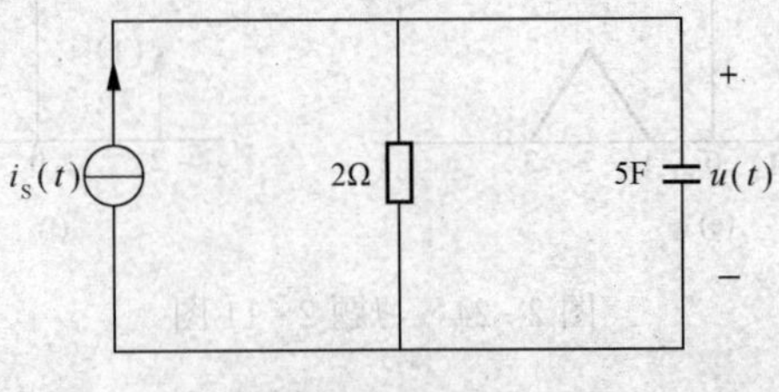

图 2-29　习题 2-18 图

2-19 图 2-30 所示系统由几个子系统组合而成，各子系统的冲激响应分别为

$$h_1(t)=\delta(t-1)$$

$$h_2(t)=\varepsilon(t)-\varepsilon(t-3)$$

试求总系统的冲激响应。

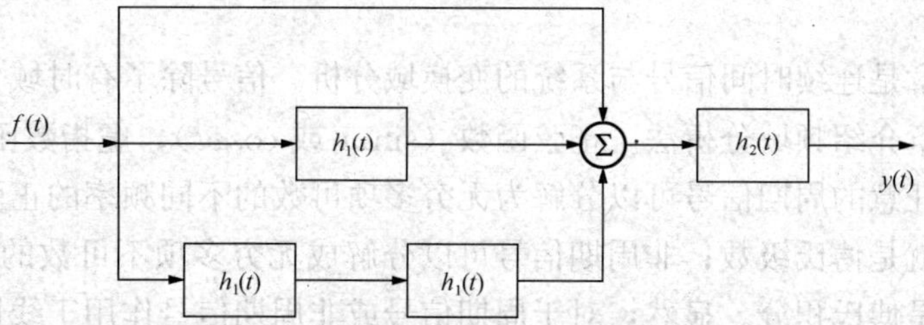

图 2-30 习题 2-19 图

2-20 图 2-31 所示电路中的电容电压为 $u_{Czi}(t)=6e^{-3t}-4e^{-4t}$，试求初始状态 $u_C(0_+)$ 和 $i_L(0_+)$。

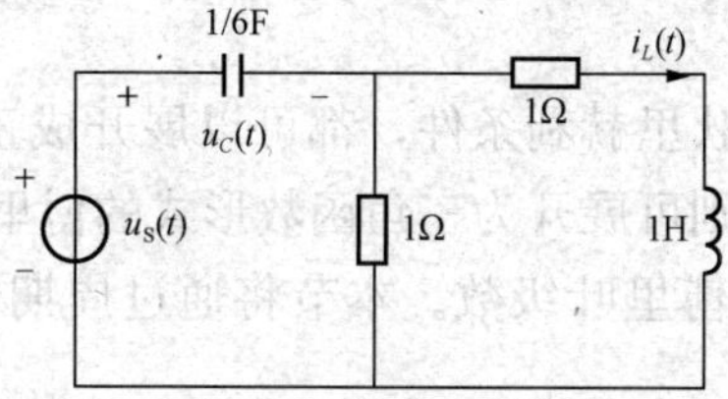

图 2-31 习题 2-20 图

2-21 已知某线性、时不变系统在图 2-32（a）所示 $f_1(t)$ 的作用下，零状态响应 $y_f(t)$ 的图形如图 2-32（b）所示。若以图 2-32（c）所示的 $f_2(t)$ 代换 $f_1(t)$ 作为激励，试求此时的零状态响应 $y_{zs}(t)$。

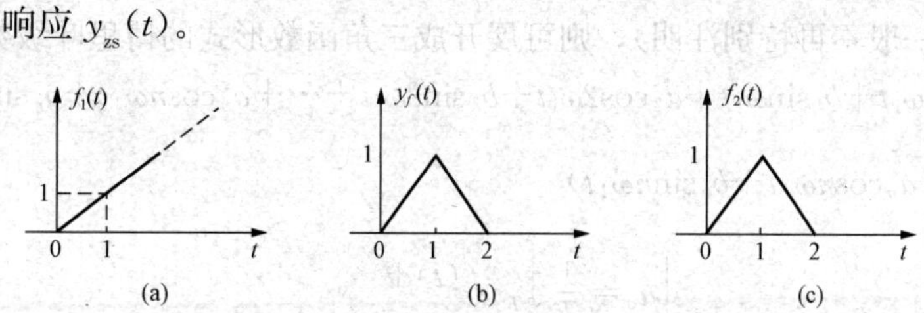

图 2-32 习题 2-21 图

（a）激励 $f_1(t)$；（b）零状态响应 $y_f(t)$；（c）激励 $f_2(t)$

第三章　连续时间信号与系统的频域分析

本章及第四章是连续时间信号与系统的变换域分析。信号除了有时域分解以外还有其他的分解方法，本章介绍频域分析法。正弦函数（$\sin\omega t$ 或 $\cos\omega t$）、虚指数函数（$e^{j\omega t}$）都可以作为基本信号。任意的周期信号可以分解为无穷多项可数的不同频率的正弦函数或虚指数函数的加权和，这就是傅氏级数；非周期信号可以分解成无穷多项不可数的虚指数函数 $e^{j\omega t}$ 的加权积分，这就是傅氏积分。显然，对于周期信号或非周期信号作用于线性系统的响应，必为各分量作用下系统响应的叠加。将信号表示为不同频率的正弦分量或虚指数分量的叠加，称为信号的频谱分析，用频谱分析的观点来分析系统的方法，称为系统的频域分析法。

第一节　周期信号的频谱分析——傅里叶级数

任何周期信号，只要满足狄里赫利条件，都可以展开成正交函数线性组合的无穷级数。如果正交函数是三角函数集，则可展开为三角函数形式的傅里叶级数；若正交函数是指数函数集，则可展成为指数形式的傅里叶级数。本节将通过周期信号的频域特性分析，建立起“信号频谱”的概念。

一、三角函数形式的傅里叶级数

设周期信号 $f(t)$ 的周期为 T，频率为 $f=\dfrac{1}{T}$，角频率为 $\omega_1=2\pi f=\dfrac{2\pi}{T}$，当 $f(t)$ 满足狄里赫利条件（尽管有些数学函数不能满足这个条件，但通信技术中的周期信号一般都能满足这个条件，以后一般不再特别注明），则可展开成三角函数形式的傅里叶级数，即

$$\begin{aligned}f(t)&=a_0+a_1\cos\omega_1 t+b_1\sin\omega_1 t+a_2\cos2\omega_1 t+b_2\sin2\omega_1 t+\cdots+a_n\cos n\omega_1 t+b_n\sin n\omega_1 t+\cdots\\&=a_0+\sum_{n=1}^{\infty}(a_n\cos n\omega_1 t+b_n\sin n\omega_1 t)\end{aligned}\tag{3-1}$$

$$\begin{cases}a_0=\dfrac{1}{T}\displaystyle\int_T f(t)\mathrm{d}t\\ a_n=\dfrac{2}{T}\displaystyle\int_T f(t)\cos n\omega_1 t\mathrm{d}t\\ b_n=\dfrac{2}{T}\displaystyle\int_T f(t)\sin n\omega_1 t\mathrm{d}t\end{cases}\tag{3-2}$$

上述积分可以从任意一个初始点开始，只要从 $t=a$ 积分到 $t=a+T$ 为止。式中 ω_1 称为基波角频率，a_n 和 b_n 称为傅里叶系数，a_0 是 $f(t)$ 在一个周期内的平均值。

为了求得各次谐波的振幅和初相角，将式（3-1）中同频率的项加以合并，可以写成另一种谐波型的三角函数形式（简称三角形式）的傅里叶级数

$$f(t)=A_0+\sum_{n=1}^{\infty}A_n\cos(n\omega_1 t+\varphi_n)\tag{3-3}$$

$$\begin{cases} A_0 = a_0 \\ A_n = \sqrt{a_n^2 + b_n^2} \\ \varphi_n = \arctan\left(\dfrac{-b_n}{a_n}\right) \end{cases} \tag{3-4}$$

A_0 称为直流分量。当 $n=1$ 时，则 $A_1\cos(\omega_1 t+\varphi_1)$ 称为基波分量，A_1 称为基波振幅，φ_1 称为基波初相。一般而言，$A_n\cos(n\omega_1 t+\varphi_n)$ 称为 n 次谐波。式（3-3）表明周期信号可以分解为各次谐波之和，也就是说，任何周期信号只要满足狄里赫利条件，就可以分解成直流分量和各个不同频率的正弦分量的线性叠加，这些分量的频率是基波频率的整数倍，称之为谐波。直流分量的大小以及基波与各次谐波的幅度、相位均取决于周期信号的波形。

将各谐波振幅 A_1、A_2、…、A_n 对 $n\omega_1$ 的函数关系所得的图称为幅频谱图，将各谐波相位 φ_1、φ_2、…、φ_n 对 $n\omega_1$ 的函数关系所得的图称为相频谱图，二者合在一起称为信号 $f(t)$ 的频谱图。采用频谱的分析方法是描述信号的另一种形式，信号的频域描述和时域描述是两种不同的方法，它们互相联系又互相补充。一方面，可以从已知信号 $f(t)$ 来绘出其频谱图；另一方面，又可根据其频谱图反过来合成原有的信号，这就是信号的分解和合成。

频谱的概念极为重要，在此举例说明绘制频谱图的方法，以加深对频谱图的认识与理解。

【例 3-1】 试求图 3-1（a）所示的周期三角波 $f(t)$ 的谐波型三角形式傅里叶级数，并绘出其幅频谱图和相频谱图。

解 由波形得到

$$f(t)=\begin{cases} 2At & \left(|t|\leqslant \dfrac{1}{2}\right) \\ 2A(1-t) & \left(\dfrac{1}{2}< t\leqslant \dfrac{3}{2}\right) \end{cases}$$

此处，积分区间的合理选择应从 $-1/2\sim 3/2$ 而不是从 $0\sim 2$，这样便于计算。从图 3-1 中可以直接看出 $f(t)$ 的直流分量为零，即 $a_0=0$。由于该函数呈奇对称性，故

$$a_n = 0$$

$$b_n=\int_{-1/2}^{1/2} 2At\sin n\pi t\mathrm{d}t+\int_{1/2}^{3/2} 2A(1-t)\sin n\pi t\mathrm{d}t=\frac{8A}{n^2\pi^2}\sin\left(\frac{n\pi}{2}\right)$$

$$=\begin{cases} 0 & (n=\text{偶数}) \\ \dfrac{8A}{n^2\pi^2} & (n=1,5,9,13,\cdots) \\ -\dfrac{8A}{2n^2\pi^2} & (n=3,7,11,15,\cdots) \end{cases}$$

$$f(t)=\frac{8A}{\pi^2}\sum_{n=1,3,5,\cdots}^{\infty}\frac{\sin\left(\dfrac{n\pi}{2}\right)}{n^2}\sin n\pi t \tag{3-5}$$

$$=\frac{8A}{\pi^2}\left[\sin\pi t-\frac{1}{9}\sin 3\pi t+\frac{1}{25}\sin 5\pi t-\frac{1}{49}\sin 7\pi t+\cdots\right] \tag{3-6}$$

为了作出傅里叶频谱图，必须将该级数转换成如式（3-3）那样的谐波型三角形式傅里叶级数。在此情况下，将各正弦函数进行相移而改成为余弦函数，如 $\sin kt=\cos(kt-90°)$，$-\sin kt=\cos(kt+90°)$，利用这些恒等式后得

$$f(t)=\frac{8A}{\pi^2}\left[\cos(\pi t-90^\circ)+\frac{1}{9}\cos(3\pi t+90^\circ)+\frac{1}{25}\cos(5\pi t-90^\circ)+\frac{1}{49}\cos(7\pi t+90^\circ)+\cdots\right] \tag{3-7}$$

在该级数中，信号的所有偶次谐波项均消失，奇次谐波项的相位是在-90°和90°的两个值上作交替变化，图 3 - 1（b）、（c）示出了 $f(t)$ 的幅频谱图和相频谱图。

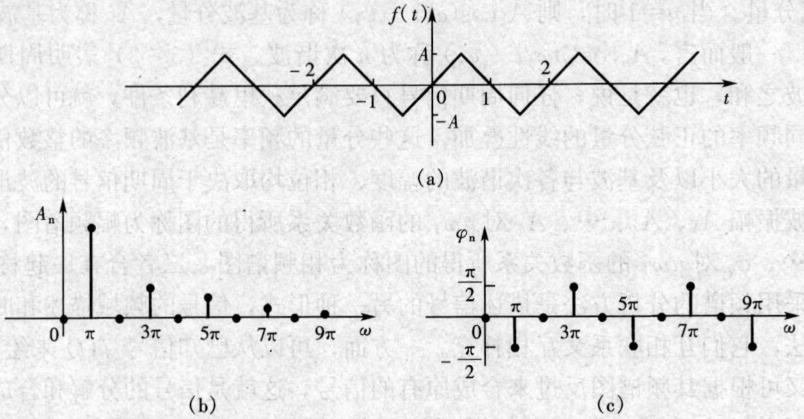

图 3 - 1 ［例 3 - 1］三角波周期信号及其频谱图

(a) 周期三角波 $f(t)$ 的波形；(b) $f(t)$ 的幅频谱图；(c) $f(t)$ 的相频谱图

通过此题可知，频谱图是由谱线构成，每条线代表某一频率分量的幅度，包络谱线顶点的曲线为包络线，它反映了各频率分量幅度变化的趋势。由图 3 - 1（b）可知，随着 n 的增大，谱线越来越短，说明谐波振幅越来越小，而且，频谱只出现在 0，ω_1，$2\omega_1$，…，$n\omega_1$ 等离散的频率点上，这种频谱称为离散谱。同时，还看到基于三角形式傅里叶级数而作出的傅里叶谱是单边谱。周期信号的频谱结构完全取决于信号本身的特征，特别是它的周期（或频率）。以后还会讨论到，当周期越长时，则谱线间隔越小，当周期无限地增长时，谱线间隔也将无限地减小，最后从离散频谱演变到连续频谱。

二、指数形式的傅里叶级数

当正交函数集是 $\{e^{jn\omega}\}$ 时，周期信号 $f(t)$ 可直接展成指数形式的傅里叶级数，也可以由三角形式间接导出。这种形式不仅便于演算，同时也是过渡到傅里叶积分的必要形式。

根据欧拉公式，有

$$\left.\begin{aligned}\cos n\omega_1 t&=\frac{1}{2}\left(e^{jn\omega_1 t}+e^{-jn\omega_1 t}\right)\\ \sin n\omega_1 t&=\frac{1}{2j}\left(e^{jn\omega_1 t}-e^{-jn\omega_1 t}\right)\end{aligned}\right\} \tag{3-8}$$

将式（3 - 8）代入式（3 - 1），得

$$f(t)=a_0+\sum_{n=1}^{\infty}\left(\frac{a_n-jb_n}{2}e^{jn\omega_1 t}+\frac{a_n+jb_n}{2}e^{-jn\omega_1 t}\right) \tag{3-9}$$

a_n 是 n 的偶函数，b_n 是 n 的奇函数，记作

$$\left.\begin{aligned}\frac{1}{2}\left(a_n-jb_n\right)&=\frac{1}{2}A_n e^{j\varphi_n}=\dot{F}_n\\ \frac{1}{2}\left(a_n+jb_n\right)&=\frac{1}{2}A_n e^{-j\varphi_n}=\dot{F}_{-n}\end{aligned}\right\} \tag{3-10}$$

将式（3-10）代入式（3-9）以及$A_0=a_0$，得

$$f(t)=A_0+\sum_{n=1}^{\infty}(\dot{F}_n e^{jn\omega_1 t}+\dot{F}_{-n}e^{-jn\omega_1 t})$$

因为

$$\sum_{n=1}^{\infty}\dot{F}_{-n}e^{-jn\omega_1 t}=\sum_{n=-1}^{-\infty}\dot{F}_n e^{jn\omega_1 t}$$

所以

$$f(t)=\dot{F}_0+\sum_{n=-\infty(n\neq 0)}^{\infty}\dot{F}_n e^{jn\omega_1 t}$$

$$\dot{F}_0=A_0\text{（为实系数）}$$

如果把$\dot{F}_0$写成$A_0 e^{j\varphi_0}e^{j0\omega_1 t}$（其中$\varphi_0=0$），则上式可以写成

$$f(t)=\sum_{n=-\infty}^{\infty}\dot{F}_n e^{jn\omega_1 t} \tag{3-11}$$

式（3-11）即为周期信号$f(t)$指数形式的傅里叶级数。式中复系数$\dot{F}_n$与A_n、φ_n的关系如式（3-10）所示，得

$$\begin{aligned}\dot{F}_n&=\frac{1}{T}\int_0^T f(t)\cos n\omega_1 t\,dt-j\frac{1}{T}\int_0^T f(t)\sin n\omega_1 t\,dt\\&=\frac{1}{T}\int_0^T f(t)(\cos n\omega_1 t-j\sin n\omega_1 t)\,dt\\&=\frac{1}{T}\int_0^T f(t)e^{-jn\omega_1 t}\,dt\end{aligned}$$

即

$$\dot{F}_n=\frac{1}{T}\int_T f(t)e^{-jn\omega_1 t}\,dt \tag{3-12}$$

$\dot{F}_{-n}$与$\dot{F}_n$是共轭的，所以可得到$\dot{F}_{-n}=\frac{1}{T}\int_T f(t)e^{jn\omega_1 t}dt$，若令式（3-12）中的$n=0$，可求得$\dot{F}_0$，即为$\dot{F}_0=A_0=a_0=\frac{1}{T}\int_T f(t)dt$，因此，式（3-12）对所有$n$（正数、负数和零）均适用。

周期信号的傅里叶级数的指数形式如式（3-11）所示，表明周期信号$f(t)$可分解为无穷多项可数的虚指数信号之和，式（3-12）是傅里叶系数。一般地，系数$\dot{F}_n$是一个复数，$\dot{F}_n=|\dot{F}_n|e^{j\varphi_n}=F_n e^{j\varphi_n}$，$F_n$是各虚指数分量的振幅（幅值），$\varphi_n$是其相应的相位。作出它们与$\omega$的关系曲线则分别称为幅频谱和相频谱。因为$|\dot{F}_n|=|\dot{F}_{-n}|$，$\varphi_{-n}=-\varphi_n$，即幅频谱是偶函数，相频谱是奇函数。$\omega$的变化范围是从$-\infty\sim\infty$，称为双边频谱。

如果设某信号的三角形式的傅里叶谱如图3-2所示，则它的指数形式的傅里叶谱将如图3-3所示。

比较图3-2和图3-3可以看出这两种频谱之间的相互联系。图3-2中每条谱线代表一个正弦分量的振幅，而图3-3中每个分量的幅度一分为二，在正、负频率上对应的这两条谱线矢量相加起来才代表一个谐波分量的幅度，而在负频率处频谱的存在是使人感到困惑

的。根据定义，频率总是一个正的量，引起这一混淆的原因是所用的“频率”这一术语已失去了通常的意义，我们说 $e^{j\omega_1 t}$的频率是 ω_1，无论 $e^{j\omega_1 t}$或 $e^{-j\omega_1 t}$，它们都具有一个频率的信号，因为 $e^{\pm j\omega_1 t}=\cos\omega_1 t\pm j\sin\omega_1 t$，所以指数形式的傅里叶谱中的系数 F_n 的图形在 $\omega=-n\omega_1$ 处存在的谱线只不过表示了在相应的傅里叶级数中存在 $e^{-j\omega_1 t}$分量的事实。另外，一个正弦量都可用 $e^{j\omega_1 t}$和 $e^{-j\omega_1 t}$的线性组合来表示，而由（$\dot{F}_n e^{jn\omega_1 t}+\dot{F}_{-n}e^{-jn\omega_1 t}$）来构成 $f(t)$ 的某一个分量。对于一个实信号来说，从式（3-4）以及式（3-12）可以看出

$$\begin{cases}F_0=A_0\\ F_n=\dfrac{1}{2}A_n\\ \angle\dot{F}_n=\varphi_n\end{cases}\tag{3-13}$$

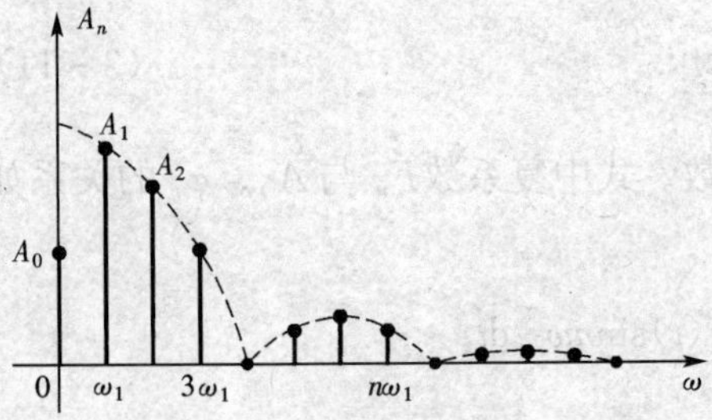

图 3-2　三角形式的傅里叶谱

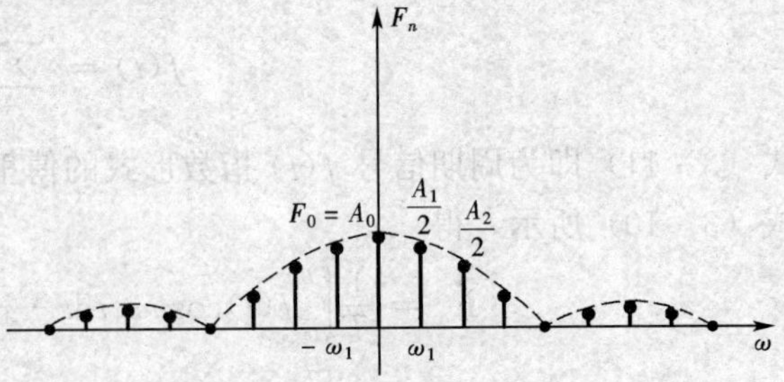

图 3-3　指数形式的傅里叶谱

从式（3-13）可以总结出如下规律：在两种形式的傅里叶谱中直流分量 F_0 和 A_0 是一样的，而指数形式的傅里叶谱 F_n 是三角形式的傅里叶谱 A_n 的一半（$n\geqslant 1$），同时两种傅里叶谱的相位谱图，即$\angle\dot{F}_n\sim\omega$ 和 $\varphi_n\sim\omega$ 则完全相同，这样可方便地从任何一种频谱图画出另一种频谱图。

用式（3-11）、式（3-12）与式（3-3）、式（3-4）所列三角形式的傅里叶级数项比较可知：指数形式的傅氏级数比三角形式的傅氏级数的公式更为紧凑，傅里叶系数的求解十分简明。当求线性系统的响应时，求取一个系统对指数信号的响应比求取正弦激励的响应要方便得多，因为对虚指数信号 $e^{j\omega_1 t}$作微分和积分运算均十分方便，因此，在信号的频谱分析和线性系统分析中，更多地采用指数形式的傅氏级数而不采用三角形式的傅氏级数。但是，三角形式的傅氏级数也有优点，它比较直观、易于从概念上理解。所以，应熟练地掌握两种形式的频谱图之间的转换关系并把二者结合起来使用。

三、确定信号的基频和周期

从前面的分析中可知，一个任意周期信号可以表示为具有基频 ω_1 的正弦量（基波）和谐波分量（频率为 $n\omega_1$）之和。那么，任意频率的正弦量之和是否可以表示为一个周期信号呢？如果可以的话，又如何来确定这一周期信号的周期？这些问题在工程上是较有实际意义的。

研究下列三个信号

$$f_1(t)=2+\cos\left(\frac{1}{2}t+\varphi_1\right)+3\cos\left(\frac{2}{3}t+\varphi_2\right)+5\cos\left(\frac{7}{6}t+\varphi_3\right)$$

$$f_2(t) = 2\cos(2t + \varphi_1) + 5\cos(\pi t + \varphi_2)$$

$$f_3(t) = 3\sin(3\sqrt{2}t + \theta) + 7\cos(6\sqrt{2}t + \varphi)$$

由于周期函数中每一个正弦量的频率均为基频 ω_1 的整数倍，因此，任意两频率之比为 m/n，其中 m 和 n 为整数。这意味着当 m/n 为有理数时，则该两个正弦量呈现了谐波关系，反之两个正弦量之间不构成谐波关系。利用上述概念，进一步确定信号的基频和周期。

当不考虑信号的直流分量时，$f_1(t)$ 的 3 个分量的角频率分别是 1/2、2/3 和 7/6（rad/s），相邻两个频率之比是 3/4、4/7 和 3/7，显然三者之间呈现谐波关系。它们之中的最大公约数是 1/6，因此 $1/2=3(1/6)$，$2/3=4(1/6)$，$7/6=7(1/6)$，所以 1/6 是基频 ω_1，也就是说该信号具有 3 次、4 次和 7 次谐波，显然它不存在基波，进一步可求得其周期 $T_1=2\pi/\omega_1=2\pi/(1/6)=12\pi$。

对于信号 $f_2(t)$，因为其两个正弦量的频率比为 $2/\pi$，即为一个无理数，显然找不到一个公共的基频信号，因而它不是一个周期信号。

对于信号 $f_3(t)$，因为其两个频率分量的频率比为 $3\sqrt{2}/6\sqrt{2}$（即为 1/2），为一个有理数，其最大的公约数是 $3\sqrt{2}$，对应的基频为 $3\sqrt{2}$(rad/s)，而周期 $T_1=2\pi/3\sqrt{2}=(\sqrt{2}/3)\pi$，因此，它是一个周期信号。

四、周期矩形脉冲信号的频谱

在周期信号的频谱分析中，矩形脉冲信号的频谱分析具有典型意义，并具有广泛的应用。下面通过这一实例进行分析，以掌握周期信号的频谱分析方法。

设周期矩形脉冲 $f(t)$ 的脉冲宽度为 τ，脉冲幅度为 E，重复周期为 T_1。该信号在一个周期内 $\left(-\frac{T_1}{2}\leqslant t\leqslant\frac{T_1}{2}\right)$ 的表达式为

$$f(t)=\begin{cases} E & \left(|t|\leqslant\frac{\tau}{2}\right) \\ 0 & \left(|t|>\frac{\tau}{2}\right)\end{cases}$$

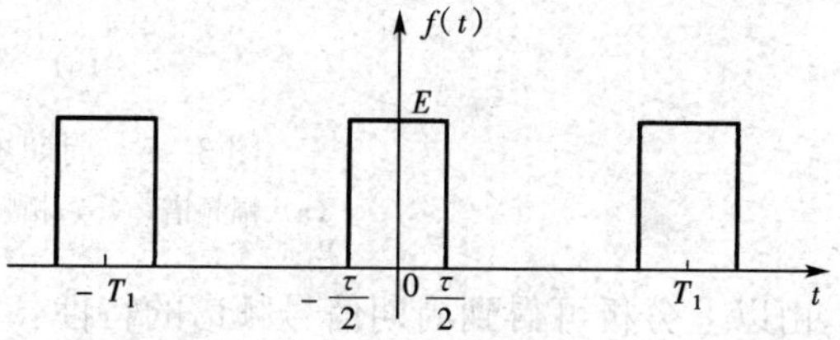

图 3-4　周期矩形信号的波形

其波形如图 3-4 所示。

利用式（3-11）、式（3-12），将周期矩形信号 $f(t)$ 展开成指数形式的傅里叶级数

$$\dot{F}_n=\frac{1}{T_1}\int_{-\tau/2}^{\tau/2}E\mathrm{e}^{-\mathrm{j}n\omega_1 t}\mathrm{d}t=\frac{2E}{T_1}\frac{\sin\left(n\omega_1\frac{\tau}{2}\right)}{n\omega_1}=\frac{E\tau}{T_1}\frac{\sin\left(n\omega_1\frac{\tau}{2}\right)}{n\omega_1\frac{\tau}{2}}=\frac{E\tau}{T_1}Sa\left(\frac{n\omega_1\tau}{2}\right) \tag{3-14}$$

式（3-14）利用了抽样函数 $Sa(x)=\frac{\sin x}{x}$ 的表达式。

所以

$$f(t)=\sum_{n=-\infty}^{\infty}\dot{F}_n\mathrm{e}^{\mathrm{j}n\omega_1 t}=\frac{E\tau}{T_1}\sum_{n=-\infty}^{\infty}Sa\left(\frac{n\omega_1\tau}{2}\right)\mathrm{e}^{\mathrm{j}n\omega_1 t} \tag{3-15}$$

由式（3-14）可求出直流及各次谐波分量的幅度，它们分别等于

$$A_0=\frac{E\tau}{T_1}$$

$$A_n = \frac{2E\tau}{T_1}Sa\left(\frac{n\omega_1\tau}{2}\right) \quad (n=1,2,3,\cdots)$$

至于各次谐波的相位，对于正弦函数当角度 $n\omega_1\tau/2$ 在第一、二象限时，$\dot{F}_n$ 为正实数，相位为零；当此角度在第三、四象限时 $\dot{F}_n$ 为负实数，相位为 π。其幅频谱和相频谱分别如图 3-5（a）和图 3-5（b）所示。如果将幅频谱、相频谱合画在一幅图上，如图 3-5（c）所示。

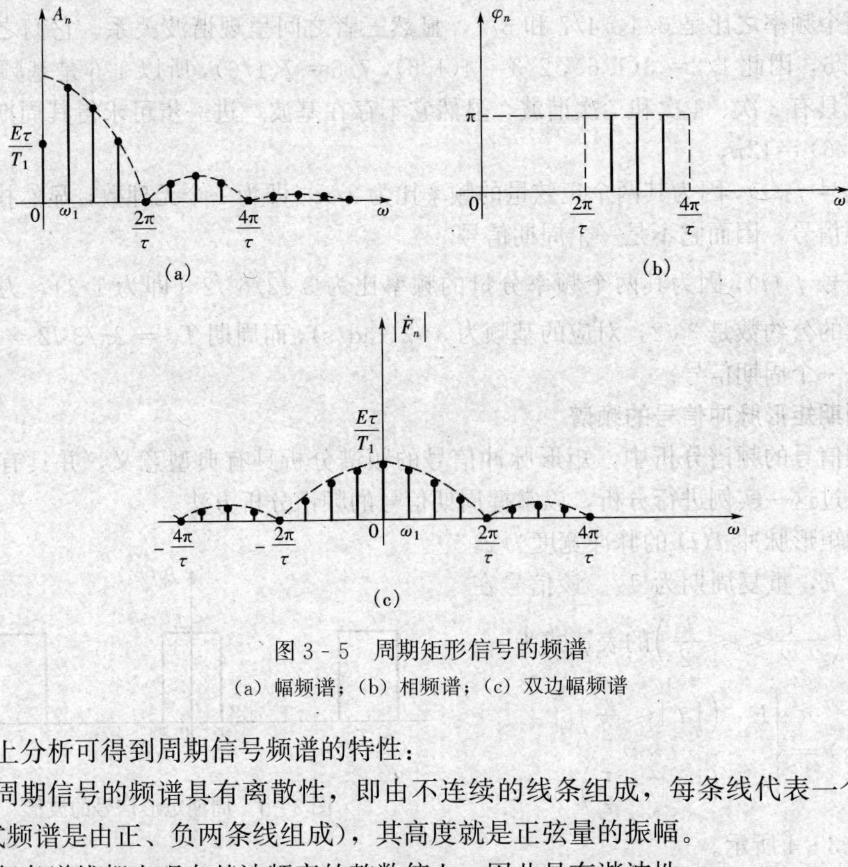

图 3-5 周期矩形信号的频谱

（a）幅频谱；（b）相频谱；（c）双边幅频谱

由以上分析可得到周期信号频谱的特性：

（1）周期信号的频谱具有离散性，即由不连续的线条组成，每条线代表一个正弦分量（指数形式频谱是由正、负两条线组成），其高度就是正弦量的振幅。

（2）每条谱线都出现在基波频率的整数倍上，因此具有谐波性。

（3）随着谐波次数的增高，谐波的幅度整体上具有减小的趋势，因而具有收敛性。

虽然周期信号频谱的特性是由周期矩形信号得出，但对于任一周期信号都具有普遍意义。

由图 3-5 还看到，各谱线的幅度按 $Sa\left(\frac{\omega\tau}{2}\right)$ 包络线的规律变化，在 $\frac{\omega\tau}{2}=m\pi(m=1, 2, \cdots)$ 各处，即 $\omega=\frac{2m\pi}{\tau}$ 的各处，包络为零，其相应的谱线（相应的频率分量）也等于零。

五、信号的频带宽度

从理论上讲，周期信号的谐波分量是无限多的，所取的谐波分量越多，叠加后的波形越接近原来信号的波形。但是，对于一些常见的实际信号，要求考虑更多的谐波分量，这不但造成困难，而且实用上也大可不必。因为谐波振幅具有收敛性，这类信号能量主要集中在低频分量中。因此在实际工作中，只要考虑次数较低的一部分谐波分量便足够。对于一个信号，从零频率开始到需要考虑的最高分量的频率间的这一频率范围，是信号所占有的频带宽度，简称频宽。在实用中，对于包络线为抽样函数的频谱，常常将从零频率到包络线第一次过零点的那个频率之间的频率范围作为信号的频宽。对于一般的频谱，常以从零频率到频谱振幅下降到最大值的 1/10 的频率之间的频带定义为信号的频宽。

由图 3 - 5 可知，周期矩形信号的频带宽度为 $0\sim 2\pi/\tau$，记作 B，于是

$$B_\omega=\frac{2\pi}{\tau}\text{或}B_f=\frac{1}{\tau} \tag{3-16}$$

显然，频宽 B 只与脉宽 τ 有关，且成反比。这一重要结论，不仅对周期信号成立，对非周期信号也同样适用。它反映了信号在时间特性和频率特性之间的重要关系，在无线电通信技术中有着十分重要的意义。

为了说明在不同的脉宽 τ 和不同的周期 T 的情况下周期矩形信号的频谱结构和某些规律，在图 3 - 6 中画出了当 τ 保持不变，$T=5\tau$、10τ 两种情况下的频谱。图 3 - 7 画出了 T 不变，$\tau=\frac{T}{5}$、$\frac{T}{10}$两种情况下的频谱。以 τ/T 表示非零值的时间区间在整个周期中所占的比重，称为占空比。图 3 - 6 及图 3 - 7 给出了不同占空比下的频谱图。

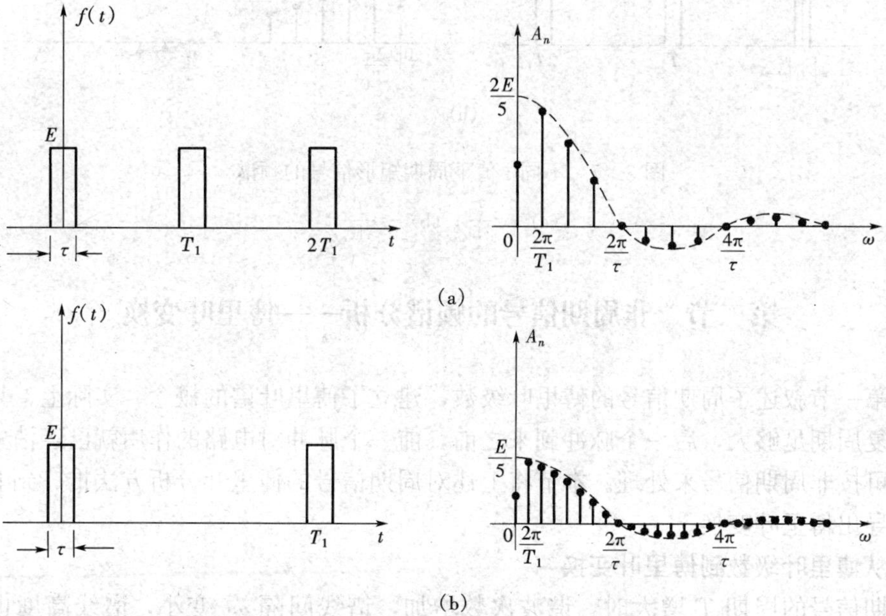

图 3 - 6　不同 T 值下周期矩形信号的频谱

(a) $T_1=5\tau$；(b) $T_1=10\tau$

图 3 - 6 表明，由于脉冲宽度相同，频谱包络线的零点所在位置不变，而当周期增长时，相邻谱线的间隔减小，频谱变密。如果周期无限增长（这时就成为非周期信号），那么相邻谱线的间隔将趋近于零，从而使周期信号的离散频谱过渡到非周期信号的连续频谱。由式（3 - 14）可知，随着周期的增长，各谐波分量的幅度也相应减少。

图 3 - 7 表明，由于周期相同，因而相邻谱线的间隔相同；脉冲宽度越窄，其谱线包络线零点的频率越高，即信号的频带宽度越宽，频带内所含的分量越多。可见，信号频带宽度

与脉冲宽度成反比。由式（3-14）可知，当周期保持不变，而脉冲宽度减小时，频谱的幅度也相应减小。

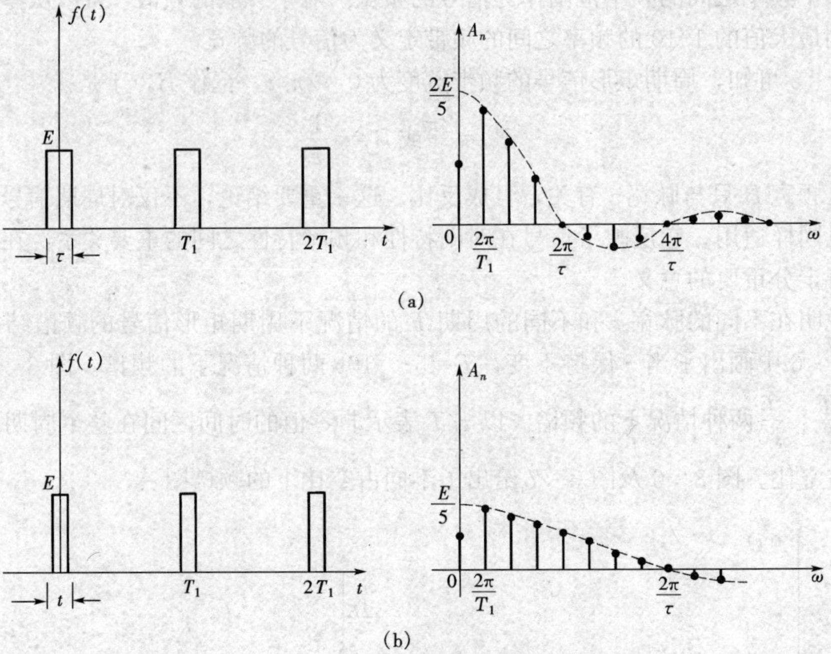

图 3-7　不同 τ 值下周期矩形信号的频谱

(a) $\tau=\frac{T_1}{5}$；(b) $\tau=\frac{T_1}{10}$

第二节　非周期信号的频谱分析——傅里叶变换

本章第一节叙述了周期信号的傅里叶级数，建立了傅里叶谱的概念。实际上，只要周期信号的重复周期足够大，后一个脉冲到来之前，前一个脉冲对电路的作用就已经消失，这样的信号便可按非周期信号来处理。本节将上述对周期信号的傅里叶分析方法推广到非周期信号中去，导出傅里叶变换。

一、从傅里叶级数到傅里叶变换

当周期信号的周期 T 增大时，谐波次数增加，谱线间隔 ω_1 变小，谱线高度也随之减小。若周期 T 趋于无限大，则谱线的间隔趋于无限小，这样，离散谱就发生了质的变化而成为连续频谱。同时，当周期趋于无限大时，由式（3-12）可知，谱线的长度将趋于零，频谱将失去应有的意义，但是，实际上频谱是不会自消自灭的。从物理概念上考虑，既然成为一个信号，必然含有一定的能量，无论对信号进行怎样的分解，其所含能量是不变的，所以不管周期增大到什么程度，频谱的分布仍然存在；另外，从数学角度上看，在极限情况下，无穷多的无穷小量之和仍可等于一有限值，该值的大小取决于信号的能量。可见，问题的关键在于采用怎样的数学方法将非周期信号的频谱规律揭示出来。为此，引入一个新的量——频谱密度函数。

下面由周期信号的傅里叶级数推导出傅里叶变换，并说明频谱密度函数的意义。

周期信号 $f(t)$ 的指数形式的傅里叶级数见式（3 - 11），其频谱见式（3 - 12）。将式（3 - 12）两边乘以 T，得到

$$\dot{F}_n T = \frac{2\pi \dot{F}_n}{\omega_1} = \int_{-T/2}^{T/2} f(t)\mathrm{e}^{-\mathrm{j}n\omega_1 t}\mathrm{d}t \tag{3-17}$$

对于非周期信号，重复周期 $T\to\infty$，重复频率 $\omega_1\to 0$，在这种极限情况下，$\dot{F}_n\to 0$，量值 $2\pi\dfrac{\dot{F}_n}{\omega_1}$ 趋近于有限值，将其记作 F（$\mathrm{j}n\omega_1$），即

$$F(\mathrm{j}n\omega_1) = \lim_{\omega_1\to 0}\frac{2\pi \dot{F}_n}{\omega_1} = \lim_{T\to\infty}\dot{F}_n T = \lim_{T\to\infty}\int_{-T/2}^{T/2} f(t)\mathrm{e}^{-\mathrm{j}n\omega_1 t}\mathrm{d}t \tag{3-18}$$

由于 $\omega_1\to 0$，谱线间隔 $\Delta(n\omega_1)\to \mathrm{d}\omega$，而离散频率 $n\omega_1$ 变成连续频率 ω。式（3 - 18）将变成

$$F(\mathrm{j}\omega) = \int_{-\infty}^{\infty} f(t)\mathrm{e}^{-\mathrm{j}\omega t}\mathrm{d}t \tag{3-19}$$

$F(\mathrm{j}\omega)$ 反映了单位频带上的频谱值，称为频谱密度函数，简称频谱函数。同样，非周期情况下，由式（3 - 11）得傅里叶级数

$$f(t) = \lim_{T\to\infty}\sum_{n=-\infty}^{\infty}\frac{F(\mathrm{j}n\omega_1)}{T}\mathrm{e}^{\mathrm{j}n\omega_1 t} = \lim_{T\to\infty}\sum_{n=-\infty}^{\infty}\frac{F(\mathrm{j}n\omega_1)}{2\pi}\mathrm{e}^{\mathrm{j}n\omega_1 t}\omega_1$$

当 $T\to\infty$ 时，上式变成积分形式

$$f(t) = \frac{1}{2\pi}\int_{-\infty}^{\infty} F(\mathrm{j}\omega)\mathrm{e}^{\mathrm{j}\omega t}\mathrm{d}\omega \tag{3-20}$$

式（3 - 19）和式（3 - 20）是用周期信号的傅里叶级数通过取极限的方法导出的非周期信号频谱函数及原时间函数的表示式，称为傅里叶变换对。式（3 - 19）称为傅里叶正变换，式（3 - 20）称为傅里叶反变换。为书写方便，可简写为

$$f(t)\leftrightarrow F(\mathrm{j}\omega)$$

或

$$F(\mathrm{j}\omega) = \mathscr{F}\left[f(t)\right]$$

$$f(t) = \mathscr{F}^{-1}\left[F(\mathrm{j}\omega)\right]$$

式中，$F(\mathrm{j}\omega)$ 是 $f(t)$ 的频谱函数（傅里叶变换）；$f(t)$ 为 $F(\mathrm{j}\omega)$ 的原函数（傅里叶反变换）。

频谱函数一般是复函数，可以写作

$$F(\mathrm{j}\omega) = |F(\mathrm{j}\omega)|\,\mathrm{e}^{\mathrm{j}\varphi(\omega)} = F(\omega)\mathrm{e}^{\mathrm{j}\varphi(\omega)}$$

其中，$F(\omega)$ 是 $F(\mathrm{j}\omega)$ 的模，它代表信号中各频率分量的相对大小，$\varphi(\omega)$ 是 $F(\mathrm{j}\omega)$ 的相位函数，它表示信号中各频率分量之间的相位关系。为了与周期信号的频谱表达相一致，将 $F(\omega)\sim\omega$ 与 $\varphi(\omega)\sim\omega$ 的曲线分别称为幅度频谱和相位频谱，它们都是 ω 的连续函数，且 $F(\omega)$ 是 ω 的偶函数，$\varphi(\omega)$ 是 ω 的奇函数。在形状上与波形相同的周期信号的双边频谱（$\dot{F}_n$）的包络线相似，只是幅度有所不同。另外，$\dot{F}_n$ 是离散频谱，而 $F(\mathrm{j}\omega)$ 是连续频谱。

在上面的讨论中，我们利用周期信号取极限变成非周期信号的方法，由周期信号的傅里叶级数导出非周期信号的傅里叶变换，从离散谱演变为连续谱。在第四节中将要看到，这一过程还可以反过来进行，即由非周期信号演变成周期信号，从连续谱引出离散谱。这表明周期信号与非周期信号、傅里叶级数与傅里叶变换、离散谱与连续谱在一定条件下可以互相转化并统一起来。

二、傅里叶变换的存在条件

必须指出，在前面推导傅里叶变换时并未遵循数学上的严格步骤。从理论上讲，傅里叶变换也应该满足一定的条件才能存在。这种条件类似于傅里叶级数的狄里赫利条件，不同之处仅仅在于时间范围由一个周期变成无限的区间，即在无限区间内满足绝对可积。于是有

$$\int_{-\infty}^{\infty}\left|f(t)\right|\mathrm{d}t<\infty$$

这是傅里叶变换存在的充分条件，而非必要条件。当引入分配函数的概念以后，许多不满足绝对可积条件的函数也能进行傅里叶变换（如阶跃函数、周期函数等）。

一般来说，能在实验室里产生的满足狄里赫利条件的信号都具有傅氏变换。因此，在实际中可以按照信号是否能产生来判断其是否存在傅氏变换。

三、常用非周期信号的频谱

现在根据傅里叶变换的定义来确定一些常见的非周期信号的频谱。

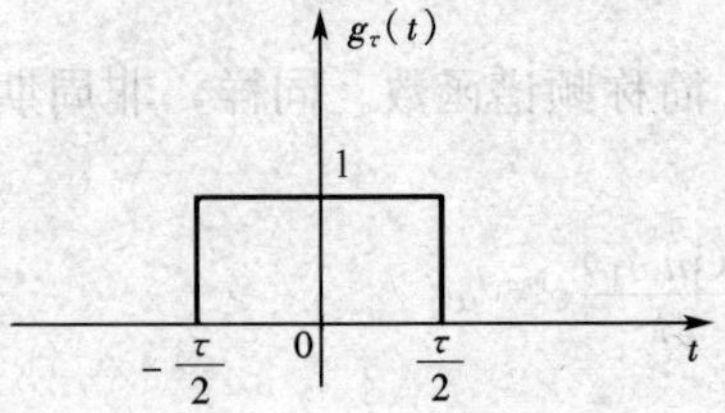

图 3 - 8 矩形单脉冲信号

（一）矩形脉冲信号（亦称门函数）

矩形脉冲信号用符号 $g_\tau(t)$ 表示，其表达式为

$$g_\tau(t)=\begin{cases}1 & \left(|t|\leqslant\frac{\tau}{2}\right)\\ 0 & \left(|t|>\frac{\tau}{2}\right)\end{cases}$$

波形如图 3 - 8 所示，其中 1 为脉冲幅度，τ 为脉冲宽度。

由式（3 - 19）可求得频谱函数为

$$F(\mathrm{j}\omega)=\int_{-\infty}^{\infty}g_\tau(t)\mathrm{e}^{-\mathrm{j}\omega t}\mathrm{d}t=\int_{-\frac{\tau}{2}}^{\frac{\tau}{2}}\mathrm{e}^{-\mathrm{j}\omega t}\mathrm{d}t=\frac{2}{\omega}\sin\left(\frac{\omega\tau}{2}\right)=\tau Sa\left(\frac{\omega\tau}{2}\right)$$

即

$$g_\tau(t)\leftrightarrow\tau Sa\left(\frac{\omega\tau}{2}\right) \tag{3-21}$$

由于 $F(\mathrm{j}\omega)$ 是复函数，所以其模和相位分别为

$$F(\omega)=\tau\left|Sa\left(\frac{\omega\tau}{2}\right)\right|$$

$$\varphi(\omega)=\begin{cases}0 & \left[Sa\left(\frac{\omega\tau}{2}\right)>0\right]\\ \pi & \left[Sa\left(\frac{\omega\tau}{2}\right)<0\right]\end{cases}$$

图 3 - 9（a）、（b）分别表示矩形脉冲的幅度频谱和相位频谱，因 $F(\omega)$ 为一实数（正实数或负实数），所以也可将幅度谱和相位谱用一条曲线一并表示如图 3 - 9（c）所示。根据 $F(\omega)$ 和 $\varphi(\omega)$ 的奇偶性质，一般在作频谱图时只作出 $\omega>0$ 的部分即可。

如果将图 3 - 9 与图 3 - 5 比较，可以看出周期性矩形脉冲序列的频谱包络线形状和矩形单脉冲的频谱函数曲线的形状完全相同。这是因为当周期信号的周期 T 变化时，频谱的振幅和谱线间隔也随之变化，但包络的形状却不改变，当周期趋于无限大时，谱线无限密集而成为连续频谱，此时各频谱分量振幅间的相对比例关系仍保持不变。此关系也适用于其他波形。

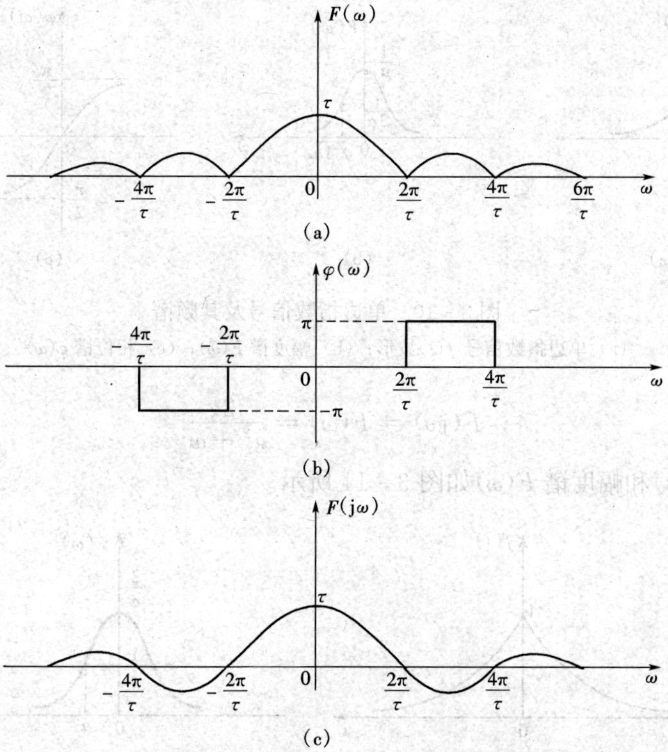

图 3-9　矩形脉冲（门函数）的频谱

（a）矩形脉冲的幅度频谱；（b）矩形脉冲的相位频谱；（c）矩形脉冲的频谱

（二）单边指数信号

$$f(t)=\mathrm{e}^{-at}\varepsilon(t)\qquad(a>0)$$

将 $f(t)$代入式（3-19）得

$$F(\mathrm{j}\omega)=\int_{-\infty}^{\infty}\mathrm{e}^{-at}\varepsilon(t)\mathrm{e}^{-\mathrm{j}\omega t}\mathrm{d}t=\int_{0}^{\infty}\mathrm{e}^{-(a+\mathrm{j}\omega)t}\mathrm{d}t=\frac{1}{a+\mathrm{j}\omega}$$

即有

$$\mathrm{e}^{-at}\varepsilon\ (t)\leftrightarrow\frac{1}{a+\mathrm{j}\omega}\tag{3-22}$$

其中幅频谱和相频谱分别为

$$F(\omega)=\frac{1}{\sqrt{a^2+\omega^2}}$$

$$\varphi(\omega)=-\arctan(\omega/a)$$

信号的波形 $f(t)$、幅度谱 $F(\omega)$和相位谱 $\varphi(\omega)$如图 3-10 所示。

（三）双边指数信号

$$f(t)=\mathrm{e}^{-a|t|}\qquad(a>0,\ -\infty<t<\infty)$$

$$F(\mathrm{j}\omega)=\int_{-\infty}^{\infty}\mathrm{e}^{-a|t|}\mathrm{e}^{-\mathrm{j}\omega t}\mathrm{d}t=\int_{-\infty}^{0}\mathrm{e}^{at}\mathrm{e}^{-\mathrm{j}\omega t}\mathrm{d}t+\int_{0}^{\infty}\mathrm{e}^{-at}\mathrm{e}^{-\mathrm{j}\omega t}\mathrm{d}t=\frac{1}{a-\mathrm{j}\omega}+\frac{1}{a+\mathrm{j}\omega}=\frac{2a}{a^2+\omega^2}$$

$F(\mathrm{j}\omega)$是一个实函数，所以

$$\varphi(\omega)=0$$

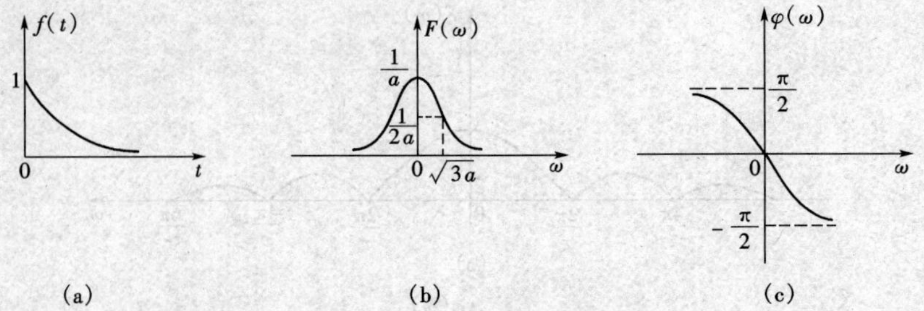

图 3 - 10 单边指数信号及其频谱

(a) 单边指数信号 $f(t)$ 波形；(b) 幅度谱 $F(\omega)$；(c) 相位谱 $\varphi(\omega)$

$$F(\mathrm{j}\omega)=F(\omega)=\frac{2a}{a^2+\omega^2} \tag{3-23}$$

信号波形 $f(t)$ 和幅度谱 $F(\omega)$ 如图 3 - 11 所示。

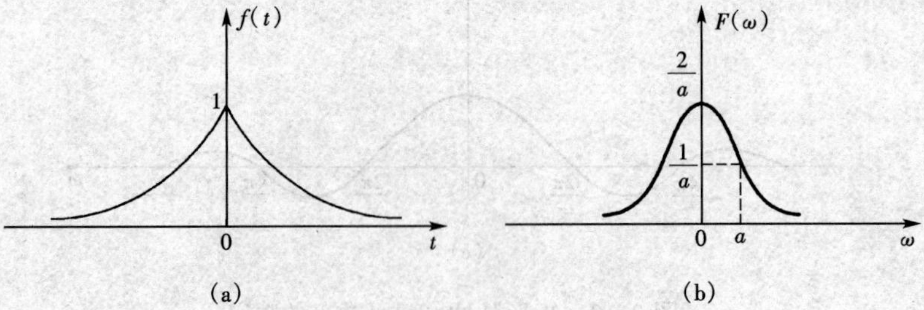

图 3 - 11 双边指数信号及其频谱

(a) 双边指数信号 $f(t)$ 波形；(b) 幅度谱 $F(\omega)$

（四）单位阶跃信号

因为阶跃函数 $\varepsilon(t)$ 不满足绝对可积条件，所以不能直接由定义求得。

将 $\varepsilon(t)$ 写成

$$\varepsilon(t)=\begin{cases}\lim\limits_{a\to 0}\mathrm{e}^{-at} & (t>0,a>0)\\ 0 & (t<0)\end{cases}$$

因为
$$\mathscr{F}[\mathrm{e}^{-at}]=\frac{1}{a+\mathrm{j}\omega}=\frac{a-\mathrm{j}\omega}{a^2+\omega^2}=\frac{a}{a^2+\omega^2}+\frac{\omega}{\mathrm{j}(a^2+\omega^2)}$$

所以
$$\mathscr{F}[\varepsilon(t)]=\lim_{a\to 0}\left[\frac{a}{a^2+\omega^2}\right]+\lim_{a\to 0}\left[\frac{\omega}{\mathrm{j}(a^2+\omega^2)}\right]$$

设
$$A(\omega)=\lim_{a\to 0}\left[\frac{a}{a^2+\omega^2}\right]$$

因为
$$A(\omega)=\begin{cases}0 & (\omega\neq 0)\\ \infty & (\omega=0)\end{cases}$$

$$\int_{-\infty}^{\infty}A(\omega)\mathrm{d}\omega=\lim_{a\to 0}\int_{-\infty}^{\infty}\frac{a}{a^2+\omega^2}\mathrm{d}\omega=\lim_{a\to 0}\int_{-\infty}^{\infty}\frac{\mathrm{d}(\omega/a)}{1+(\omega/a)^2}=\lim_{a\to 0}\arctan\frac{\omega}{a}\bigg|_{-\infty}^{\infty}=\pi$$

所以

$$\lim_{a\to 0}\left[\frac{a}{a^2+\omega^2}\right]=\pi\delta(\omega)$$

$$\lim_{a\to 0}\left[\frac{\omega}{\mathrm{j}(a^2+\omega^2)}\right]=\begin{cases}0 & (\omega=0)\\ \dfrac{1}{\mathrm{j}\omega} & (\omega\neq 0)\end{cases}$$

故有

$$\mathscr{F}[\varepsilon(t)]=\pi\delta(\omega)+\frac{1}{\mathrm{j}\omega} \tag{3-24}$$

$\varepsilon(t)$及其对应的频谱如图 3 - 12 所示。

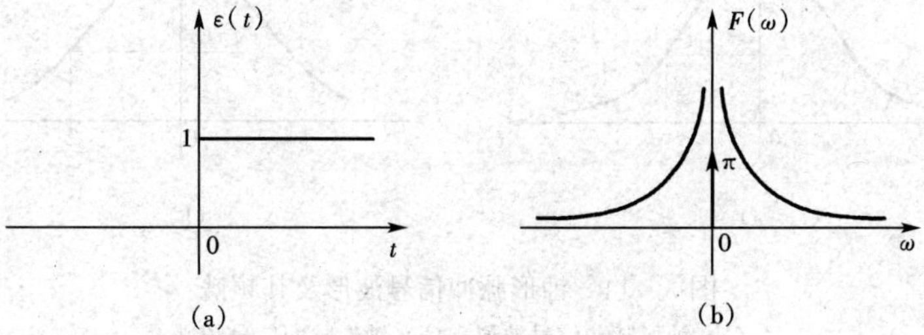

图 3 - 12　单位阶跃信号及频谱

(a) 单位阶跃信号 $\varepsilon(t)$；(b) $\varepsilon(t)$频谱

（五）单位冲激信号

单位冲激信号 $\delta(t)$ 的傅里叶变换为

$$F(\mathrm{j}\omega)=\int_{-\infty}^{\infty}\delta(t)\mathrm{e}^{-\mathrm{j}\omega t}\mathrm{d}t=\mathrm{e}^{-\mathrm{j}\omega 0}=1$$

即

$$\delta(t)\leftrightarrow 1 \tag{3-25}$$

可见，单位冲激函数的频谱等于常数，也就是说，在整个频率范围内频谱是均匀分布的。这说明时域中变化异常剧烈的冲激函数包含有幅度相等的所有频率分量，这是时域脉宽趋于零的必然结果。通常将这种谱叫“均匀谱”，如图 3 - 13 所示。

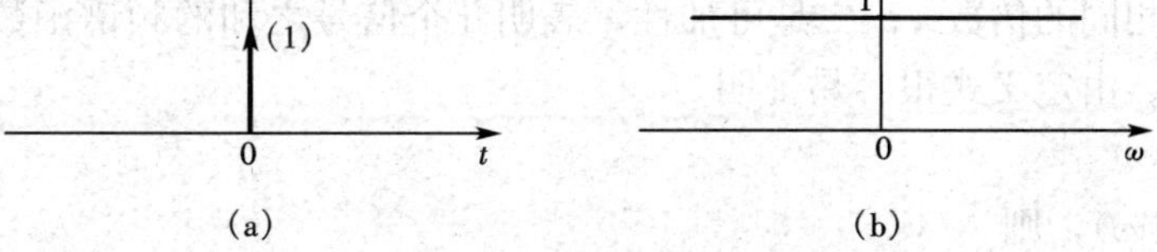

图 3 - 13　单位冲激信号及其频谱

(a) 单位冲激信号 $\delta(t)$；(b) $\delta(t)$频谱

（六）钟形脉冲信号（高斯脉冲信号）

$$f(t)=E\mathrm{e}^{-\left(\frac{t}{\tau}\right)^2}\quad(-\infty<t<\infty)$$

$$F(\mathrm{j}\omega)=\int_{-\infty}^{\infty}E\mathrm{e}^{-\left(\frac{t}{\tau}\right)^2}\mathrm{e}^{-\mathrm{j}\omega t}\mathrm{d}t=E\int_{-\infty}^{\infty}\mathrm{e}^{-\left(\frac{t}{\tau}\right)^2}(\cos\omega t-\mathrm{j}\sin\omega t)\mathrm{d}t=2E\int_{0}^{\infty}\mathrm{e}^{-\left(\frac{t}{\tau}\right)^2}\cos\omega t\,\mathrm{d}t$$

积分后可得

$$F(\mathrm{j}\omega)=\sqrt{\pi}E\tau\mathrm{e}^{-\left(\frac{\omega\tau}{2}\right)^2} \tag{3-26}$$

它也是一个正实函数，相位谱 $\varphi(\omega)=0$。该信号的波形和频谱如图 3 - 14 所示。

钟形脉冲信号的波形和频谱具有相同的形状，均为钟形。

还有一些常用信号的傅氏变换将在后续内容中介绍。为便于查阅，本书将常用时间信号的傅里叶变换汇总于附录 B。

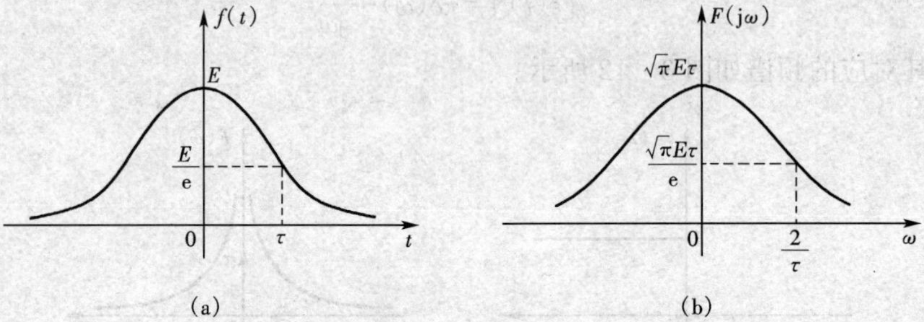

图 3 - 14　钟形脉冲信号波形及其频谱

(a) 钟形脉冲信号波形；(b) 钟形脉冲信号频谱

第三节　傅里叶变换的性质

第二节讨论了信号的时间函数和频谱函数之间以傅里叶正、反变换互求的一般关系。这一对变换式表明，信号有两种描述方法，既可在时域中以时间函数 $f(t)$ 表示，也可在频域中以频谱函数 $F(j\omega)$ 表示，两者之间有着密切的关系。那么如果信号在时域中进行了某种运算后，在频域中将会带来什么结果呢？下面讨论的傅里叶变换的性质能够揭示这一问题。同时，熟练地运用这些性质对求取 $f(t)$ 的傅氏变换或从 $F(j\omega)$ 求取 $f(t)$ 的反变换将带来很大的方便，在分析信号通过系统时也会使运算大大地简化。

一、线性性质

若 $f_1(t)\leftrightarrow F_1(j\omega)$，$f_2(t)\leftrightarrow F_2(j\omega)$，对于任意常数 a_1 和 a_2，有

$$a_1 f_1(t)+a_2 f_2(t)\leftrightarrow a_1 F_1(j\omega)+a_2 F_2(j\omega) \tag{3-27}$$

线性性质有两个含义：一是齐次性，表明信号若扩大（或缩小）a 倍，则其频谱函数也扩大（或缩小）相同的倍数 a；二是可加性，表明几个信号之和的频谱函数，等于各个信号的频谱函数之和。由定义式很容易证明。

二、对称性

若 $f(t)\leftrightarrow F(j\omega)$，则

$$F(jt)\leftrightarrow 2\pi f(-\omega) \tag{3-28}$$

证明：将 t 用 $-t$ 代入式（3 - 20），得

$$f(-t)=\frac{1}{2\pi}\int_{-\infty}^{\infty}F(j\omega)e^{-j\omega t}d\omega$$

t 与 ω 互换，可以得到

$$2\pi f(-\omega)=\int_{-\infty}^{\infty}F(jt)e^{-j\omega t}dt$$

所以

$$F(jt)\leftrightarrow 2\pi f(-\omega)$$

如果 $f(t)$ 为偶函数，即 $f(t)=f(-t)$，对应的即有 $f(\omega)=f(-\omega)$，则

$$F(\mathrm{j}t)\leftrightarrow 2\pi f(\omega) \tag{3-29}$$

式（3-29）表明，当 $f(t)$ 为偶函数时，时域和频域的对称性完全成立，即若 $f(t)$ 的频谱为 $F(\mathrm{j}\omega)$ 时，则形状为 $F(\mathrm{j}t)$ 的波形的频谱必为 $f(\omega)$（式中的 2π 仅影响函数图形纵坐标的尺度，并不影响函数图形的基本特征）。

例如，已知门函数的频谱是抽样函数，则抽样函数的频谱函数必为门函数，如图 3-15 所示。

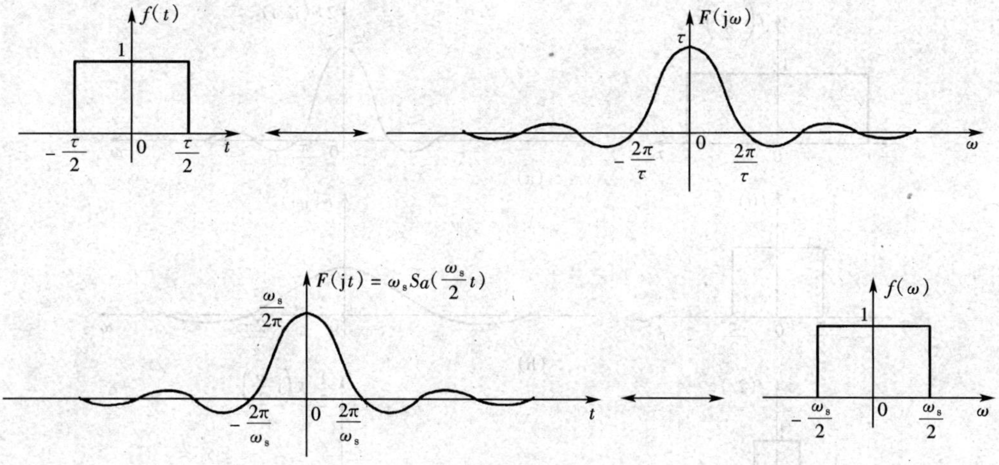

图 3-15　傅里叶变换的对称性

同理，因为 $\delta(t)\leftrightarrow 1$，所以

$$1\leftrightarrow 2\pi\delta(\omega) \tag{3-30}$$

三、尺度变换

若 $f(t)\leftrightarrow F(\mathrm{j}\omega)$，则

$$f(at)\leftrightarrow \frac{1}{|a|}F\left(\mathrm{j}\,\frac{\omega}{a}\right) \tag{3-31}$$

式中，a 为非零的常数。

证明：因为

$$\mathscr{F}[f(at)]=\int_{-\infty}^{\infty}f(at)\mathrm{e}^{-\mathrm{j}\omega t}\,\mathrm{d}t$$

令 $x=at$，则 $t=\dfrac{x}{a}$，$\mathrm{d}t=\dfrac{\mathrm{d}x}{a}$

当 $a>0$ 时

$$\mathscr{F}[f(at)]=\frac{1}{a}\int_{-\infty}^{\infty}f(x)\mathrm{e}^{-\mathrm{j}\frac{\omega x}{a}}\,\mathrm{d}x=\frac{1}{a}F\left(\mathrm{j}\,\frac{\omega}{a}\right)$$

当 $a<0$ 时

$$\mathscr{F}[f(at)]=\frac{1}{a}\int_{\infty}^{-\infty}f(x)\mathrm{e}^{-\mathrm{j}\frac{\omega x}{a}}\,\mathrm{d}x=-\frac{1}{a}\int_{-\infty}^{\infty}f(x)\mathrm{e}^{-\mathrm{j}\frac{\omega x}{a}}\,\mathrm{d}x=-\frac{1}{a}F\left(\mathrm{j}\,\frac{\omega}{a}\right)$$

综合上述两种情况，对于实常数 $a\neq 0$，即可得式（3-31）。

当 $a=-1$，式（3-31）变成

$$f(-t) \leftrightarrow F(-\mathrm{j}\omega) \tag{3-32}$$

表明信号在时域中反转，对应于频域中频谱的反转。

图 3-16 给出了矩形脉冲在不同脉宽下的几种频谱。可见，如果信号在时间坐标轴上压缩（或时间尺度扩展）了 $a(a>1)$倍，则相应的频谱函数在频率坐标轴上展宽（或频率尺度压缩）了 a 倍，同时其幅度减小了 $|a|$ 倍；如果信号在时域中扩展（$0<a<1$），对应于频域中压缩；如果 $a<0$，则波形反折并压缩或扩展。

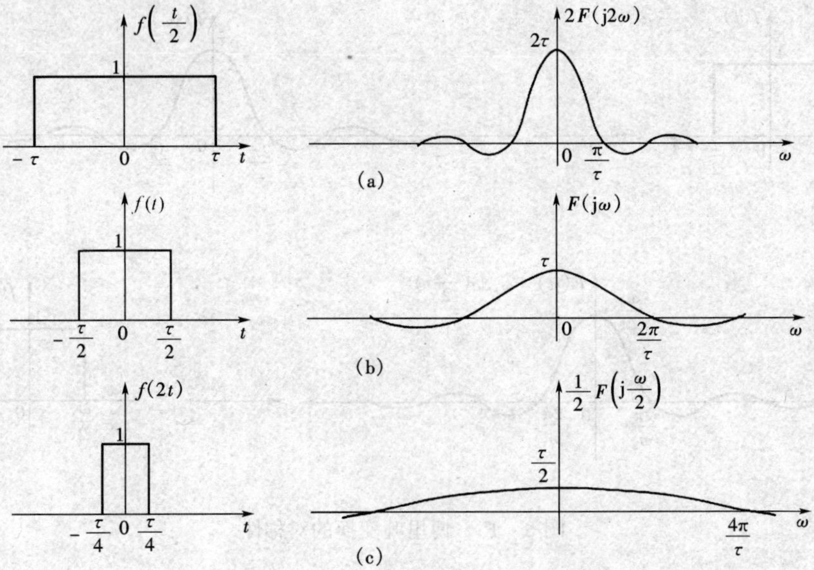

图 3-16 尺度变换特性的举例说明

(a) $a=0.5$；(b) $a=1$；(c) $a=2$

以上结论不难理解，信号的波形沿时间轴压缩，意味着信号随时间的变化加快（即脉宽变窄），所以它所包含的频率分量也增加（即频带展宽）。根据能量守恒原理，各频率分量的大小必然减小。尺度变换特性进一步证明了信号持续时间（脉宽）与信号占有频带（频宽）之间的反比关系。如果将信号的持续时间压缩，以加快信息的传输速度，就必须在频域中付出展宽频带的代价。因此，通信技术中，通信速度和占有频带宽度是一对不可避免的矛盾。

四、时移特性

若 $f(x)\leftrightarrow F(\mathrm{j}\omega)$，则

$$f(t\pm t_0)\leftrightarrow F(\mathrm{j}\omega)\mathrm{e}^{\pm \mathrm{j}\omega t_0} \tag{3-33}$$

根据式（3-19），直接对 $f(t\pm t_0)$ 作傅里叶变换，并采用变量代换 $x=t\pm t_0$，即可得到式（3-33）。

该特性表明，在时域中信号沿时间轴右移，即延时 t_0，其在频域中所有频率分量相应落后相位 ωt_0 而其幅度保持不变。这一结果是十分明显的，因为欲使右移后的信号与原信号波形完全相同，其频谱中的所有分量也都应该右移 t_0，所以各频率分量的相位相应落后 ωt_0 弧度，即乘以因子 $\mathrm{e}^{-\mathrm{j}\omega t_0}$。同理，若信号沿时间轴左移 t_0（超前），则频谱中所有分量都应超前 ωt_0 弧度，即应乘以因子 $\mathrm{e}^{\mathrm{j}\omega t_0}$。

【例 3-2】 已知矩形脉冲信号 $f_0(t)$ 的频谱函数为 $F_0(\mathrm{j}\omega)=E\tau Sa\left(\frac{\omega\tau}{2}\right)$，试求图 3-17 所示三个脉冲信号 $f(t)$ 的频谱。

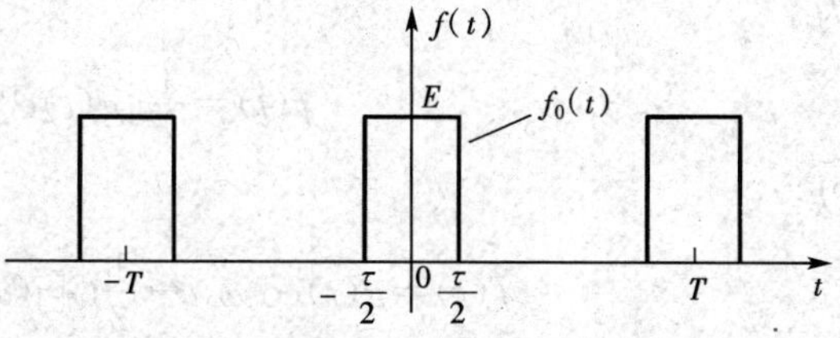

图 3-17 ［例 3-2］图

解

$$f(t)=f_0(t)+f_0(t+T)+f_0(t-T)$$

由时移特性可知 $f(t)$ 的频谱函数 $F(\mathrm{j}\omega)$ 为

$$F(\mathrm{j}\omega)=F_0(\mathrm{j}\omega)(1+\mathrm{e}^{\mathrm{j}\omega T}+\mathrm{e}^{-\mathrm{j}\omega T})=E\tau Sa\left(\frac{\omega\tau}{2}\right)(1+2\cos\omega T)$$

五、频移特性

若 $f(t)\leftrightarrow F(\mathrm{j}\omega)$，则

$$f(t)\mathrm{e}^{\pm\mathrm{j}\omega_0 t}\leftrightarrow F[\mathrm{j}(\omega\mp\omega_0)] \tag{3-34}$$

证明：由式（3-19）可知，式（3-34）左边函数的傅氏变换为

$$\int_{-\infty}^{\infty}f(t)\mathrm{e}^{\pm\mathrm{j}\omega_0 t}\mathrm{e}^{-\mathrm{j}\omega t}\mathrm{d}t=\int_{-\infty}^{\infty}f(t)\mathrm{e}^{-\mathrm{j}(\omega\mp\omega_0)t}\mathrm{d}t=F[\mathrm{j}(\omega\mp\omega_0)]$$

频移特性说明将时间信号乘上因子 $\mathrm{e}^{\mathrm{j}\omega_0 t}$ 或 $\mathrm{e}^{-\mathrm{j}\omega_0 t}$，频谱函数将沿 ω 轴右移或左移 ω_0。请注意时移特性与频移特性的对偶关系。该性质称为频谱搬移特性，它在通信系统中得到了广泛的应用，是调制、解调和变频等技术的理论基础，将在第六节中介绍。

因为 $\mathrm{e}^{\mathrm{j}\omega_0 t}$不能由实信号产生，因而实际上频移是由 $f(t)$乘上一个正弦量而完成的，它可表示为

$$f(t)\cos\omega_0 t=\frac{1}{2}[f(t)\mathrm{e}^{\mathrm{j}\omega_0 t}+f(t)\mathrm{e}^{-\mathrm{j}\omega_0 t}]$$

若已知 $f(t)\leftrightarrow F(\mathrm{j}\omega)$，则上式的傅里叶变换为

$$\mathscr{F}[f(t)\cos\omega_0 t]=\frac{1}{2}F[\mathrm{j}(\omega+\omega_0)]+\frac{1}{2}F[\mathrm{j}(\omega-\omega_0)] \tag{3-35}$$

式（3-35）表明，一个时间信号 $f(t)$ 与正弦信号 $\cos\omega_0 t$ 相乘，它的频谱 $F(\mathrm{j}\omega)$将搬移到 $\omega=\omega_0$ 和 $\omega=-\omega_0$ 处，其幅值为原来的一半。

图 3-18 为门函数 $g(t)$与 $\cos\omega_0 t$ 在调制（相乘）过程中的频谱搬移。

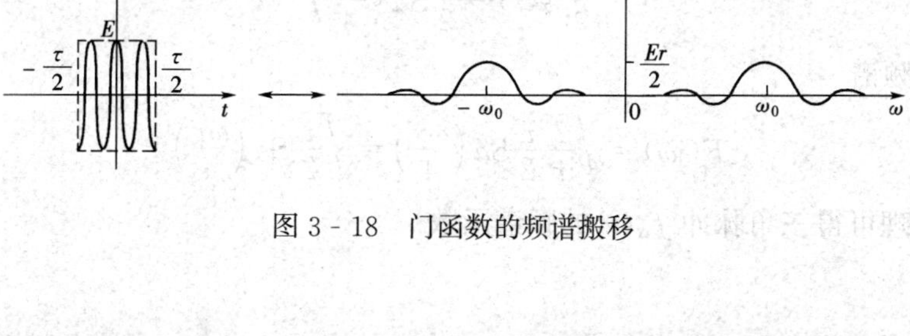

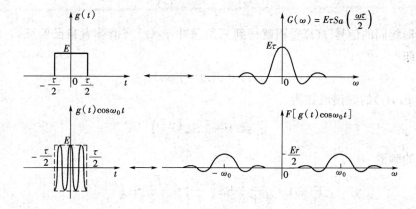

图 3-18 门函数的频谱搬移

因为

$$f(t)=\frac{1}{2}[g(t)e^{j\omega_0 t}+g(t)e^{-j\omega_0 t}]$$

所以

$$f(t)=g(t)\cos\omega_0 t\leftrightarrow\frac{1}{2}G[j(\omega-\omega_0)]+\frac{1}{2}G[j(\omega+\omega_0)]$$

$$G(j\omega)=E\tau Sa\left(\frac{\omega\tau}{2}\right)$$

六、卷积定理

（一）时域卷积定理

若 $f_1(t)\leftrightarrow F_1(j\omega)$，$f_2(t)\leftrightarrow F_2(j\omega)$，则

$$f_1(t)*f_2(t)\leftrightarrow F_1(j\omega)F_2(j\omega) \tag{3-36}$$

证明：根据卷积定义式（2 - 51）和傅氏变换式（3 - 19），有

$$f_1(t)*f_2(t)\leftrightarrow\int_{-\infty}^{\infty}\left[\int_{-\infty}^{\infty}f_1(\tau)f_2(t-\tau)d\tau\right]e^{-j\omega t}dt=\int_{-\infty}^{\infty}f_1(\tau)\left[\int_{-\infty}^{\infty}f_2(t-\tau)e^{-j\omega t}dt\right]d\tau$$

$$=\int_{-\infty}^{\infty}f_1(\tau)F_2(j\omega)e^{-j\omega\tau}d\tau$$

$$=\left[\int_{-\infty}^{\infty}f_1(\tau)e^{-j\omega\tau}d\tau\right]F_2(j\omega)$$

$$=F_1(j\omega)F_2(j\omega)$$

即时域内信号的卷积等效于频域内它们频谱的乘积。

【例 3 - 3】 已知

$$f_\Delta(t)=\begin{cases}1-\frac{2}{\tau}|t| & \left(|t|<\frac{\tau}{2}\right)\\ 0 & \left(|t|>\frac{\tau}{2}\right)\end{cases}$$

利用时域卷积定理，求三角脉冲的频谱。

解 一脉宽为$\frac{\tau}{2}$、幅度为$\sqrt{\frac{2}{\tau}}$的矩形脉冲信号 $f(t)$可写为

$$f(t)=\sqrt{\frac{2}{\tau}}g_{\tau/2}(t)$$

两个波形相同的信号 $f(t)$卷积就得到三角脉冲 $f_\Delta(t)$（请读者自己验证），如图 3 - 19（a）所示，即

$$f(t)*f(t)=f_\Delta(t)$$

因为门函数 $g_{\tau/2}(t)$的频谱函数为

$$g_{\tau/2}(t)\leftrightarrow\frac{\tau}{2}Sa\left(\frac{\omega\tau}{4}\right)$$

所以，$f(t)$的频谱

$$F(j\omega)=\sqrt{\frac{2}{\tau}}\frac{\tau}{2}Sa\left(\frac{\omega\tau}{4}\right)=\sqrt{\frac{\tau}{2}}Sa\left(\frac{\omega\tau}{4}\right)$$

由时域卷积定理可得三角脉冲 $f_\Delta(t)$的频谱函数

$$F_{\Delta}(\mathrm{j}\omega)=F(\mathrm{j}\omega)=\frac{\tau}{2}Sa^{2}\left(\frac{\omega\tau}{4}\right) \tag{3-37}$$

其频谱如图 3-19（b）所示。

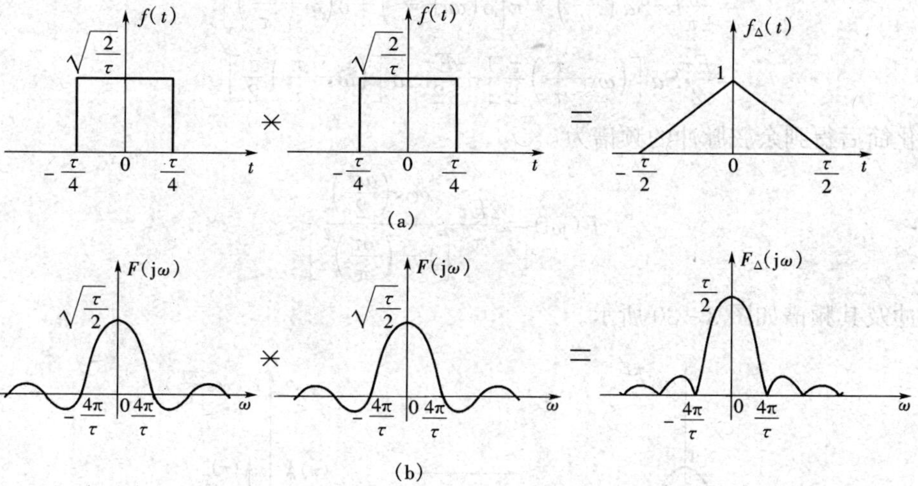

图 3-19　［例 3-3］图

（a）时域 $f(t)*f(t)=f_{\Delta}(t)$；（b）频域 $F(\mathrm{j}\omega)=F_{\Delta}(\mathrm{j}\omega)$

由于时域与频域之间的对称性质，不难预期一定有一个相应的对偶关系存在，即时域内的乘积对应于频域内的卷积，这就是频域卷积定理。

（二）频域卷积定理

若 $f_1(t)\leftrightarrow F_1(\mathrm{j}\omega)$，$f_2(t)\leftrightarrow F_2(\mathrm{j}\omega)$，则

$$f_1(t)f_2(t)\leftrightarrow\frac{1}{2\pi}F_1(\mathrm{j}\omega)*F_2(\mathrm{j}\omega) \tag{3-38}$$

其证明方法与时域卷积定理的证明相似，这里不再重复。

【例 3-4】 已知

$$f(t)=\begin{cases}E\cos\dfrac{\pi t}{\tau} & \left(|t|\leqslant\dfrac{\tau}{2}\right)\\ 0 & \left(|t|>\dfrac{\tau}{2}\right)\end{cases}$$

利用频域卷积定理求余弦脉冲的频谱。

解　把余弦脉冲 $f(t)$ 看做是矩形脉冲 $g_{\tau}(t)$ 与无穷长余弦函数 $\cos\dfrac{\pi t}{\tau}$ 的乘积，即

$$f(t)=g_{\tau}(t)\cos\frac{\pi t}{\tau}$$

矩形脉冲 $g_{\tau}(t)$ 的频谱为

$$G(\mathrm{j}\omega)=E\tau Sa\left(\frac{\omega\tau}{2}\right)$$

由频移性质可知

$$\mathscr{F}\left[\cos\frac{\pi t}{\tau}\right]=\pi\delta\left(\omega+\frac{\pi}{\tau}\right)+\pi\delta\left(\omega-\frac{\pi}{\tau}\right)$$

根据频域卷积定理，可以得到 $f(t)$的频谱

$$
\begin{aligned}
F(\mathrm{j}\omega) &= \mathscr{F}\left[g_\tau(t)\cos\frac{\pi t}{\tau}\right] \\
&= \frac{1}{2\pi}E\tau Sa\left(\frac{\omega\tau}{2}\right) * \pi\left[\delta\left(\omega+\frac{\pi}{\tau}\right)+\delta\left(\omega-\frac{\pi}{\tau}\right)\right] \\
&= \frac{E\tau}{2}Sa\left[\left(\omega+\frac{\pi}{\tau}\right)\frac{\tau}{2}\right]+\frac{E\tau}{2}Sa\left[\left(\omega-\frac{\pi}{\tau}\right)\frac{\tau}{2}\right]
\end{aligned}
$$

将上式化简后得到余弦脉冲的频谱为

$$
F(\mathrm{j}\omega)=\frac{2E\tau}{\pi}\frac{\cos\left(\dfrac{\omega\tau}{2}\right)}{\left[1-\left(\dfrac{\omega\tau}{\pi}\right)^2\right]}
$$

余弦脉冲及其频谱如图 3 - 20 所示。

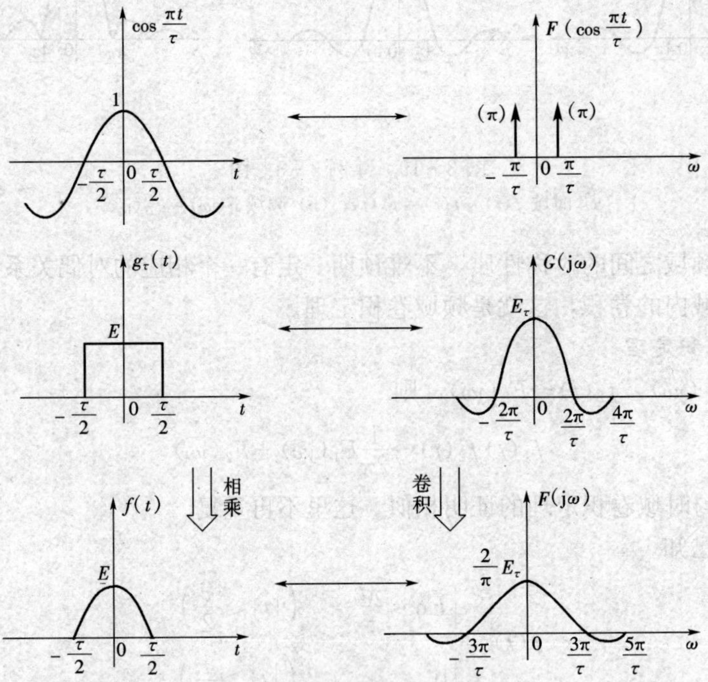

图 3 - 20　余弦脉冲及其频谱

在信号和系统分析中，卷积定理占有重要地位，通过它们能容易地推导出许多重要结论。

七、微分性质

(一) 时域微分

若 $f(t)\leftrightarrow F(\mathrm{j}\omega)$，则

$$
\frac{\mathrm{d}f(t)}{\mathrm{d}t}\leftrightarrow \mathrm{j}\omega F(\mathrm{j}\omega) \tag{3 - 39}
$$

$$
\frac{\mathrm{d}^n f(t)}{\mathrm{d}t^n}\leftrightarrow (\mathrm{j}\omega)^n F(\mathrm{j}\omega) \tag{3 - 40}
$$

证明：将傅氏逆变换公式（3-20）两边对 t 求导数，得

$$\frac{\mathrm{d}f(t)}{\mathrm{d}t}=\frac{1}{2\pi}\int_{-\infty}^{\infty}\mathrm{j}\omega F(\mathrm{j}\omega)\mathrm{e}^{\mathrm{j}\omega t}\mathrm{d}\omega$$

所以

$$\frac{\mathrm{d}f(t)}{\mathrm{d}t}\leftrightarrow \mathrm{j}\omega F(\mathrm{j}\omega)$$

同理，可推出式（3-40）。

式（3-39）说明，信号在时域中求导，相当于在频域中用因子 $\mathrm{j}\omega$ 去乘它的频谱函数，即将时域中的微分运算转化成为频域中的乘法运算。

利用时域微分性质可以求出一些在通常意义下不易求得的变换关系，比如由 $\delta(t)\leftrightarrow 1$ 可得

$$\delta'(t)\leftrightarrow \mathrm{j}\omega$$
$$\delta^{(n)}(t)\leftrightarrow (\mathrm{j}\omega)^n$$

对于分段定义的信号，若经过微分可以出现冲激函数或者出现原信号和冲激函数，则应用微分性质计算频谱函数十分方便。

【例 3-5】 利用时域微分性质，再求图 3-21（a）所示三角脉冲 $f(t)$ 的频谱函数 $F(\mathrm{j}\omega)$。

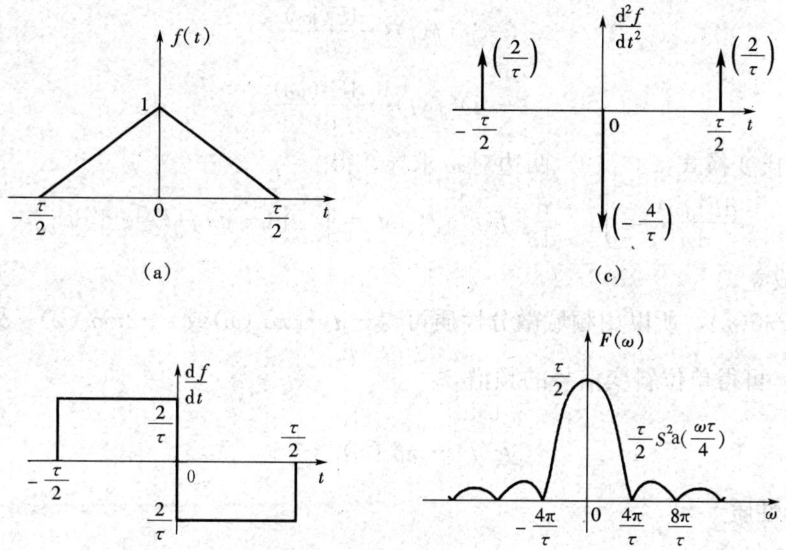

图 3-21　三角脉冲信号及其频谱

（a）三角脉冲 $f(t)$；（b）$\frac{\mathrm{d}f}{\mathrm{d}t}$；（c）$\frac{\mathrm{d}^2 f}{\mathrm{d}t^2}$；（d）三角脉冲频谱图

解　将三角脉冲连续两次求导数，如图 3-21（b）、（c）所示。在第一次求导数时，$\frac{\mathrm{d}f}{\mathrm{d}t}$ 为两个门函数，左边的正跃变量为 $\frac{2}{\tau}$，右边的跃变量为 $-\frac{2}{\tau}$；在求第二次导数时，$\pm\frac{2}{\tau}$ 为两

个冲激函数，其强度为$\frac{2}{\tau}$，而在$t=0$处，跃变量为定值，其冲激函数的强度为$-\frac{4}{\tau}$，即

$$\frac{d^2 f(t)}{dt^2}=\frac{2}{\tau}\delta\left(t+\frac{\tau}{2}\right)-\frac{4}{\tau}\delta(t)+\frac{2}{\tau}\delta\left(t-\frac{\tau}{2}\right)=\frac{2}{\tau}\left[\delta\left(t+\frac{\tau}{2}\right)-2\delta(t)+\delta\left(t-\frac{\tau}{2}\right)\right]$$

由此很容易求得

$$\frac{d^2 f(t)}{dt^2}\leftrightarrow\frac{2}{\tau}\left[e^{j\frac{\omega\tau}{2}}-2+e^{-j\frac{\omega\tau}{2}}\right]=\frac{4}{\tau}\left(\cos\frac{\omega\tau}{2}-1\right)=-\frac{8}{\tau}\sin^2\left(\frac{\omega\tau}{4}\right)$$

利用时域微分性质

$$\frac{d^2 f(t)}{dt^2}\leftrightarrow(j\omega)^2 F(j\omega)$$

所以

$$F(j\omega)=\frac{8}{\omega^2\tau}\sin^2\left(\frac{\omega\tau}{4}\right)=\frac{\tau}{2}\left[\frac{\sin\frac{\omega\tau}{4}}{\frac{\omega\tau}{4}}\right]^2=\frac{\tau}{2}Sa^2\left(\frac{\omega\tau}{4}\right)$$

与前述方法所做的结果相同，频谱图如图 3-21（d）所示。

（二）频域微分性质

若 $f(t)\leftrightarrow F(j\omega)$，则

$$(-jt)f(t)\leftrightarrow\frac{dF(j\omega)}{d\omega} \tag{3-41}$$

及

$$(-jt)^n f(t)\leftrightarrow\frac{dF^n(j\omega)}{d\omega^n} \tag{3-42}$$

证明：傅氏变换式（3-19）两边对 ω 求导，得

$$\frac{dF(j\omega)}{d\omega}=\int_{-\infty}^{\infty}\frac{d}{d\omega}\left[f(t)e^{-j\omega t}\right]dt=\int_{-\infty}^{\infty}\left[(-jt)f(t)\right]e^{-j\omega t}dt$$

式（3-41）成立。

因为 $1\leftrightarrow 2\pi\delta(\omega)$，所以用频域微分性质可得 $-jt\leftrightarrow 2\pi\delta'(\omega)$ 或 $t\leftrightarrow 2\pi j\delta'(\omega)$。另外，由 $\varepsilon(t)\leftrightarrow\pi\delta(\omega)+\frac{1}{j\omega}$，可得单位斜变信号的频谱

$$t\varepsilon(t)\leftrightarrow j\pi\delta'(\omega)-\frac{1}{\omega^2}$$

八、积分性质

（一）时域积分

若 $f(t)\leftrightarrow F(j\omega)$，则

$$\int_{-\infty}^{t} f(\tau)d\tau\leftrightarrow\frac{F(j\omega)}{j\omega}+\pi F(0)\delta(\omega) \tag{3-43}$$

证明：因为 $\int_{-\infty}^{t} f(\tau)d\tau=\int_{-\infty}^{t} f(t)\varepsilon(t-\tau)d\tau=f(t)*\varepsilon(t)$

由时域卷积定理

$$f(t)*\varepsilon(t)\leftrightarrow\mathscr{F}[f(t)]\mathscr{F}[\varepsilon(t)]=F(j\omega)\left[\frac{1}{j\omega}+\pi\delta(\omega)\right]$$

$$=\frac{F(j\omega)}{j\omega}+\pi F(0)\delta(\omega)$$

其中，$F(0)\overset{def}{=}F(\mathrm{j}\omega)\Big|_{\omega=0}$，它也可由傅里叶变换的定义式（3-19）得到（令 $\omega=0$）

$$F(0)=\int_{-\infty}^{\infty}f(t)\mathrm{d}t$$

如果 $f(t)$ 的积分值为零（直流分量为零），则 $F(0)=0$，积分性质简化为

$$\int_{-\infty}^{t}f(\tau)\mathrm{d}\tau\leftrightarrow\frac{F(\mathrm{j}\omega)}{\mathrm{j}\omega}\tag{3-44}$$

从时域的微分和积分性质看出，当已知 $f(t)$ 的频谱为 $F(\mathrm{j}\omega)$ 时，若要求得 $\frac{\mathrm{d}f}{\mathrm{d}t}$ 或 $\int_{-\infty}^{t}f(\tau)\mathrm{d}\tau$ 的频谱，只需将 $F(\mathrm{j}\omega)$ 乘上 $\mathrm{j}\omega$ 或除以 $\mathrm{j}\omega$ [当 $F(0)=0$ 时] 即可。

【例 3-6】 求下列截平斜变信号 $y(t)$ 的频谱 $Y(\mathrm{j}\omega)$。

$$y(t)=\begin{cases}0 & (t<0)\\ \dfrac{t}{t_0} & (0\leqslant t\leqslant t_0)\\ 1 & (t>t_0)\end{cases}$$，其波形如图 3-22（a）所示。

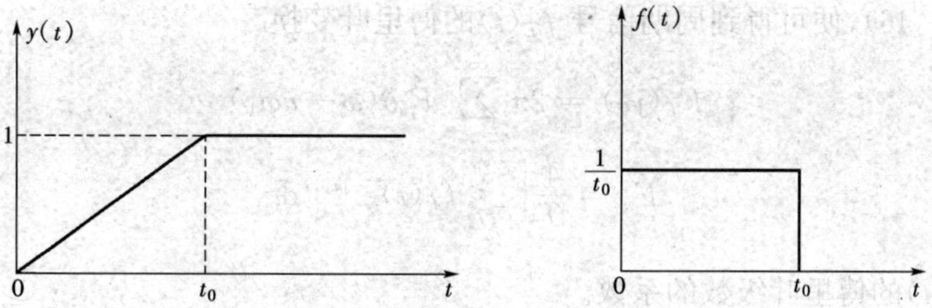

图 3-22　[例 3-6] 图

（a）截平斜变信号 $y(t)$；（b）矩形脉冲信号 $f(t)$

解　因为 $y(t)$ 是矩形脉冲信号 $f(t)$ 的积分，即 $y(t)=\int_{-\infty}^{t}f(\tau)\mathrm{d}\tau$，如图 3-22(b)所示。根据门函数的频谱及时移性质可得 $f(t)$ 的频谱

$$F(\mathrm{j}\omega)=Sa\left(\frac{\omega t_0}{2}\right)\mathrm{e}^{-\mathrm{j}\omega\frac{t_0}{2}}$$

因为 $F(0)=1$，故

$$Y(\mathrm{j}\omega)=\frac{F(\mathrm{j}\omega)}{\mathrm{j}\omega}+\pi F(0)\delta(\omega)=\frac{1}{\mathrm{j}\omega}Sa\left(\frac{\omega t_0}{2}\right)\mathrm{e}^{-\mathrm{j}\omega\frac{t_0}{2}}+\pi\delta(\omega)$$

（二）频域积分

若 $f(t)\leftrightarrow F(\mathrm{j}\omega)$，则

$$\frac{1}{-\mathrm{j}t}f(t)+\pi f(0)\delta(t)\leftrightarrow\int_{-\infty}^{\omega}F(\mathrm{j}\eta)\mathrm{d}\eta\tag{3-45}$$

上述性质不难由时域积分性质式（3-43）以及时域与频域之间的对偶性质推得。

为了便于读者查用，将以上讨论的傅里叶变换的性质汇总于附录 B。

第四节　周期信号的傅里叶变换

以上讨论了周期信号的傅里叶级数和非周期信号的傅里叶变换，那么，周期信号是否存在傅里叶变换呢？我们知道周期信号是不满足绝对可积的，但是如果允许冲激函数存在并认为它是有意义的，绝对可积的条件只是一个充分而不是必要条件，因此在这种意义上说，周期信号的傅里叶变换就是存在的。

设周期信号 $f_T(t)$的傅里叶级数为

$$f_T(t)=\sum_{n=-\infty}^{\infty}\dot{F}_n e^{jn\omega_1 t}$$

将其两边取傅里叶变换

$$F_T(j\omega)=\mathscr{F}[f_T(t)]=\mathscr{F}\left[\sum_{n=-\infty}^{\infty}\dot{F}_n e^{jn\omega_1 t}\right]=\sum_{n=-\infty}^{\infty}\dot{F}_n\mathscr{F}[e^{jn\omega_1 t}] \tag{3-46}$$

根据频移特性

$$\mathscr{F}[e^{jn\omega_1 t}]=2\pi\delta(\omega-n\omega_1)$$

将它代入式(3-46),便可得到周期信号 $f_T(t)$的傅里叶变换

$$F_T(j\omega)=2\pi\sum_{n=-\infty}^{\infty}\dot{F}_n\delta(\omega-n\omega_1) \tag{3-47}$$

$$\dot{F}_n=\frac{1}{T}\int_{-T/2}^{T/2}f_T(t)e^{-jn\omega_1 t}dt \tag{3-48}$$

式中,$\dot{F}_n$是 $f_T(t)$的傅里叶级数的系数。

式（3-47）表明，周期信号 $f_T(t)$ 的傅里叶变换是离散的，但它不同于傅里叶级数，这里的谱线不是有限值，而是冲激函数，它表明在无穷小的频带范围内（谐频点）具有无限大的频谱值。周期信号的傅里叶变换可以直接从它的傅里叶级数得到，变换结果是冲激序列，且冲激位于信号的谐频处，其强度等于相应复系数$\dot{F}_n$的 2π 倍，相互间隔为 ω_1。

下面进一步研究单个脉冲的傅里叶变换与周期性脉冲信号的傅里叶级数的关系。从周期信号 $f_T(t)$ 中取一个周期的信号为单个脉冲 $f_0(t)$，其傅里叶变换为

$$\mathscr{F}[f_0(t)]=F_0(j\omega)=\int_{-T/2}^{T/2}f(t)e^{-j\omega t}dt \tag{3-49}$$

比较式（3-48）和式（3-49），可得到

$$\dot{F}_n=\frac{1}{T}F_0(j\omega)\Big|_{\omega=n\omega_1} \tag{3-50}$$

式（3-50）表明，为求周期信号的复系数$\dot{F}_n$，可先求单个脉冲的傅里叶变换 $F_0(j\omega)$，然后将其变换式中的 ω 用 $n\omega_1$ 替换，再乘以 $1/T$ 即可。

【例 3-7】 有一周期性矩形脉冲信号 $f_T(t)$，如图 3-23（a）所示，试求其频谱函数。

解　已知周期矩形脉冲序列的傅里叶系数为

$$\dot{F}_n=\frac{\tau}{T}Sa\left(\frac{n\omega_1\tau}{2}\right)$$

将它代入式（3-47）得

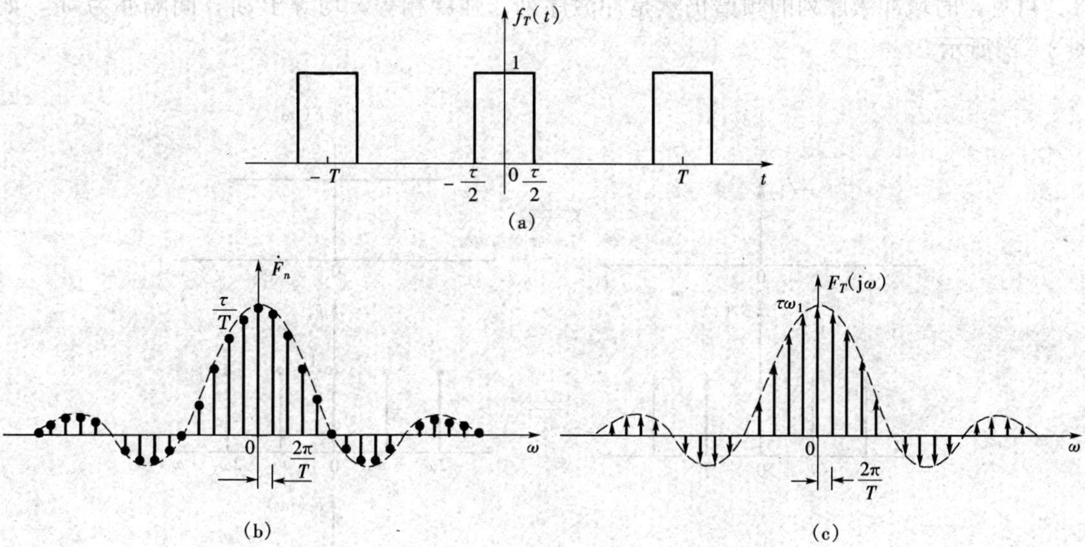

图 3 - 23　［例 3 - 7］图

(a) 周期性矩形脉冲信号 $f_T(t)$；(b) 周期矩形脉冲序列的傅里叶系数 $\dot{F}_n$；(c) 傅里叶变换 F_T

$$F_T(\mathrm{j}\omega)=\frac{2\pi\tau}{T}\sum_{n=-\infty}^{\infty}Sa\left(\frac{n\omega_1\tau}{2}\right)\delta(\omega-n\omega_1)=\sum_{n=-\infty}^{\infty}\frac{2\sin\dfrac{n\omega_1\tau}{2}}{n}\delta(\omega-n\omega_1)$$

$\dot{F}_n$与 $F_T(\mathrm{j}\omega)$的图形如图 3 - 23（b）、(c) 所示。可以看出，两者都是离散谱，且都具有同样的包络线。然而，它们之间又有十分明显的区别，$\dot{F}_n$代表各频率分量的成分，是有限值；而 $F_T(\mathrm{j}\omega)$则代表频谱密度，它们是离散点上的冲激函数。

【例 3 - 8】 已知周期性单位冲激序列 $\delta_T(t)$，

$$\delta_T(t)=\sum_{n=-\infty}^{\infty}\delta(t-nT)$$

试求其傅里叶级数与傅里叶变换。

解　因为 $\delta_T(t)$ 是周期函数，将它展成傅里叶级数

$$\delta_T(t)=\sum_{n=-\infty}^{\infty}\dot{F}_n\mathrm{e}^{\mathrm{j}n\omega_1 t}$$

$$\omega_1=\frac{2\pi}{T}$$

$$\dot{F}_n=\frac{1}{T}\int_{-T/2}^{T/2}\delta_T(t)\mathrm{e}^{-\mathrm{j}n\omega_1 t}\mathrm{d}t=\frac{1}{T}\int_{-T/2}^{T/2}\delta(t)\mathrm{e}^{-\mathrm{j}n\omega_1 t}\mathrm{d}t=\frac{1}{T}$$

可得

$$\delta_T(t)=\frac{1}{T}\sum_{n=-\infty}^{\infty}\mathrm{e}^{\mathrm{j}n\omega_1 t}\qquad(3-51)$$

下面求 $\delta_T(t)$ 的傅里叶变换。由式（3 - 47）可知

$$\mathscr{F}\left[\delta_T(t)\right]=F_T(\mathrm{j}\omega)=2\pi\sum_{n=-\infty}^{\infty}\frac{1}{T}\delta(\omega-n\omega_1)=\omega_1\sum_{n=-\infty}^{\infty}\delta(\omega-n\omega_1)\qquad(3-52)$$

可见，时域冲激序列的频谱仍然是冲激序列，强度相等，均等于 ω_1，间隔亦为 ω_1，如图 3－24所示。

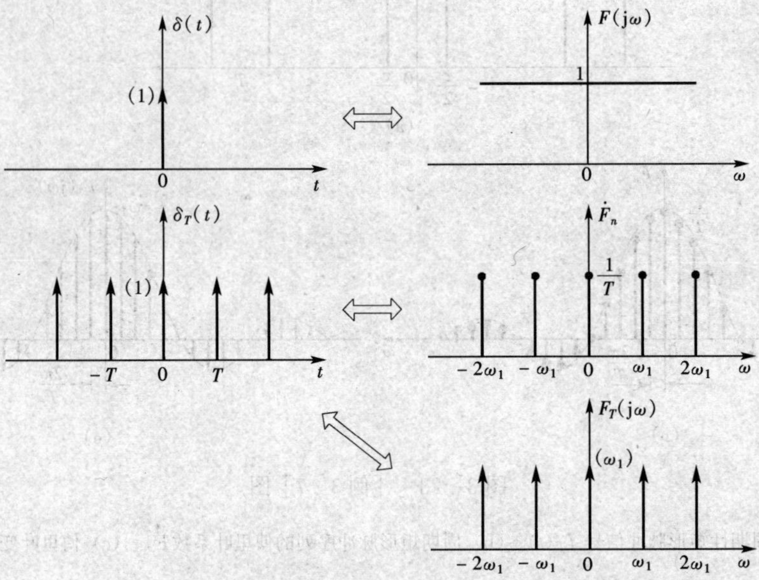

图 3－24　周期冲激序列的傅里叶级数与傅里叶变换

第五节　信号的功率谱与能量谱

频谱是在频域中描述信号特征的方法之一，反映了组成信号的各个分量的幅度和相位与频率的关系。此外，信号还可用能量谱和功率谱来描述，表示信号的能量与功率在频域中随频率的变化情况，这对研究能量与功率的分布以及决定信号所占有的频带等方面具有重要意义。第一章已讨论了功率信号和能量信号。

一、功率谱

分析信号的功率关系，一般都将信号 $f(t)$ 看做电压或电流，而考察其在 1Ω 电阻上所消耗的平均功率，即

$$P=\frac{1}{T}\int_{-T/2}^{T/2}f^2(t)\mathrm{d}t \tag{3-53}$$

这是在时域中计算周期信号的平均功率的公式，下面介绍其在频域中的计算方法。

将功率表示式中信号 $f(t)$用傅里叶级数表示，即

$$f(t)=\sum_{n=-\infty}^{\infty}\dot{F}_n\mathrm{e}^{\mathrm{j}n\omega_1 t} \tag{3-54}$$

将其代入式（3－53）得

$$P=\frac{1}{T}\int_{-T/2}^{T/2}f(t)\left(\sum_{n=-\infty}^{\infty}\dot{F}_n\mathrm{e}^{\mathrm{j}n\omega_1 t}\right)\mathrm{d}t$$

交换求和与积分的次序，有

$$P=\sum_{n=-\infty}^{\infty}\dot{F}_n\left[\frac{1}{T}\int_{-T/2}^{T/2}f(t)\mathrm{e}^{\mathrm{j}n\omega_1 t}\mathrm{d}t\right]=\sum_{n=-\infty}^{\infty}\dot{F}_n\dot{F}_{-n}=\sum_{n=-\infty}^{\infty}|\dot{F}_n|^2=\sum_{n=-\infty}^{\infty}F_n^2 \tag{3-55}$$

即

$$P=\frac{1}{T}\int_{-T/2}^{T/2}f^2(t)\mathrm{d}t=\sum_{n=-\infty}^{\infty}F_n^2=F_0^2+\sum_{n=1}^{\infty}(F_n^2+F_{-n}^2)=F_0^2+2\sum_{n=1}^{\infty}F_n^2 \tag{3-56}$$

$$\frac{1}{T}\int_{-T/2}^{T/2}f^2(t)\mathrm{d}t=A_0^2+\frac{1}{2}\sum_{n=1}^{\infty}A_n^2 \tag{3-57}$$

式（3-56）和式（3-57）右边都是表示周期信号的直流分量与各次谐波分量在1Ω电阻上消耗的平均功率，而其左边则表示周期信号 $f(t)$ 在1Ω电阻上消耗的平均功率，所以上面两式都是功率等式。它表明周期信号在时域中的平均功率等于频域中各次谐波平均功率之和，将其称为功率信号的帕斯瓦尔（Parseval）定理。该定理从功率角度表明了信号的时间特性和频率特性间的关系。

将式（3-56）或式（3-57）中右边的每一项 $A_n^2/2$ 或 $2F_n^2$（即各次谐波的平均功率）与 $n\omega_1$ 的关系画出，即得功率频谱，且为单边频谱；如果将式（3-55）中右边的每一项 F_n^2 与 $n\omega_1$ 的关系画出，则得双边功率频谱。显然，周期信号的功率频谱也是离散频谱。由于信号功率取决于 A_n 或 F_n 的平方（与相位无关），而 A_n 或 F_n 一般随 n 的增加而减小，所以信号能量主要集中在低频段。

二、能量谱

由于非周期信号在整个时间区间 $-\infty<t<\infty$ 内的平均功率为零，而能量是有限值，所以这里着重研究非周期信号的能量谱。

信号 $f(t)$ 在1Ω电阻上所消耗的能量

$$E=\int_{-\infty}^{\infty}f^2(t)\mathrm{d}t \tag{3-58}$$

为时域内计算能量的公式。能量也可在频域内计算，将 $f(t)$ 用傅里叶反变换式代入，得

$$\begin{aligned}\int_{-\infty}^{\infty}f^2(t)\mathrm{d}t&=\int_{-\infty}^{\infty}f(t)\left[\frac{1}{2\pi}\int_{-\infty}^{\infty}F(\mathrm{j}\omega)\mathrm{e}^{\mathrm{j}\omega t}\mathrm{d}\omega\right]\mathrm{d}t\\&=\frac{1}{2\pi}\int_{-\infty}^{\infty}F(\mathrm{j}\omega)\left[\int_{-\infty}^{\infty}f(t)\mathrm{e}^{\mathrm{j}\omega t}\mathrm{d}t\right]\mathrm{d}\omega\\&=\frac{1}{2\pi}\int_{-\infty}^{\infty}F(\mathrm{j}\omega)F(-\mathrm{j}\omega)\mathrm{d}\omega\\&=\frac{1}{2\pi}\int_{-\infty}^{\infty}F^2(\omega)\mathrm{d}\omega\end{aligned}$$

即

$$E=\int_{-\infty}^{\infty}f^2(t)\mathrm{d}t=\frac{1}{2\pi}\int_{-\infty}^{\infty}F^2(\omega)\mathrm{d}\omega=\frac{1}{\pi}\int_{0}^{\infty}F^2(\omega)\mathrm{d}\omega \tag{3-59}$$

式（3-59）左边是在时域中求得的信号能量，右边是在频域中求得的信号能量。等式说明，对于非周期信号，在时域中求得的信号能量和在频域中求得的信号能量相等。式（3-59）是非周期信号的能量等式，是帕斯瓦尔定理在非周期信号时的表现形式，称为能量信号的帕斯瓦尔定理。

由于非周期信号是由无限多个幅值为无限小的频率分量所组成，因此，它的各个频率分量的能量也必然是无穷小量，但相互间仍然有差别。所以，和分析振幅频谱类似，可以用密

度的概念来定义一个能量密度频谱函数，简称能量频谱。它表示了能量在各频率点的分布情况，用符号 $G(\omega)$表示。$G(\omega)$是某角频率 ω 处的单位频带中的信号能量，那么在频带 $d\omega$ 中的信号能量应为$G(\omega)d\omega$，所以在有效频率范围内，信号的全部能量为

$$E=\int_{-\infty}^{\infty}G(\omega)d\omega \tag{3-60}$$

式（3-60）为帕斯瓦尔等式的另一形式。比较式（3-59）与式（3-60），可见能量谱$G(\omega)$与振幅谱 $F(\omega)$之间存在如下关系

$$G(\omega)=\frac{1}{2\pi}F^2(\omega) \tag{3-61}$$

由式（3-61）可知，能量谱只与信号的幅度频谱有关，而与相位无关。因此，凡是具有同样幅度频谱的能量信号都具有相同的能量谱。式（3-61）还表明，能量谱的形状和幅度谱的平方的形状相似。

【例 3-9】 试求信号 $e^{-\alpha t}\varepsilon(t)$的能量，并确定频率 ω_1(rad/s)，使得在 ω_1 以下所有频率分量的能量贡献为信号总能量的 95%，其中 $\alpha=487.989$。

解 方法一：由定义，从时域中计算

$$E=\int_{-\infty}^{\infty}f^2(t)dt=\int_0^{\infty}e^{-2\alpha t}dt=\frac{1}{2\alpha}$$

方法二：从频域中计算：

对于该信号有

$$F(j\omega)=\frac{1}{j\omega+\alpha}$$

根据帕斯瓦尔定理

$$E=\int_{-\infty}^{\infty}\frac{1}{2\pi}F^2(\omega)d\omega=\frac{1}{\pi}\int_0^{\infty}F^2(\omega)d\omega=\frac{1}{\pi}\int_0^{\infty}\frac{1}{\omega^2+\alpha^2}d\omega=\frac{1}{\alpha\pi}\tan^{-1}\left(\frac{\omega}{\alpha}\right)\Big|_0^{\infty}=\frac{1}{2\alpha}$$

当 $\omega=0$ 到 ω_1 时，含有 95%的信号能量，即为 $0.95/2\alpha$，因此有

$$\frac{0.95}{2\alpha}=\frac{1}{\pi\alpha}\tan^{-1}\frac{\omega_1}{\alpha}$$

从而求得

$$\omega_1=12.706(\text{rad/s})$$

这就说明信号的频谱分量从 $\omega=0$ 到 $\omega_1=12.706$（rad/s）时，能够占有信号总能量的 95%。

由以上讨论可知，周期信号的平均功率既可在时域内求得也可在频域内求得，而非周期信号的能量，同样既可在时域内求得也可在频域内求得。这是能量守恒定律在信号分析中的体现，也是信号的时域特性与频域特性的一个重要关系。

第六节 调制和解调

在信息传输系统中，信号从发射端到输出端，为了实现信号的传输，需要进行调制与解调。

一、调制

由电磁场理论可知，无线电发射信号的频率越高，则传送能量越远，而且天线长度与发

射信号波长有相同的数量级。例如，人的音频信号的低限约为 300Hz，所对应的电磁波波长为 1000km，欲有效地发射这一信号所需的天线长度约为 100km，显然是不可能的事。采用调制的方法，就可以有效地把信号发送出去。所以，在实际工程中，一切无线电和电视信号都要经过调制。在用有线网络传送信号时，如果不经过调制，一条线路只能传送一个信号，但若用不同载波进行调制，可使各信号占有不同的频带，一条线路便可同时传递许多不同信号，这就是利用调制原理多路复用。另外，在斩波放大器中，用快速开关将低频信号斩成高频，可以使滤波电容和耦合电容做得较小。

所谓调制，就是用一个信号去控制另一信号的某一参量的过程。其中控制信号称为调制信号，被控制信号称为载波。载波是高频正弦波，控制载波的幅度称为调幅（AM），控制载波的频率或相位分别称为调频（FM）或调相（PM）。本书只分析振幅调制。

调制系统如图 3 - 25 所示，其中 $f(t)$是含有一定信息量的待发射的调制信号，$\cos\omega_0 t$ 是高频电磁波信号，称为载波信号（亦称被调信号），$f(t)\cos\omega_0 t$ 称为已调信号。显然，用信号 $f(t)$乘以 $\cos\omega_0 t$ 后改变了载波信号的振幅，载波信号的包络线就是调制信号，这种调制过程称为幅度调制，被调制过的载波就叫做调幅波。

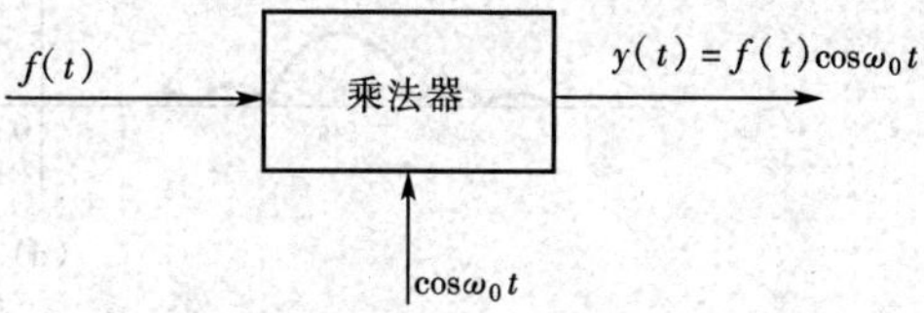

图 3 - 25　调制系统

经调制过的载波 $f(t)\cos\omega_0 t$ 的傅氏变换为

$$\mathscr{F}[f(t)\cos\omega_0 t]=\mathscr{F}\left[f(t)\frac{e^{j\omega_0 t}+e^{-j\omega_0 t}}{2}\right]$$

利用频移特性式（3 - 34）或卷积定理式（3 - 38），上式可变换为

$$\mathscr{F}[f(t)\cos\omega_0 t]=\frac{1}{2}[F(j\omega-j\omega_0)+F(j\omega+j\omega_0)] \tag{3 - 62}$$

若调制信号 $f(t)$是如图 3 - 26（a）所示的三角形脉冲时，由式（3 - 37）可知，其频谱为 $F(j\omega)=\tau Sa^2\left(\frac{\omega\tau}{2}\right)$，如图 3 - 26（b）所示，已调信号 $f(t)\cos\omega_0 t$ 如图 3 - 26（c）所示，频谱示于图 3 - 26（d）中。比较调制信号的频谱可知，经调制后的频谱的位置向左右两边对称地移动了 $\pm\omega_0$，就是说频谱被搬移到载频 ω_0 附近，而幅度减少一半。根据这一简单例子可知，在设计传输网络时，应使频率在 ω_0 附近的各种频率信号（带宽 B）顺利通过。

二、解调

经调制的载波信号是不能直接利用的，在接收端必须将调制信号（有用信号）取出来，即恢复原始信号，这一过程称为解调。解调器的一种设计方案是由余弦函数发生器、乘法器和低通滤波器组成，如图 3 - 27（a）所示，在余弦函数发生器中产生的信号 $\cos\omega_0 t$，在乘法器中与已调制信号 $f(t)\cos\omega_0 t$ 相乘得到的信号为

$$f(t)\cos^2\omega_0 t=\frac{1}{2}f(t)+\frac{1}{2}f(t)\cos 2\omega_0 t$$

其相应频谱为

$$\frac{1}{2}F(j\omega)+\frac{1}{4}[F(j\omega-j2\omega_0)+F(j\omega+j2\omega_0)] \tag{3 - 63}$$

如图 3 - 27（c）所示，其中 $F(j\omega)$是有用信号的频谱，如图 3 - 27（b）所示。

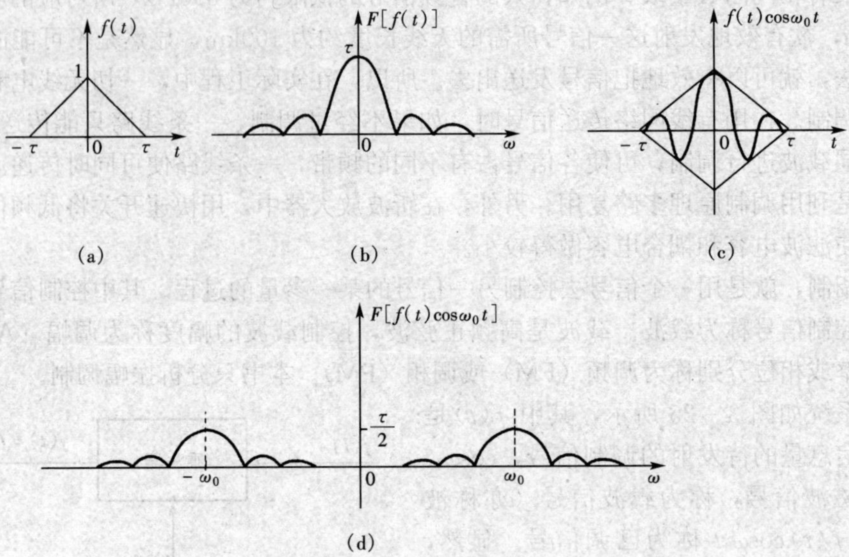

图 3 - 26　调制信号及频谱

(a) 调制信号；(b) 调制信号的频谱；(c) 已调信号；(d) 已调信号的频谱

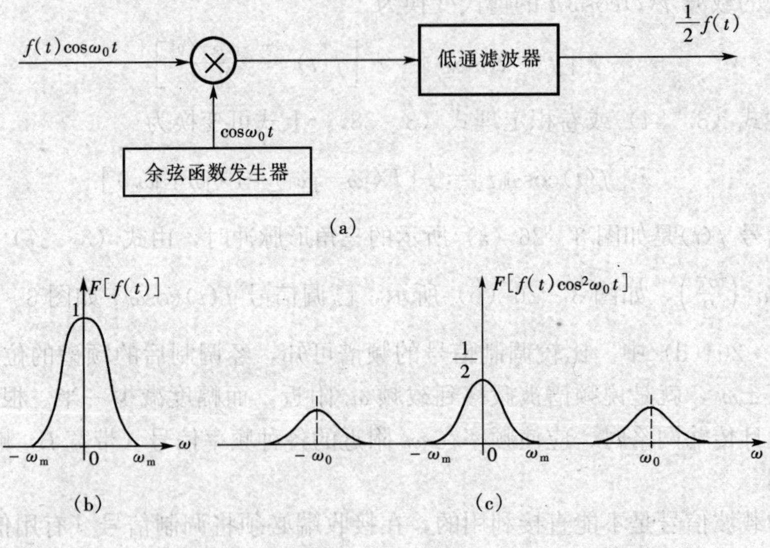

图 3 - 27　解调

(a) 解调器；(b) 有用信号频谱；(c) 乘法器输出信号的频谱

可见，经乘法器后的信号中有用信号的幅值为原来的一半，且多出了两个频率分别在 $\pm 2\omega_0$ 处的频率成分。低通滤波器削弱了中心在 $\pm 2\omega_0$ 处的频率成分，取出了频率较低的有用信号。从以上解调过程可以看出，为了有效地取出有用信号，余弦函数发生器必须产生严格的 ω_0 稳定的余弦函数 $\cos\omega_0 t$。

另有一种简易的方法，是在有用信号上叠加一个直流信号后再去调制载波，如图 3 - 28 所示。

解调 $a(t)$ 取出 $f(t)$ 的常用办法是利用检波器，如图 3－28（b）所示。当已调制信号的电压增加时，电容充电至 $a(t)$ 的峰值，当 $a(t)$ 下降后，二极管断开，电容经电阻 R 放电（$RC \gg 2\pi/\omega_0$）。在下一个周期中，当输入电压高于电容电压时，二极管又导通，电容被充电至新的峰值，然后当二极管断开时又放电。这样，负载电阻 R 上的电压就是载波信号的包络线，其形状与有用信号基本相同，如图 3－28（d）所示，再经过一个耦合电容就得到了有用信号。这种解调器常用在调幅波的检波上。

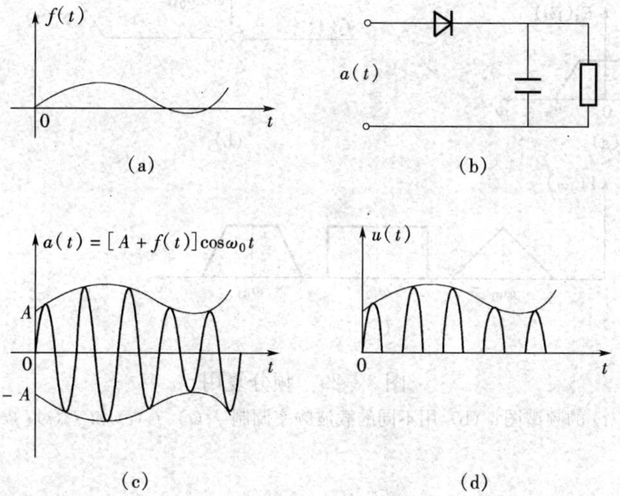

图 3－28　检波过程

（a）$f(t)$ 波形；（b）检波器；（c）$a(t)$ 波形；（d）电阻 R 上的电压

三、频分复用

信号从一点传输到另一点要借助媒介，该媒介称为信道。信道若是广阔的天空，则称为无线电通信；信道若是传输线，则称为有线通信。被传送的信号带宽与信道频段宽度相比，是一个很小的有限值，因此在一个信道内只传送一个信号显然是非常浪费的；但是如果把具有相同带宽的信号同时放到信道中，在接收端又无法将它们分开，工程上采用频分复用或时分复用解决此问题，本书介绍频分复用。

图 3－29（b）中有三种有用信号 $f_1(t)$、$f_2(t)$ 和 $f_3(t)$，它们的频谱分别为 $F_1(j\omega)$、$F_2(j\omega)$ 和 $F_3(j\omega)$，如图 3－29（a）所示。在图 3－29（b）中将它们分别用不同载波频率 ω_{01}、ω_{02} 和 ω_{03} 调制，调制后的输出 $y_1(t)$、$y_2(t)$ 和 $y_3(t)$ 相加成为 $y(t)$，其频谱 $Y(j\omega)$ 示于图 3－29（c），将 $y(t)$ 馈送到通信信道上（即传输线上），由于各有用信号占据不同的频段，中心频率各为 ω_{01}、ω_{02} 和 ω_{03}，已调信号的频率互不重叠、互不干扰，从而实现频率分割多路传输的要求，这种方式称为频（率）分（割）多路复用。

将频分复用信号 $y(t)$ 分解出有用信号 $y_1(t)$、$y_2(t)$ 和 $y_3(t)$ 的过程称为解复用。例如，为了分离出 $y_2(t)$ 信号，参照图 3－29（c），先用中心频率为 ω_{02} 的带通滤波器获得位于 ω_{02} 处的矩形频谱信号，这就是 $f_2(t)\cos\omega_{02}t$，然后利用图 3－27 的解调器获得 $1/2f_2(t)$。用同样的方法，可画出从 $y(t)$ 到 $f_1(t)$、$f_2(t)$ 和 $f_3(t)$ 的全部解复用和解调的原理性框图。

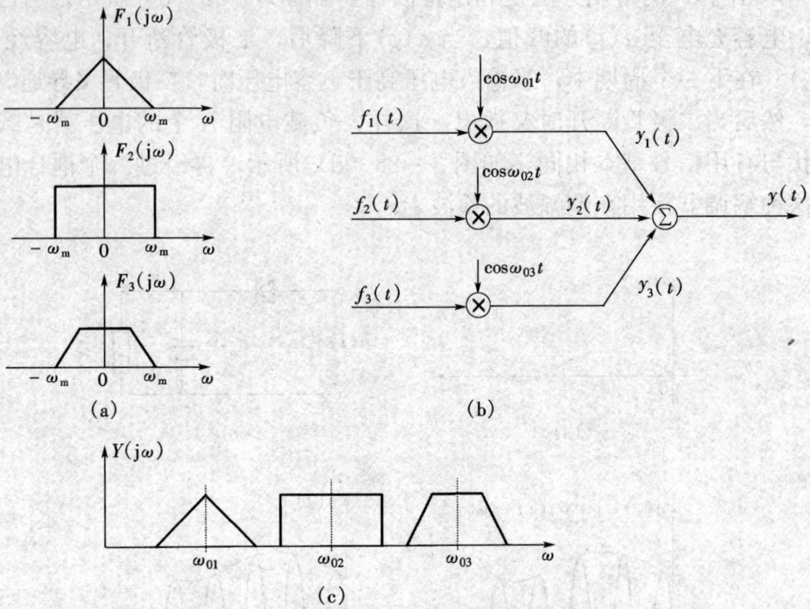

图 3 - 29　频分复用

(a) $f_1(t)$、$f_2(t)$ 和 $f_3(t)$ 的频谱图；(b) 用不同的载波频率调制 $f_1(t)$、$f_2(t)$ 和 $f_3(t)$；(c) 调制输出波形的频谱

第七节　连续时间系统（LTI）的频域分析

无论是时域分析还是频域分析，基本思想都是将输入信号分解成一组基本信号，所不同的是时域分析是将移位的冲激函数作为基本信号，而频域分析是将信号分解成一系列离散的（周期信号）或连续的（非周期信号）复指数信号（或正弦信号）之和，仍然利用线性系统的叠加性质和比例性质求得系统对这些复指数信号的零状态响应的线性组合。复指数信号虽然和冲激信号一样亦属于时间函数，但它表示任意信号时不是以时间上的移位而是以频率的不同为特征。正因为如此，这种分析方法叫频域分析，也称傅里叶分析。

系统的频域分析就是寻求系统在不同的输入信号激励下，其输出响应随频率变化的规律。首先必须求出反映系统频率特性的系统函数，进而对系统进行频域分析。

一、频域的系统函数及频域分析

已知一个零态的 LTI 系统，在时域中，其输出响应等于输入与系统冲激响应的卷积，即

$$y(t)=f(t)*h(t)$$

根据傅里叶变换的时域卷积性质，有

$$Y(j\omega)=F(j\omega)H(j\omega) \tag{3-64}$$

式中，$Y(j\omega)$和 $F(j\omega)$分别是 $y(t)$和 $f(t)$的傅氏变换；$H(j\omega)$是系统冲激响应$h(t)$的傅氏变换，称为频域形式的系统函数，简称系统函数。由式（3 - 64）定义

$$H(j\omega)=\frac{Y(j\omega)}{F(j\omega)} \tag{3-65}$$

由于$h(t)$是表征系统在时域的时间特性，因而其相应的频谱密度函数$H(\mathrm{j}\omega)$是表征系统在频域的频率特性，所以系统函数又称为系统的频率特性或频率响应，它仅与系统本身的特性有关，而与外加激励无关，是频域中反映系统特征的重要参量。同时可知，由于$H(\mathrm{j}\omega)$是$h(t)$的傅氏变换，$h(t)$则是$H(\mathrm{j}\omega)$的傅氏反变换，为此，又为我们提供了一种求冲激响应$h(t)$的方法。

如图 3 - 30 所示，当输入信号$f(t)$通过系统以后，其输出信号的频谱$Y(\mathrm{j}\omega)=F(\mathrm{j}\omega)H(\mathrm{j}\omega)$。显然，$H(\mathrm{j}\omega)$改变了输入$F(\mathrm{j}\omega)$的频谱结构，使输入信号的某些频率分量得到增强，某些频率分量被削弱或保持不变。与此同时，在相位上，不同频率分量的相移也受到$H(\mathrm{j}\omega)$的相位所制约。设

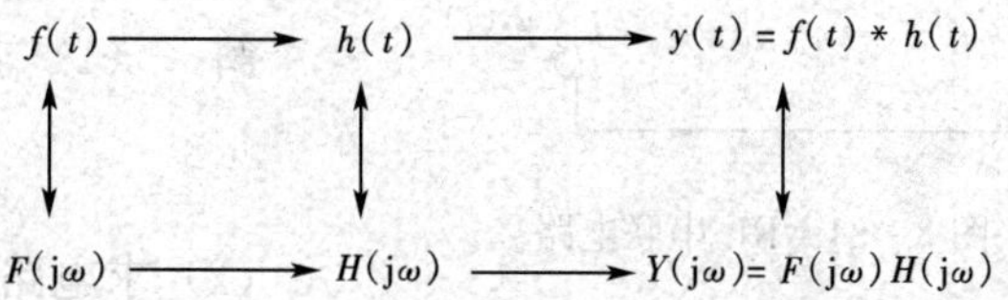

图 3 - 30　LTI 系统时域与频域的对应关系

$$F(\mathrm{j}\omega)=F(\omega)\angle\varphi_{\mathrm{f}}(\omega)$$
$$Y(\mathrm{j}\omega)=Y(\omega)\angle\varphi_{\mathrm{y}}(\omega)$$
$$H(\mathrm{j}\omega)=H(\omega)\angle\varphi_{\mathrm{h}}(\omega)$$

则有

$$\begin{cases}Y(\omega)=F(\omega)H(\omega) & (3-66)\\ \varphi_{\mathrm{y}}(\omega)=\varphi_{\mathrm{f}}(\omega)+\varphi_{\mathrm{h}}(\omega) & (3-67)\end{cases}$$

从式（3 - 66）可见，一个 LTI 系统对输入傅里叶变换模特性上的作用就是将其乘以系统频率响应的模，$H(\omega)$一般称为系统的增益。同时，由式（3 - 67）可见，LTI 系统将输入信号的相位$\varphi_{\mathrm{f}}(\omega)$上附加了一个相位$\varphi_{\mathrm{h}}(\omega)$，$\varphi_{\mathrm{h}}(\omega)$一般称为系统的相移。如果系统对输入的改变是以一种有意义的方式进行，那么这种在模和相位上的变化可能是有益的，否则就是应该尽量避免的。在后一种情况下，式（3 - 66）和式（3 - 67）的影响一般就称为幅度失真和相位失真。

另外，由图 3 - 30 可看出，系统的零态响应可以利用时域中卷积积分直接求得，也可以在频域中利用傅氏变换间接求得。人们之所以要引出频域分析的原因是在卷积分析中用单元分解求响应的运算比较麻烦，而采用傅氏变换法，则计算变得十分简单。傅氏变换法归纳为下列几步：

（1）将输入激励$f(t)$变换为频域的$F(\mathrm{j}\omega)$。

（2）确定系统函数$H(\mathrm{j}\omega)$，可借助于正弦稳态电路的分析方法。

（3）求出响应的傅氏变换$Y(\mathrm{j}\omega)=F(\mathrm{j}\omega)H(\mathrm{j}\omega)$。

（4）求傅氏反变换，得$y(t)=\mathscr{F}^{-1}\left[Y(\mathrm{j}\omega)\right]$。

如果任一 LTI 系统的输入、输出方程为

$$\begin{aligned}&a_n y^{(n)}(t)+a_{n-1}y^{(n-1)}(t)+\cdots+a_1 y'(t)+a_0 y(t)\\&=b_m f^{(m)}(t)+b_{m-1}f^{(m-1)}(t)+\cdots+b_1 f'(t)+b_0 f(t)\end{aligned}\tag{3-68}$$

对于上式两边取傅氏变换并利用时域微分性质，可得

$$\begin{aligned}&\left[a_n(\mathrm{j}\omega)^n+a_{n-1}(\mathrm{j}\omega)^{n-1}+\cdots+a_1\mathrm{j}\omega+a_0\right]Y(\mathrm{j}\omega)\\&=\left[b_m(\mathrm{j}\omega)^m+b_{m-1}(\mathrm{j}\omega)^{m-1}+\cdots+b_1(\mathrm{j}\omega)+b_0\right]F(\mathrm{j}\omega)\end{aligned}$$

于是系统函数为

$$H(\mathrm{j}\omega)=\frac{b_m(\mathrm{j}\omega)^m+b_{m-1}(\mathrm{j}\omega)^{m-1}+\cdots+b_1(\mathrm{j}\omega)+b_0}{a_n(\mathrm{j}\omega)^n+a_{n-1}(\mathrm{j}\omega)^{n-1}+\cdots+a_1(\mathrm{j}\omega)+a_0} \tag{3-69}$$

这里提供了另一种求解系统函数的方法。

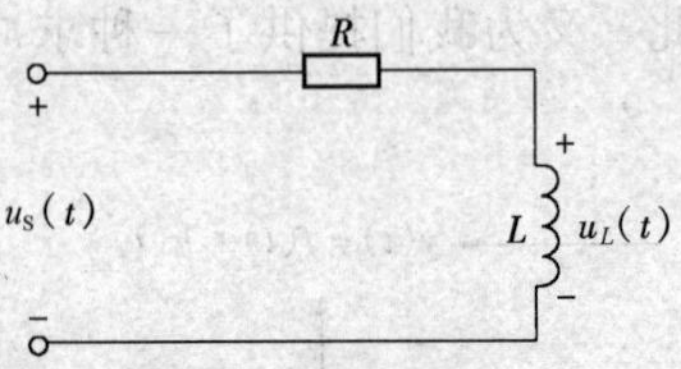

图 3 - 31　RL 串联电路

【例 3 - 10】 在如图 3 - 31 所示的 RL 串联电路中，已知激励信号 $u_S(t)=5\mathrm{e}^{-3t}\varepsilon(t)\mathrm{V}$，$R=4\Omega$，$L=2\mathrm{H}$，试求该电路的零状态响应 $u_L(t)$。

解　(1) 求出激励信号的频谱密度函数

$$U_S(\mathrm{j}\omega)=\frac{5}{\mathrm{j}\omega+3}$$

(2) 求电路的传输函数（系统函数）$H(j\omega)$

$$H(\mathrm{j}\omega)=\frac{U_L(\mathrm{j}\omega)}{U_S(\mathrm{j}\omega)}=\frac{\mathrm{j}2\omega}{\mathrm{j}2\omega+4}=\frac{\mathrm{j}\omega}{\mathrm{j}\omega+2}$$

(3) 根据式（3 - 64），求出 $u_L(t)$ 的频谱密度函数

$$U_L(\mathrm{j}\omega)=H(\mathrm{j}\omega)U_S(\mathrm{j}\omega)=\frac{\mathrm{j}\omega}{\mathrm{j}\omega+2}\times\frac{5}{\mathrm{j}\omega+3}=\frac{15}{\mathrm{j}\omega+3}-\frac{10}{\mathrm{j}\omega+2}$$

(4) 求 $U_L(\mathrm{j}\omega)$ 的傅氏反变换，得该电路的零状态响应为

$$u_L(t)=5(3\mathrm{e}^{-3t}-2\mathrm{e}^{-2t})\varepsilon(t)$$

【例 3 - 11】 某 LTI 系统由如下微分方程描述为 $y''(t)+3y'(t)+2y(t)=x'(t)+3x(t)$，系统是零初始状态，试求系统的频率响应及相应的单位冲激响应。

解　对方程两边取傅氏变换，根据式（3 - 69）可直接写出系统的频率响应为

$$H(\mathrm{j}\omega)=\frac{\mathrm{j}\omega+3}{(\mathrm{j}\omega)^2+3(\mathrm{j}\omega)+2}$$

将 $H(\mathrm{j}\omega)$ 部分分式展开，有

$$H(\mathrm{j}\omega)=\frac{\mathrm{j}\omega+3}{(\mathrm{j}\omega+1)(\mathrm{j}\omega+2)}=\frac{2}{\mathrm{j}\omega+1}-\frac{1}{\mathrm{j}\omega+2}$$

$$h(t)=(2\mathrm{e}^{-t}-\mathrm{e}^{-2t})\varepsilon(t)$$

二、信号的无失真传输

由式（3 - 66）和式（3 - 67）可知，信号在经过系统传输以后，输入信号的幅频谱 $F(\omega)$ 到输出端变为 $F(\omega)H(\omega)$，$H(\omega)$ 也叫系统的振幅响应。输入信号的相位谱 $\varphi_f(\omega)$ 到输出端变为 $\varphi_f(\omega)+\varphi_h(\omega)$，$\varphi_h(\omega)$ 也叫系统的相位响应。因此，一般而言，输入信号经过一个系统（信道或某种滤波器）以后，输出信号与输入信号的波形并不相同。

在许多实际应用中人们有时需要有意识地利用系统传输来进行波形变换，或者说希望信号按照人们所要求的方式产生失真。然而在某些情况下，则希望信号经过系统传输后不发生任何失真。譬如，理想的通信系统就应是一个无失真（无畸变）的传输系统。

所谓信号的无失真传输，是指输出信号与输入信号相比只有幅度大小的变化和出现时间的先后，而波形上没有任何变化。若输入信号为 $f(t)$，输出信号为 $y(t)$，则无失真传输的数学描述为

$$y(t)=kf(t-t_d) \tag{3-70}$$

式中，k 为实常数。

对于式（3 - 70）作傅氏变换，并利用时移性质，得到系统的频率特性为

$$H(\mathrm{j}\omega)=\frac{Y(\mathrm{j}\omega)}{F(\mathrm{j}\omega)}=k\mathrm{e}^{-\mathrm{j}\omega t_{\mathrm{d}}}\quad(-\infty<\omega<\infty)\tag{3-71}$$

由此得到

$$\begin{cases}H(\omega)=K\\ \varphi_{\mathrm{h}}(\omega)=-\omega t_{\mathrm{d}}\end{cases}\tag{3-72}$$

式（3-72）是信号无失真传输时系统函数应满足的条件：

（1）系统的幅频特性 $H(\omega)$ 应为一常数 K。

（2）系统的相频特性 $\varphi_{\mathrm{h}}(\omega)$ 应是 ω 的线性函数 $-\omega t_{\mathrm{d}}$，即频率越高，承担的相移越大。

系统的通频带为无穷大，其幅、相频率特性如图 3-32 所示。

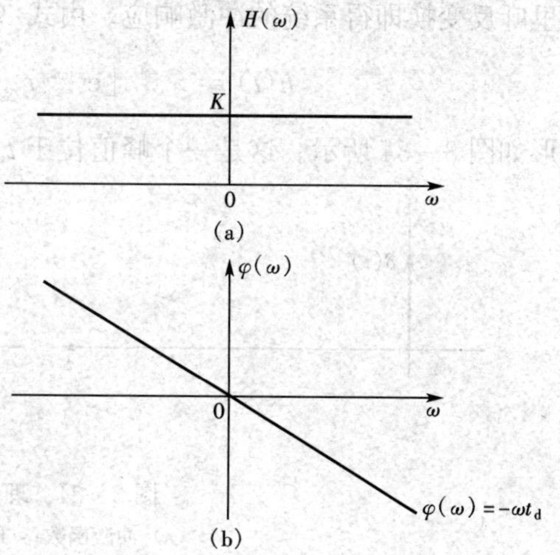

图 3-32　无失真传输的幅、相频率特性

（a）无失真传输的幅频特性；（b）无失真传输的相频特性

设输入信号 $f(t)=\sin\omega_1 t+\sin 2\omega_1 t$，则无失真输出信号为

$$\begin{aligned}y(t)&=kf(t-t_{\mathrm{d}})\\&=k[\sin(\omega_1 t-\omega_1 t_{\mathrm{d}})+\sin(2\omega_1 t-2\omega_1 t_{\mathrm{d}})]\end{aligned}$$

满足以上条件，频率增大 1 倍，相位滞后也增大 1 倍。

由于无失真传输要求系统的幅频特性在整个频域为一个常数，相频特性在整个频域保持线性，这在实际工作中往往难以做到，再考虑到信号传输过程中各种干扰的实际存在以及系统内的元件参数也会随频率的变化而变化，所以，严格来说失真是不可避免的，实际应用的 LTI 系统只能保证在一定的有限带宽内为无失真系统，工程上的所谓无失真传输，是指系统的无失真传输带宽与信号的有效带宽相匹配。

三、理想滤波器

对于频率选择性滤波器，应该具有这样的频率特性，它几乎没有衰减或很小衰减地通过一个或几个频带范围的信号，而阻止或大大衰减掉在这些频带以外的频率分量。这里将主要讨论低通（LP）滤波器，对于其他类型的滤波器，如高通（HP）或带通（BP）等滤波器有非常类似的概念和结果。

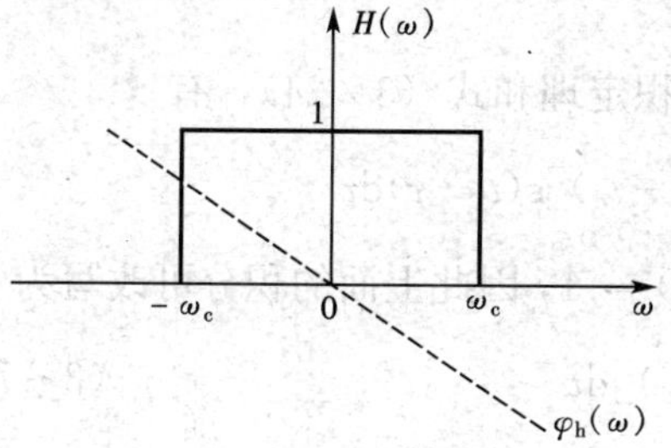

图 3-33　理想滤波器的幅、相频率特性

具有图 3-33 所示的幅、相特性的系统称为理想低通滤波器，它将低于某一角频率 ω_{c} 的信号无失真地传送，而阻止角频率高于 ω_{c} 的信号通过，其中 ω_{c} 称为截止角频率。能使信号通过的频率范围称为通带，阻止信号通过的频率范围称为阻带。由图 3-33 可写出理想低通滤波器的频率特性为

$$H(\mathrm{j}\omega)=\begin{cases}\mathrm{e}^{-\mathrm{j}\omega t_{\mathrm{d}}} & (|\omega|<\omega_{\mathrm{c}})\\ 0 & (|\omega|>\omega_{\mathrm{c}})\end{cases}\tag{3-73}$$

它可看做是在频域中宽度为 $2\omega_{\mathrm{c}}$、幅度为 1 的门函数，

写作

$$H(j\omega)=e^{-j\omega t_d}g_{2\omega_c}(\omega) \tag{3-74}$$

如果输入是一个有限带宽信号 $f(t)$，且信号最高频率低于 ω_c，则通过低通滤波器的输出为

$$y(t)=f(t-t_d) \tag{3-75}$$

下面分析两种典型信号通过理想滤波器时的传输特性。

（一）冲激响应

冲激响应的傅氏变换就是系统的传递函数，因此，对于理想滤波器只要求出 $H(j\omega)$ 的傅里叶反变换即得系统的冲激响应。由式（3-21）和对称性质，有

$$h(t)=\mathscr{F}^{-1}\left[e^{-j\omega t_d}g_{2\omega_c}(\omega)\right]=\frac{\omega_c}{\pi}Sa[\omega_c(t-t_d)] \tag{3-76}$$

波形如图 3-34 所示。这是一个峰值位于 t_d 时刻的抽样函数。

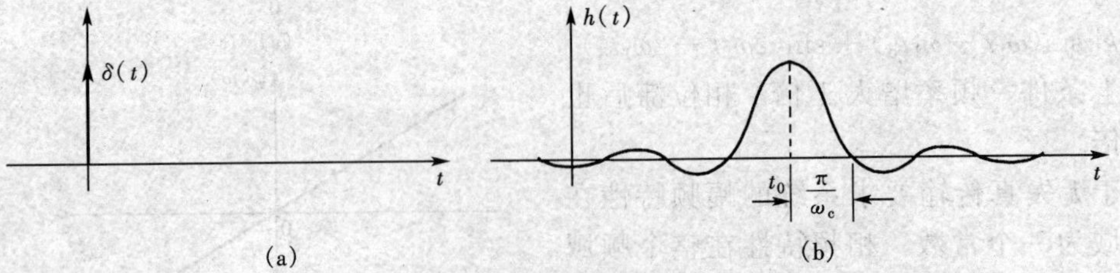

图 3-34 理想滤波器的冲激响应

（a）冲激函数；（b）理想滤波器的冲激响应

由图 3-34 可见，冲激响应的波形与冲激信号截然不同，产生了很大的失真，在整个时间轴上都出现了振荡，最大幅值的出现延迟了 t_d，并且 $h(t)$ 比 $\delta(t)$ 展宽许多，这表明 $\delta(t)$ 的高频分量被滤波器衰减了。另外还需指出，当 $t<0$ 时，输入 $\delta(t)$ 为零，而输出 $h(t)$ 在整个 $t<0$ 的时间轴上都不为零，说明这种滤波器是一个非因果的。虽然它比无失真传输放宽了条件，但在物理上还是不可能实现的。尽管如此，它对于设计实际滤波器仍然具有指导意义，在第八章中将作进一步讨论。

（二）阶跃响应

阶跃函数是在时刻 $t=0_-\sim0_+$ 之间，有从 $0\sim1$ 的突变，表明含有丰富的高次谐波，而理想滤波器的截止频率为 ω_c，当 $\omega>\omega_c$，削弱了所有的高次分量，因此它的输出跟不上输入信号（阶跃函数的突变），需要一定的上升时间 t_r，我们定义 t_r 为输出信号从最小值到最大值所需要的时间。

系统响应的频谱可为 $Y(j\omega)=H(j\omega)F(j\omega)$，利用卷积定理和式（3-24），有

$$y(t)=h(t)*\varepsilon(t)=\int_{-\infty}^{\infty}\frac{\omega_c}{\pi}Sa[\omega_c(\tau-t_d)]\varepsilon(t-\tau)d\tau$$

由于当 $\tau>t$ 时，$\varepsilon(t-\tau)=0$；而在 $-\infty\sim t$ 区间，$\varepsilon(t-\tau)=1$，因此上面的积分可改写为

$$y(t)=\frac{\omega_c}{\pi}\int_{-\infty}^{t}Sa[\omega_c(\tau-t_d)]d\tau \tag{3-77}$$

令 $\theta=\omega_c(\tau-t_d)$，式（3-77）又可改写为

$$y(t)=\frac{1}{\pi}\int_{-\infty}^{\omega_c(t-t_d)}Sa\theta d\theta \tag{3-78}$$

积分$\int_0^x Sa\theta \mathrm{d}\theta = \int_0^x \frac{\sin\theta}{\theta}\mathrm{d}\theta$是正弦积分函数，称为正弦积分，其函数值由正弦积分表给出，用符号 Si 表示，即

$$Si(x) = \int_0^x Sa\theta \mathrm{d}\theta$$

由抽样函数的性质可推知：

(1) $Si(x) = -Si(-x)$，即 $Si(x)$ 是奇函数[$Sa(x)$ 是偶函数]。

(2) $Si(0)=0$；$Si(\infty)=\frac{\pi}{2}$；$Si(-\infty)=-\frac{\pi}{2}$ 利用以上性质，式（3 - 78）可改写为

$$y(t) = \frac{1}{\pi}\int_{-\infty}^{0} Sa\theta \mathrm{d}\theta + \frac{1}{\pi}\int_0^{\omega_c(t-t_d)} Sa\theta \mathrm{d}\theta = \frac{1}{2} + \frac{1}{\pi}Si[\omega_c(t-t_d)] \quad (3-79)$$

用数值计算方法可绘出图 3 - 35 所示曲线。

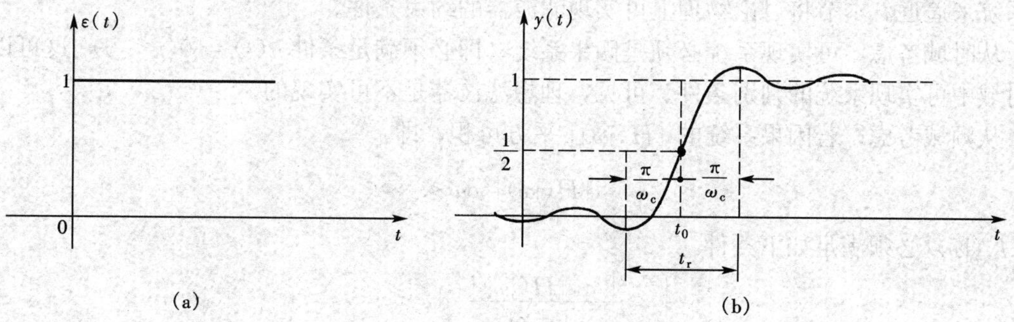

图 3 - 35　理想滤波器的阶跃响应

(a) 阶跃函数；(b) 理想低通滤波器的阶跃响应

由图 3 - 35 可得到

$$t_r = 2\frac{\pi}{\omega_c} = \frac{1}{B} \quad (3-80)$$

式中，B 是将角频率折合为频率的滤波器带宽（截止频率），$B=\frac{\omega_c}{2\pi}$。上升时间与网络的截止频率成反比，ω_c 越大，t_r 越小，响应 $y(t)$ 越能跟上输入 $\varepsilon(t)$ 的变化。

从曲线上也可观察到 $y(t)$ 的值有时会超过 1，即所谓过冲振荡，称为 Gibbs（吉布斯）现象，这种现象在跟踪系统中是不利的。

【例 3 - 12】 系统如图 3 - 36 所示。已知 $x(t)=\cos 10^4 t$，$f(t)=20\cos 100t\cos 10^4 t$，理想低通滤波器的 $H(\mathrm{j}\omega)=\varepsilon(\omega+120)-\varepsilon(\omega-120)$。试求此滤波器的响应信号 $y(t)$。

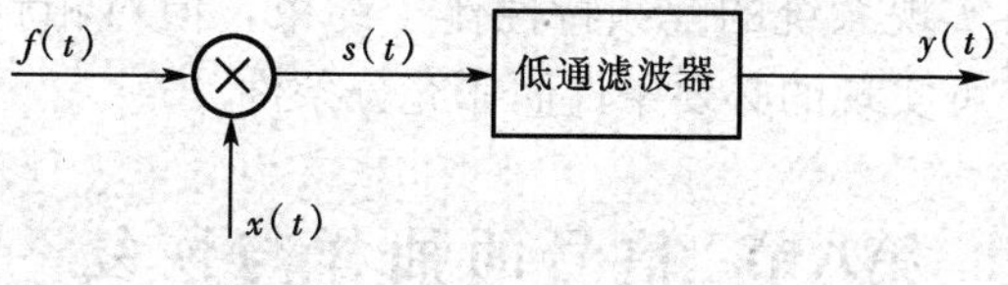

图 3 - 36　[例 3 - 12] 图

解　(1) 求滤波器输入信号的频谱函数：

设 $f(t)x(t)=s(t)=20\cos 100t\cos^2 10^4 t = 10\cos 100t(1+\cos 2\times 10^4 t) = 10\cos 100t +$

$10\cos100t\cos(2\times10^4t)=10\cos100t+5(\cos20100t+\cos19900t)$

$$S(\mathrm{j}\omega)=\mathscr{F}[s(t)]$$
$$=10\pi[\delta(\omega+100)+\delta(\omega-100)]+5\pi[\delta(\omega+20100)+\delta(\omega-20100)]$$
$$+5\pi[\delta(\omega+19900)+\delta(\omega-19900)]$$

（2）求输出响应信号的频谱函数：

因 $$Y(\mathrm{j}\omega)=S(\mathrm{j}\omega)H(\mathrm{j}\omega)=10\pi[\delta(\omega+100)+\delta(\omega-100)]$$

则响应信号 $y(t)$

$$y(t)=\mathscr{F}^{-1}[Y(\mathrm{j}\omega)]=10\cos100t$$

（三）可实现滤波器的约束条件

理想滤波器是非因果系统，物理上不可实现，但是可利用物理上可实现的线性时不变因果系统来逼近。本节将讨论物理上可实现滤波器的约束条件。

从时域考虑，可实现系统必须是因果系统，即必须满足条件 $h(t)=0(t<0)$。这可以作为时域中可实现系统的判别条件。可见，理想滤波器是不可实现的。

从频域考虑，若因果系统的 $|H(\mathrm{j}\omega)|$ 平方可积，即

$$\int_{-\infty}^{\infty}|H(\mathrm{j}\omega)|^2\mathrm{d}\omega<\infty$$

则 H（jω）必须满足如下条件

$$\int_{-\infty}^{\infty}\frac{|\ln|H(\mathrm{j}\omega)||}{1+\omega^2}\mathrm{d}\omega<\infty \tag{3-81}$$

式（3-81）称为佩莱—维纳（Paley-Wiener）定理。

由式（3-81）可知：

（1）只要滤波器的频率特性在某有限频带内为零，则 $|\ln|H(\mathrm{j}\omega)||$ 将趋于无穷大，式（3-81）不成立，该滤波器便不可实现。可见，理想滤波器是不可实现的。

（2）如果频率特性的幅值 $|H(\mathrm{j}\omega)|$ 比指数阶函数衰减得更快，式（3-81）不成立，这样的滤波器也是不可实现的。例如，若系统的频率特性为

$$H(\mathrm{j}\omega)=\mathrm{e}^{-\frac{\omega^2}{4}}$$

$$\int_{-\infty}^{\infty}\frac{|\ln|H(\mathrm{j}\omega)||}{1+\omega^2}\mathrm{d}\omega=\int_{-\infty}^{\infty}\frac{\omega^2}{4(1+\omega^2)}\mathrm{d}\omega\rightarrow\infty$$

因此，该系统是不可实现的。实际上，该系统的冲激响应为 $h(t)=\frac{1}{\sqrt{\pi}}\mathrm{e}^{-t^2}(-\infty<t<\infty)$，显然，该系统是非因果的，是不可实现的。

佩莱—维纳定理对可实现系统的幅频特性作了约束，但对相频特性未作限制，可见佩莱—维纳定理是判别系统可实现的必要条件而非充分条件。

第八节 信号的抽样与恢复

一、信号的抽样

在许多工程问题中，常常需将连续时间信号变为离散时间信号，这就需对信号进行抽样。例如，温度、压力、位移、速度等物理量随时间的变化，可以每隔一定时间间隔测量一

次，就可得到这些信号在各个时刻的一系列离散性数据。

一个连续时间信号 $f(t)$，如图 3 - 37（a）所示，是由抽样装置［如图 3 - 37（b）所示］的开关 S 处理，该开关的通断周期为 T_s，接通时间为 τ，开关 S 的作用相当于发生了一系列脉冲序列 $p(t)$，如图 3 - 37（c）所示，$p(t)$ 也称开关函数。抽样后的信号波形称为抽样信号，记为 $f_s(t)$，它与原始信号开关函数之间的关系则为

$$f_s(t) = f(t)p(t) \tag{3-82}$$

$f_s(t)$ 波形如图 3 - 37（d）所示。

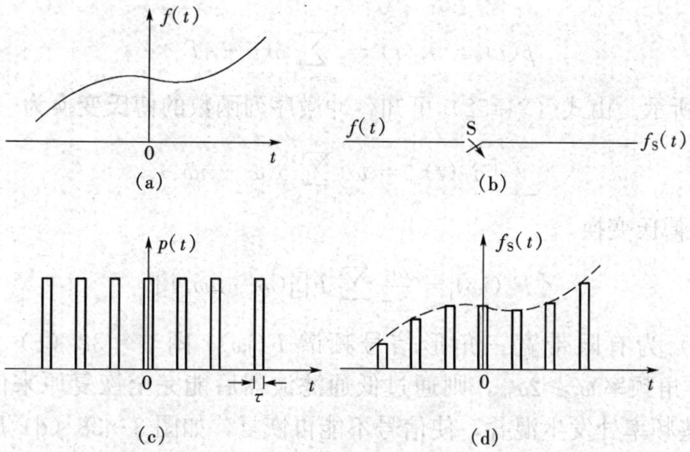

图 3 - 37　信号的抽样

(a)连续时间信号 $f(t)$；(b)抽样装置；(c)脉冲序列 $p(t)$；(d)抽样信号 $f_s(t)$

下面求取抽样信号 $f_s(t)$ 的频谱。$p(t)$ 是周期函数，其傅氏变换由式（3 - 47）得

$$P(\mathrm{j}\omega) = 2\pi \sum_{n=-\infty}^{\infty} \dot{P}_n \delta(\omega - n\omega_s) \quad (\omega_s = 2\pi/T_s) \tag{3-83}$$

式中，$\dot{P}_n$是复傅里叶系数。这里用 ω_s 取代式（3 - 47）中的 ω_1，称 $f_s = 1/T_s$ 为抽样频率。

设 $f(t) \leftrightarrow F(\mathrm{j}\omega)$，由频域卷积定理知式（3 - 82）的傅氏变换为

$$F_s(\mathrm{j}\omega) = \frac{1}{2\pi} F(\mathrm{j}\omega) * P(\mathrm{j}\omega)$$

将式（3 - 83）代入，得

$$F_s(\mathrm{j}\omega) = \sum_{n=-\infty}^{\infty} \dot{P}_n F[\mathrm{j}(\omega - n\omega_s)] \tag{3-84}$$

式（3 - 84）表明，抽样信号的频谱 $F_s(\mathrm{j}\omega)$ 是由原连续信号的频谱 $F(\mathrm{j}\omega)$ 及其一系列频移所组成，频移的角频率为 $n\omega_s (n = \pm 1, 2, \cdots)$，频移的振幅随 $\dot{P}_n$ 而变。因为 $\dot{P}_n$ 只是 n（而不是 ω）的函数，所以在重复过程中形状不会发生变化。

二、抽样定理

下面讨论如何从抽样信号中恢复原连续信号，以及在什么条件下才可以无失真地完成这种恢复作用。抽样定理对此做出了明确而精确的回答。

抽样定理：一个频带有限的信号 $f(t)$，其频谱只占据 $-\omega_m \sim \omega_m$ 的范围，即最高频率为 ω_m（或 f_m），采样后，保证不丢失原信号的信息，即通过截止频率介于 ω_m 和 $\omega_s - \omega_m$ 的理想

低通滤波器，可恢复原信号 $f(t)$ 的条件是采样频率

$$f_s \geqslant 2f_m \quad (\omega_s \geqslant 2\omega_m) \tag{3-85}$$

或

$$T_s \leqslant \frac{1}{2f_m} \tag{3-86}$$

最小的采样频率 $f_s=2f_m$ 称为奈奎斯特采样频率，其倒数 $1/2f_m$ 称为奈奎斯特采样间隔，也称奈奎斯特采样周期。

图 3 - 37（b）中开关接通时间 τ 通常较开关周期小得多，若令 $\tau \to 0$，则可利用冲激序列近似 $p(t)$。今设

$$p(t)=\delta_T(t)=\sum_{n=-\infty}^{\infty}\delta(t-nT_s)$$

如图 3 - 38（a）所示。由式（3 - 52）可知，冲激序列函数的傅氏变换为

$$\mathscr{F}[\delta_T(t)]=\omega_s\sum_{n=-\infty}^{\infty}\delta(\omega-n\omega_s) \tag{3-87}$$

则式（3 - 82）的傅氏变换

$$F_s(\mathrm{j}\omega)=\frac{\omega_s}{2\pi}\sum_{n=-\infty}^{\infty}F[\mathrm{j}(\omega-n\omega_s)] \tag{3-88}$$

图 3 - 38（b）为有限带宽三角形信号频谱 $F(\mathrm{j}\omega)$，图 3 - 38（c）为抽样后的频谱 $F_s(\mathrm{j}\omega)$，此时抽样角频率 $\omega_s \geqslant 2\omega_m$，则通过低通滤波器后能完全恢复原来信号；当 $\omega_s < 2\omega_m$ 时，$F_s(\mathrm{j}\omega)$ 在某些频率处发生混叠，使信号不能再恢复，如图 3 - 38（d）所示。

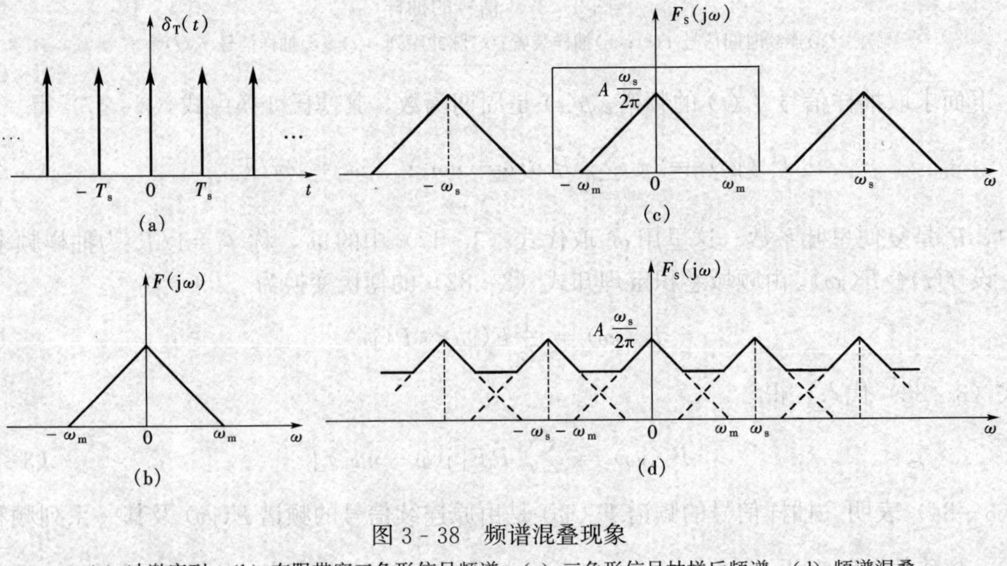

图 3 - 38　频谱混叠现象

（a）冲激序列；（b）有限带宽三角形信号频谱；（c）三角形信号抽样后频谱；（d）频谱混叠

三、信号的恢复

实际信号不一定是有限带宽，在高频部分 $F(\mathrm{j}\omega)$ 不会完全为零，即使能通过预处理把高频部分去掉，但低通滤波器也不会理想，需要滤波器有更宽的频带实现低通滤波。通常开关抽样频率 ω_s 取为信号最高频率的 10 倍，即 $\omega_s=10\omega_m$。

在图 3 - 39 中，理想低通滤波器的特性为

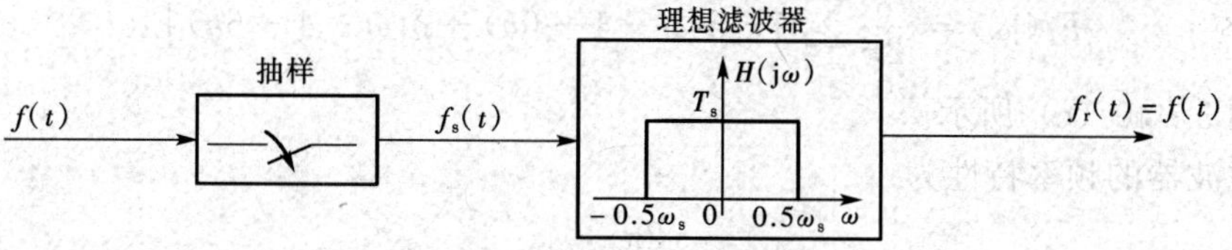

图 3 - 39　信号恢复框图

$$H(j\omega)=\begin{cases}T_s & (|\omega|\leqslant 0.5\omega_s)\\ 0 & (|\omega|>0.5\omega_s)\end{cases} \tag{3-89}$$

ω_s 是抽样角频率，抽样信号 $f_s(t)$ 经过滤波器后输出为

$$F_r(j\omega)=F_s(j\omega)H(j\omega) \tag{3-90}$$

抽样信号频谱由式（3 - 88）表示，代入式（3 - 90）得

$$F_r(j\omega)=\frac{\omega_s}{2\pi}F(j\omega)T_s=F(j\omega) \tag{3-91}$$

即 $f_r(t)=f(t)$，表明信号完全恢复。

【例 3 - 13】 设 $f(t)=7\cos 4t$，其频谱 $F(j\omega)$ 由式（3 - 34）可知

$$F(j\omega)=7\pi[\delta(\omega-4)+\delta(\omega+4)]$$

如图 3 - 40（a）所示。开关抽样角频率应满足 $\omega_s\geqslant 2\omega=8$ 时，才能做到不畸变恢复。取 $\omega_s=10$，由式（3 - 88），得

$$F_s(j\omega)=\frac{10}{2\pi}\sum_{n=-\infty}^{\infty}7\pi[\delta(\omega-4-10n)+\delta(\omega+4-10n)]$$

其频谱如图 3 - 40（b）所示。

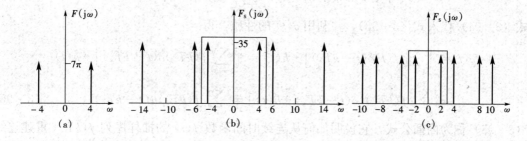

图 3 - 40　［例 3 - 13］图

（a）$f(t)$ 的频谱；（b）$\omega_s=10$ 时抽样后频谱；（c）$\omega_s=6$ 时抽样后频谱

若理想低通滤波器的频率特性为

$$H(j\omega)=\begin{cases}\frac{2\pi}{10}=T_s & (|\omega|\leqslant 5)\\ 0 & (|\omega|>5)\end{cases}$$

代入式（3 - 90）中，有

$$F_r(j\omega)=7\pi[\delta(\omega-4)+\delta(\omega+4)]$$

$F_r(j\omega)$ 与原信号频谱 $F(j\omega)$ 完全相同，因此 $f_r(t)=f(t)$，信号得到完全恢复。

若［例 3 - 13］中取 $\omega_s=6$，则

$$F_s(j\omega)=\frac{6}{2\pi}\sum_{n=-\infty}^{\infty}7\pi[\delta(\omega-4-6n)+\delta(\omega+4-6n)]$$

其频谱如图 3 - 40（c）所示。

低通滤波器的频率特性为

$$H(j\omega)=\begin{cases}\frac{2\pi}{6} & (|\omega|\leqslant 3)\\ 0 & (|\omega|>3)\end{cases}$$

此时

$$F_r(j\omega)=\frac{6}{2\pi}\{7\pi[\delta(\omega-2)+\delta(\omega+2)]\}\frac{2\pi}{6}=7\pi[\delta(\omega-2)+\delta(\omega+2)]$$

输出信号为

$$f_r(t)=7\cos 2t\neq f(t)$$

即信号不能恢复。

在图 3 - 39 中，理想滤波器增益特性从 T_s 值突降至零值的频率称为截止角频率，记为 ω_c。仔细研究 ω_c 的范围，可以看到实现无畸变的信号恢复，ω_c 应满足关系式

$$\omega_m\leqslant\omega_c\leqslant\omega_s-\omega_m \tag{3 - 92}$$

式中，ω_m 是原始信号 $f(t)$ 的最高角频率；ω_s 是抽样角频率。

可由时域卷积定理推得，式（3 - 90）的时域对应公式为

$$f_r(t)=f_s(t)*h(t) \tag{3 - 93}$$

式中，$h(t)$ 是理想低通滤波器的冲激响应，它是 $H(j\omega)$ 的傅氏逆变换。

又因抽样信号 $f_s(t)$ 是 $f(t)$ 在时域经冲激序列抽样的结果，所以有

$$f_s(t)=f(t)\delta_T(t)=\sum_{k=-\infty}^{\infty}f(t)\delta(t-kT_s) \tag{3 - 94}$$

将式（3 - 94）代入式（3 - 93），并利用 $\delta(t)$ 的性质，得

$$\begin{aligned}f_r(t)&=\left[\sum_{k=-\infty}^{\infty}f(t)\delta(t-kT_s)\right]*h(t)=\left[\sum_{k=-\infty}^{\infty}f(kT_s)\delta(t-kT_s)\right]*h(t)\\&=\sum_{k=-\infty}^{\infty}f(kT_s)[\delta(t-kT_s)*h(t)]=\sum_{k=-\infty}^{\infty}f(kT_s)h(t-kT_s)\end{aligned} \tag{3 - 95}$$

式（3 - 95）称为内插公式，它说明如何从连续时间函数 $f(t)$ 的抽样序列 $f(kT_s)$ 重建连续函数 $f_r(t)$。$h(t)$ 称为内插函数，它是理想低通滤波器的冲激响应和 $H(j\omega)$ 的傅氏逆变换，由式（3 - 89）可知

$$H(j\omega)=\begin{cases}T_s & (|\omega|\leqslant\omega_c)\\ 0 & (|\omega|>\omega_c)\end{cases}$$

得

$$h(t)=\frac{2\omega_c}{\omega_s}Sa(\omega_c t)$$

代入式（3 - 95），最后得

$$f_r(t)=\sum_{k=-\infty}^{\infty}f(kT_s)\frac{2\omega_c}{\omega_s}Sa[\omega_c(t-kT_s)] \tag{3 - 96}$$

今设 $\omega_c=\omega_s/2$，显然这一假定满足条件式（3 - 92），式（3 - 96）化为

$$f_r(t)=\sum_{k=-\infty}^{\infty}f(kT_s)Sa\left(\frac{\pi}{T_s}t-k\pi\right) \tag{3-97}$$

图 3 - 41 绘出了原始信号 $f(t)$ 经抽样成为 $f_s(t)$，再重建为 $f_r(t)$ 的过程。由图 3 - 41 可见，以抽样值（样本值）$f(kT_s)$ 为峰值的抽样函数（内插函数）的线性结合，其合成波形就是原信号 $f(t)$。现考察式（3 - 97）中求和号内的每一项。

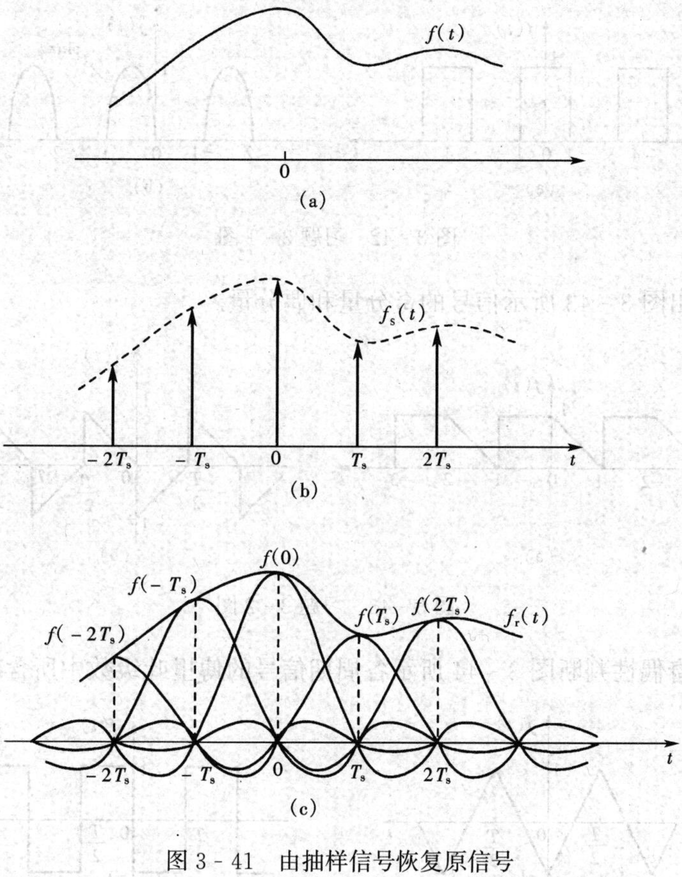

图 3 - 41　由抽样信号恢复原信号

(a) 原始信号 $f(t)$；(b) 抽样信号 $f_s(t)$；(c) 恢复信号 $f_r(t)$

当 $k=0$ 时，该项是 $f(0)Sa\left(\frac{\pi t}{T_s}\right)$，$t=0$，该项为 $f(0)$，当 $t=\cdots$，$-2T_s$，$-T_s$，T_s，$2T_s$，…时，该项为 0。

当 $k=1$ 时，该项是 $f(T_s)Sa\left(\frac{\pi t}{T_s}-\pi\right)$，$t=T_s$，该项为 $f(T_s)$，当 $t=\cdots$，$-2T_s$，$-T_s$，0，$2T_s$，…时，该项为 0。

通过这些 Sa 函数的求和可知，在 $t=\cdots$，$-2T_s$，$-T_s$，0，T_s，$2T_s$，…各瞬时，$f_r(t)$ 与 $f(t)$ 完全相同。

如果 $\omega_c\neq\omega_s/2$，由内插函数叠加成 $f_r(t)$ 时，各内插函数曲线的过零点不恰好落在 $t=nT_s$ 时刻，而且各内插函数的最大值也不恰好等于抽样值 $f(kT_s)$，但 $f_r(t)$ 仍是由这些内插函数叠加而成。由于这种内插是带限信号在时域进行的内插，因此通常称为时域的带限内插。

习　题

3－1　试用直接计算傅里叶系数的方法，求图 3－42 周期信号的傅里叶系数（三角形式与指数形式）。

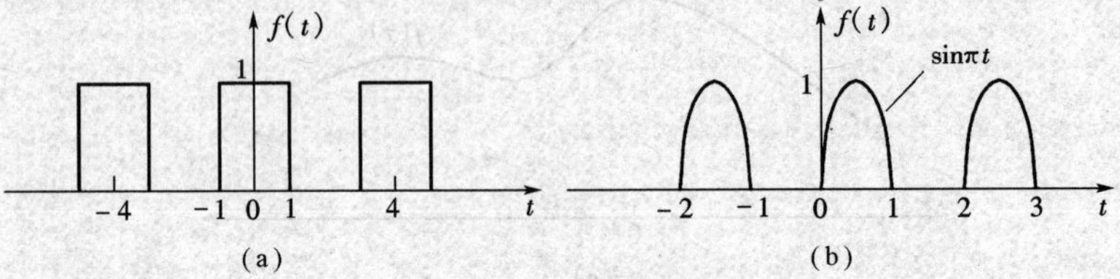

图 3－42　习题 3－1 图

3－2　试画出图 3－43 所示信号的奇分量和偶分量。

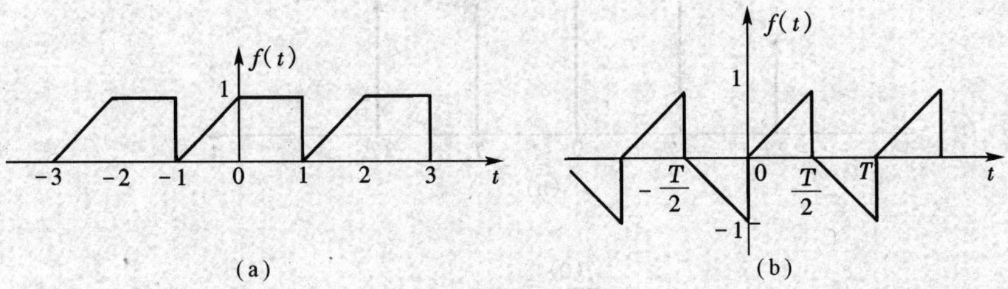

图 3－43　习题 3－2 图

3－3　利用奇偶性判断图 3－44 所示各周期信号的傅里叶级数中所含有的频率分量。

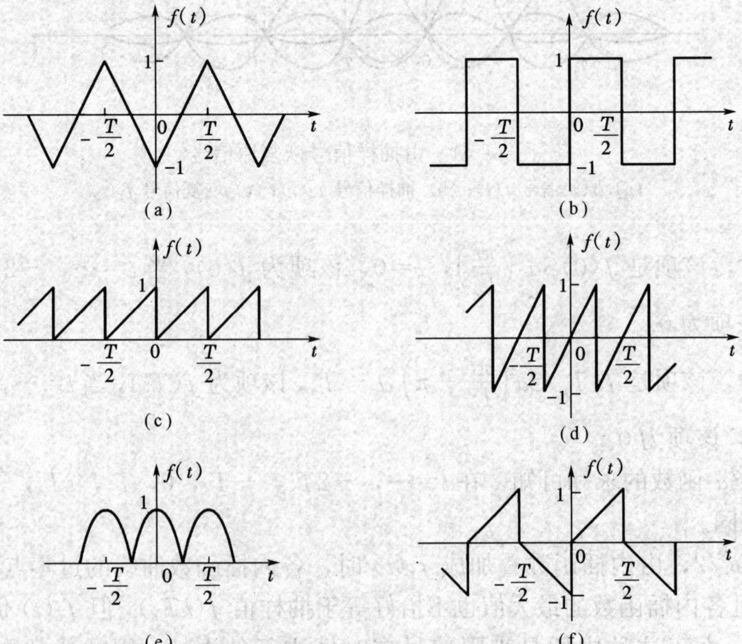

图 3－44　习题 3－3 图

3-4　已知周期函数 $f(t)$ 前 1/4 周期的波形如图 3-45 所示，按下列情况的要求画出 $f(t)$ 在一个周期（$0<t<T$）的波形：（1）$f(t)$ 是偶函数，只含有偶次谐波；（2）$f(t)$ 是偶函数，只含有奇次谐波；（3）$f(t)$ 是偶函数，含有偶次和奇次谐波；（4）$f(t)$ 是奇函数，只含有偶次谐波；（5）$f(t)$ 是奇函数，只含有奇次谐波；（6）$f(t)$ 是奇函数，含有偶次和奇次谐波。

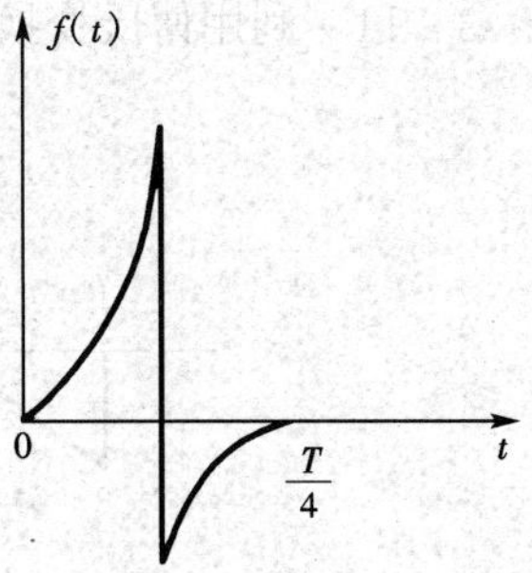

图 3-45　习题 3-4 图

3-5　将下列信号用指数傅里叶级数表示：

（1）$x(t)=\cos\omega_0 t$；（2）$x(t)=\sin\omega_0 t$；（3）$x(t)=\cos\left(2t+\frac{\pi}{4}\right)$；（4）$x(t)=\cos 4t+\sin 6t$；（5）$x(t)=\sin^2 t$。

3-6　已知周期信号 $f(t)$ 的双边频谱如图 3-46 所示。试完成：

（1）写出信号 $f(t)$ 的指数型傅里叶级数。

（2）根据 $f(t)$ 的双边频谱，画出 $f(t)$ 的单边频谱。

（3）根据（2）画出的单边频谱，写出 $f(t)$ 的三角形傅里叶级数。

（4）画出 $f(t)$ 的功率谱。

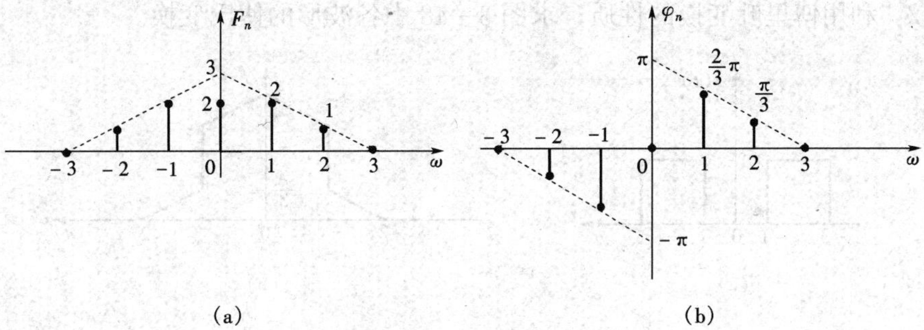

图 3-46　习题 3-6 图

3-7　下列信号是否为周期信号？若为周期信号，试求它的周期，并指出它含有哪些谐波。

（1）$3\sin t+2\sin 3t$；（2）$2+5\sin 4t+4\cos 7t$；（3）$2\sin 3t+7\cos\pi t$；（4）$\sin\frac{5}{2}t+3\cos\frac{6}{5}t+3\sin\left(\frac{1}{7}t+30°\right)$；（5）$(3\sin 2t+\sin 5t)^2$。

3-8　已知周期信号 $f(t)$ 的傅里叶复系数为 $\dot{F}_n$，试证明 $\frac{\mathrm{d}f(t)}{\mathrm{d}t}$ 的傅里叶复系数为 $\mathrm{j}n\omega_0\dot{F}_n$；$f(t\pm t_0)$ 的傅里叶复系数为 $\mathrm{e}^{\pm\mathrm{j}n\omega_0 t_0}\dot{F}_n$，其中 $\omega_0=\frac{2\pi}{T}$，T 为 $f(t)$ 的周期。

3-9　证明：式 $F^*(\mathrm{j}\omega)=F(-\mathrm{j}\omega)$ 是 $f(t)$ 为实函数的充要条件。

3-10　已知实信号 $f(t)$，设 $F(\mathrm{j}\omega)=\mathscr{F}[f(t)]=R(\omega)+\mathrm{j}X(\omega)$，且 $f(t)=f_{\mathrm{e}}(t)+f_{\mathrm{o}}(t)$，式中 $f_{\mathrm{e}}(t)$ 和 $f_{\mathrm{o}}(t)$ 分别为 $f(t)$ 的偶分量和奇分量，证明：

$$f_{\mathrm{e}}(t)\leftrightarrow R(\omega),\ f_{\mathrm{o}}(t)\leftrightarrow \mathrm{j}X(\omega)$$

3-11　利用傅氏变换公式，求图 3-47 所示各脉冲的傅里叶变换。

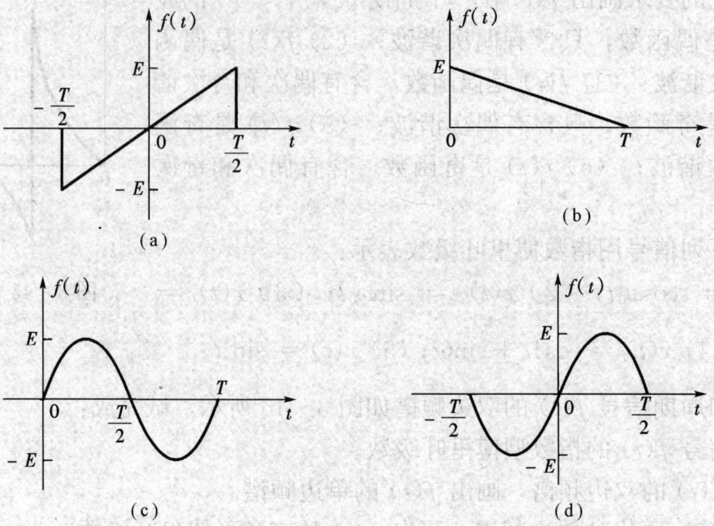

图 3-47　习题 3-11 图

3-12　利用傅里叶变换的性质，求图 3-48 中各波形的傅氏变换。

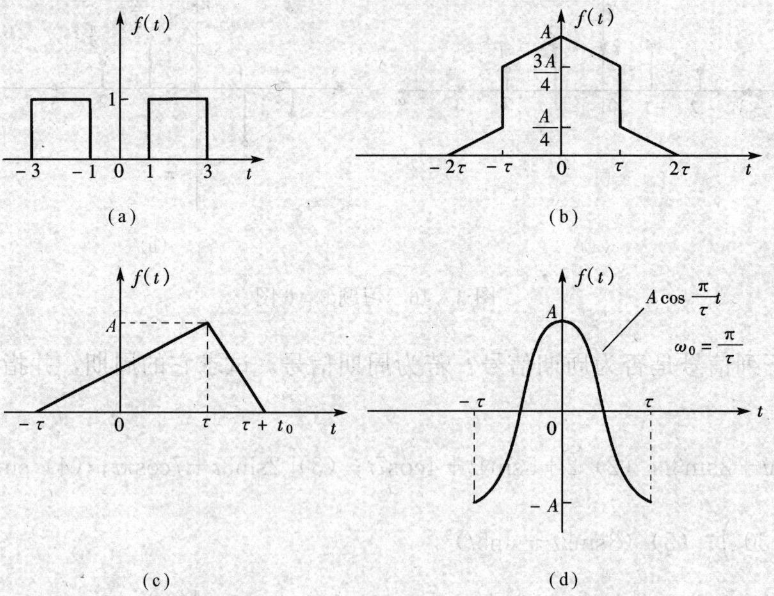

图 3-48　习题 3-12 图

3-13　试求下列函数的傅里叶变换：

(1) $f(t)=e^{-5t}\varepsilon(t)$；　(2) $f(t)=e^{-2|t|}$；

(3) $f(t)=Sa(5t)$；　(4) $f(t)=te^{-5t}\varepsilon(t)$；

(5) $f(t)=e^{-\alpha(t-t_0)}\sin\omega_0 t\varepsilon(t)$；　(6) $f(t)=2[\varepsilon(t+1)-\varepsilon(t-1)]$；

(7) $f(t)=e^{2t}\varepsilon(-t)$。

3-14　已知 $f(t)\leftrightarrow F(j\omega)$，试求下列函数的傅里叶变换：

(1) $tf(2t)$；　(2) $(t-2)f(t)$；

(3) $t\dfrac{df(t)}{dt}$；　(4) $f(1-t)$；

(5) $(1-t)f(1-t)$；　(6) $f(2t-5)$；

(7) $(t-6)f(t-3)$；　(8) $\dfrac{df(t)}{dt}e^{-j\omega_0 t}$。

3-15　已知 $f(t)$ 的傅氏变换为 $F(j\omega)=\dfrac{1+j2\omega}{3-4\omega^2+j5\omega}$，试求下列函数的傅氏变换：

(1) $f(-0.4t)$；　(2) $2f(3t-4)$；

(3) $f(1-t)$；　(4) $f'(t)$；

(5) $e^{-j2t}f(t-3)$；　(6) $f(t)\cos bt$。

3-16　利用傅里叶变换性质，求图 3-49 所示信号的傅里叶反变换。

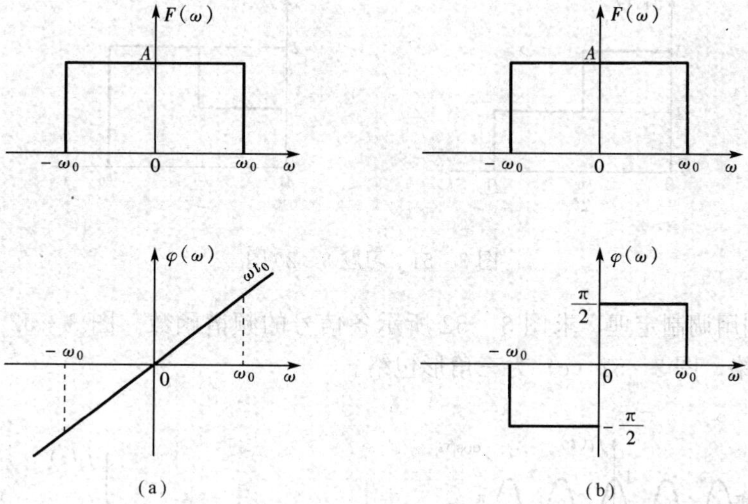

图 3-49　习题 3-16 图

3-17　利用时域微分性质，求图 3-50 所示信号的频谱。

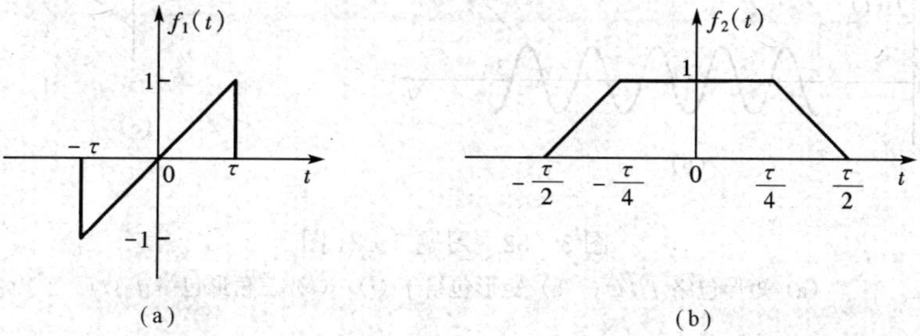

图 3-50　习题 3-17 图

3-18　求下列频谱函数所对应的时间信号 $f(t)$：

(1) $F(j\omega)=\dfrac{1}{(8+j\omega)^2}$；　(2) $F(j\omega)=10Sa(5\omega)$；

(3) $F(\mathrm{j}\omega)=\delta(\omega-\omega_0)$；　　(4) $F(\mathrm{j}\omega)=\varepsilon(\omega+\omega_c)-\varepsilon(\omega-\omega_c)$；

(5) $F(\mathrm{j}\omega)=\dfrac{4+\mathrm{j}\omega}{(2+\mathrm{j}\omega)^2+5^2}$。

3-19　利用对称性质求下列函数的傅里叶变换：

(1) $f(t)=\dfrac{\sin 2\pi(t-2)}{\pi(t-2)}$　$(-\infty<t<\infty)$；

(2) $f(t)=\dfrac{2a}{a^2+t^2}$　$(-\infty<t<\infty)$；

(3) $f(t)=\left(\dfrac{\sin 2\pi t}{2\pi t}\right)^2$　$(-\infty<t<\infty)$。

3-20　对于图 3-51 所示的波形，若已知 $f_1(t)\leftrightarrow F_1(\mathrm{j}\omega)$，利用傅里叶变换的性质，求 $f_1(t)$ 以 $\dfrac{t_0}{2}$ 为轴反转后所得 $f_2(t)$ 的傅里叶变换。

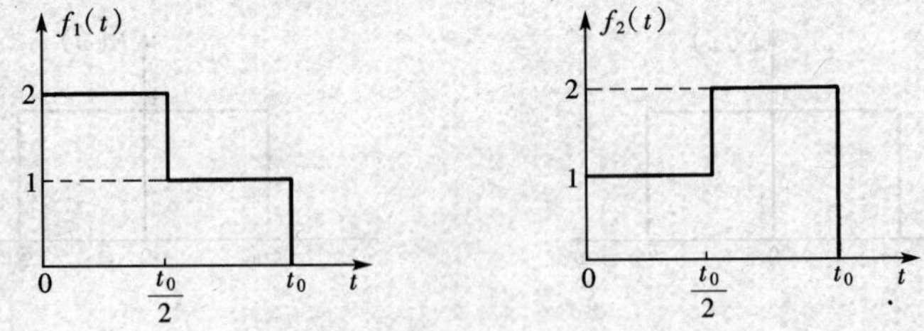

图 3-51　习题 3-20 图

3-21　利用调制定理，求图 3-52 所示各信号的频谱函数。图 3-52（a）、图 3-52（b）为矩形包络，图 3-52（c）为三角形包络。

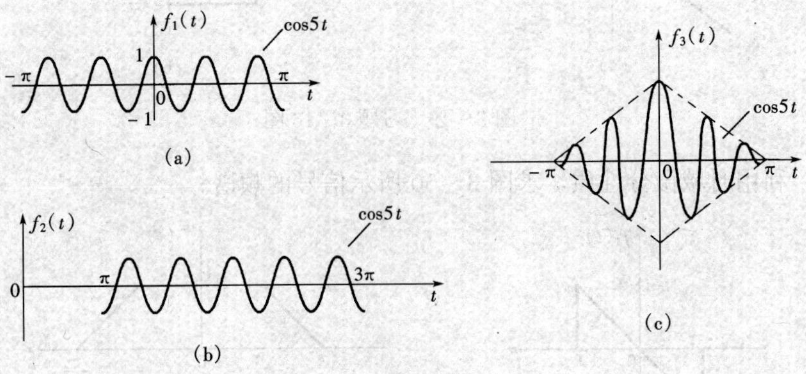

图 3-52　习题 3-21 图

(a) 矩形包络 $f_1(t)$；(b) 矩形包络 $f_2(t)$；(c) 三角形包络 $f_2(t)$

3-22　已知信号

$$f(t)=\begin{cases}1+\cos t & (|t|\leqslant\pi)\\ 0 & (|t|>\pi)\end{cases}$$

试求该信号的傅里叶变换。

3 - 23　某系统的微分方程为 $y''(t)+5y'(t)+6y(t)=x(t)$，已知其输入为 $x(t)=e^{-t}\varepsilon(t)$，初始状态为 $y'(0_-)=2, y(0_-)=1$，试求其全响应。

3 - 24　已知信号 $e(t)=\sin\pi t+\cos 3\pi t$，试求该信号经过下列 LTI 系统后的输出信号 $r(t)$：

(1) $h(t)=\dfrac{\sin 2\pi t}{\pi t}$；(2) $h(t)=\dfrac{(\sin 2\pi t)(\sin 4\pi t)}{\pi t^2}$。

3 - 25　利用阶跃函数和正弦、余弦函数的傅里叶变换，求单边正弦和单边余弦函数的傅里叶变换。

3 - 26　任意波形常用折线近似后再求傅氏变换，试求图 3 - 53 所示波形的傅氏变换。

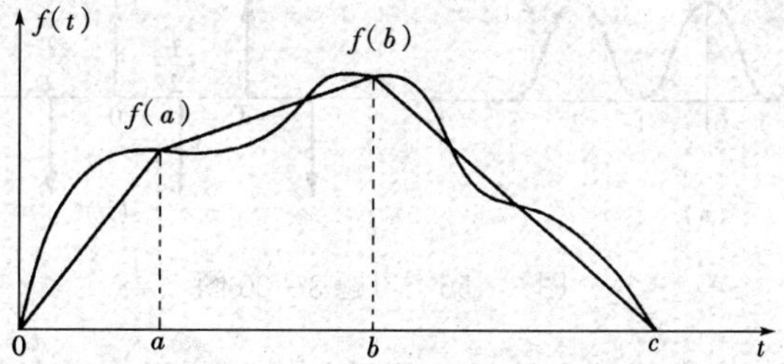

图 3 - 53　习题 3 - 26 图

3 - 27　利用卷积定理求 $F(j\omega)=10\dfrac{Sa\left(\dfrac{\omega}{\pi}\right)}{3+j\omega}$ 的傅氏逆变换。

3 - 28　已知三角脉冲 $f_1(t)$ 的傅里叶变换为 $F_1(j\omega)=\dfrac{E\tau}{2}Sa^2\left(\dfrac{\omega\tau}{4}\right)$，试用有关定理求 $f_2(t)=f_1\left(t-\dfrac{\tau}{2}\right)\cos\omega_0 t$ 的傅里叶变换 $F_2(j\omega)$，如图 3 - 54 所示。

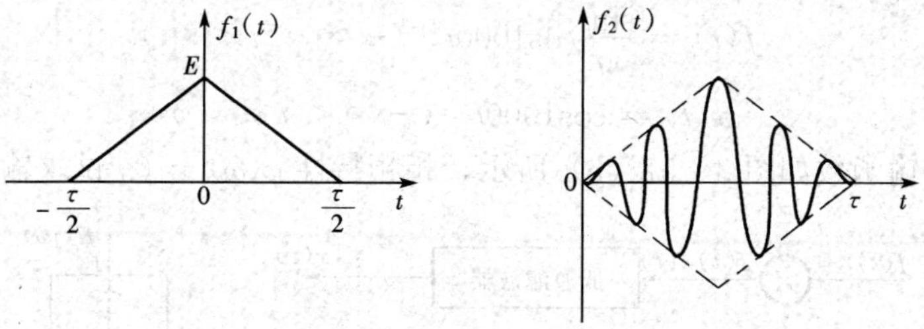

图 3 - 54　习题 3 - 28 图

3 - 29　已知单个余弦脉冲的傅里叶变换为 $F(j\omega)=\dfrac{2ET}{\pi\left(1-\dfrac{\omega^2T^2}{\pi^2}\right)}\cos\dfrac{\omega T}{2}$，试求图 3 - 55 所示周期余弦信号的傅里叶变换。

3 - 30　试求图 3 - 56 所示周期信号的频谱函数。

3 - 31　已知某系统频率传输函数为 $H(j\omega)=\dfrac{j\omega+3}{-\omega^2+j3\omega+2}$，当输入信号分别为：(1) $f(t)=e^{-4t}\varepsilon(t)$，(2) $f(t)=e^{2t}\varepsilon(-t)$，(3) $f(t)=e^{-4t}\varepsilon(t)+e^{2t}\varepsilon(-t)$ 三种情况时，试求

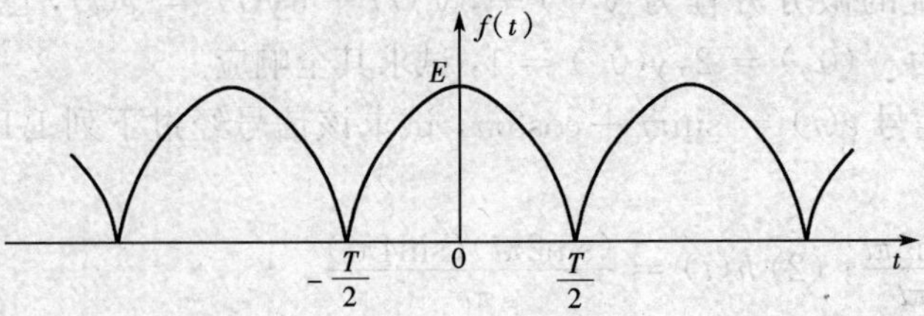

图 3 - 55 习题 3 - 29 图

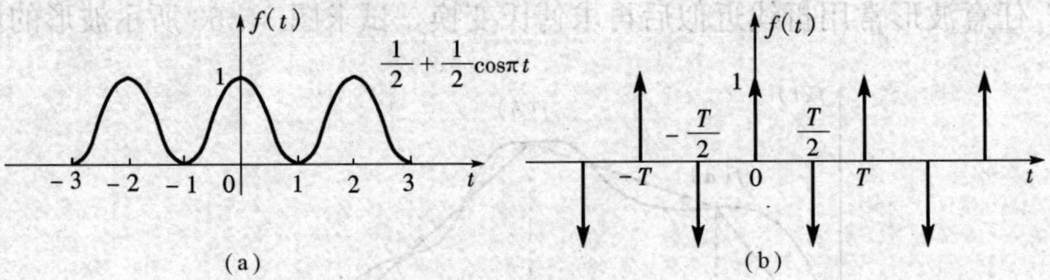

图 3 - 56 习题 3 - 30 图

出该系统的零状态响应，并指明其中的强迫分量与自然分量、暂态分量和稳态分量。（提示：可用部分分式展开法求傅里叶反变换。）

3 - 32 已知系统函数 $H(\mathrm{j}\omega)=\dfrac{\mathrm{j}\omega}{-\omega^2+\mathrm{j}5\omega+6}$，系统的初始状态 $y(0)=2$，$y'(0)=1$，激励 $f(t)=\mathrm{e}^{-t}\varepsilon(t)$，试求全响应 $y(t)$。

3 - 33 系统如图 3 - 57（a）所示，已知

$$x(t)=\cos500t,\ f(t)=8\cos100t\cos500t$$

理想低通滤波器 $H(\mathrm{j}\omega)=\varepsilon(\omega+120)-\varepsilon(\omega-120)$，试求滤波器的响应信号 $y(t)$。

3 - 34 系统如图 3 - 57（a）所示，若输入信号

$$f(t)=\frac{\sin t}{\pi t}\cos1000t\quad(-\infty<t<\infty)$$

$$x(t)=\cos1000t\quad(-\infty<t<\infty)$$

低通滤波器的传输函数如图 3 - 57（b）所示，相频特性 $\varphi(\omega)=0$，试求输出信号 $y(t)$。

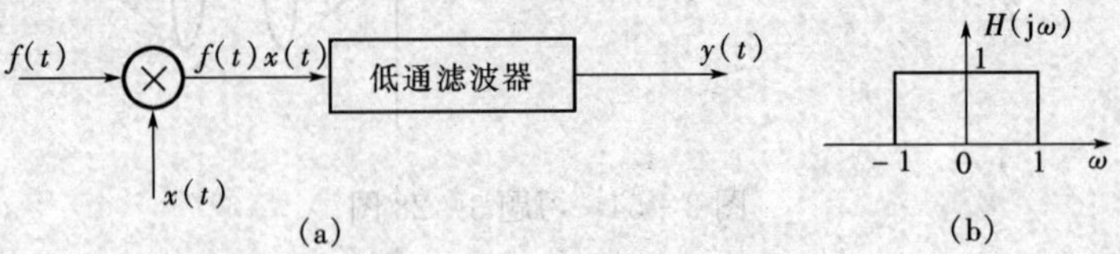

图 3 - 57 习题 3 - 34 图

（a）系统；（b）低通滤波器传输函数

3 - 35 一个零状态的 LTI 系统对输入 $x(t)=(\mathrm{e}^{-t}+\mathrm{e}^{-3t})\varepsilon(t)$ 的响应为 $y(t)=(2\mathrm{e}^{-t}-2\mathrm{e}^{-4t})\varepsilon(t)$。试求：

（1）系统的频率响应；

（2）确定该系统的单位冲激响应；

（3）写出有关输入、输出的微分方程。

3-36 图 3-58（a）所示的系统，若输入信号

$$f(t)=\frac{\sin 2t}{2\pi t}\quad(-\infty<t<\infty)$$

$$s(t)=\cos 1000t\quad(-\infty<t<\infty)$$

经乘法器后，再经带通滤波器，试求输出信号 $y(t)$。带通滤波器的传输函数如图 3-58（b）所示，相频特性 $\varphi(\omega)=0$。

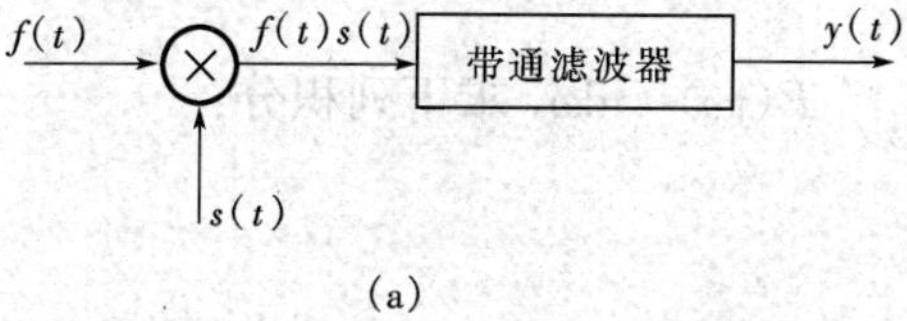

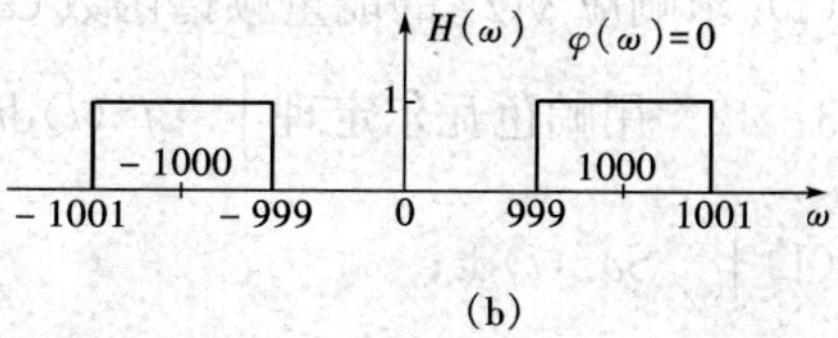

图 3-58 习题 3-36 图

（a）系统；（b）带通滤波器的传输函数

3-37 信号 $f_1(t)$ 的最高频率为 500Hz，$f_2(t)$ 的最高频率为 1000Hz，试求使下列信号经抽样后不失真地恢复的最大抽样间隔 T_s：

（1）$f(t)=f_1(t)+f_2(t)$；　（2）$f(t)=f_2\left(\frac{t}{2}\right)$；

（3）$f(t)=f_1(t-5)$；　（4）$f(t)=f_1(t)*f_2(t)$；

（5）$f(t)=f_2(3t)$；　（6）$f(t)=f_1(t)f_2\left(\frac{t}{3}\right)$。

3-38 已知 $F(\mathrm{j}\omega)=\begin{cases}\cos\omega & \left(|\omega|\leqslant\frac{\pi}{2}\right)\\ 0 & \left(|\omega|>\frac{\pi}{2}\right)\end{cases}$，试完成：

（1）求 $f(t)$；

（2）信号 $f(t)$ 如何用冲激序列抽样才能完全恢复？

（3）在图 3-59 所示的调制系统中，怎样选取 A、ω_1、ω_2，使 $y(t)=f(t)$。

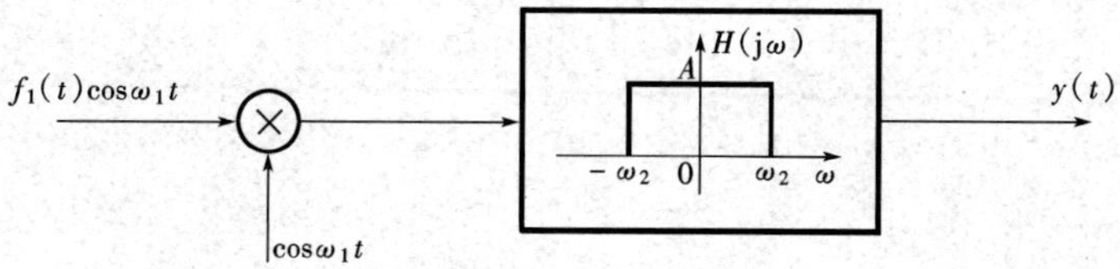

图 3-59 习题 3-38 图

3-39 信号 $f_1(t)$ 和 $f_2(t)$ 的最高频率分别为 ω_{1m} 和 ω_{2m}，两信号相乘，确定允许的最大抽样间隔 T_s，使信号不失真的恢复成原始信号。

3-40 已知理想低通滤波器的频率特性 $H(\omega)=\begin{cases}1 & (|\omega|<\omega_c)\\ 0 & (|\omega|>\omega_c)\end{cases}$，输入信号为 $f(t)=\frac{\sin at}{\pi t}$。试完成：

（1）$a<\omega_c$ 时，求滤波器的输出 $y(t)$；

（2）$a>\omega_c$ 时，求滤波器的输出 $y(t)$；

（3）哪种情况下输出有失真？

3-41　已知理想低通滤波器的传输函数 $H(j\omega)=5e^{-j\omega t_d}(|\omega|<1)$，激励 $f(t)=10e^{-t}\varepsilon(t)$。试完成：

（1）求 $f(t)$ 所包含的能量 W；

（2）求响应 $y(t)$ 的能量频谱函数 $G(\omega)$。

3-42　用帕色瓦尔定理 $\int_{-\infty}^{\infty}f^2(t)dt=\frac{1}{2\pi}\int_{-\infty}^{\infty}|F(j\omega)|^2d\omega$，求下列积分：

（1）$\int_{-\infty}^{\infty}Sa^2(t)dt$；

（2）$\int_{-\infty}^{\infty}\frac{dt}{(1+t^2)^2}$。

第四章　连续时间系统的 s 域分析和系统函数

运用拉普拉斯变换方法，可以将线性时不变系统的时域模型简便地变换为 s 域模型，在 s 域列写相应的电路方程，经求解再还原为时间函数。关于函数的拉普拉斯变换的定义、性质等在工程数学中已经讲述，请参阅相应的教材。

第一节　连续时间系统的 s 域分析

拉普拉斯变换方法是求解常系数线性微分方程的一种工具和方法，在连续、线性、时不变系统分析中，拉普拉斯变换仍然是不可缺少的强有力工具。它的优点表现在：

(1) 求解的步骤得到简化，初始条件自动包含在变换式里，直接给出微分方程的全解(特解和通解)。

(2) 拉氏变换分别将“微分”和“积分”运算转换为“乘法”和“除法”运算，即把积分微分方程转换为代数方程。

(3) 指数函数、超越函数以及有不连续点的函数，经拉氏变换可转化为简单的初等函数，用拉氏变换很简便。

(4) 拉氏变换把时域中两函数的卷积运算转换为变换域中两函数的乘法运算。在此基础上建立了系统函数的概念。

(5) 利用系统函数零点、极点分布可以简明、直观地表达系统性能的许多规律。

用拉普拉斯变换方法进行系统分析，可以先列写系统电路微分方程，然后取拉氏变换进行求解，最后反变换成时域函数。用拉普拉斯变换分析法求取系统的响应，可通过对系统的积分、微分方程进行变换来得到。即通过变换将时域中的积分微分方程变成 s 域中的代数方程，在 s 域中进行代数运算后则可得到系统响应的 s 域解，将此解再经反变换则得到最终的时域解。也可以先对元件进行变换，再把变换后的 s 域电压与电流用 KVL 和 KCL 联系起来，这样可使分析过程简化。为此。给出 s 域元器件模型。

R、L、C 元件的时域关系为

$$u_R(t) = Ri_R(t) \tag{4-1}$$

$$u_L(t) = L\frac{\mathrm{d}i_L(t)}{\mathrm{d}t} \tag{4-2}$$

$$i_C(t) = C\frac{\mathrm{d}u_C(t)}{\mathrm{d}t} \tag{4-3}$$

将以上三式分别进行拉氏变换，得到

$$U_R(s) = RI_R(s) \tag{4-4}$$

$$U_L(s) = sLI_L(s) - Li_L(0_-) \tag{4-5}$$

$$I_C(s) = sCU_C(s) - Cu_C(0_-) \tag{4-6}$$

或

$$U_C(s)=\frac{1}{sC}I_C(s)+\frac{1}{s}u_C(0_-) \tag{4-7}$$

经过变换以后的关系式可以直接用来处理 s 域中 $U(s)$ 与 $I(s)$ 之间的关系，对每个关系式都可构成一个 s 域模型，如图 4-1 所示。

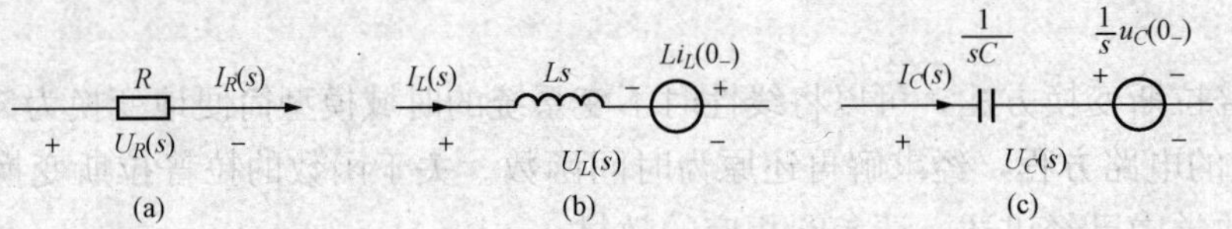

图 4-1　s 域元件模型

将电路系统中每个元件都用它的 s 域模型来代替，将信号源直接写作拉氏变换式，这样就得到全部电路系统的 s 域模型图。对此电路模型采用 KVL 和 KCL 分析即可得到所需求解的变换式。这时，所进行的数学运算是代数运算，它与电阻性电路的分析方法一样。

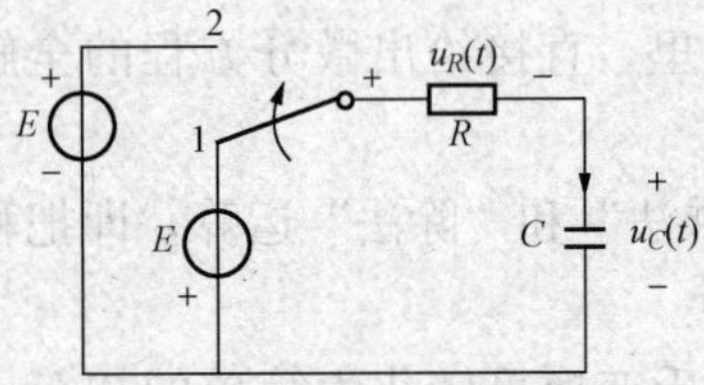

图 4-2　［例 4-1］的电路

【例 4-1】 图 4-2 所示电路，当 $t<0$ 时，开关位于“1”端，电路的状态已经稳定。$t=0$时开关从“1”端打到“2”端，试求电容电压 $u_C(t)$。

解　方法一：先列微分方程再进行拉氏变换求解。

（1）列写微分方程

$$RC\frac{\mathrm{d}u_C(t)}{\mathrm{d}t}+u_C(t)=E$$

由于 $t=0_-$ 时，电容已充有电压 $-E$，从 0_- 到 0_+ 电容电压没有变化，即 $u_C(0_+)=u_C(0_-)$。

（2）微分方程两边取拉氏变换

$$RC[sU_C(s)-u_C(0_-)]+U_C(s)=\frac{E}{s}$$

则
$$U_C(s)=\frac{\frac{E}{s}-RCE}{1+RCs}=\frac{E\left(\frac{1}{RC}-s\right)}{s\left(s+\frac{1}{RC}\right)}$$

（3）求 $U_C(s)$ 的逆变换

$$U_C(s)=E\left(\frac{1}{s}-\frac{2}{s+\frac{1}{RC}}\right)$$

则
$$u_C(t)=E-2E\mathrm{e}^{-\frac{t}{RC}}$$

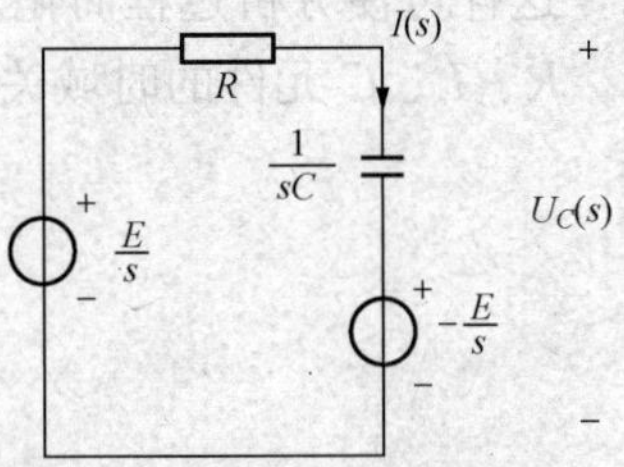

图 4-3　［例 4-1］电路的 s 域模型

方法二：直接根据 s 域模型列电路方程求解。

由图 4-3 可以写出

$$\left(R+\frac{1}{sC}\right)I(s)=\frac{E}{s}+\frac{E}{s}$$

则
$$I(s)=\frac{2E}{s\left(R+\frac{1}{sC}\right)}$$

因
$$U_C(s)=\frac{I(s)}{sC}-\frac{E}{s}=\frac{2E}{s(sCR+1)}-\frac{E}{s}=\frac{E\left(\frac{1}{RC}-s\right)}{s\left(s+\frac{1}{RC}\right)}$$

则
$$U_C(s)=E\left(\frac{1}{s}-\frac{2}{s+\frac{1}{RC}}\right)$$

即
$$u_C(t)=E-2Ee^{-\frac{t}{RC}}$$

【例 4-2】 图 4-4 所示 RC 电路，$R=1\Omega$，$C=1\mathrm{F}$，$f(t)=(1+e^{-t})\varepsilon(t)\mathrm{V}$，电容上初始电压为 $u_C(0_-)=1\mathrm{V}$，试求响应电流 $i(t)$。

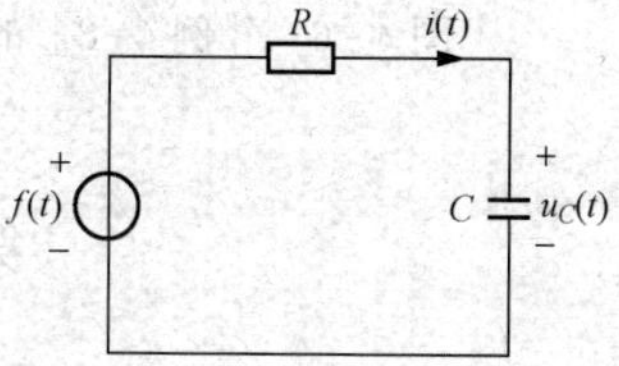

图 4-4　[例 4-2] 的电路

解　方法一：先列微分方程再进行拉氏变换求解。

(1) 由图 4-4 列写微分方程

$$Ri(t)+\frac{1}{C}\int_{-\infty}^{t}i(\tau)\mathrm{d}\tau=f(t)$$

代入 RC 数值，得

$$i(t)+\int_{-\infty}^{t}i(\tau)\mathrm{d}\tau=f(t)$$

(2) 微分方程两边取拉氏变换

$$I(s)+\frac{1}{s}+\frac{1}{s}I(s)=F(s)$$

则
$$\left(1+\frac{1}{s}\right)I(s)=F(s)-\frac{1}{s}=\frac{1}{s}+\frac{1}{s+1}-\frac{1}{s}=\frac{1}{s+1}$$

$$I(s)=\frac{\frac{1}{s+1}}{1+\frac{1}{s}}=\frac{s}{(s+1)^2}$$

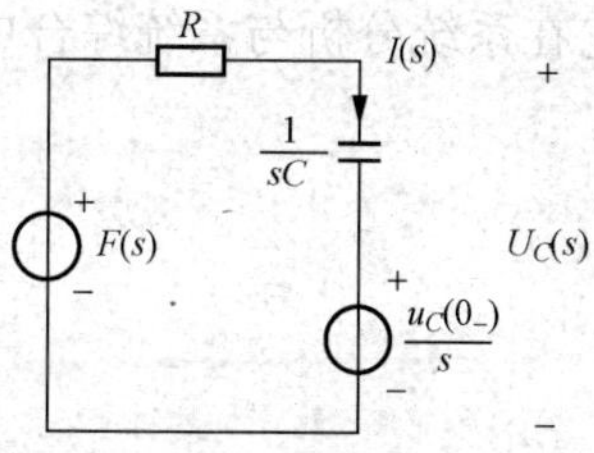

图 4-5　[例 4-2] 电路的 s 域模型

(3) 求 $I(s)$ 的逆变换为

$$i(t)=(e^{-t}-te^{-t})\varepsilon(t)$$

方法二：画出 s 域模型如图 4-5 所示。

$$I(s)=\frac{F(s)-\frac{u_C(0_-)}{s}}{R+\frac{1}{sC}}=\frac{\frac{1}{s}+\frac{1}{s+1}-\frac{1}{s}}{1+\frac{1}{s}}=\frac{s}{(s+1)^2}$$

逆变换为

$$i(t)=(e^{-t}-te^{-t})\varepsilon(t)$$

【例 4-3】 RLC 电路系统如图 4-6 所示，$R=3\Omega$，$C=\frac{1}{2}\mathrm{F}$，$L=1\mathrm{H}$，电感中初始电流为零，电容上初始电压为零。已知激励信号 $f(t)=2e^{-3t}\varepsilon(t)\mathrm{V}$，试求系统完全响应 $u_C(t)$。

解　由图 4-7 所示电路的 s 域模型得到

$$U_C(s)=\frac{F(s)}{R+sL+\frac{1}{sC}}=\frac{\frac{3}{s+3}}{3+s+\frac{2}{s}}=\frac{2s}{(s+1)(s+2)(s+3)}$$

逆变换为

$$u_C(t)=(-\mathrm{e}^{-t}+2\mathrm{e}^{-2t}-3\mathrm{e}^{-3t})\varepsilon(t)$$

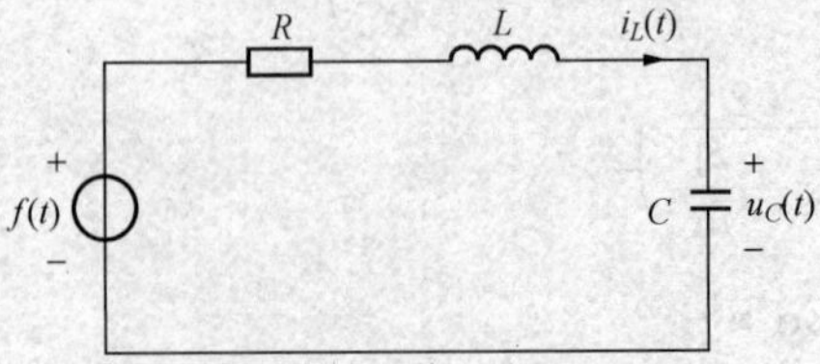

图 4-6 ［例 4-3］的电路

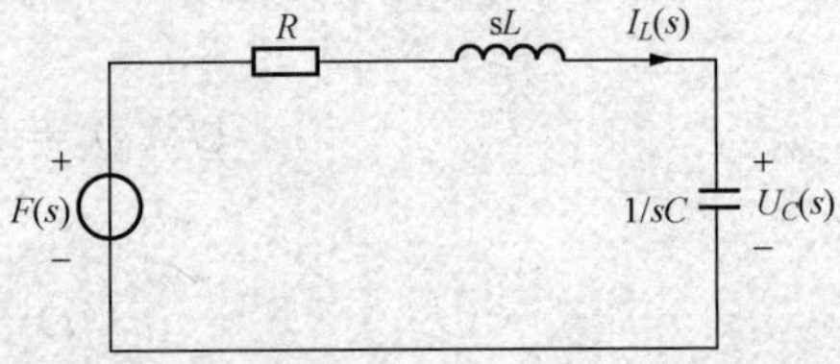

图 4-7 ［例 4-3］电路的 s 域模型

第二节 系统函数的概念

用拉普拉斯变换对电路进行复频域（s 域）分析时，响应与激励的象函数之间的关系是复变量 s 的函数。电路零状态响应的象函数 $Y(s)$ 与激励的象函数 $F(s)$ 之比称为系统函数，用符号 $H(s)$ 表示，即

$$H(s)=\frac{Y(s)}{F(s)} \tag{4-8}$$

式中，$Y(s)$ 和 $F(s)$ 分别是时域中的零状态响应函数 $y(t)$ 和激励函数 $f(t)$ 的拉普拉斯变换式，$H(s)$ 是系统特性在复频域中的表示形式。

这里只讨论 $H(s)$ 是有理真分式的情况。对 LTI 系统的数学模型取拉普拉斯变换，并设系统零状态，则有

$$H(s)=\frac{b_m s^m+b_{m-1}s^{m-1}+\cdots+b_1 s+b_0}{a_n s^n+a_{n-1}s^{n-1}+\cdots+a_1 s+a_0} \tag{4-9}$$

可见，如果已知系统时域描述的微分方程就很容易直接写出系统复频域描述的系统函数，反之亦然。

系统函数仅取决于系统本身的特性，与系统的激励无关，它在系统分析与系统综合中占有重要地位。

由于零状态响应

$$Y(s)=H(s)F(s)$$

当系统的激励为 $\delta(t)$ 时，零状态响应为 $h(t)$，故

$$\begin{cases}\mathscr{L}[h(t)]=H(s)\\ \mathscr{L}^{-1}[H(s)]=h(t)\end{cases} \tag{4-10}$$

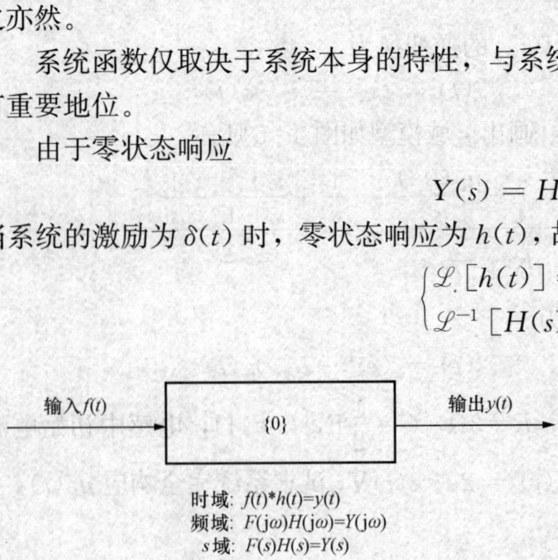

图 4-8 系统的输入和零状态输出的关系

即系统函数 $H(s)$ 与冲激响应 $h(t)$ 是一对拉氏变换。$h(t)$ 与 $H(s)$ 分别从时域和复频域两个方面表征了同一系统的特性。比较时域、频域和复频域，系统的输入和零状态输出的关系如图 4-8 所示。

当系统的激励为 $\mathrm{e}^{st}\,(-\infty<t<\infty)$ 时，系统的零状态响应由卷积积分可求得

$$y_{zs}(t)=\int_{-\infty}^{\infty}h(\lambda)e^{s(t-\lambda)}d\lambda=e^{st}\int_{-\infty}^{\infty}h(\lambda)e^{-s\lambda}d\lambda$$

$$=e^{st}\int_{0_-}^{\infty}h(\lambda)e^{-s\lambda}d\lambda=e^{st}H(s)\qquad(4-11)$$

式（4-11）表明，若激励是无时限的复指数信号 e^{st} 时，则零状态响应（也是全响应）仍为相同复频率的指数信号，但被加权了 $H(s)$。或者说，只要将激励 e^{st} 乘以系统函数 $H(s)$ 便可求得响应［其条件是：s 位于 $H(s)$ 的收敛域内，即位于 $H(s)$ 的最右极点的右边］。因此，用拉氏变换法分析系统的零状态响应，实质上就是将激励信号分解为许多不同复频率的复指数分量之和，即

$$f(t)=\frac{1}{2\pi j}\int_{\sigma-j\infty}^{\sigma+j\infty}F(s)e^{st}ds$$

其中，每个复指数分量 $\frac{1}{2\pi j}F(s)dse^{st}$ 的响应由式（4-11）可得，为 $\frac{1}{2\pi j}F(s)H(s)dse^{st}$，最后将这些响应分量叠加，即得系统的零状态响应为

$$y_{zs}(t)=\frac{1}{2\pi j}\int_{\sigma-j\infty}^{\sigma+j\infty}F(s)H(s)e^{st}ds=\frac{1}{2\pi j}\int_{\sigma-j\infty}^{\sigma+j\infty}Y_{zs}(s)e^{st}ds$$

第三节　系统函数的求法

综上所述，系统函数可以由零状态条件下从系统的微分方程经过拉氏变换求得，或从系统的冲激响应求拉氏变换而得到。对于具体的电路，系统函数还可以用零状态下的复频域等效电路（模型）求得，这可以从以下例子中看出。

【例 4-4】 已知描述系统的微分方程为

$$\frac{d^2y(t)}{dt^2}+3\frac{dy(t)}{dt}+2y(t)=2\frac{df(t)}{dt}+3f(t)$$

试求该系统的系统函数。

解 （1）在零状态条件下，将给定系统的微分方程两边取拉氏变换，得

$$s^2Y(s)+3sY(s)+2Y(s)=2sF(s)+3F(s)$$

所以

$$H(s)=\frac{Y(s)}{F(s)}=\frac{3s+3}{s^2+3s+2}$$

（2）用时域的解法，可以求得该系统的冲激响应为

$$h(t)=(e^{-t}+e^{-2t})\varepsilon(t)$$

所以

$$H(s)=\mathscr{L}[h(t)]=\frac{3s+3}{s^2+3s+2}$$

【例 4-5】 假设已知一个 LTI 系统的输入为 $f(t)=e^{-3t}\varepsilon(t)$，其输出是

$$y(t)=[e^{-t}-e^{-2t}]\varepsilon(t)$$

试确定该系统的系统函数以及描述输入与输出关系的数学模型。

解 将 $f(t)$ 和 $y(t)$ 分别取拉氏变换得

$$F(s)=\frac{1}{s+3}$$

$$Y(s)=\frac{1}{(s+1)(s+2)}$$

则系统函数为

$$H(s)=\frac{Y(s)}{F(s)}=\frac{s+3}{(s+1)(s+2)}=\frac{s+3}{s^2+3s+2}$$

由拉氏变换的性质可得到微分方程为

$$\frac{d^2y(t)}{dt^2}+3\frac{dy(t)}{dt}+2y(t)=\frac{df(t)}{dt}+3f(t)$$

【例 4-6】 试求图 4-9（a）所示电路的系统函数。

解 电路的零状态复频域模型如图 4-9（b）所示，则

$$Y_{zs}(s)=\frac{\dfrac{1}{\dfrac{1}{R_2}+\dfrac{1}{sL}+sC}}{R_1+\dfrac{1}{\dfrac{1}{R_2}+\dfrac{1}{sL}+sC}}F(s)=\frac{1}{1+\dfrac{R_1}{R_2}+\dfrac{R_1}{sL}+R_1sC}F(s)$$

所以

$$H(s)=\frac{Y_{zs}(s)}{F(s)}=\frac{s}{R_1Cs^2+\left(1+\dfrac{R_1}{R_2}\right)s+\dfrac{R_1}{L}}$$

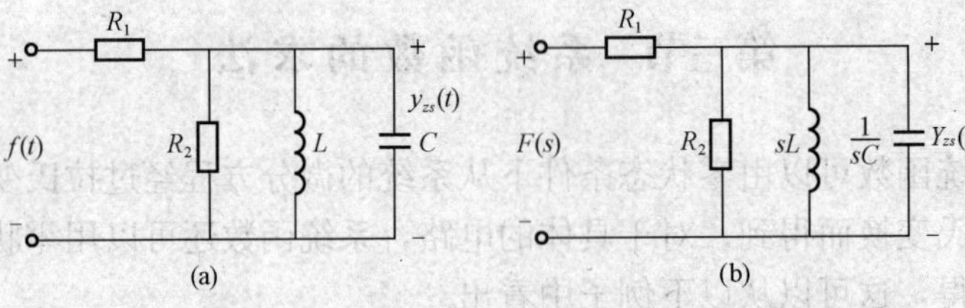

图 4-9　［例 4-6］电路和 s 域模型

第四节　系统函数的零、极点分析

一般来说，线性系统的系统函数是以多项式之比的形式出现的。将式（4-9）给出的系统函数的分子、分母进行因式分解，进一步可得

$$H(s)=\frac{N(s)}{D(s)}=H_0\frac{(s-z_1)(s-z_2)\cdots(s-z_m)}{(s-p_1)(s-p_2)\cdots(s-p_n)}=H_0\frac{\prod\limits_{j=1}^{m}(s-z_j)}{\prod\limits_{k=1}^{n}(s-p_k)}\qquad(4-12)$$

式中，H_0 为一常数，$H_0=\dfrac{b_m}{a_n}$；$z_1,z_2,\cdots,z_m$ 是系统函数分子多项式 $N(s)=0$ 的根，称为系统函数的零点，即当复变量 s 位于零点时，函数 $H(s)=0$；$p_1,p_2,\cdots,p_n$ 是系统函数分母多项式 $D(s)=0$ 的根，称为系统函数的极点，即当复变量 s 位于极点时，函数 $H(s)$ 的值为无穷大。$s-z_j$ 称为零点因子（$j=1,2,\cdots,m$），而 $s-p_k$ 称为极点因子（$k=1,2,\cdots,n$）。

当一个系统函数的全部零点、极点及 H_0 确定后，其系统函数也就可以完全确定。由于 H_0 只是一个比例系数，对 $H(s)$ 的函数形式没有影响，所以一个系统随复变量 s 变化的特性可以完全由它的零点和极点表示。把系统函数的零点和极点绘在 s 平面上的图形叫做系统函数的零、极点图。其中零点用“○”表示，极点用“×”表示。若为 n 重零点或极点，则

注以“(n)”并用“◎”和“⊗”表示。

一个实际电系统的参数（如 R、L、C 等）必为实数，故系统函数 $H(s)$ 的分子分母多项式系数 a_n 和 b_m 等必为实数，因而实际系统的系统函数必定是复变量 s 的实有理函数，它的零点或极点一定是实数或成对出现的共轭复数。

例如，某系统的系统函数为

$$H(s)=\frac{s^3-2s^2+2s}{s^4+2s^3+5s^2+8s+4}=\frac{s[(s-1)^2+1]}{(s+1)^2(s^2+4)}$$

$$=\frac{s(s-1+\mathrm{j})(s-1-\mathrm{j})}{(s+1)^2(s+\mathrm{j}2)(s-\mathrm{j}2)}$$

它在原点 $s=0$，$s=1-\mathrm{j}1$ 和 $s=1+\mathrm{j}1$ 处各有一个零点。而在 $s=-1$ 处有二重极点，在 $s=-\mathrm{j}2$ 和 $s=\mathrm{j}2$ 处各有单极点。该系统的零、极点图如图 4-10 所示。

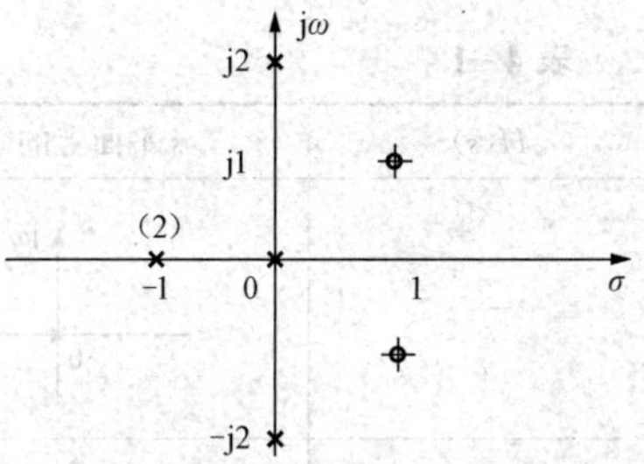

图 4-10　系统函数的零、极点

借助系统函数 $H(s)$ 在 s 平面的零、极点分布的研究，可以简明、直观地给出系统响应的许多规律，以统一的观点阐明系统各方面的性能。系统的时域、频域特性集中地以其系统的零、极点分布表现出来。从 $H(s)$ 的零、极点的分布不仅可以揭示系统的时域特性的规律，而且还可用来阐明系统的频率响应特性和系统的稳定性等方面的性能。

由于系统函数 $H(s)$ 与冲激响应 $h(t)$ 是一对拉普拉斯变换，因此，只要知道 $H(s)$ 在 s 平面中零、极点的分布情况，就可预知该系统在时域方面 $h(t)$ 波形的特性。具体分析如下：

(1) 若 $H(s)$ 的极点位于 s 平面的原点，比如 $H(s)=\frac{1}{s}$，则 $h(t)=\varepsilon(t)$，冲激响应的模式为阶跃函数。

(2) 若 $H(s)$ 的极点位于 s 平面的正实轴上，比如 $H(s)=\frac{1}{s-\alpha}$（$\alpha>0$），则 $h(t)=\mathrm{e}^{\alpha t}\varepsilon(t)$，冲激响应的模式为增长指数函数；若 $H(s)$ 的极点位于 s 平面的负实轴上，如 $H(s)=\frac{1}{s+\alpha}$（$\alpha>0$），则 $h(t)=\mathrm{e}^{-\alpha t}\varepsilon(t)$，冲激响应的模式为衰减指数函数。

(3) 若 $H(s)$ 的极点位于 s 平面的虚轴（极点必以共轭形式出现）上，比如 $H(s)=\frac{\omega_0}{s^2+\omega_0^2}$，则 $h(t)=\sin\omega_0 t\varepsilon(t)$，冲激响应的模式为等幅振荡。

(4) 若 $H(s)$ 的共轭极点位于 s 右半平面，比如 $H(s)=\frac{\omega_0}{(s-\alpha)^2+\omega_0^2}$（$\alpha>0$），则 $h(t)=\mathrm{e}^{\alpha t}\sin\omega_0 t\varepsilon(t)$，冲激响应的模式为增幅振荡；若 $H(s)$ 的共轭极点位于 s 左半平面，如 $H(s)=\frac{\omega_0}{(s+\alpha)^2+\omega_0^2}$（$\alpha>0$），则 $h(t)=\mathrm{e}^{-\alpha t}\sin\omega_0 t\varepsilon(t)$，冲激响应的模式为减幅振荡。

将以上结果整理成表 4-1，这里都是一阶极点的情况。

如果 $H(s)$ 具有 n 重极点，则冲激响应的模式中将含有 t^{n-1} 个因子。例如，$H(s)=\frac{1}{s^2}$ 在原点有二重极点，则 $h(t)=t\varepsilon(t)$ 为斜坡函数；如 $H(s)=\frac{1}{(s+\alpha)^2}$（$\alpha>0$）在负实轴上

有二阶极点，则 $h(t)=t\mathrm{e}^{-at}\varepsilon(t)$；如 $H(s)=\dfrac{2\omega_0 s}{(s^2+\omega_0^2)^2}$ 在虚轴上有二重共轭极点，则 $h(t)=t\sin\omega_0 t\varepsilon(t)$ 为幅度线性增长的振荡。

将上述重极点分布与原函数的对应关系也列于表 4-1 中。

由表 4-1 可看出，若 $H(s)$ 的极点位于左半平面，则 $h(t)$ 的波形为衰减形式；若 $H(s)$ 的极点位于右半平面，则 $h(t)$ 的波形为增长形式；若 $H(s)$ 的极点为虚轴上的一阶极点，则 $h(t)$ 的波形为等幅振荡或阶跃；而虚轴上的二阶极点或三阶极点对应的 $h(t)$ 的模式则为增长形式。

根据以上的讨论并结合表 4-1，可以将系统分为三类。

表 4-1 极点分布与时间函数的模式

$H(s)$	s 平面上的零、极点	时间函数的模式	$h(t)\ (t>0)$
$\frac{1}{s}$	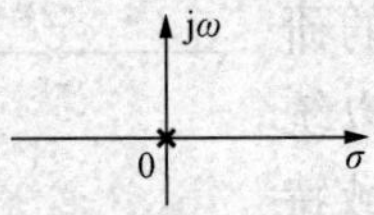	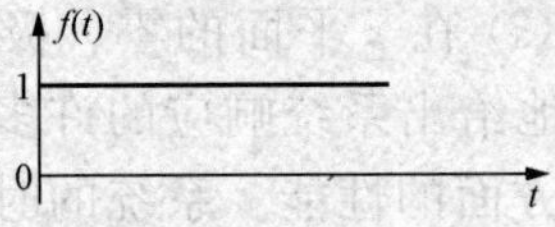	$U(t)$
$\frac{1}{s+a}$	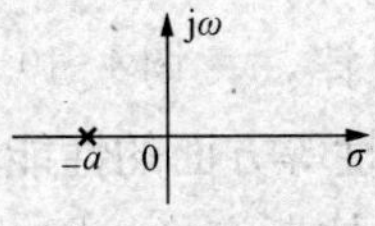	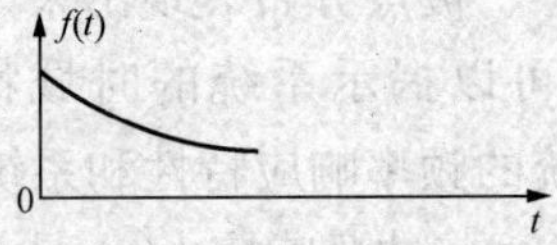	e^{-at}
$\frac{1}{s-a}$	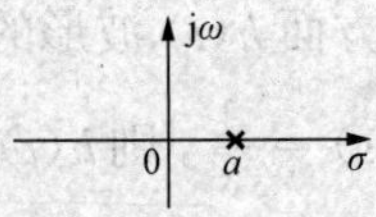	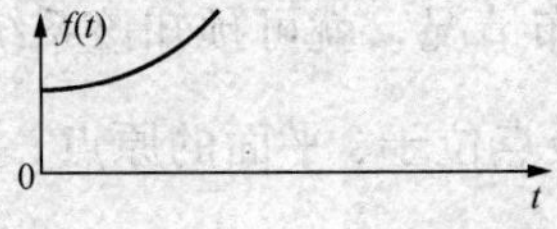	e^{at}
$\frac{\omega}{s^2+\omega^2}$	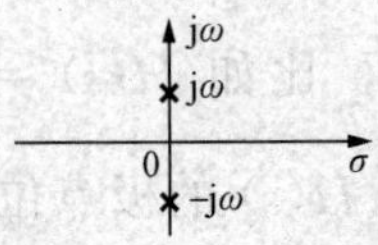	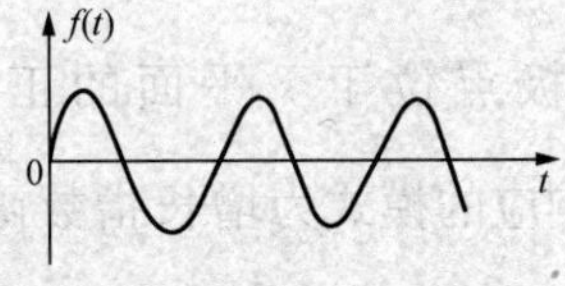	$\sin\omega t$
$\frac{\omega}{(s+a)^2+\omega^2}$	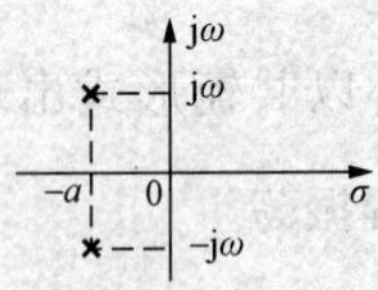	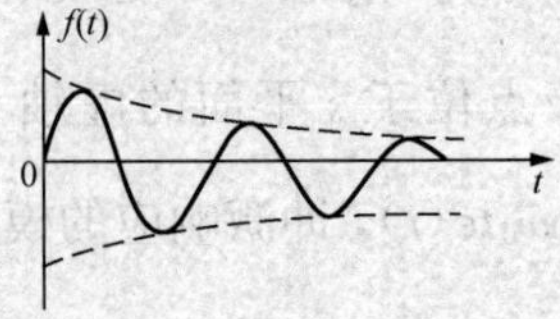	$\mathrm{e}^{-at}\sin\omega t$
$\frac{\omega}{(s-a)^2+\omega^2}$	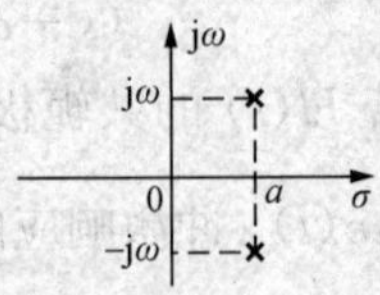	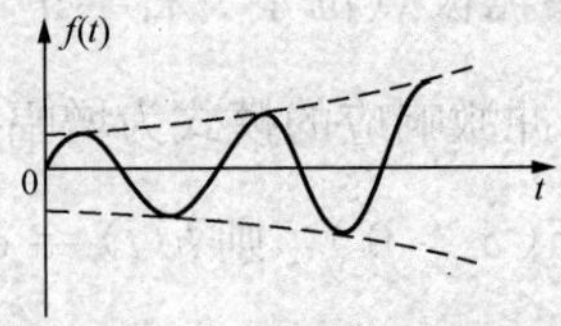	$\mathrm{e}^{at}\sin\omega t$
$\frac{1}{s^2}$	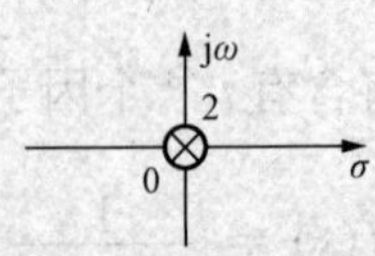	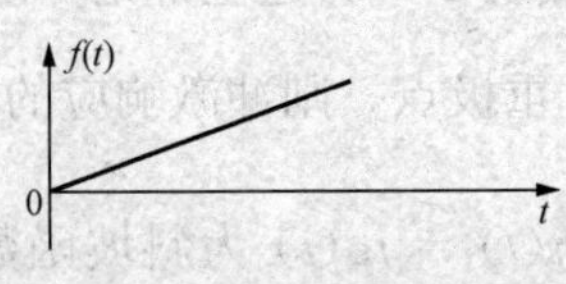	t

续表

$H(s)$	s 平面上的零、极点	时间函数的模式	$h(t)(t>0)$
$\frac{1}{(s+a)^2}$	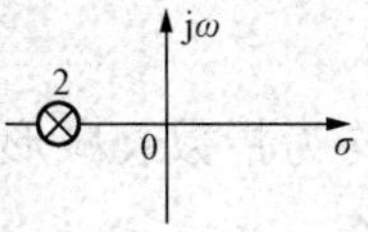	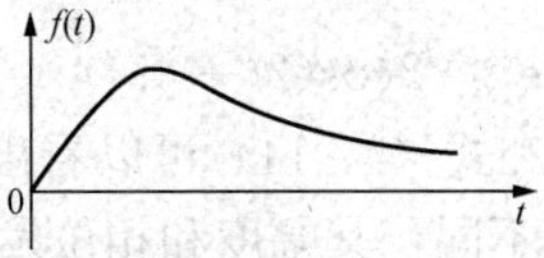	te^{-at}
$\frac{2\omega s}{(s^2+\omega^2)^2}$	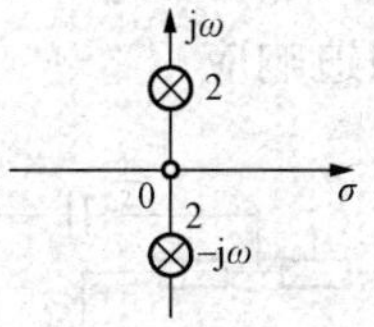	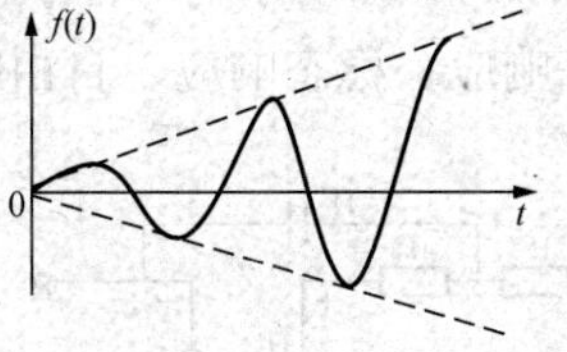	$t\sin\omega t$
$\frac{1}{s^3}$	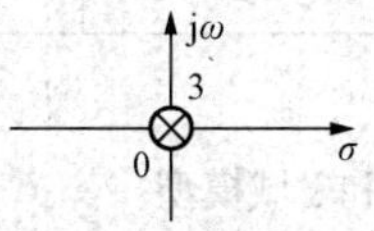	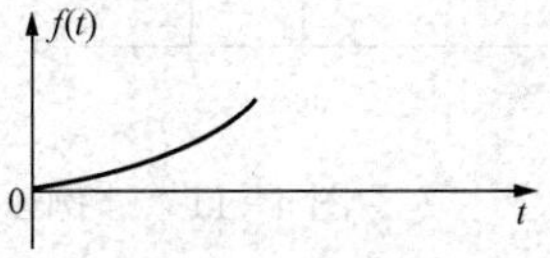	$\frac{t^2}{2}$

(1) $H(s)$ 的极点位于 s 左半平面（不包括虚轴），这时有 $\lim\limits_{t\to\infty}h(t)=0$，这样的系统称为稳定系统。

(2) $H(s)$ 的极点位于 s 右半平面或在虚轴上，且 $H(s)$ 具有二阶以上的重极点，则在足够长时间以后，$h(t)$ 仍继续增长，这样的系统称为不稳定系统。

(3) $H(s)$ 的极点位于 s 平面虚轴上，且 $H(s)$ 只有一阶极点，则在足够长时间以后，$h(t)$ 趋于一个非零值或形成一个等幅振荡，这种情况称为临界稳定系统。

对于稳定性的问题，本书不作深入讨论，因为对于物理上可实现的无源系统（网络）必定是稳定系统或临界稳定系统，否则就不符合能量守恒的原则。这是因为无源系统不能对外提供能量，因此系统在单位冲激作用下的效果相当于系统具有初始状态（$t>0$ 时）所引起的零输入响应，它们属于稳定系统或临界稳定系统，总称为稳定系统。

综上所述，对于一个稳定系统，其系统函数 $H(s)$ 的极点分布必定满足：

(1) 在右半平面内无极点；

(2) 在 $j\omega$ 轴上为单极点。

以上分析了 $H(s)$ 极点与 $h(t)$ 模式的关系，以及对于一个稳定系统 $H(s)$ 极点位置必须满足的条件。但对于 $H(s)$ 的零点并不需满足上述条件，只要零点位置对实轴对称即可。$H(s)$ 零点分布情况只影响时间函数的幅度和相位，而不影响冲激响应 $h(t)$ 的模式。

例如，若 $H(s)=\frac{s+3}{(s+3)^2+2}$，其零点 $s=-3$，而极点 $s_1=-3+j2$ 和 $s_2=-3-j2$，所以对应的模式为

$$h(t)=e^{-3t}\cos 2t \qquad (t>0) \tag{4-13}$$

假如 $H(s)$ 的极点不变，而将零点改变，如 $H(s)=\frac{s+1}{(s+3)^2+2}$，即此时零点 $s=-1$，对应的模式为

$$h(t)=\mathscr{L}^{-1}\left[\frac{s+1}{(s+3)^2+2}\right]=\mathscr{L}^{-1}\left[\frac{s+3}{(s+3)^2+2}-\frac{2}{(s+3)^2+2}\right]$$
$$=e^{-3t}(\cos 2t-\sin 2t)$$
$$=e^{-3t}\sqrt{2}\cos(2t+45^\circ)\qquad (t>0)\tag{4-14}$$

比较式（4-13）和式（4-14）可以看出，它们均为指数衰减形式（也即响应的模式未变），只是由于零点的不同，其幅度和相位发生了变化。

【例 4-7】 图 4-11（a）所示为一零状态电路。试求在 $u_1(t)=10\sin t\varepsilon(t)$ 激励下的响应 $u_2(t)$，并指明暂态响应、稳态响应、自由响应、强迫响应。

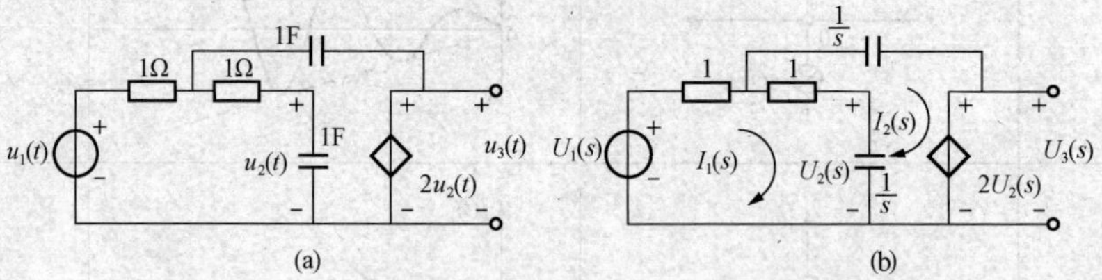

图 4-11 ［例 4-7］电路和 s 域模型

解 当 $t>0$ 时，s 域电路如图 4-11（b）所示。以 $I_1(s)$、$I_2(s)$ 为变量对两个网孔列 KVL 方程

$$\begin{cases}\left(1+1+\dfrac{1}{s}\right)I_1(s)-\left(1+\dfrac{1}{s}\right)I_2(s)=U_1(s)\\-\left(1+\dfrac{1}{s}\right)I_1(s)+\left(1+\dfrac{1}{s}+\dfrac{1}{s}\right)I_2(s)=-2U_2(s)\end{cases}$$

又
$$U_2(s)=\frac{1}{s}[I_1(s)-I_2(s)]$$
$$U_3(s)=2U_2(s)$$

联立求解得
$$U_3(s)=\frac{2}{s^2+s+1}U_1(s)$$

将 $U_1(s)=10\times\dfrac{1}{s^2+1}$ 代入上式得

$$U_3(s)=20\times\frac{1}{(s^2+s+1)(s^2+1)}$$
$$=20\left[\frac{s+\frac{1}{2}}{\left(s+\frac{1}{2}\right)^2+\left(\frac{\sqrt{3}}{2}\right)^2}+\frac{1}{\sqrt{3}}\cdot\frac{\frac{\sqrt{3}}{2}}{\left(s+\frac{1}{2}\right)^2+\left(\frac{\sqrt{3}}{2}\right)^2}-\frac{s}{s^2+1}\right]$$

$$u_3(t)=\underbrace{20e^{-1/2t}\left[\cos(\sqrt{3}/2t)+\frac{1}{\sqrt{3}}\sin(\sqrt{3}/2t)\right]}_{\text{暂态(自由)响应}}\underbrace{-20\cos t}_{\text{稳态(强迫)响应}}\qquad(t>0)$$

【例 4-8】 已知图 4-12（a）所示电路。试完成：

（1）求单位冲激响应 $h(t)$；

（2）欲使零输入响应 $u_{zi}(t)=h(t)$，求 $i(0_-)$ 和 $u_C(0_-)$ 的值。

解 （1）因为单位冲激响应 $h(t)$ 是系统函数的拉氏反变换，所以求出系统函数为

$$H(s)=\frac{1}{s+2+\frac{1}{s}}\cdot\frac{1}{s}=\frac{1}{s^2+2s+1}=\frac{1}{(s+1)^2}$$

则

$$h(t)=te^{-t}\varepsilon(t)$$

（2）零输入响应 $u_{zi}(t)$ 是当激励 $f(t)=0$ 时仅由初始条件 $i(0_-)$ 和 $u_C(0_-)$ 产生的响应，故可得求 $u_{zi}(t)$ 的 s 域电路模型如图 4-12（b）所示。由图 4-12（b）得

$$U_{zi}(s)=\frac{i(0_-)-\frac{1}{s}u_C(0_-)}{2+s+\frac{1}{s}}\cdot\frac{1}{s}+\frac{1}{s}u_C(0_-)=\frac{(s+2)u_C(0_-)+i(0_-)}{s^2+2s+1}$$

根据题意有

$$U_{zi}(s)=H(s)=\frac{1}{s^2+2s+1}$$

代入上式有

$$(s+2)u_C(0_-)+i(0_-)=1$$

得

$$i(0_-)=1,u_C(0_-)=0$$

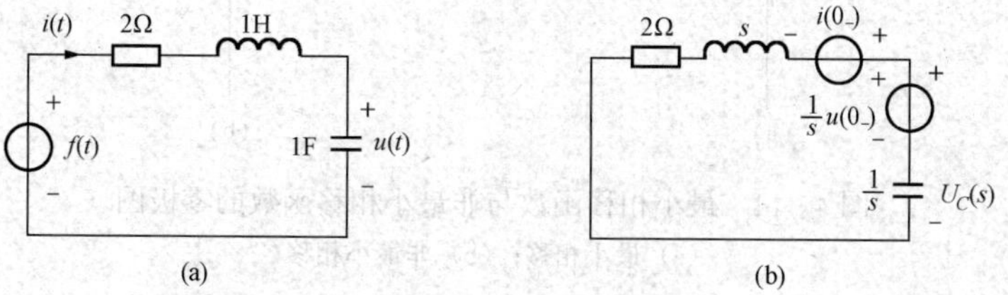

图 4-12 ［例 4-8］题

（a）电路；（b）s 域电路模型

第五节　全通函数和最小相移函数

下面简单介绍网络理论中常见的两种转移函数。

一种是全通函数。由前述内容可知，稳定系统的系统函数的极点不能在 s 平面的右半面，但零点可以在右半面。如果在右半面的零点和在左半面的极点分别对虚轴互成镜像，这种网络函数称为全通函数。图 4-13 所示为全通函数的零极图，其中的极点和零点具有 $p_1=p_2^*=-z_2=-z_1^*$ 的关系。在这样的函数中，分子因式矢量的模量与相对应的分母因式矢量的模量分别相等，结果函数模量等于一不随频率变化的常量。也就是说，具有这种转移函数的网络，对各种频率的信号可以一视同仁地传输，全通之名由此而得。全通网络函数的幅频特性为常数，而相频特性却不受什么约束。因而，全通网络可以保证不影响待传送信号的幅度频率特性，只改变信号的相位频率特性。这种网络常用来作相位校正而不产生幅度失真，例如，作相位均衡器或移相器。

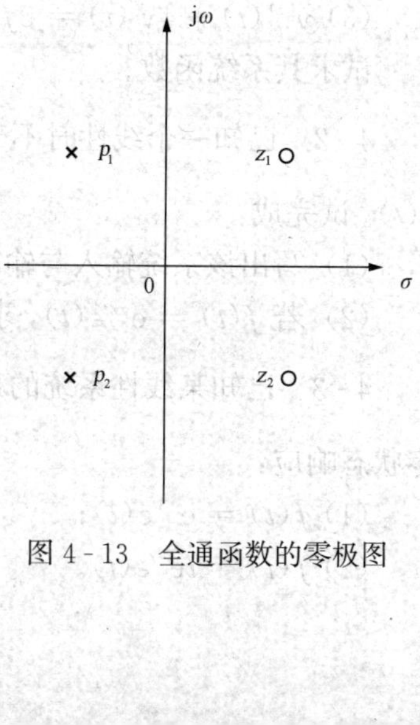

图 4-13　全通函数的零极图

另一种转移函数是最小相移函数。这种函数除了全部极点在左半平面外，全部零点也在左半平面内，包括可以在 $j\omega$ 轴上。反之，如果至少有一个零点在右半面内，则此函数称为非最小相移函数。图 4 - 14 所示为最小相移函数和非最小相移函数的零极图。如果按式 $\varphi(\omega)=\sum_{i=1}^{m}\beta_i-\sum_{k=1}^{n}\alpha_k$ 计算两者的相位 $\varphi(\omega)=\beta-(\alpha_1+\alpha_2)$，就可看出在频率由 0 变到∞时，前者的相位由 0°变到－90°，后者的相位则由 180°逐步减小到－90°。在频率变化的过程中，最小相移网络的相移比各种非最小相移网络的相移都要小。这就是这种网络函数名称的来由。

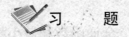

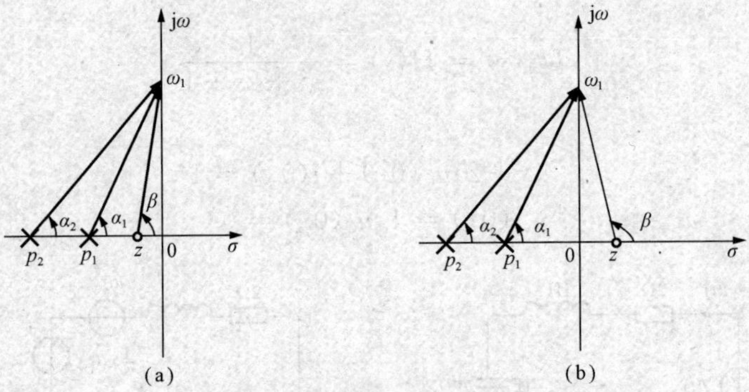

图 4 - 14 最小相移函数与非最小相移函数的零极图

(a) 最小相移；(b) 非最小相移

非最小相移函数可以表示为最小相移函数和全通函数的乘积。也即，非最小相移网络可代之以最小相移网络和全通网络的级联。

习 题

4 - 1 已知系统的微分方程如下：

(1) $y''(t)+11y'(t)+24y(t)=5f'(t)+3f(t)$；

(2) $y'''(t)+6y''(t)-11y'(t)+6y(t)=3f''(t)+7f'(t)+5f(t)$；

(3) $y^{(4)}(t)+4y'(t)=3f'(t)+2f(t)$。

试求其系统函数。

4 - 2 已知一个线性时不变系统的系统函数为 $H(s)=\dfrac{s+5}{s^2+4s+3}$，输入为 $f(t)$，输出为 $y(t)$。试完成：

(1) 写出该系统输入与输出之间关系的微分方程；

(2) 若 $f(t)=e^{-2t}\varepsilon(t)$，求零状态响应 $y(t)$。

4 - 3 已知某线性系统的系统函数 $H(s)=\dfrac{s+1}{s^2+5s+6}$，试求系统对于以下输入 $f(t)$ 的零状态响应：

(1) $f(t)=e^{-3t}\varepsilon(t)$；

(2) $f(t)=te^{-t}\varepsilon(t)$。

4-4　如某线性非时变系统的阶跃响应 $s(t)=(1-e^{-2t})\varepsilon(t)$，为使其零状态响应 $y(t)=(1-e^{-2t}-te^{-2t})\varepsilon(t)$，问输入信号 $f(t)$ 应具有何种形式？

4-5　已知某线性系统的输入 $f(t)=e^{-t}\varepsilon(t)$，单位冲激响应 $h(t)=e^{-2t}\varepsilon(t)$。试完成：

(1) 求 $f(t)$ 和 $h(t)$ 的拉氏变换；

(2) 求系统输出的拉氏变换；

(3) 求输出 $y(t)$；

(4) 用卷积积分法求 $y(t)$。

4-6　设系统在 $f_1(t)=\sin 2t\varepsilon(t)$ 激励下的零状态响应为 $y_1(t)=\frac{2}{5}\left(e^{-t}-\cos 2t+\frac{1}{2}\sin 2t\right)\varepsilon(t)$。试求系统在 $f_2(t)=e^{-t}\varepsilon(t)$ 激励下的零状态响应 $y_2(t)$。

4-7　已知系统函数 $H(s)=\frac{s+2}{s^2+5s+4}$，输入分别为：

(1) $5\cos(2t+60°)$；

(2) $10\sin(2t+45°)$；

(3) $10\cos(3t+40°)$。

试求系统的稳态响应。

4-8　已知系统的系统函数 $H(s)=\frac{s^2+4s+5}{s^2+3s+2}$，输入 $f(t)=e^{-3t}\varepsilon(t)$，系统的初始状态为 $y(0_-)=1, y'(0_-)=1$。试求零输入响应和零状态响应。

4-9　已知系统的微分方程为 $y''(t)+5y'(t)+6y(t)=f''(t)+3f'(t)+2f(t)$，激励 $f(t)=\varepsilon(t)+e^{-t}\varepsilon(t)$，系统的全响应为 $y(t)=\left(4e^{-2t}-\frac{4}{3}e^{-3t}+\frac{1}{3}\right)\varepsilon(t)$。试求系统的零状态响应 $y_{zs}(t)$，零输入响应 $y_{zi}(t)$ 及 $y_{zi}(0_-)$、$y'_{zi}(0_-)$。

4-10　如图 4-15 所示的电路，已知 $L=10\text{mH}$，$R=10\Omega$，设初始状态为零。试求输入电压源 $f(t)$ 为下列信号时的电流 $i(t)$：

(1) 输入 $f(t)$ 如图 4-15 (b) 所示；

(2) 输入 $f(t)$ 如图 4-15 (c) 所示。

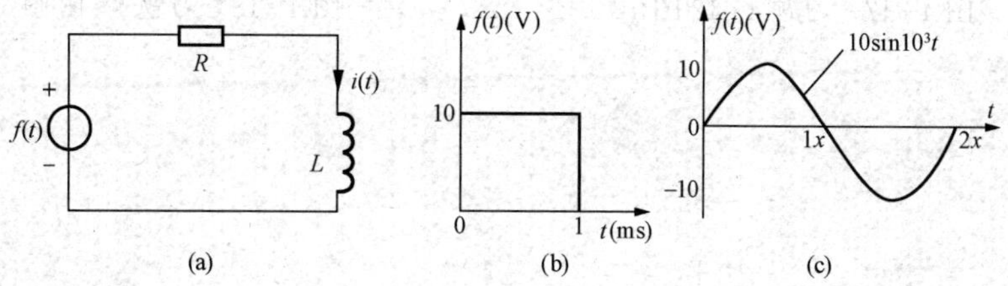

图 4-15　习题 4-10 图

(a) 电路；(b)、(c) $f(t)$ 波形

4-11　图 4-16 所示电路，已知 $R=1\Omega$，$C=0.5\text{F}$，试完成：

(1) 系统函数 $H(s)=\frac{U_2(s)}{U_1(s)}$；

(2) 画出 s 平面的零、极点图；

（3）求冲激响应和阶跃响应；

（4）求输入为图 4-16（b）、（c）时的零状态响应。

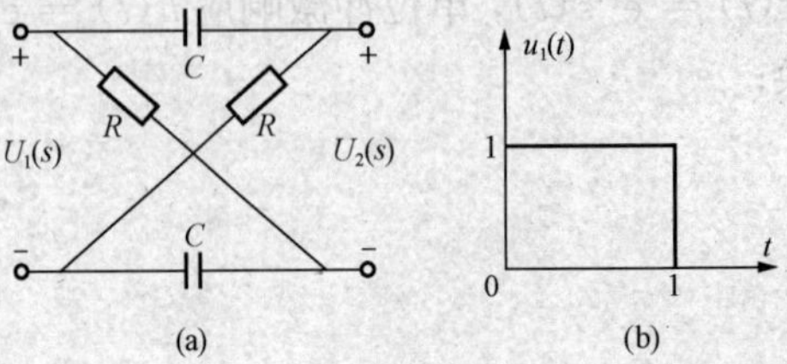

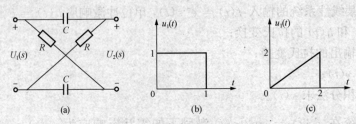

图 4-16 习题 4-11 图

（a）电路；（b）、（c）$u_1(t)$ 波形

4-12 已知某系统的系统函数 $H(s)$ 的零、极点图如图 4-17 所示，且 $H(0)=1$。试完成：

（1）求系统函数 $H(s)$ 及冲激响应 $h(t)$；

（2）已知系统稳定，求 $H(j\omega)$；当激励为 $3\cos t\varepsilon(t)$ 时，求系统的稳态响应。

4-13 系统如图 4-18 所示的电路。试完成：

（1）求 $H(s)=\dfrac{U_2(s)}{F(s)}$；

（2）若激励 $f(t)=\cos 2t\varepsilon(t)$ V，今欲使 $u_2(t)$ 中不出现强迫分量（正弦稳态分量），试求乘积 LC 的值；

（3）若 $R=1\Omega$，$L=1\text{H}$，按第（2）问条件求 $u_2(t)$。

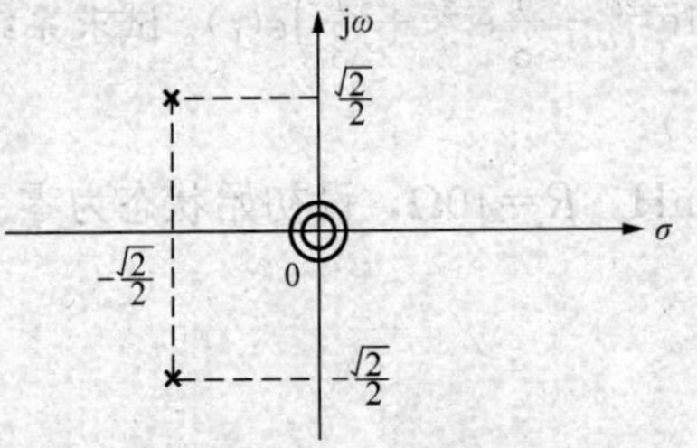

图 4-17 习题 4-12 图

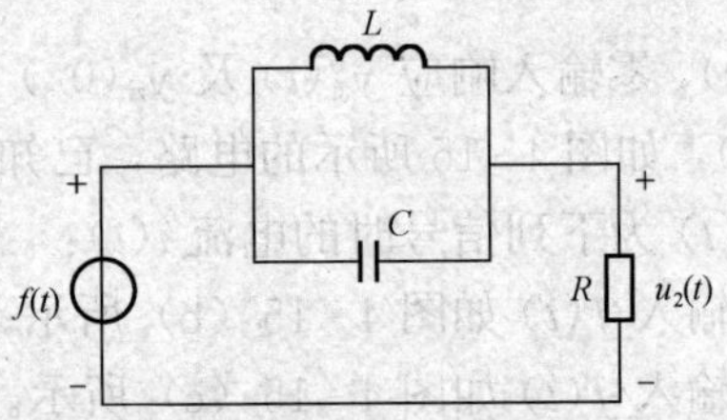

图 4-18 习题 4-13 图

第五章　离散系统的时域分析

第一节　离　散　信　号

一、时域离散信号

前几章进行了连续时间信号和连续系统的时域及频域分析，与连续信号相对应的是离散信号，同样也需要研究离散信号和离散系统的时域频域特性，并对离散信号进行分析处理。

（一）连续信号和离散信号

定义在时间域上的信号称为时域信号，时域信号有以下几种类型：

1. 连续时间信号

在连续时间范围内（$-\infty < t < +\infty$）有定义的信号称为连续时间信号，其值域可以是连续的，也可以是离散的。通常所讲的模拟信号就是指幅值是连续数值的信号，即连续时间信号。连续时间信号常用时间连续的函数表示。

例如，某点温度随时间的变化是一个在定义域和值域上都连续的信号，可以表示为

$$f(t) = 30\sin(\omega t) \qquad (-\infty < t < +\infty)$$

式中，t 是定义在时间轴上的连续变量。

2. 离散时间信号

如果信号定义域是不连续的，而是离散时刻，其值域是连续的，这种信号称为离散信号。两个相邻时刻的区域上信号是没有定义的。离散时间信号可以由连续信号经过抽样得到，或本身就是随时间离散取值的信号。

例如，某点温度只在某些时刻有读数，读出的温度就是时域离散信号，可用 $x(kT_s)$ 表示，其中 T_s 表示相邻两个时刻之间的时间间隔，又称为抽样时间，k 取整数，即

$$x(kT_s) \quad (k = 0,1,\cdots,N,\cdots)$$

一般将 T_s 归一化为 1，这样 $x(kT_s)$ 可简记为 $x(k)$。$x(k)$ 仅为整数 k 的函数，称为离散时间序列。

3. 数字时间信号

时域离散信号和数字信号没有质的区别。在时域离散信号处理中，是用计算机或专门的信号处理芯片来实现的，它们都是以有限位数来表示其幅度，幅度信号总是经过“量化”的，即取离散值。这种在时间和幅度上都取离散值的信号称为数字信号。本书中将“离散信号”和“数字信号”一律称为“离散信号”，常用序列表示。

时域离散信号通常用时间序列 $x(k)$ 表示。若对于 $k < 0, x(k) = 0$，则称 $x(k)$ 为单边序列、有始序列或因果序列。例如，图 5-1 中所示时间序列 $x(k)$ 为 $\{4,4,5,6,2,7\}$。

（二）周期离散信号和非周期离散信号

若存在正整数 N，使得序列 $x(k)$ 满足

$$x(k) = x(k + mN)$$

式中，m 为任意整数，则离散信号 $x(k)$ 是周期序列，且 N 为 $x(k)$ 的周期，否则是非周期

的。图 5 - 2 所示为一个周期离散序列。

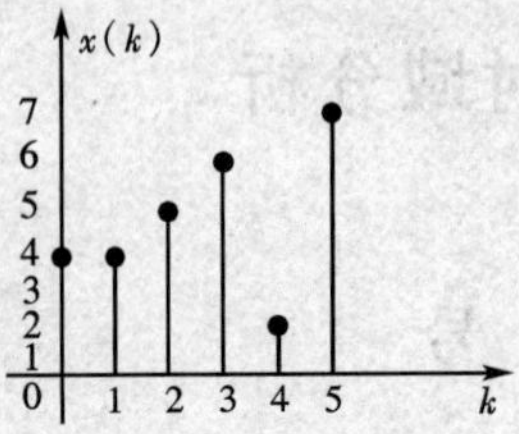

图 5 - 1　离散时间序列

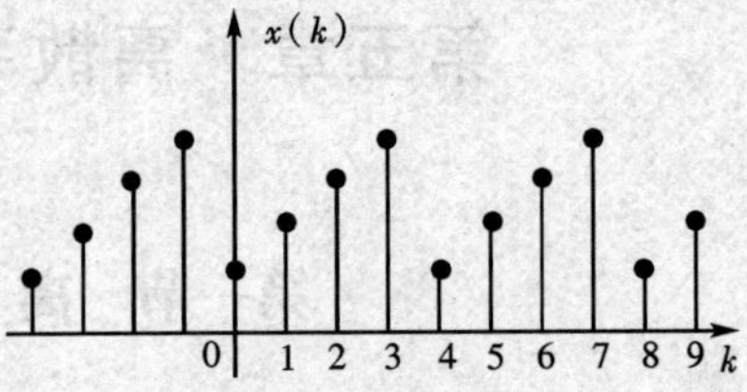

图 5 - 2　周期离散序列

已知周期信号 $x(k)$ 一个周期内的取值，就可确定整个时间域上的取值。通常将周期离散信号在 $0 \sim (N-1)$ 的范围称为周期信号的主值区间。

二、基本离散时间序列

离散时间序列是信号分析的主要对象，下面介绍几种基本的典型离散序列。

（一）单位阶跃序列 $\varepsilon(k)$

与连续时间信号中的单位阶跃函数 $\varepsilon(t)$ 相对应的是离散时间信号中的单位阶跃信号 $\varepsilon(k)$ 定义为

$$\varepsilon(k)=\begin{cases}1 & (k \geqslant 0)\\ 0 & (k<0)\end{cases} \tag{5-1}$$

其波形如图 5 - 3（a）所示。

单位延时序列则可表示为

$$\varepsilon(k-i)=\begin{cases}1 & (k \geqslant i)\\ 0 & (k<i)\end{cases} \tag{5-2}$$

若序列为有始序列 $y(k)$，则可以用 $\varepsilon(k)$ 表示，即 $y(k)=x(k)\varepsilon(k)$，这样就保证了 $k \geqslant 0$。

（二）单位序列

与连续信号及系统中的单位冲激函数 $\delta(t)$ 相对应的离散信号及系统的离散信号为单位序列，用 $\delta(k)$ 表示，定义为

$$\delta(k)=\begin{cases}1 & (k=0)\\ 0 & (k \neq 0)\end{cases} \tag{5-3}$$

$\delta(k)$ 又称为单位取样信号、单位脉冲信号或单位冲激序列等，如图 5 - 3（b）所示。$\delta(k)$ 在 $k=0$ 处有确定的值 1，这与冲激函数 $\delta(t)$ 不同，$\delta(t)$ 是一个广义函数，是一个极限。

将单位序列 $\delta(k)$ 延时就得到延时单位序列。例如 $\delta(k)$ 延时 k_0 位，则有

$$\delta(k-k_0)=\begin{cases}1 & (k=k_0)\\ 0 & (k \neq k_0)\end{cases} \tag{5-4}$$

根据定义可以得出，$\delta(k)$ 与 $\varepsilon(k)$ 的关系为

$$\delta(k)=\varepsilon(k)-\varepsilon(k-1) \tag{5-5}$$

$$\varepsilon(k)=\delta(k)+\delta(k-1)+\cdots=\sum_{i=0}^{\infty}\delta(k-i) \tag{5-6}$$

式（5 - 6）表明 $\varepsilon(k)$ 的取值为 k 时刻及之前的单位序列所有值之和。同理，任意的序列 $x(k)$ 都可以用原序列间隔点的值 $x(i)$ 与各延时单位序列 $\delta(k-i)$ 乘积的加权和表示

$$x(k)=x(0)\delta(k)+x(1)\delta(k-1)+x(2)\delta(k-2)+\cdots \tag{5-7}$$

即

$$x(k)=\sum_{i=0}^{\infty}x(i)\delta(k-i) \tag{5-8}$$

式（5-7）的单位序列 $\delta(k)$ 的这种性质与 $\delta(t)$ 的筛选性质相似。例如，图 5-1 所示的序列可表示为

$$x(k)=4\delta(k)+4\delta(k-1)+5\delta(k-2)+6\delta(k-3)+2\delta(k-4)+7\delta(k-5)$$

（三）矩形序列 $G_N(k)$

矩形序列 $G_N(k)$ 定义为

$$G_N(k)=\begin{cases}1 & (0\leqslant k\leqslant N-1)\\0 & (\text{其他})\end{cases} \tag{5-9}$$

其波形如图 5-3（c）所示。

矩形序列与单位阶跃序列的关系为

$$G_N(k)=\varepsilon(k)-\varepsilon(k-N) \tag{5-10}$$

如果取一个序列的一段区间，只要将序列与区间上的矩形序列相乘（序列乘积定义为两序列同序号项相乘），就产生一个新的序列，例如取周期为 N 的周期序列 $x(k)$ 的主值区间 $y(k)$，则

$$y(k)=x(k)G_N(k)=\begin{cases}x(k) & (0\leqslant k\leqslant N-1)\\0 & (\text{其他})\end{cases} \tag{5-11}$$

即将 $x(k)$ 中的序号为 $0\sim N-1$ 的值取出构成一个新的序列。

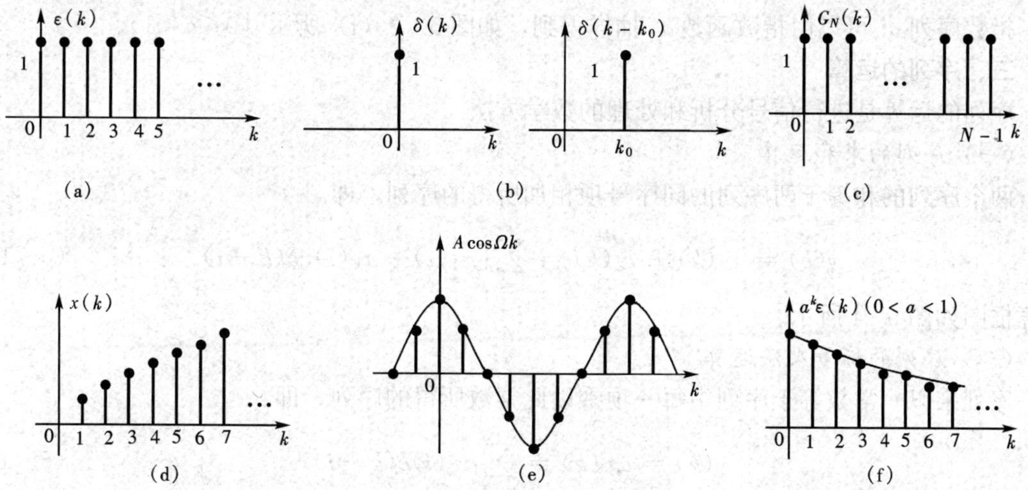

图 5-3　几种典型的离散序列

（a）单位阶跃序列 $\varepsilon(k)$；（b）单位序列 $\delta(k)$；（c）矩形序列 $G_N(k)$；

（d）斜变序列；（e）正弦序列 $A\cos\Omega k$；（f）指数序列 $a^k\varepsilon(k)$

（四）斜变序列

斜变序列是包络为线性变化的序列，其波形如图 5-3（d）所示。斜变序列可以表示为

$$x(k)=k\varepsilon(k) \tag{5-12}$$

（五）正弦序列 $A\cos(\Omega k+\phi)$

离散信号与系统中的正弦序列 $x(k)$ 对应于连续信号与系统中的正弦函数 $x(t)=A\cos(\omega t+\phi)$，可由正弦信号 $x(t)$ 采样得到，即

$$x(k)=A\cos(\omega t+\phi)\mid_{t=kT_s}=A\cos(\omega kT_s+\phi) \qquad (5-13)$$

式中，T_s 为采样周期；ω 为 $x(t)$ 的模拟角频率。正弦序列如图 5-3（e）所示。

定义数字角频率 Ω 为

$$\Omega=\omega T_s \qquad (5-14)$$

则正弦序列为

$$x(k)=A\cos(\Omega k+\phi) \qquad (5-15)$$

连续正弦函数 $x(t)$ 总是周期函数，而正弦序列在满足 $2\pi/\Omega$ 为有理分式这个条件时，才具有周期性。

证明：

若正弦序列以 N 为周期 $\cos[\Omega(k+N)+\phi]=\cos(\Omega k+\phi)$，则必须有 $\Omega N=2n\pi$（n 为任意整数），因此有

$$\frac{N}{n}=\frac{2\pi}{\Omega} \qquad (5-16)$$

故正弦序列具有周期性的充要条件是，$2\pi/\Omega$ 为有理分式。

（六）复指数序列 $e^{j\Omega k}$

$$x(k)=e^{j\Omega k}=\cos\Omega k+j\sin\Omega k \qquad (5-17)$$

复指数函数的运算有许多特点，是离散信号频谱分析时常用的序列。

（七）指数序列 $a^k\varepsilon(k)$

指数序列 a^k 可以由指数函数 a^t 抽样得到，如图 5-3（f）所示（$0<a<1$）。

三、序列的运算

序列的运算是进行信号分析和处理的数学方法。

（一）序列的求和运算

两个序列的和等于两序列的同序号项相加所得的序列，即

$$y(k)=x_1(k)+x_2(k)=\sum_{i=0}^{k}[x_1(i)+x_2(i)]\delta(k-i) \qquad (5-18)$$

运算框图如图 5-4 所示。

（二）序列的标量乘法运算

序列乘以一常数等于序列中每一项乘以此常数所得的序列，即

$$y(k)=ax(k)=\sum_{i=0}^{k}ax(i)\delta(k-i) \qquad (5-19)$$

运算框图如图 5-5 所示。

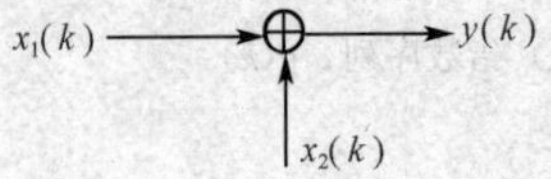

图 5-4　求和运算框图

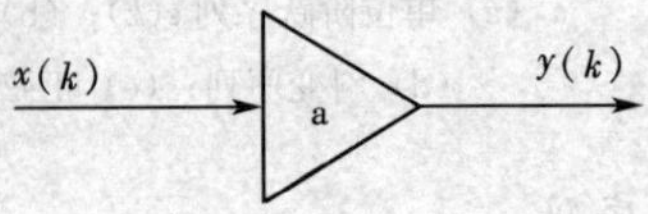

图 5-5　标量乘法运算框图

（三）序列的乘法运算

两序列相乘等于两个序列的同序号项相乘所得的序列，即

$$y(k)=x_1(k)x_2(k)=\sum_{i=0}^{k}[x_1(i)x_2(i)]\delta(k-i) \tag{5-20}$$

运算框图如图 5-6 所示。

（四）序列的移位运算

序列 $x(k)$ 右移 k_0（k_0 为整数）所得的序列为

$$y(k)=x(k-k_0)\qquad (k_0>0) \tag{5-21}$$

$x(k-k_0)$ 称为序列 $x(k)$ 的延时序列或移位序列。
运算框图如图 5-7 所示。

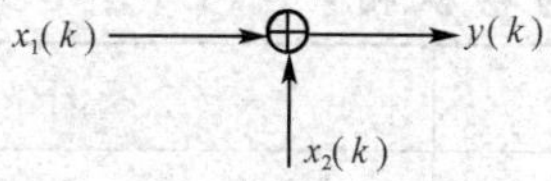

图 5-6　乘法运算框图

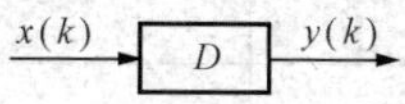

图 5-7　移位运算框图

图中，D 为单位延时环节，即 $y(k)=x(k-1)$。

序列 $x(k)$ 左移 k_0（k_0 为整数）所得的序列为

$$y(k)=x(k-k_0)\qquad (k_0<0) \tag{5-22}$$

此时 $x(k-k_0)$ 为 $x(k)$ 的左移（超前）序列。图 5-8 表示序列的移位（$k_0=3$）。

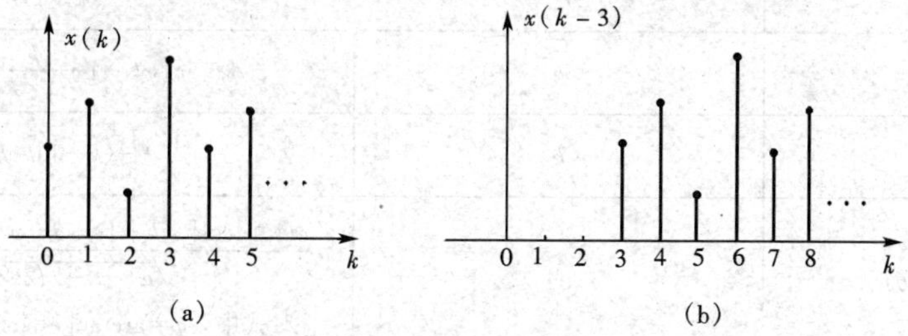

图 5-8　序列的移位

（五）序列的分解

由式（5-7）和式（5-8）可知任意离散序列都可以用单位序列进行分解，即

$$f(k)=f(0)\delta(k)+f(1)\delta(k-1)+f(2)\delta(k-2)+\cdots=\sum_{i=0}^{\infty}f(i)\delta(k-i)$$

（六）序列的卷积和

对两序列 $x_1(k)$ 和 $x_2(k)$，定义

$$y(k)=\sum_{i=-\infty}^{\infty}x_1(i)x_2(k-i) \tag{5-23}$$

为 $x_1(k)$ 与 $x_2(k)$ 的卷积和，用 $*$ 表示，即

$$y(k)=x_1(k)*x_2(k) \tag{5-24}$$

如果 $x_1(k)$ 为因果序列，由于 $k<0$，$x_1(k)=0$，则式（5-23）的求和下限可以改写成零，即

$$y(k)=\sum_{i=0}^{\infty}x_1(i)x_2(k-i) \tag{5-25}$$

如果 $x_2(k)$ 为因果序列，而 $x_1(k)$ 不受限制，则式（5-23）中，当 $k-i<0$，即 $i>k$ 时 $x_2(k-i)=0$，因而和式的上限可以改写成 k，即

$$y(k)=\sum_{i=-\infty}^{k}x_1(i)x_2(k-i) \tag{5-26}$$

如果 $x_1(k)$ 和 $x_2(k)$ 均为因果序列，则有

$$y(k)=\sum_{i=0}^{k}x_1(i)x_2(k-i) \tag{5-27}$$

一些常用序列的卷积和见表 5-1。

表 5-1　　常见序列的卷积和

$x_1(k)$	$x_2(k)$	$x_1(k)*x_2(k)$
$\delta(k)$	$x(k)$	$x(k)$
$\delta(k-k_0)$	$x(k)$	$x(k-k_0)$
r^k	$\varepsilon(k)$	$(r^{k+1}-1)/(r-1)$
$\varepsilon(k)$	$\varepsilon(k)$	$k+1$
r_1^k	r_2^k	$(r_1^{k+1}-r_2^{k+1})/(r_1-r_2)$
r^k	r^k	$(k+1)r^k$
r^k	k	$r\left(r^k-1+\frac{k}{1-r}\right)(r-1)$
k	k	$\frac{1}{3}(k-1)k(k+1)$
$e^{\alpha k}\cos(\beta k+\theta)$	$e^{\lambda k}$	$\frac{e^{\alpha(k+1)}\cos[\beta(k+1)+\theta-\varphi]-e^{\lambda(k+1)}\cos(\theta-\varphi)}{\sqrt{e^{2\alpha}+e^{2\lambda}-2e^{(\alpha+\lambda)}\cos\beta}}$ 式中　$\varphi=\arctan[e^{\alpha}\sin\beta/(e^{\alpha}\cos\beta-e^{\lambda})]$

卷积和具有如下几个性质：

性质 1：离散信号的卷积和运算服从交换律、结合律和分配律，即

$$x_1(k)*x_2(k)=x_2(k)*x_1(k) \tag{5-28}$$

$$[x_1(k)*x_2(k)]*x_3(k)=x_1(k)*[x_2(k)*x_3(k)] \tag{5-29}$$

$$x_1(k)*[x_2(k)+x_3(k)]=x_1(k)*x_2(k)+x_1(k)*x_3(k) \tag{5-30}$$

性质 2：任意序列 $x(k)$ 与单位序列 $\delta(k)$ 的线性卷积等于序列本身，序列 $x(k)$ 与一个移位的单位序列 $\delta(k-k_0)$ 的线性卷积等于序列本身的移位 $x(k-k_0)$，即

$$x(k)*\delta(k)=x(k) \tag{5-31}$$

$$x(k)*\delta(k-k_0)=x(k-k_0) \tag{5-32}$$

性质 3：若 $x_1(k)*x_2(k)=y(k)$（k_1、k_2 为整数），则

$$x_1(k)*x_2(k-k_1)=x_1(k-k_1)*x_2(k)=y(k-k_1) \tag{5-33}$$

$$x_1(k-k_1)*x_2(k-k_2)=x_1(k-k_2)*x_2(k-k_1)=y(k-k_1-k_2) \tag{5-34}$$

性质 4：任意序列 $x(k)$ 与单位阶跃序列 $\varepsilon(k)$ 的卷积和，结果是该序列的累积和，即

$$x(k) * \varepsilon(k) = \sum_{i=-\infty}^{\infty} x(i) \tag{5-35}$$

（七）信号的变换

进行离散信号频谱分析时，需将时域的信号转换为频域的信号，有时也需要将频域信号变为时域信号。信号从一个域变换到另一个域的运算，就是离散信号的傅里叶变换：DFS、DFT、IDFS和IDFT。

四、序列卷积和的计算

求卷积和的方法有很多，如解析法、图解法、列表法、对位相乘求和法、利用性质计算法等。

（一）解析法

解析法是直接利用定义式进行卷积和的求解。

【例5-1】 已知 $f(k)=a^k\varepsilon(k)$，$h(k)=b^k\varepsilon(k)$，试求 $f(k)$ 与 $h(k)$ 的卷积和 $y(k)$。

解

$$y(k)=f(k)*h(k)=\sum_{i=-\infty}^{+\infty}f(i)h(k-i)=\sum_{i=-\infty}^{+\infty}f(i)h(k-i)$$

$$=\sum_{i=0}^{k}a^i\varepsilon(i)b^{k-i}\varepsilon(k-i)$$

当 $i<0$，$\varepsilon(i)=0$；当 $i>k$ 时，$\varepsilon(k-i)=0$，则

$$y(k)=\Big[\sum_{i=0}^{k}a^ib^{k-i}\Big]\varepsilon(k)=b^k\Big[\sum_{i=0}^{k}\Big(\frac{a}{b}\Big)^i\Big]\varepsilon(k)=\begin{cases}b^k\dfrac{1-\left(\dfrac{a}{b}\right)^{k+1}}{1-\dfrac{a}{b}} & (a\neq b)\\ b^k(k+1) & (a=b)\end{cases}$$

（二）图解法

可以采用图解法计算式（5-23）的卷积和，其过程和步骤为：

（1）先将 $x_1(k)$ 与 $x_2(k)$ 的变量用 i 替代，得 $x_1(i)$ 与 $x_2(i)$；

（2）把其中一个信号反折，如将 $x_2(i)$ 反折得 $x_2(-i)$；

（3）将 $x_2(-i)$ 平移 k 为 $x_2(k-i)$，k 是参变量。$k>0$ 图形右移，$k<0$ 图形左移；

（4）求出全部 $x_1(i)x_2(k-i)$；

（5）对乘积后的图形求和。

下面举例来说明用图解法计算序列的卷积和的过程。

【例5-2】 现有两个序列

$$x_1(k)=\begin{cases}k+1 & (k=0,1,2)\\ 0 & (\text{其他})\end{cases};\qquad x_2(k)=\begin{cases}1 & (k=0,1,2,3)\\ 0 & (\text{其他})\end{cases}$$

试求两序列的卷积和 $y(k)=x_1(k)*x_2(k)$。

解 将 $x_1(k)$，$x_2(k)$ 作变量替换为 i，得 $x_1(i)$，$x_2(i)$ 如图5-9（a），（b）所示。

将 $x_2(i)$ 反折后得 $x_2(-i)$，如图5-9（c）所示。

依次取 $k=0$，1，2，3，4…如图5-9（c）～（f），求出全部 $x_1(i)x_2(k-i)$，再将 $x_1(i)x_2(k-i)$ 求和，即为卷积和的第 k 项的值。最后得出卷积和序列 $y(k)=(1,3,6,6,5,3)$，如图5-9（i）所示。

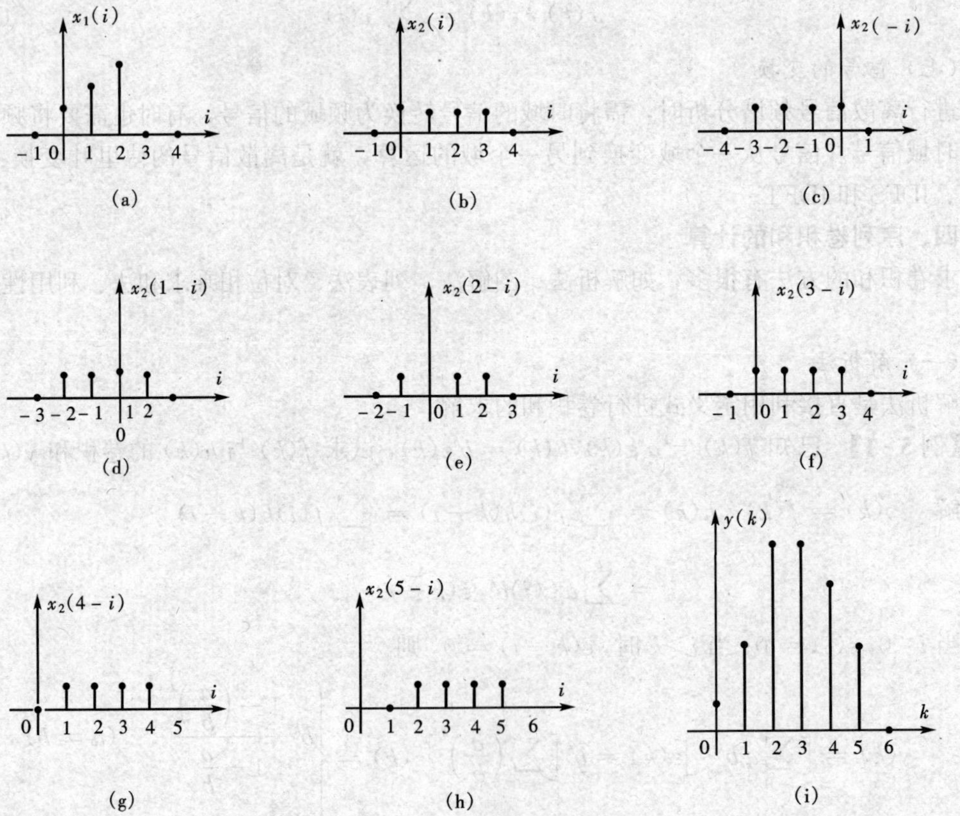

图 5-9　图解法计算卷积和过程

(a) 序列 $x_1(i)$；(b) 序列 $x_2(i)$；(c) $x_2(i)$ 反折 $x_2(-i)$；(d) $x_2(-i)$ 平移 1 位；(e) $x_2(-i)$ 平移 2 位；(f) $x_2(-i)$ 平移 3 位；(g) $x_2(-i)$ 平移 4 位；(h) $x_2(-i)$ 平移 5 位；(i) 卷积和序列 $y(k)$

（三）列表法

列表法可以用来计算有限序列卷积和。设 $x_1(k)$ 和 $x_2(k)$ 都是因果序列，$y(k)$ 是 $x_1(k)$ 和 $x_2(k)$ 的卷积和，则

$$y(k)=x_1(k)*x_2(k)=\sum_{i=0}^{k}x_1(i)x_2(k-i)\quad(k\geqslant 0)$$

当 $k=0$ 时，$y(0)=x_1(0)x_2(0)$；

当 $k=1$ 时，$y(1)=x_1(0)x_2(1)+x_1(1)x_2(0)$；

当 $k=2$ 时，$y(2)=x_1(0)x_2(2)+x_1(1)x_2(1)+x_1(2)x_2(0)$；

当 $k=3$ 时，$y(3)=x_1(0)x_2(3)+x_1(1)x_2(2)+x_1(2)x_2(1)+x_1(3)x_2(0)$；

…

以上求解过程可以归纳成列表法，如图 5-10 所示。将 $x_1(k)$ 的值排成一列，将 $x_2(k)$ 的值顺序排成一行，行与列的交叉点记入相应 $x_1(k)$ 和 $x_2(k)$ 的乘积。对角线上各数值就是 $x_1(i)x_2(k-i)$ 的乘积，对角线各数值的和就是 $y(k)$ 的各项值。

【例 5-3】 计算 $x_1(k)=\{1,2,0,3,2\}$ 与 $x_2(k)=\{1,4,2,3\}$ 的卷积和。

解　计算过程如图 5-11 所示，则 $y(k)=\{1,6,10,10,20,14,13,6\}$。

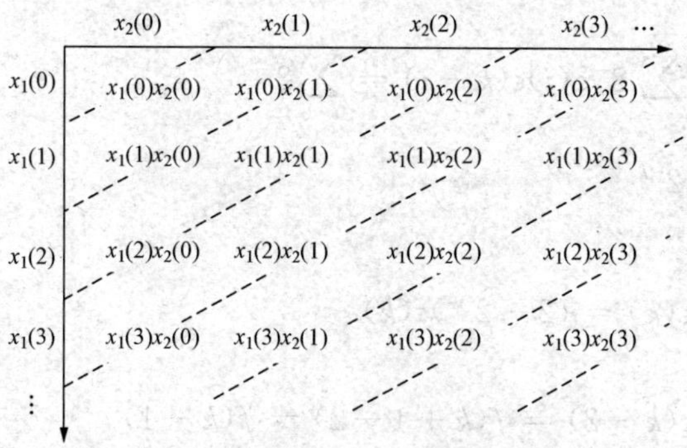

图 5-10　列表法计算卷积和过程

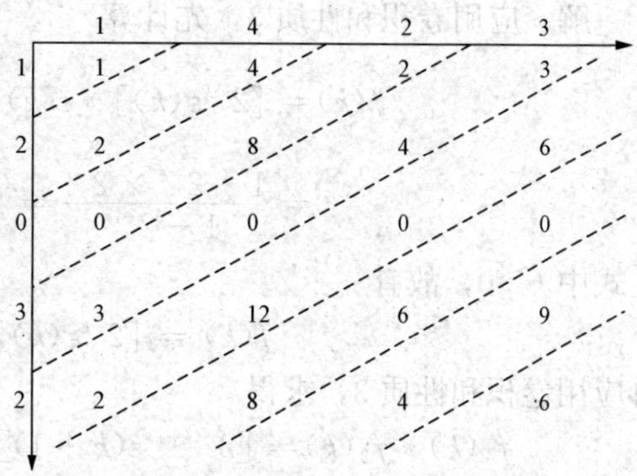

图 5-11　［例 5-3］计算过程

（四）对位相乘求和法

使用对位相乘求和法求卷积的步骤为：

（1）两序列右对齐；

（2）逐个样值对应相乘但不进位；

（3）同列乘积值相加（主要 $k=0$ 的点）。

【例 5-4】　已知 $x_1(k)=\{4,3,2,1\},(k=0,1,2,3);x_2(k)=\{3,2,1\},(k=0,1,2)$，试求 $y(k)=x_1(k)*x_2(k)$。

解

$x_1(k)$：			4	3	2	1
× $x_2(k)$：				3	2	1
			4	3	2	1
		8	6	4	2	
+	12	9	6	3		
$y(k)$：	12	17	16	10	4	1

得
$$y(k)=\{12,17,16,10,4,1\},(k=0,1,2,3,4,5)$$

（五）性质计算法

根据卷积和的性质 1～3 可以求解卷积和。

【例 5-5】　已知 $f(k)=\{1,0,2,4\},(k=0,1,2,3);h(k)=\{1,4,5,3\},(k=0,1,2,3)$，试求 $y(k)=x_1(k)*x_2(k)$。

解　由已知得

$$f(k)=\delta(k)+2\delta(k-2)+4\delta(k-3)$$

根据性质 1、2，得

$$\begin{aligned}y(k)&=f(k)*h(k)=[\delta(k)+2\delta(k-2)+4\delta(k-3)]*h(k)\\&=h(k)+2h(k-2)+4h(k-3)\end{aligned}$$

则
$$y(k)=f(k)*h(k)=\{1,4,7,15,26,26,12\}$$

【例 5-6】　已知序列 $f_1(k)=2^{-(k+1)}\varepsilon(k+1)$，$f_2(k)=\varepsilon(k-2)$，试计算卷积和 $f_1(k)*f_2(k)$。

解 应用卷积和性质 3，先计算

$$f(k)=[2^{-k}\varepsilon(k)]*\varepsilon(k)=\sum_{i=-\infty}^{\infty}2^{-i}\varepsilon(i)\varepsilon(k-i)=\sum_{i=0}^{k}2^{-i}$$

$$=\frac{1-2^{-k}\times 2^{-1}}{1-2^{-1}}=2-2^{-k}$$

上式中 $k\geqslant 0$，故有

$$f(k)=[2^{-k}\varepsilon(k)]*\varepsilon(k)=(2-2^{-k})\varepsilon(k)$$

再应用卷积和性质 3，求得

$$f_1(k)*f_2(k)=[2^{-(k+1)}\varepsilon(k+1)]*\varepsilon(k-2)=f(k+1-2)=f(k-1)$$

$$=[2-2^{-(k-1)}]\varepsilon(k-1)=2(1-2^{-k})\varepsilon(k-1)$$

由此可见，解析法通过数学运算能够得到闭式解；图解法比较麻烦但非常直观，有利于理解卷积和的计算过程；列表法和对位相乘求和法对有限长序列计算较为方便和有效。

第二节 时域离散系统

一、时域离散系统的定义

输入序列经过一个时域离散系统就变换成输出序列，如图 5-12 所示。其中，$x(k)$、$y(k)$ 分别表示输入、输出序列，T 代表一个离散系统。可见，一个时域离散系统可以抽象为一种变换，或一种映射，是将输入序列变换成输出序列的一个系统。从数学的角度上讲，时域离散系统是一种运算结构，用 $T[\cdot]$ 来标记这种运算结构中输入与输出的关系，即

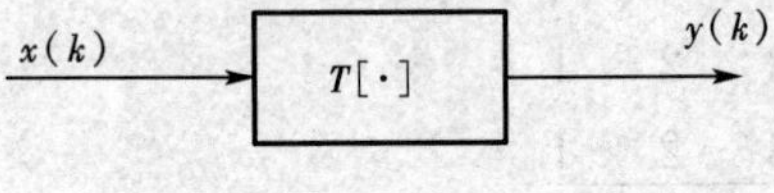

图 5-12 时域离散系统

$$y(k)=T[x(k)] \tag{5-36}$$

转换关系 $T[\cdot]$ 不同，形成不同的离散系统。本书主要讨论因果线性时不变离散系统。一个离散系统可以由硬件或软件构成，也可以由硬件和软件混合构成。

在实际的工程中进行信号处理时，需要将原来的连续时间信号经过采样变成离散时间信号，作为输入信号，经过离散系统的运算转换，输出为离散信号，然后将离散的输出信号经过 D/A 转换变为模拟信号，控制生产过程，图 5-13 所示为一个数控离散系统的例子。

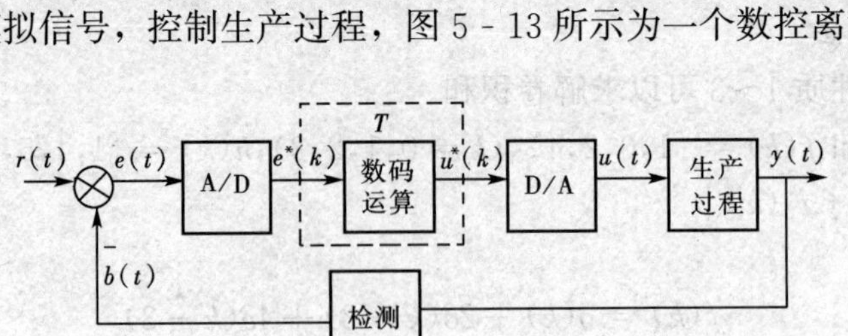

图 5-13 数控系统控制图

图 5-13 表示的是一个闭环控制的数控系统，输入 $r(t)$ 与反馈信号 $b(t)$ 相减后形成数控系统的输入信号 $e(t)$，$e(t)$ 经 A/D 采样量化后变成数字信号 $e^*(k)$，然后进行所要求的控制规律（例如比例、微分、积分）的数值运算，就得到生产过程所需要的数控信号

$u^*(k)$，再经 D/A 转换为模拟信号，从而控制生产过程。虚线框中即为将要研究的时域离散系统，又称数码运算。

如果式（5-36）表示的离散系统的输入、输出之间的变换关系是线性的，则称为线性离散系统；如果这种变换关系是非线性的，则称为非线性离散系统。输入、输出关系不随时间改变的线性离散系统称为线性定常离散系统。本书所研究的是线性定常离散系统，可以用线性定常（常系数）差分方程描述。

二、离散系统的数学模型——差分方程

为了研究离散系统的性能，需要建立离散系统的数学模型。与连续系统的数学模型类似，线性离散系统的数学模型有差分方程、单位响应和系统函数三种。连续系统可用微分方程描述，则离散系统可用差分方程描述。要研究某个离散系统，总是先按该系统所应具有的运算功能建立数学模型，这个数学模型就是差分方程。无论是连续系统的离散化，或者原来就是离散系统，其数学模型都可用差分方程来描述。本节主要讨论线性离散系统差分方程数学模型的建立。与连续系统的微分运算相对应，离散时间信号有差分运算，序列的差分可分为前向差分和后向差分。一阶前向差分定义为

$$\Delta y(k)=x(k+1)-x(k)$$

一阶后向差分定义为

$$\nabla y(k)=x(k)-x(k-1) \tag{5-37}$$

本书中讨论的差分均采用后向差分方式。下面举几个离散系统的差分方程描述的实例。

【例 5-7】 数字处理系统，每隔周期 T_s 接收一次数据，第 k 次数据为 $x(k)$，输出 $y(k)$ 为本次接收数据与前一次输出数据的差的 1/2，即

$$y(k)=\frac{x(k)-y(k-1)}{2}$$

整理得

$$y(k)+\frac{1}{2}y(k-1)=\frac{1}{2}x(k)$$

【例 5-8】 某人按月存款 $x(k)$ 元，$k=1, 2, \cdots$ 表示第 k 月，银行月利率为 α，按复利计算，则第 k 月后的本利和 $y(k)$ 为

$$y(k)=\underset{\text{本金}}{y(k-1)}+\underset{\text{利息}}{\alpha y(k-1)}+\underset{\text{本月存}}{x(k)}$$

整理得

$$y(k)-(1+\alpha)y(k-1)=x(k) \tag{5-38}$$

【例 5-9】 图 5-14 所示的 RC 电路中，电压源 $u(t)$，电容端电压 $y(t)$ 满足微分方程

$$RC\frac{\mathrm{d}y(t)}{\mathrm{d}t}+y(t)=u(t) \tag{5-39}$$

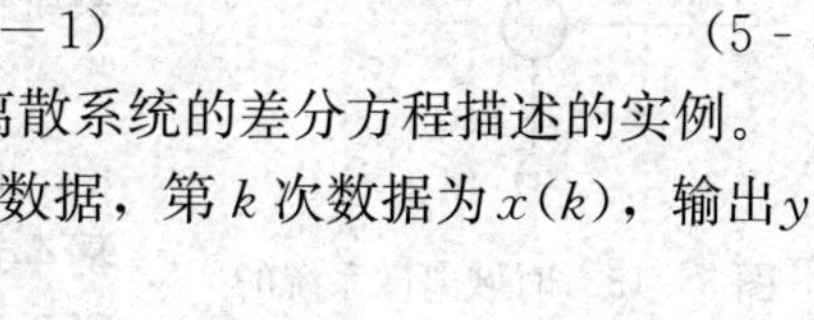

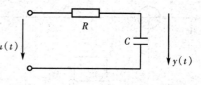

图 5-14　RC 电路

若用数值计算方法求解式（5-39）时，首先需将微分方程离散化，在各个不同时刻 $t=kT_s$ 取值为 $y(kT_s)$，其中 T_s 为时间间隔，$k=0, 1, 2, \cdots$，并设 $T_s \ll RC$，将式（5-39）中的微分项用后向差分表示，则式（5-39）离散化为

$$RC\frac{y(kT_s)-y[(k-1)T_s]}{T_s}+y(kT_s)=u(kT_s)$$

整理得

$$\left(1+\frac{T_s}{RC}\right)y(kT_s)-y[(k-1)T_s]=\frac{T_s}{RC}u(kT_s)$$

简化为

$$\left(1+\frac{T_s}{RC}\right)y(k)-y(k-1)=\frac{T_s}{RC}u(k) \tag{5-40}$$

由此可知离散系统的一般差分方程形式为

$$\begin{cases} y(k)+a_1y(k-1)+\cdots+a_{N-1}y(k-N+1)+a_Ny(k-N) \\ \quad =b_0x(k)+b_1x(k-1)+\cdots+b_{M-1}x(k-M+1)+b_Mx(k-M) \\ y(-1),y(-2),y(-3),y(-N)\text{（初值）} \end{cases} \tag{5-41}$$

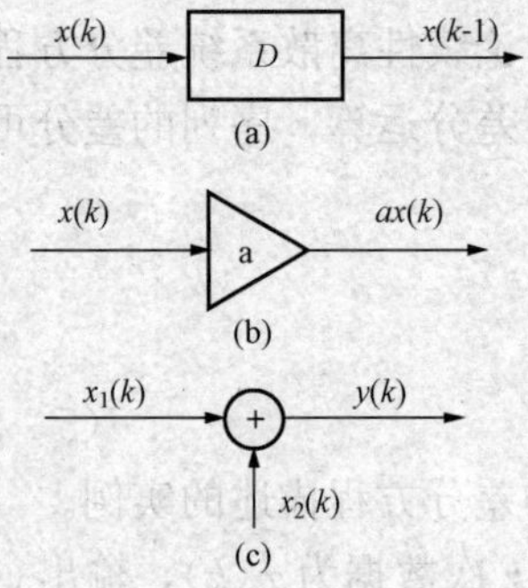

图 5-15　时域离散系统的基本运算单元

（a）延时器；（b）标量乘法器；（c）加法器

式中，N 为差分方程的阶数；若所有系数 a_i（$i=1, 2, \cdots, N$）、b_i（$i=0, 1, 2, \cdots, M$）均为常数，则称为常系数差分方程。若差分方程中 $y(k-1)$，$y(k-2)$，…，$y(k-N)$ 中有一项的系数不为零，说明系统是反馈系统。一个离散系统用差分方程描述时，若要解差分方程，必须知道离散系统的初值。

三、差分方程的框图表示

离散系统的差分方程也可以通过图形的形式表达，其基本运算单元有延时器、加法器、标量乘法器，如图 5-15 所示。它们反映或表示了时域离散系统输入和输出的最基本运算关系，复杂的系统都是通过基本单元组成的。通过图形的表达可以与系统的差分方程相对应。

【例 5-10】 某时域离散系统如图 5-16 所示，试求该系统的输入、输出差分方程。

解　由图 5-16 加法器的输出为 $x(k)+ay(k-1)$，则系统输出为

$$y(k)=x(k)+ay(k-1)$$

整理成差分方程一般式为

$$-ay(k-1)+y(k)=x(k)$$

【例 5-11】 列出图 5-17 所示的差分方程。

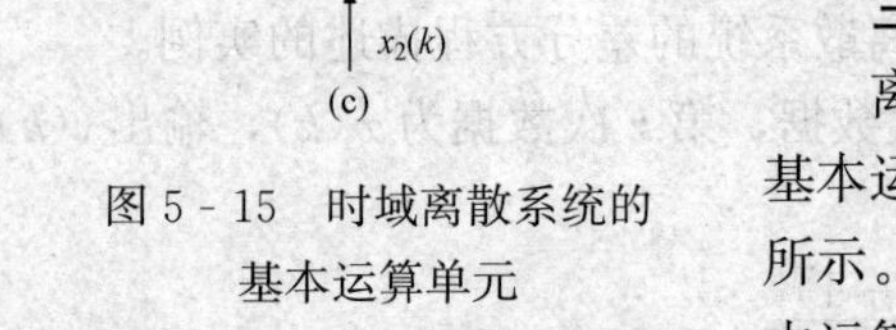

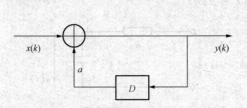

图 5-16　某时域离散系统结构框图

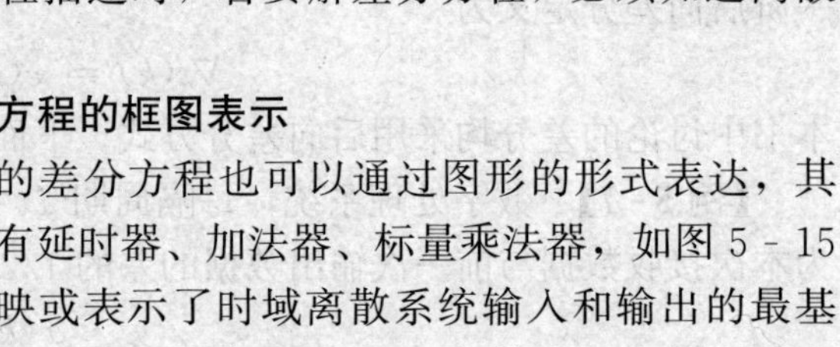

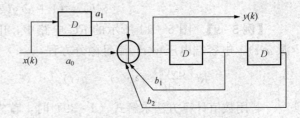

图 5-17　时域离散系统结构框图

解　系统的差分方程为

$$y(k)-b_1y(k-1)-b_2y(k-2)=a_0x(k)+a_1x(k-1)$$

四、离散系统的性质

常系数差分方程表示的离散系统具有线性、因果性、时不变性和稳定性等性质。

(一) 线性系统

设式（5-41）为常系数差分方程，两个输入序列 $x_1(k)$ 和 $x_2(k)$ 经过式（5-41）描述的离散系统 $T[\cdot]$，输出分别为 $y_1(k)$ 和 $y_2(k)$，即 $y_1(k)=T[x_1(k)], y_2(k)=T[x_2(k)]$，对于常系数 a_1 和 a_2，则有

$$T[a_1x_1(k)+a_2x_2(k)]=a_1T[x_1(k)]+a_2T[x_2(k)]$$

即

$$y(k)=a_1y_1(k)+a_2y_2(k) \tag{5-42}$$

则 T 称为线性系统。线性系统可以利用叠加原理，如图 5-18 所示。常系数差分方程具有线性性质，故式（5-41）描述的系统是线性系统。

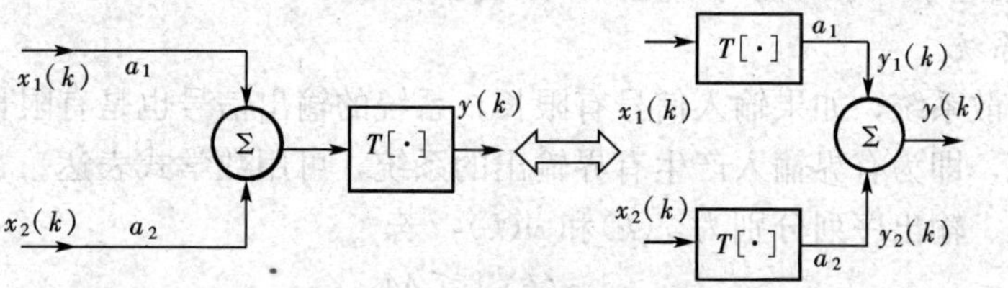

图 5-18　线性系统定义图解

(二) 时不变系统

当式（5-41）的系数是常数时，此离散系统的特性是不随时间变化的，则该系统称为时不变系统。时不变系统具有输出跟随输入同时移位的特性，时不变系统可用下面的数学式子表达为：

若
$$T[x(k)]=y(k)$$
则
$$T[x(k-k_0)]=y(k-k_0) \tag{5-43}$$

例如，对于单位响应的定义，$h(k)=T[\delta(k)]$，则必有 $h(k-3)=T[\delta(k-3)]$，如图 5-19所示。

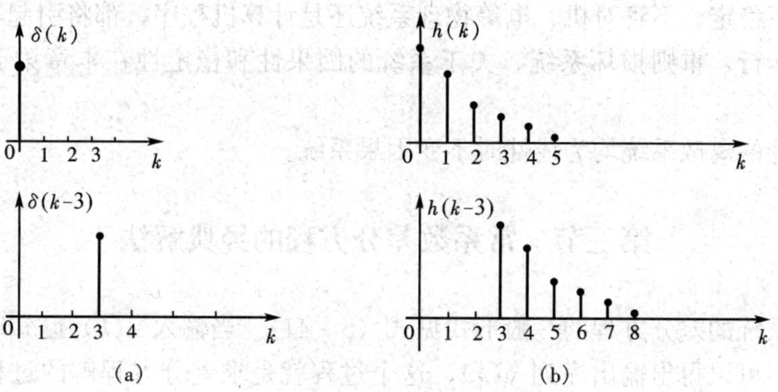

图 5-19　系统的时不变性质

(a) 输入信号；(b) 输出信号

同时具有线性和时不变性的系统称为线性时不变系统。因此式（5-41）描述的常系数系统还具有时不变性质。

（三）因果系统

在实际信号处理的应用场合中，对于一个离散时间系统，除了要求其具有线性时不变性质外，还要求该系统满足因果性和稳定性的条件。所谓因果系统，定义为系统某时刻的输出只取决于此时刻及以前的输入，而与此时刻以后的输入无关。[例 5-8]、[例 5-9] 中的离散系统是因果系统，$y(k)=kx(k)$ 也是因果系统，而 $y(k)=x(k+1)$，$y(k)=x(k^2)$ 和 $y(k)=x(-k)$ 都是非因果系统，这是因为，当 $k<0$ 时的输出决定于 $k>0$ 的输入。

在实际处理信号时，输入信号的抽样值逐个地进入系统，因此系统的输出不能早于输入，否则即不是物理可实现系统。而对于非实时性系统，输入数据的全体是已知的，这时非因果系统是可以实现的。式（5-41）描述的系统输出 $y(k)$ 与 k 时刻之后的输入无关，因此式（5-41）描述了一个线性时不变因果系统。

（四）稳定系统

对于一个离散系统，如果输入信号有限长，系统的输出信号也是有限长的，则称此离散系统为稳定系统，即为有界输入产生有界输出的系统，可用数学式表达。

设系统输入、输出序列分别为 $x(k)$ 和 $y(k)$，若

$$|x(k)|\leqslant M_x$$

则

$$|y(k)|\leqslant M_y \tag{5-44}$$

式中，M_x 和 M_y 为有限正数，则称离散系统是稳定的。

【例 5-12】 累加器的输入、输出关系为

$$y(k)=\sum_{i=0}^{k}x(i) \tag{5-45}$$

判断系统的稳定性。

解 设 $x(k)=\varepsilon(k)$，显然输入是有界的，由式（5-45）得，输出为

$$y(k)=1+k$$

可见 $\lim\limits_{k\to\infty}y(k)\to\infty$，不符合式（5-44）的条件，因此系统是不稳定的。

系统的稳定性在工程中有十分重要的意义，一个系统能否正常工作，稳定性是先决条件。一旦系统不稳定，不管对机、电等物理系统还是计算机程序，都将引起不良后果，轻则系统无法正常运行，重则损坏系统。关于系统的因果性和稳定性在本章第五节中将作详细讨论。

本书中讨论的离散系统均为线性时不变因果系统。

第三节 常系数差分方程的经典解法

线性离散系统的差分方程的一般形式见式（5-41）。当输入 $x(k)$ 已知时，根据离散系统的差分方程，可以得出输出序列 $y(k)$，这个过程就是求差分方程解的过程。常系数差分方程的一般形式重写如下

$$\begin{cases} y(k)+a_1y(k-1)+\cdots+a_{N-1}y(k-N+1)+a_Ny(k-N) \\ \qquad =b_0x(k)+b_1x(k-1)+\cdots+b_{M-1}x(k-M+1)+b_Mx(k-M) \\ y(-1)=C_1,y(-2)=C_2,y(-3)=C_3,y(-N)=C_N \quad (\text{初值}) \end{cases} \tag{5-46}$$

为了求解 N 阶差分方程式（5-46），必须给出输出变量 $y(k)$ 在 N 个不同时刻的初始值（或初始状态），即式（5-46）中的初始值 C_1，C_2，C_3，…，C_N，才可能求出差分方程的解，这同求解描述连续系统的常微分方程类似。对于常系数差分方程，有迭代解法、通解与特解法、零输入响应和零状态响应法、z 变换法等几种解法。其中差分方程的 z 变换法将在第六章中论述。

一、迭代法

式（5-46）可变形为式（5-47）

$$\begin{cases} y(k)=-[a_1y(k-1)+\cdots+a_{N-1}y(k-N+1)+a_Ny(k-N)] \\ \qquad +[b_0x(k)+b_1x(k-1)+\cdots+b_{M-1}x(k-M+1)+b_Mx(k-M)] \\ y(-1)=C_1,y(-2)=C_2,y(-3)=C_3,y(-N)=C_N \quad (\text{初值}) \end{cases} \tag{5-47}$$

可见差分方程是具有递推关系的代数方程，若已知离散变量为 $k-1,k-2,\cdots,k-N$ 时的输出 $y(k-1),y(k-2),\cdots,y(k-N)$，就可求出离散变量 k 时刻的输出 $y(k)$，k 依次取值就可根据式（5-47）求出输出序列 $y(k)$，这种方法称为迭代解法。

【例 5-13】 描述某离散系统的差分方程为

$$y(k)+3y(k-1)+2y(k-2)=x(k)$$

已知初始条件 $y(0)=0,y(1)=2$,激励 $x(k)=2^k\varepsilon(k)$,求 $y(k)$。

解 将差分方程中除 $y(k)$ 以外的各项移到等号右端，得

$$y(k)=-3y(k-1)-2(y-2)+2^k\varepsilon(k)$$

当 $k=2$ 时,$y(2)=-3y(1)-2y(0)+x(2)=-2$；

当 $k=3$ 时,$y(3)=-3y(2)-2y(1)+x(3)=10$；

当 $k=4$ 时,$y(4)=-3y(3)-2y(2)+x(4)=-10$；

依次可以求出 $y(5)$，$y(6)$，$y(7)$，…

可见用迭代法求解差分方程概念清楚，很容易编写计算程序，容易得出过程的数值解，但不易得到闭合形式的解。在计算机仿真分析系统的输出与输入的关系中，迭代法比较适宜。

二、通解与特解法

同常系数微分方程相似，利用通解与特解法，求解差分方程，可以求出差分方程的齐次解（通解）$y_h(k)$ 和特解 $y_p(k)$，然后利用初始条件，求出 $y_h(k)$ 中的待定系数，从而得到差分方程的全解

$$y(k)=y_h(k)+y_p(k) \quad (k\geqslant 0) \tag{5-48}$$

利用通解与特解法解差分方程的过程如下：

1. 通解 $y_h(k)$

式（5-46）中的 $x(k)$ 及其各移位项均为零，得齐次方程为

$$y(k)+a_1y(k-1)+\cdots+a_{N-1}y(k-N+1)+a_Ny(k-N)=0 \tag{5-49}$$

其解称为齐次解，又称通解，或自由响应。

先来分析一下通解的形式，对于式（5-46)，其一阶差分方程的齐次方程为

$$y(k)+a_1y(k-1)=0$$

即

$$\frac{y(k)}{y(k-1)}=-a_1$$

$y(k)$ 与 $y(k-1)$ 之比等于 $-a_1$，表明序列 $y(k)$ 是一个以 $-a_1$ 为公比的序列，可表示为

$$y_h(k)=A(-a_1)^k \tag{5-50}$$

式中，A 为常数，由初始条件确定。

对于 N 阶齐次差分方程，它的齐次解是由形式为 Ar^k 的序列组合而成，A 为常数，r 为参数。设

$$y_h(k)=Ar^k \tag{5-51}$$

代入式（5-49)，得

$$r^N+a_1r^{N-1}+\cdots+a_{N-1}r+a_N=0 \tag{5-52}$$

式（5-52）称为差分方程式（5-47）和式（5-49）的特征方程，它的 N 个根称为差分方程的特征根，记为 r_1，r_2，…，r_N。根据特征根的不同取值，即对于特征根有无重根和复根等情况，差分方程的通解也具有不同的形式，见表 5-2。

表 5-2　不同的特征根对应的通解函数形式

特征根 r_i	通解 $y_h(k)$ 函数形式
不同单根	$y_h(k)=A_1r_1^k+A_2r_2^k+\cdots+A_Nr_N^k$
r_1 有 m 重根，其余为单根	$y_h(k)=(A_1+A_2k+\cdots+A_mk^{m-1})\ r_1^k+A_{m+1}r_{m+1}^k+\cdots+A_Nr_N^k$
有共轭复根，其中一对为 $r_{1,2}=a\pm jb=r\angle\pm\varphi$ $r=\sqrt{a^2+b^2}$，$\varphi=\arctan\left(\frac{b}{a}\right)$	相对共轭根的解为 $y_{bc}(k)=Ar^k\sin(k\varphi+\theta)$

表中所有待定的常数由差分方程的初始条件确定。确定了特征方程的根，通解也就可以确定了。

齐次差分方程通解，实际上是系统输入为零的情况下的响应，它包括 $k=0$ 时刻系统输入引起的系统响应和由系统初始状态引起的部分响应两部分，它也是系统在激励输入后的输出响应中的暂态分量。

2. 特解 $y_p(k)$

特解的形式取决于激励函数的形式，其物理意义是激励（即输入）引起的强制响应，它是系统的稳态解，表 5-3 列出了几种不同的激励对应的特解的形式。

表 5-3　**特解的函数形式**

激　励 $x(k)$	特　解 $y_p(k)$
$B\varepsilon(k)$	$C\varepsilon(k)$
$Bk^m\varepsilon(k)$	$(C_0k^m+C_1k^{m-1}+\cdots+C_m)\varepsilon(k)$
$Ba^k\varepsilon(k)$	$Ca^k\varepsilon(k)$　（a 不是特征根） $Ck^ma^k\varepsilon(k)$　（a 是 m 重根）
$B\sin k\Omega\varepsilon(k)$	$C\sin(k\Omega+\alpha)\varepsilon(k)$
$Be^{jk\Omega}\varepsilon(k)$	$Ce^{j(k\Omega+\alpha)}\varepsilon(k)$

根据激励，将表中对应的特解代入原差分方程，即可求出其待定常数 C、和 α 等。

3. 全解

由式（5-48）可知差分方程通解与特解之和为其全解。

$$y(k)=y_h(k)+y_p(k)\quad(k\geqslant 0)$$

由于系统是有始的因果系统，所以 $k\geqslant 0$。

下面通过例子来说明通解与特解法求解差分方程解的整个过程。

【例 5-14】 用通解与特解法求解差分方程

$$\begin{cases}y(k)-4y(k-1)+3y(k-2)=2^k & (k\geqslant 0)\\ y(-1)=-1,y(-2)=1\end{cases}$$

解

（1）通解。特征方程为

$$r^2-4r+3=0$$

特征根为两个单实根 $r_1=1$，$r_2=3$，通解的一般式为

$$y_h(k)=A_11^k+A_23^k=A_1+A_23^k$$

（2）特解。此系统的激励为 2^k，由表 5-3 可得特解形式为

$$y_p(k)=C2^k$$

代入原方程，得

$$C2^k-4C2^{k-1}+3C2^{k-2}=2^k$$

消去 2^k，整理得 $C=-4$，特解为

$$y_p(k)=-4\times 2^k$$

（3）全解

$$y(k)=y_h(k)+y_p(k)=A_1+A_23^k-4\times 2^k$$

代入初始条件，$y(-1)=-1$，$y(-2)=1$

$$\begin{cases}A_1+\dfrac{A_2}{3}-\dfrac{4}{2}=-1\\[2ex] A_1+\dfrac{A_2}{9}-\dfrac{4}{4}=1\end{cases}$$

解得待定常数 $A_1=5/2$，$A_2=-9/2$。故最后得方程的解为

$$y(k)=y_h(k)+y_p(k)=\frac{5}{2}-\frac{9}{2}\times 3^k-4\times 2^k\quad(k\geqslant 0)$$

其中 $\dfrac{5}{2}-\dfrac{9}{2}\times 3^k$ 是系统的自由响应，而 -4×2^k 为强制响应。

三、零输入响应与零状态响应法

连续系统的响应可以分解为零输入响应和零状态响应，同样离散系统的全响应 $y(k)$ 也可以分为零输入响应 $y_{zi}(k)$ 和零状态响应 $y_{zs}(k)$，即

$$y(k)=y_{zi}(k)+y_{zs}(k)$$

零输入响应是激励为零时，初始状态引起的响应，即差分方程式（5 - 46）中激励为零时所得的差分方程的解

$$\begin{cases}y_{zi}(k)+a_1y_{zi}(k-1)+\cdots+a_{N-1}y_{zi}(k-N+1)+a_Ny_{zi}(k-N)=0\\ y_{zi}(-N)=C_N,\ y_{zi}(-N+1)=C_{N-1},\ \cdots,\ y_{zi}(-1)=C_1\end{cases}\tag{5 - 53}$$

而零状态响应是系统的初始状态为零，仅由输入信号 $x(k)$ 所引起的响应，即差分方程式（5 - 46）中初始状态为零时所得的差分方程的解。

零状态差分方程形式为

$$\begin{cases}y_{zs}(k)+a_1y_{zs}(k-1)+\cdots+a_Ny_{zs}(k-N)=b_0x(k)+b_1x(k-1)+\cdots+b_Mx(k-M)\\ y_{zs}(-N)=y_{zs}(-N+1)=\cdots=y_{zs}(-1)=0\end{cases}\tag{5 - 54}$$

原差分方程的全解（也就是系统的全响应）为

$$y(k)=y_{zi}(k)+y_{zs}(k)$$

由于稳定系统的零输入差分方程的解即为离散系统的零输入响应，而零输入响应最终是趋于零的，所以离散系统的全响应的稳定与否最终应该取决于零状态响应。

利用零输入响应和零状态响应求解差分方程，即分别求解差分方程式（5 - 53）和式（5 - 54）的解，由于式（5 - 53）和式（5 - 54）的初始值已知，可以分别采用通解特解法，得到零输入响应和零状态响应，从而最终求出差分方程的全解。

下面分析此种差分方程的解法和通解特解法之间的关系。

式（5 - 53）是齐次方程，其解零输入响应为该方程的齐次解，而式（5 - 54）是非齐次方程，其解为零状态响应，是该式的通解和特解和。由于式（5 - 53）和式（5 - 54）是 $y(k)=y_{zi}(k)+y_{zs}(k)$ 分解的两个部分，因此得出：整个离散系统的零输入响应＋零状态响应＝通解＋特解。

【例 5 - 15】 用零输入响应和零状态响应法重新求解［例 5 - 14］中的差分方程。

解 （1）零输入响应，方程为

$$\begin{cases}y(k)-4y(k-1)+3y(k-2)=0 \qquad (k\geqslant 0)\\ y(-1)=-1,y(-2)=1\end{cases}$$

由［例 5 - 14］知该方程的通解为

$$y_{zi}(k)=A_{zi1}+A_{zi2}3^k$$

由初始条件得

$$\begin{cases}A_{zi1}+\dfrac{A_{zi2}}{3}=-1\\ A_{zi1}+\dfrac{A_{zi2}}{9}=1\end{cases}$$

解得 $A_{zi1}=2$，$A_{zi2}=-9$，故得零输入响应为

$$y_{zi}(k)=2-9\times 3^k \quad (k\geqslant 0)$$

（2）零状态响应，方程为

$$\begin{cases} y(k)-4y(k-1)+3y(k-2)=2^k & (k\geqslant 0) \\ y(-1)=0, y(-2)=0 \end{cases}$$

$$y_{zs}(k)=A_{zs1}+A_{zs2}3^k-4\times 2^k$$

代入零状态条件，有

$$\begin{cases} A_{zs1}+\dfrac{A_{zs2}}{3}-\dfrac{4}{2}=0 \\ A_{zs1}+\dfrac{A_{zs2}}{9}-\dfrac{4}{4}=0 \end{cases}$$

解得 $A_{zs1}=1/2$，$A_{zs1}=9/2$，故得零状态响应为

$$y_{zs1}(k)=1/2+(9/2)\ 3^k-4\times 2^k \qquad (k\geqslant 0)$$

（3）全解为

$$y(k)=y_{zi}(k)+y_{zs}(k)=(2-9\times 3^k)+\left(\frac{1}{2}+\frac{9}{2}\times 3^k-4\times 2^k\right)$$

$$=\frac{5}{2}-\frac{9}{2}\times 3^k-4\times 2^k \qquad (k\geqslant 0)$$

结果同［例 5 - 14］。

由通解特解法和零输入响应与零状态响应法可以得出，特解的物理意义是系统稳定时的输出。特解又称为稳态解，又叫强迫解；而通解是离散系统的暂态解，包括系统零输入的暂态解和零状态的暂态过程。

本节讨论了离散系统的数学模型差分方程及其解法，下面进一步讨论线性时不变离散系统的零状态响应与单位响应的关系。

第四节　离散系统的零状态响应

一、离散系统的零状态响应与单位响应的关系

线性时不变连续时间系统的单位冲激响应 $h(t)$，是指在零状态下，激励为单位冲激函数 $\delta(t)$ 时所产生的系统响应，见图 5 - 20（a）。相应地，线性时不变离散时间系统，在零状态下，激励为单位序列 $\delta(k)$ 时产生的系统响应称为单位响应，用 $h(k)$ 表示，见图 5 - 20（b）。

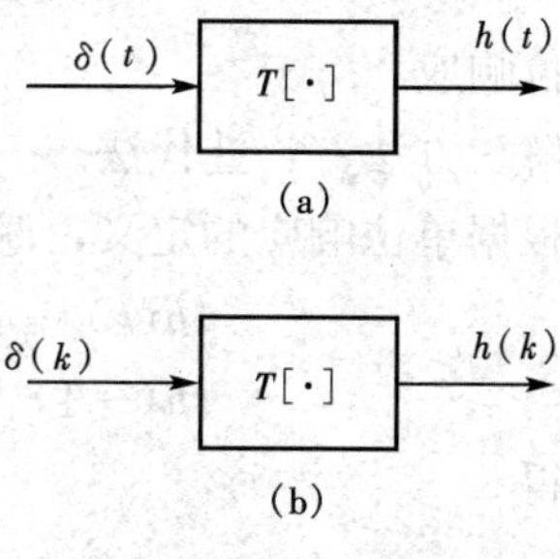

图 5 - 20　系统的单位响应
（a）连续系统；（b）离散系统

离散系统的单位响应只与系统的结构有关，与激励无关，单位响应反映了离散系统的特性，在离散系统的时域分析中具有非常重要的作用。

零状态响应是离散系统在初始值为零时系统的输出。与连续系统类似，离散系统的零状态响应 $y(k)$ 是激励 $x(k)$ 与系统单位响应 $h(k)$ 的卷积和

$$y(k)=x(k)*h(k) \qquad (5-55)$$

可利用离散系统的线性和时不变性性质来推导证明。

由式（5－8）可知，任意激励可以表示成单位序列及其延时序列的加权和，即

$$\begin{aligned}x(k) &= \sum_{i=-\infty}^{\infty} x(i)\delta(k-i) \\ &= \cdots + x(-2)\delta(k+2) + x(-1)\delta(k+1) + x(0)\delta(k) + x(1)\delta(k-1) \\ &\quad + x(2)\delta(k-2) + x(3)\delta(k-3) + \cdots \end{aligned} \tag{5-56}$$

设 $h(k)$ 是线性时不变离散系统对激励 $\delta(k)$ 的零状态响应，即单位响应，则根据线性和时不变性可知，系统对 $\delta(k-i)$ 的零状态响应为 $h(k-i)$。$x(i)$ 为常系数，则根据线性定理，由式（5－56）可得系统对任意激励 $x(k)$ 的零状态响应 $y(k)$ 为

$$\begin{aligned}y(k) &= \cdots + x(-2)h(k+2) + x(-1)h(k+1) + x(0)h(k) + x(1)h(k-1) \\ &\quad + x(2)h(k-2) + \cdots \\ &= \sum_{i=-\infty}^{\infty} x(i)h(k-i) \\ &= x(k) * h(k) \end{aligned} \tag{5-57}$$

式（5－57）即为 $x(k)$ 与 $h(k)$ 的卷积和，式（5－55）得证。

对于输入有始序列 $x(k)$，即 $k<0$ 时 $x(k)=0$，离散系统为因果系统，则当 $k-i<0$，即 $i>k$ 时的任意 k 都有 $h(k-i)=0$，于是式（5－57）可写为

$$y(k) = x(k) * h(k) = \sum_{i=0}^{k} x(i)h(k-i) \tag{5-58}$$

根据式（5－58）知，确定了系统的单位响应，就可以求出离散系统的零状态响应。

二、离散系统单位响应的确定

单位响应 $h(k)$ 是激励为单位序列 $\delta(k)$ 时系统的零状态响应，即只需将离散系统的差分方程中的激励换成单位序列 $\delta(k)$，且使系统初始状态为零，然后用前面求解差分方程的方法，如迭代法、通解特解法、零输入响应零状态响应法求出离散系统的单位响应。下面用不同的方法来求［例 5－14］中离散系统的单位响应。

【例 5－16】 求离散系统

$$\begin{cases} y(k) - 4y(k-1) + 3y(k-2) = 2^k \quad (k \geqslant 0) \\ y(-1) = -1, y(-2) = 1 \end{cases}$$

的单位响应。

解 方法一：迭代法。

根据单位响应的定义，激励为单位序列 $\delta(k)$，初始状态为零的系统差分方程为

$$\begin{cases} h(k) - 4h(k-1) + 3h(k-2) = \delta(k) \quad (k \geqslant 0) \\ h(-1) = 0, h(-2) = 0 \end{cases}$$

整理得

$$h(k) = \delta(k) + 4h(k-1) - 3h(k-2)$$

由 $h(-1)=h(-2)=0$，且 $\delta(k)$ 只有在 $k=0$ 时取值为 1，$k>0$ 时，全为零。代入上式逐次迭代得

$$\begin{aligned} h(0) &= \delta(0) = 1 \\ h(1) &= \delta(1) + 4h(0) = 4 \\ h(2) &= \delta(2) + 4h(1) - 3h(0) = 13 \end{aligned}$$

$$h(3)=\delta(3)+4h(2)-3h(1)=40$$
$$\cdots$$

方法二：通解特解法。

由于激励单位序列 $\delta(k)$，只在 $k=0$ 时对零状态下的系统有作用，而 $k>0$ 时 $\delta(k)$ 全为零，即对系统没有作用，因此可以理解为激励 $\delta(k)$ 的作用相当于在 $k=0$ 时使系统产生一个初值后激励为零，系统的响应由该初值引起。求系统的单位响应变为求系统在 $\delta(k)$ 作用下的初值即 $h(0)$，及在此初值下，$k>0$ 时的通解。

(1) 先求 $\delta(k)$ 作用下的初值

$$h(k)=\delta(k)+4h(k-1)-3h(k-2)$$

由 $h(-1)=h(-2)=0$，带入上式得 $\delta(k)$ 引起的系统初值 $h(0)=1$。

(2) 求通解得出单位响应。

当 $k\geqslant 1$ 时，系统方程为

$$\begin{cases}h(k)-4h(k-1)+3h(k-2)=0 \qquad (k>0)\\ h(-1)=0,h(0)=1\end{cases}$$

由［例 5 - 14］可知方程的通解为

$$h(k)=A_1+A_2 3^k$$

代入初始条件，得

$$\begin{cases}h(0)=A_1+A_2=1\\ h(-1)=A_1+\dfrac{1}{3}A_2=0\end{cases}$$

解得 $A_1=-\dfrac{1}{2}$，$A_2=\dfrac{3}{2}$，于是系统单位响应为

$$h(k)=-\frac{1}{2}+\frac{3}{2}\times 3^k \qquad (k\geqslant 0)$$

容易验证，结果与迭代法的结果相同。

可见，单位响应确定后，将其与激励离散卷积确定系统的零状态响应。

第五节　离散系统的稳定性与因果性

稳定性和因果性是离散系统的两个重要的性质，本章第二节已经给出了离散系统稳定性和因果性的定义，下面进一步讨论离散系统具有稳定性和因果性的必要条件。

一、线性时不变系统稳定性的充要条件

对于线性时不变离散系统，其具有稳定性的充要条件是离散系统的单位响应 $h(k)$ 绝对可和，即

$$\sum_{k=-\infty}^{\infty}|h(k)|<\infty \tag{5-59}$$

证明：(1) 充分性。由式 (5 - 57) 得

$$\left|y(k)\right|=\left|\sum_{i=-\infty}^{\infty}x(i)h(k-i)\right|\leqslant\sum_{i=-\infty}^{\infty}\left|x(i)\right|\left|h(k-i)\right|$$

若输入是有界的，即 $|x(i)|\leqslant M_u$，M_u 为有界常数，由上式可得

$$|y(k)| \leqslant M_u \sum_{i=-\infty}^{\infty} |h(k-i)| \leqslant M_u \sum_{i=-\infty}^{\infty} |h(i)|$$

可见若单位响应 $h(k)$ 绝对可和，即 $\sum_{i=-\infty}^{\infty} |h(i)| \leqslant M_h$ 有界（M_h 为有界常数），此时由上式得 $|y(k)| \leqslant M_u M_h$，即响应 $y(k)$ 有界，根据本章第二节稳定性定义，满足式（5－44），即系统的单位响应绝对可和，则系统稳定。

（2）必要性。用反证法，只要证明若 $\sum_{k=-\infty}^{\infty} |h(k)| < \infty$ 不成立，则必可以找到一个有界输入使系统产生一个无界输出。

由式（5－57）及卷积交换律，得

$$y(k) = \sum_{i=-\infty}^{\infty} x(i)h(k-i) = \sum_{i=-\infty}^{\infty} h(i)x(k-i)$$

$k=0$ 时输出为

$$y(0) = \sum_{i=-\infty}^{\infty} h(i)x(-i)$$

选择输入序列 $x(i)$ 有界且满足下式

$$x(-i) = \begin{cases} 1 & [h(i) \geqslant 0] \\ -1 & [h(i) < 0] \end{cases}$$

则有 $y(0) = \sum_{i=-\infty}^{\infty} |h(i)|$，由于 $\sum_{k=-\infty}^{\infty} |h(k)| < \infty$ 不成立，则 $y(0)$ 无界，但此时输入却是有界的，故稳定系统，其单位响应必然绝对可和。

下面用稳定性的充要条件来判断［例 5－10］中累加器的稳定性。

【例 5－17】 累加器数学式为 $y(k) = \sum_{i=0}^{\infty} x(i)$，利用稳定性充要条件式（5－59）证明累加器是不稳定的。

证明 累加器可写成差分方程形式

$$y(k) = y(k-1) + x(k)$$

设 $x(k) = \delta(k)$，则求解单位响应的差分方程形式为

$$h(k) = h(k-1) + \delta(k)$$

初态 $h(-1) = 0$

由迭代法可求出 $h(0) = h(1) = h(2) = \cdots = 1$

则

$$\lim_{k\to\infty} \sum_{i=0}^{k} |h(i)| = \lim_{k\to\infty} (1+k) \to \infty$$

可见，$\sum_{k=-\infty}^{\infty} |h(k)| < \infty$ 不成立，故累加器为不稳定系统。

用系统的单位响应是否可和来判断系统的稳定性是不太方便的。一种比较简单的系统稳定性的判别法将在第六章介绍，即利用系统函数 z 域中的极点是否在单位圆内来判断。

二、线性时不变系统因果性的充要条件

因果系统的定义为系统某时刻的输出只取决于此时刻及以前的输入，而与此时刻以后的输入无关。

线性时不变离散系统因果性的充分必要条件是

$$h(k)=0 \quad (k<0) \tag{5-60}$$

证明　(1) 充分性。若 $k<0$ 时，$h(k)=0$，则由式 (5-58)，可得 k_0 时刻输出为

$$y(k_0)=\sum_{i=-\infty}^{\infty} x(i)h(k_0-i)$$

此式表明，$i\leqslant k_0$，则 $y(k_0)$ 只与 k_0 及 k_0 以前时刻的输入 $x(i)$ 有关，充分性得证。

(2) 必要性。用反证法，证条件式 (5-60) 不成立，即 $k<0$ 时，$h(k)\neq 0$，则系统为非因果系统

$$y(k)=\sum_{i=-\infty}^{k} x(i)h(k-i)+\sum_{i=k+1}^{\infty} x(i)h(k-i)$$

右边第二项求和中至少有一项不为零，即 $y(k)$ 至少与一个 k 以后时刻的输入 $x(i)$ 有关，故系统不是因果系统，必要性得证。

综合线性时不变离散系统的稳定性和因果性的必要条件，对于因果稳定的线性时不变离散系统的单位响应必然是因果的，且绝对可和，即同时满足式 (5-59) 和式 (5-60)。

下面利用以上结论来判断 [例 5-14] 中线性时不变离散系统的稳定性和因果性。

【例 5-18】　线性时不变离散系统为

$$\begin{cases} y(k)-4y(k-1)+3y(k-2)=2^k & (k\geqslant 0) \\ y(-1)=-1, y(-2)=1 \end{cases}$$

判断其稳定性与因果性。

解　由 [例 5-14] 的系统的单位响应为

$$h(k)=-\frac{1}{2}+\frac{3}{2}\times 3^k \quad (k\geqslant 0)$$

(1) 稳定性。由上式得

$$|h(k)|>\left|-\frac{1}{2}+\frac{3}{2}\right|=1 \quad (k\geqslant 0)$$

则

$$\sum_{k=-\infty}^{\infty}|h(k)|>k$$

因为 $k\to\infty$，所以

$$\sum_{k=-\infty}^{\infty}|h(k)|\to\infty$$

不满足式 (5-59)，所以该系统不稳定。

(2) 因果性。因为系统的单位响应为

$$h(k)=\begin{cases} 0 & (k<0) \\ -\frac{1}{2}+\frac{3}{2}\times 3^k & (k\geqslant 0) \end{cases}$$

满足式 (5-60)，$h(k)=0(k<0)$，因此系统是因果的。

习　题

5 - 1　粗略画出以下有始序列的图形：

(1) $f_1(k)=\begin{cases}0 & (k\text{ 为奇数})\\ 1 & (k\text{ 为偶数})\end{cases}$；

(2) $f_2(k)=\begin{cases}-1 & (k\text{ 为奇数})\\ 1 & (k\text{ 为偶数})\end{cases}$；

(3) $f_1(k)+f_2(k)$；

(4) $f_1(k+1)+f_2(k-1)$；

(5) $f_1(k)f_2(k)$。

5 - 2　将图 5 - 21 的 $y(k)$ 表示为单位序列 $d(k)$ 的加权与延时的组合。

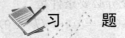

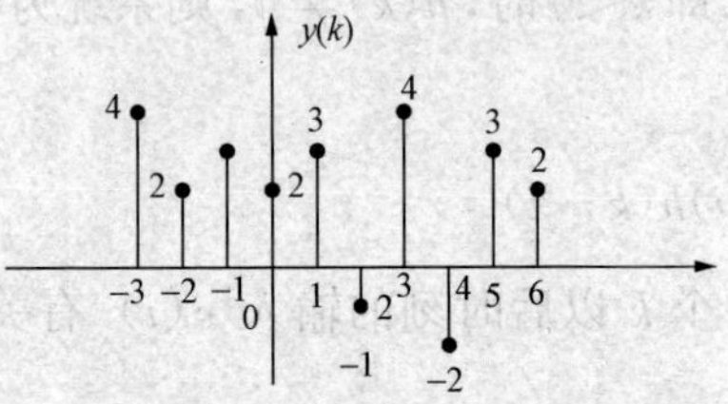

图 5 - 21　习题 5 - 2 图

5 - 3　用解析法求 $f_1(k)*f_2(k)$，其中 $f_1(k)=\mathrm{e}^{-k}\varepsilon(k)$，$f_2(k)=\varepsilon(k)$。

5 - 4　求解下列序列 $x(k)$ 和 $h(k)$ 的卷积和：

(1) $x(k)=\{1,1,1\},(k=0,1,2)$；$h(k)=\{1,2,3\}(k=0,1,2)$；

(2) $x(k)=\delta(k)+\delta(k-1)+\delta(k-2)$；$h(k)=\delta(k)+\delta(k-1)$。

5 - 5　长度为 $N=7$ 的两个有限长序列：

$$x_1(k)=\begin{cases}1 & (0\leqslant k\leqslant 3)\\ 0 & (4\leqslant k\leqslant 6)\end{cases}$$

$$x_2(k)=\begin{cases}1 & (0\leqslant k\leqslant 4)\\ -1 & (5\leqslant k\leqslant 6)\end{cases}$$

试求其卷积和 $y(k)=x_1(k)*x_2(k)$，并作图表示。

5 - 6　国民经济的简单模型为

$$y(k)=a(k)+b(k)$$

式中，$y(k)$ 为第 k 年国民收入；$a(k)$ 为第 k 年的消费；$b(k)$ 为第 k 年的投资。国民收入的增长与投资成正比，即

$$y(k)-y(k-1)=ab(k)$$

式中，增长系数 a 是常数，年度消费又与国民收入呈线性关系，即 $a(k)=A+\beta y(k)$，A 和 β 都是常数，写出 $y(k)$ 的差分方程。

5 - 7　写出图 5 - 22 所示系统的差分方程。

5 - 8　下列系统中，$x(k)$ 表示激励，$y(k)$ 表示响应。试判断激励与响应的关系是否为线性的？是否为时不变的？

(1) $y(k)=2x(k)+3$；

(2) $y(k)=x(k)\sin\left(\dfrac{2}{7}k+\dfrac{\pi}{6}\right)$；

(3) $y(k)=[x(k)]^2$；

(4) $y(k)=\sum\limits_{k=-\infty}^{m}x(k)$。

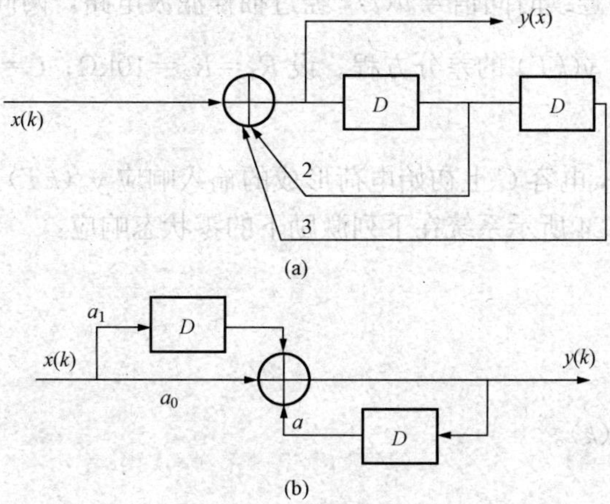

图 5 - 22　习题 5 - 7 图

5 - 9　一个乒乓球从 3m 高度自由下落至地面，每次弹起的最高值是前一次最高值的 4/5，现以 $y(k)$ 表示第 k 次跳起的最高值，试列写描述此过程的差分方程，并求解此差分方程。

5 - 10　利用迭代法求系统的零输入响应（迭代到 $k=6$）：

(1) $y(k)+3y(k-1)=0, y(-1)=1$；

(2) $y(k)+4y(k-1)+3y(k-2)=0, y(-2)=1, y(-1)=0$。

5 - 11　求下列系统的单位响应 $h(k)$：

(1) $y(k)-9y(k-1)+20y(k-2)=\varepsilon(k)$；

(2) $y(k)+3y(k-1)+2y(k-2)=\varepsilon(k+1)-\varepsilon(k)$。

5 - 12　用通解特解法求解下列差分方程：

(1) $y(k)+2y(k-1)=(k-2)\varepsilon(k-1), y(-1)=1$；

(2) $y(k)+2y(k-1)+y(k-2)=3^k\varepsilon(k-2), y(-2)=0, y(-1)=0$；

(3) $y(k)-2y(k-1)=4\varepsilon(k-1), y(-1)=0$。

5 - 13　(1) 求上题中系统的零输入响应和零状态响应。

(2) 求上题中系统的单位响应。

5 - 14　系统的差分方程为

$$y(k)-3y(k-1)+2y(k-2)=x(k-1)-2x(k-2)$$

初始状态为 $y(-2)=1$，$y(-1)=1$，输入激励为 $x(k)=\varepsilon(k)$

试求：(1) 系统的零输入响应、零状态响应和全响应；

(2) 判断系统是否稳定。

5 - 15　已知系统的单位响应如下

(1) $h(k)=|x|^k (k\geqslant 0)$

(2) $h(k)=(-x)^k (k\geqslant 0)$

试分析系统的稳定性和因果性。

5 - 16　设系统为线性时不变系统，$u(k)$ 为输入序列，$h(k)$ 为单位响应，求输出序列 $y(k)$。

5-17　图5-23中连续时间信号 $u(t)$，经过抽样滤波电路，两同步开关的周期为 T，即每经 T 瞬间接通，写出 $y(kT)$ 的差分方程。设 $R_1=R_2=10\text{k}\Omega$；$C=10\text{pF}$，抽样频率 $f=\dfrac{1}{T}=1\text{MHz}$。

试求单位响应 $h(t)$，电容 C 上初始电荷形成的输入响应 $y_{zi}(kT)$。

5-18　试求图5-24所示系统在下列激励下的零状态响应：

(1) $u(k)=\delta(k)$；

(2) $u(k)=k\varepsilon(k)$；

(3) $u(k)=2^k\varepsilon(k)$；

(4) $u(k)=\cos\dfrac{k\pi}{2}\varepsilon(k)$。

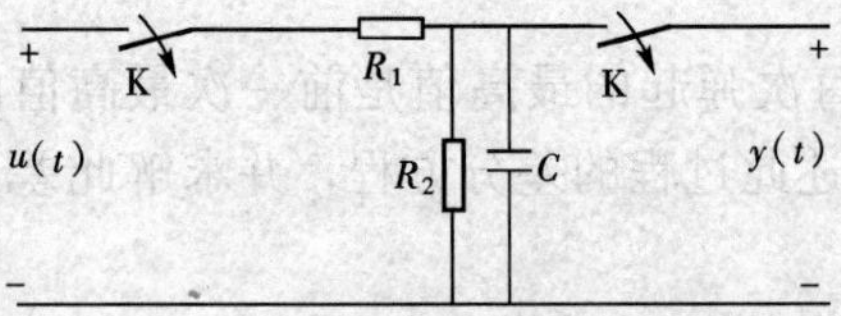

图5-23　习题5-17图

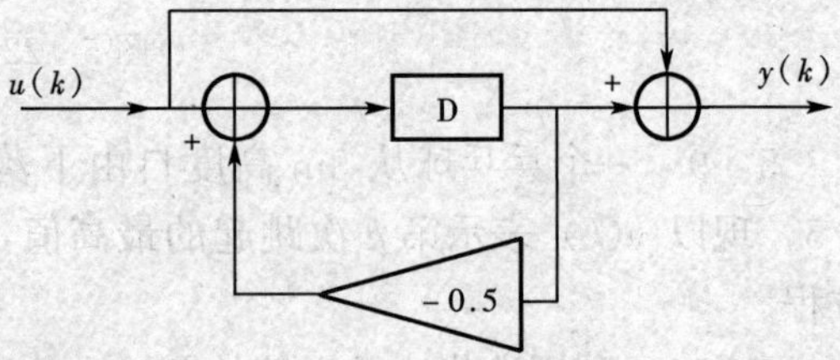

图5-24　习题5-18图

5-19　用卷积和求下列差分方程的零状态响应：

(1) $y(k)+3y(k-1)=e^{-(k-1)}\varepsilon(k),y(-1)=0$；

(2) $y(k)+2y(k-1)=e^{-k}\varepsilon(k),y(-1)=0$；

(3) $y(k)+3y(k-1)+2y(k-2)=e^{-k}\varepsilon(k)+2\varepsilon(k),y(-1)=y(-2)=0$。

5-20　图5-25所示两个系统，求它们的单位响应 $h(k)$；如果 $u(k)=1,k\geqslant 0$，求零状态响应 $y(k)$；如果要求系统稳定，a 的取值范围为多大？

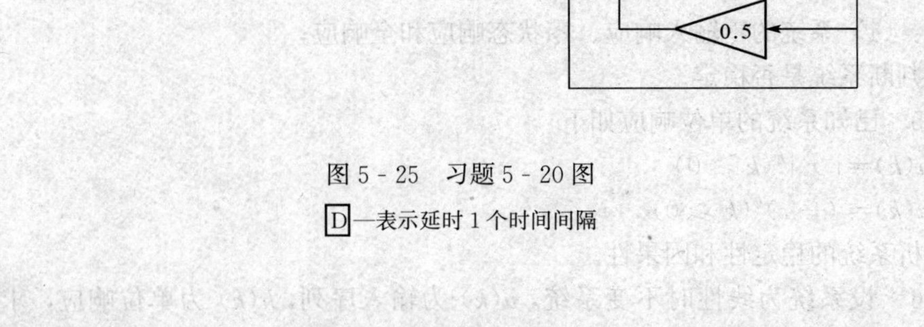

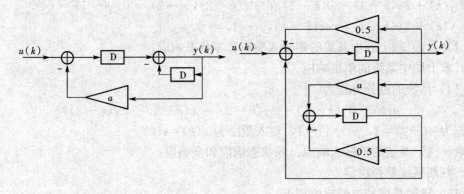

图5-25　习题5-20图

D—表示延时1个时间间隔

第六章　离散系统的 z 域分析

线性连续系统的动态及稳态性能可以应用拉氏变换的方法进行分析。与此相似，线性离散系统的性能，可以采用 Z 变换的方法进行分析。

第一节　Z　变　换

Z 变换是从拉氏变换直接引申出来的一种变换方法，它实际上是取样函数拉氏变换的变形，因此，Z 变换又称采样拉氏变换，是研究线性离散系统的重要数学工具。

一、Z 变换的定义

（一）Z 变换的定义

离散序列 $x(k)$ 的 Z 变换定义为

$$\mathscr{Z}[x(k)] = X(z) = \sum_{k=-\infty}^{\infty} x(k)z^{-k} \tag{6-1}$$

式中，z 是一个以实部为横坐标，虚部为纵坐标的复平面上的复变量，这个平面称为 z 平面。式（6-1）确定的这种 Z 变换，其序列的取值范围为 $-\infty \sim +\infty$，故称为双边 Z 变换。相对双边 Z 变换而言，还有单边 Z 变换，其定义为

$$\mathscr{Z}[x(k)] = X(z) = \sum_{k=0}^{\infty} x(k)z^{-k} \tag{6-2}$$

很明显，对于式（6-1），若 $k<0, x(k)=0$，即 $x(k)$ 为单边序列，则双边 Z 变换和单边 Z 变换是相同的。

实质上，单边 Z 变换，只有在少数几种情况下与双边 Z 变换有所区别。当需要考虑序列的初始条件，例如，在求解因果系统差分方程的暂态解时，用单边 Z 变换有利。在对数字滤波器以及大多数数字信号处理时，都只有研究系统的稳态响应，即系统在加入输入序列以前是处在零状态的情况。

离散序列 $x(k)$ 的 Z 变换为

$$X(z) = \mathscr{Z}[x(k)]$$

Z 变换简记 ZT，$x(k)$ 为 $X(z)$ 的 Z 逆变换，即

$$x(k) = \mathscr{Z}^{-1}[X(z)]$$

Z 的逆变换简记为 IZT。$x(k)$ 与 $X(z)$ 构成一对 Z 变换，记为

$$x(k) \leftrightarrow X(z)$$

（二）拉氏变换到 Z 变换

Z 变换是从拉氏变换直接引申出来的一种变换方法，实际上是取样函数拉氏变换的变形，因此 Z 变换又称采样拉氏变换，是研究线性离散系统的重要数学工具。

Z 变换是取样函数拉氏变换的变形，其定义可以由采样信号的拉氏变换得到。为了导出 Z 变换，先从抽样信号开始讨论。现对连续时间信号进行均匀取样，得到离散信号。

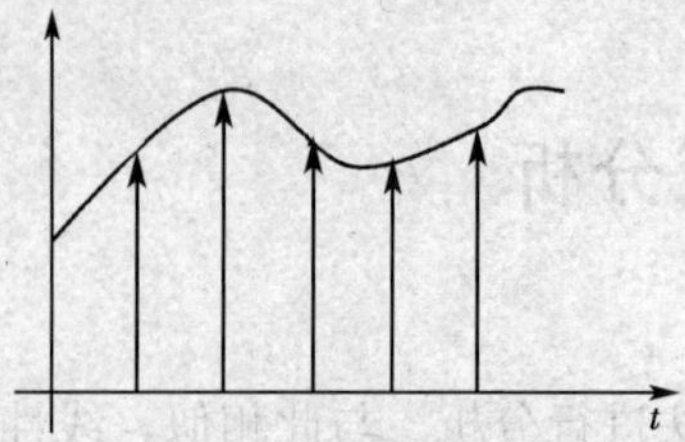

图 6-1 连续信号的冲缴序列抽样

设连续因果信号 $x(t)$，每隔时间 T_s 采样一次，相当于连续时间信号 $x(t)$ 乘以冲激序列 $\delta_T(t)$，如图 6-1 所示。

$x(t)$ 的取样函数 $x_s(t)$ 为

$$x_s(t)=x(t)\delta_T(t)=\sum_{k=\infty}^{\infty}x(t)\delta(t-kT_s) \quad (6-3)$$

如果考虑抽样信号为单边函数，即 $t<0$ 时，$x(t)=0$，则式（6-3）为

$$x_s(t)=\sum_{k=0}^{\infty}x(t)\delta(t-kT_s)$$

则取样函数的拉氏变换 $X_s(s)$ 为

$$X_s(s)=\int_0^{\infty}\left[\sum_{k=0}^{\infty}x(t)\delta(t-kT_s)e^{-st}dt\right]=\sum_{k=0}^{\infty}\left[\int_0^{\infty}x(t)\delta(t-kT_s)e^{-st}dt\right]$$

根据冲激函数 $\delta(t)$ 的筛分性质，得

$$X_s(s)=\sum_{k=0}^{\infty}x(kT_s)e^{-skT_s} \quad (6-4)$$

令 $z=e^{sT_s}$，则式（6-4）成为复变量 z 的函数，用 $X(z)$ 表示

$$X(z)=\sum_{k=0}^{\infty}x(kT_s)z^{-k} \quad (6-5)$$

式（6-5）即为序列 $x(kT_s)$ 的单边 Z 变换。

比较式（6-4）和式（6-5）可见，只要令 $z=e^{sT_s}$，序列 $x(kT_s)$ 的 Z 变换就等于取样函数 $x_s(t)$ 的拉普拉斯变换，即

$$X(z)\big|_{z=e^{sT}}=X_s(s) \quad (6-6)$$

且复变量 z 与 s 的关系为

$$\begin{cases}z=e^{sT}\\ s=\dfrac{1}{T}\ln z\end{cases} \quad (6-7)$$

式（6-6）与式（6-7）反映了连续时间系统的 s 域与离散时间系统 z 域的重要变换关系。

二、Z 变换的收敛域

（一）收敛域定义

应当指出，Z 变换仅是一种在取样函数拉氏变换中，取 $z=e^{sT}$ 的变量置换。这种置换，可将 s 的超越函数转换为 z 的幂级数或 z 的有理分式。

根据式（6-1）所定义的 Z 变换可知，Z 变换是 z 的幂级数，因此只有当该幂级数收敛时，即

$$\sum_{k=-\infty}^{\infty}|x(k)z^{-k}|<\infty \quad (6-8)$$

时，序列 $x(k)$ 的 Z 变换才有意义。式（6-8）的绝对可和条件是序列 $x(k)$ 的 Z 变换存在的充要条件。在 Z 变换定义式（6-1）中，对于右边的级数 $\sum\limits_{k=-\infty}^{\infty}x(k)z^{-k}$，如果要求其一致收敛，除对 $x(k)$ 有一定的要求外，对 Z 的值也有所要求。对于序列 $x(k)$ 使式（6-1）收

敛的所有 z 的集合称为 Z 变换 $X(z)$ 的收敛域，简记为 ROC。因此，在给出序列 $x(k)$ 的 Z 变换的同时，必须确定序列 $x(k)$ 的收敛域，只有在其收敛域内，序列 $x(k)$ 的 Z 变换才有意义。因为 Z 变换表示为 Laurent 级数，所以在一般情况下，Z 变换的幂级数在 z 平面的一个环状区域内收敛，即 Z 变换的收敛域一般为某个环域，即

$$R_x^- < |Z| < R_x^+$$

即一个以 R_x^- 和 R_x^+ 为半径的两个同心圆所围成的环带区域。R_x^- 和 R_x^+ 称为收敛半径。R_x^- 可以小到 0，R_x^+ 可以大到∞。

（二）$x(k)$ 为不同情况下的 Z 变换收敛域

关于 $X(z)$ 的收敛域（Region of Convergence，ROC），大致有以下几种情况：

（1）当 $x(k)$ 为有限长序列，$X(z)$ 的收敛域为全平面（$0<|z|<\infty$），即

$$X(z) = \sum_{k=N_1}^{N_2} x(k)z^{-k} \quad (\text{ROC}: 0 < |z| < \infty) \tag{6-9}$$

（2）当 $x(k)$ 为右边序列时，$X(z)$ 的收敛域是以原点为圆心，R_1 为半径的圆外部分（$R_1<|z|<\infty$），即

$$X(z) = \sum_{k=N_1}^{\infty} x(k)z^{-k} \quad (\text{ROC}: R_1 < |z| < \infty) \tag{6-10}$$

（3）当 $x(k)$ 为左边序列时，$X(z)$ 的收敛域是以原点为圆心，R_2 为半径的圆内部分（$0<|z|<R_2$），即

$$X(z) = \sum_{k=-\infty}^{N_2} x(k)z^{-k} \quad (\text{ROC}: 0 < |z| < R_2) \tag{6-11}$$

（4）当 $x(k)$ 为双边序列时，$X(z)$ 的收敛域是以原点为圆心，R_1，R_2 为半径的圆环部分（$R_1<|z|<R_2$，$0<R_1<R_2<\infty$），即

$$X(z) = \sum_{k=-\infty}^{+\infty} x(k)z^{-k} \quad (\text{ROC}: R_1 < |z| < R_2) \tag{6-12}$$

不同序列的收敛域如图 6-2 所示。

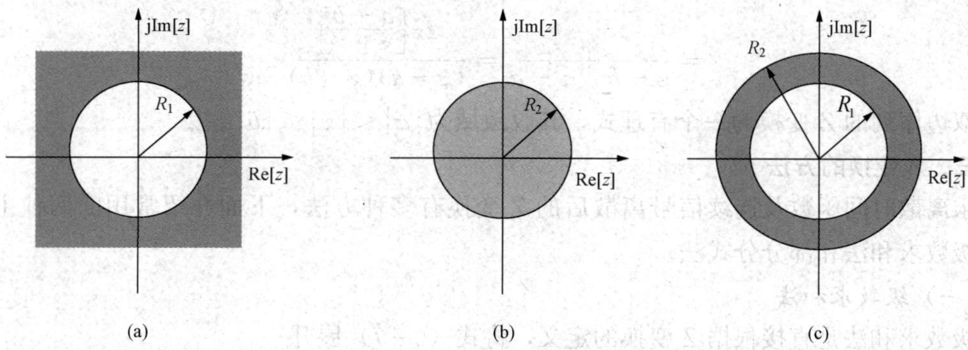

图 6-2　不同序列的收敛域

(a) 左边序列收敛域；(b) 右边序列收敛域；(c) 双边序列收敛域

【例 6-1】 试求有限长序列 $x(k)=\begin{cases}1 & (0\leqslant k\leqslant N-1)\\ 0 & (\text{其他})\end{cases}$ 的 z 变换及收敛域。

解 $X(z)=\sum_{k=0}^{\infty}z^{-k}=\frac{1-z^{-N}}{1-z^{-1}}(az^{-1})^{k}\qquad(\text{ROC}:|z|>0)$

【例 6-2】 指数序列 $x(k)=a^{k}(k>0)$ 是一个因果序列，试求其 Z 变换。

解 $X(z)=\sum_{k=0}^{\infty}a^{k}z^{-k}=\sum_{k=0}^{\infty}(az^{-1})^{k}=1+az^{-1}+a^{2}z^{-2}+\cdots$

显然，只有 $|az^{-1}|<1$，即 $|z|>a$ 时 z 变换才收敛，即

$$X(z)=\frac{1}{1-az^{-1}}=\frac{z}{z-a}\qquad(\text{ROC}:|z|>a)$$

【例 6-3】 试求序列 $x(k)=a^{k}(k>0)$ 的 Z 变换。

解 $X(z)=\sum_{k=0}^{\infty}a^{k}z^{-k}=\sum_{k=0}^{\infty}(az^{-1})^{k}=1+az^{-1}+a^{2}z^{-2}+\cdots$

显然，只有 $|az^{-1}|<1$，即 $|z|>|a|$ 时 z 变化才收敛，有

$$X(z)=\frac{1}{1-az^{-1}}=\frac{z}{z-a}\qquad(\text{ROC}:|z|>|a|)$$

【例 6-4】 试求左边序列 $x(k)=-b^{k}(-\infty<k<-1)$ 的 Z 变换。

解 $X(z)=\sum_{k=-\infty}^{-1}(-b^{k}z^{-k})=\sum_{k=0}^{\infty}-b^{-k}z^{-k}=1-\sum_{k=0}^{\infty}b^{-k}z^{k}=1-\sum_{k=0}^{\infty}(b^{-1}z)^{k}$

如果 $|b^{-1}z|<1$ 或 $|z|<|b|$，则这个级数收敛，因此有

$$X(z)=1-\frac{1}{1-b^{-1}z}=\frac{z}{z-b}\qquad(\text{ROC}:|z|<|b|)$$

【例 6-5】 试求 $x(k)=\begin{cases}a^{k} & (k\geqslant 0)\\ -b^{k} & (k<0)\end{cases}$ $a<b$ 的 Z 变换及收敛域。

解 $x(k)$ 为双边 Z 变换，根据 Z 变换的定义有

$$X(z)=\sum_{n=-\infty}^{\infty}x(k)z^{-k}=\sum_{n=-\infty}^{-1}-b^{k}z^{-k}+\sum_{n=0}^{\infty}a^{k}z^{-k}$$

$$=\frac{z}{z-b}+\frac{z}{z-a}=\frac{2z\left[\frac{a+b}{2}\right]}{(z-a)(z-b)}$$

这个双边序列的 Z 变换为一个有理式，其收敛域为 $|a|<|z|<|b|$。

三、Z 变换的方法

求离散时间函数及连续信号离散后的 Z 变换有多种方法，下面介绍常用的两种主要方法：级数求和法和部分分式法。

（一）级数求和法

级数求和法是直接根据 Z 变换的定义，将式（6-7）展开

$$X(z)=x(0)+x(1)z^{-1}+x(2)z^{-2}+\cdots+x(k)z^{-k}+\cdots$$

上式是离散时间函数 $x(k)$ 的一种无穷级数表达式。显然只要给定理想取样输入信号 $x(k)$，由上式可立即得到 Z 变换的级数展开式。通常对于常用的 Z 变换级数形式，都可以写出其闭合形式。

【例 6-6】 试求阶跃序列的 Z 变换。

解

$$\varepsilon(k)=\begin{cases}1 & (k\geqslant 0)\\ 0 & (k<0)\end{cases}$$

$$\mathscr{Z}[\varepsilon(k)]=\sum_{k=0}^{\infty}\varepsilon(k)z^{-k}=1+\frac{1}{z}+\frac{1}{z^2}+\frac{1}{z^3}+\cdots$$

这是一个等比级数，当 $|z|\leqslant 1$ 时，此级数发散；当 $|z|>1$ 时，此级数收敛于 $\frac{1}{1-z^{-1}}$，故得

$$\varepsilon(k)\leftrightarrow\frac{1}{1-z^{-1}}=\frac{z}{z-1}\qquad(\text{ROC}: |z|>1)$$

即当在 z 平面内以原点为中心、半径为 1 的圆外区域，$\varepsilon(k)$ 的 Z 变换存在并等于 $\frac{z}{z-1}$。

（二）部分分式法

利用连续系统的时间函数 $x(t)$ 的拉氏变换 $X(s)$，然后再将有理分式 $X(s)$ 展开成部分分式之和形式，使每一部分分式对应简单的时间函数，其相应的 Z 变换是已知的，于是可方便地求出 $X(s)$ 对应的 $X(z)$。

【例 6-7】 $x(t)$ 的拉氏变换为

$$X(s)=\frac{a}{s(s+a)}$$

试求将连续信号 $x(t)$ 离散后变成离散序列 $x(k)$ 的 Z 变换 $X(z)$。

解　将 $X(s)$ 展成如下部分分式

$$X(s)=\frac{1}{s}-\frac{1}{s+a}$$

对上式逐项取拉氏反变换，可得

$$x(t)=1-e^{-at}$$

则

$$x(k)=\varepsilon(k)-e^{-ak}$$

$\varepsilon(k)$ 与 e^{-ak} 分别为常用的序列，易得

$$\mathscr{Z}[\varepsilon(k)]=\frac{z}{z-1}\qquad(\text{ROC}: |z|>1)$$

$$\mathscr{Z}[e^{-aT_s}]=\frac{z}{z-e^{-aT_s}}\qquad(\text{ROC}: |z|>e^{-aT_s})$$

所以

$$X(z)=\frac{z}{z-1}-\frac{z}{z-e^{-aT_s}}=\frac{z(1-e^{-aT_s})}{z^2-(1+e^{-aT_s})z+e^{-aT_s}}\quad[\text{ROC}: |z|>\max(1,e^{-aT_s})]$$

四、常用序列的 Z 变换

（一）单位阶跃序列

$$\varepsilon(k)=\begin{cases}1 & (k\geqslant 0)\\ 0 & (k<0)\end{cases}$$

由［例 6-1］得

$$\varepsilon(k)\leftrightarrow\frac{1}{1-z^{-1}}=\frac{z}{z-1}\qquad(\text{ROC}: |z|>1)\tag{6-13}$$

（二）实指数序列 $x(k)=r^k$

$\mathscr{Z}[r^k]=\sum_{k=0}^{\infty}r^kz^{-k}=\sum_{k=0}^{\infty}\left(\frac{z}{r}\right)^{-k}$，则根据式（6-13），相当于 z 用 $\frac{z}{r}$ 来替代，得

$$\mathscr{Z}[r^k]=\frac{1}{1-rz^{-1}}=\frac{z}{z-r}$$

则收敛域为 $\left|\frac{z}{r}\right|>1$，即 $|z|>|r|$ 时，此级数收敛于 $\frac{1}{1-rz^{-1}}$，故

$$r^k\leftrightarrow\frac{1}{1-rz^{-1}}=\frac{z}{z-r}\qquad(\text{ROC}:|z|>|r|)\tag{6-14}$$

即在 z 平面内以原点为中心、半径为 r 的圆外区域，r^k 的 Z 变换存在并等于 $\frac{z}{z-r}$，如图 6-3 所示。

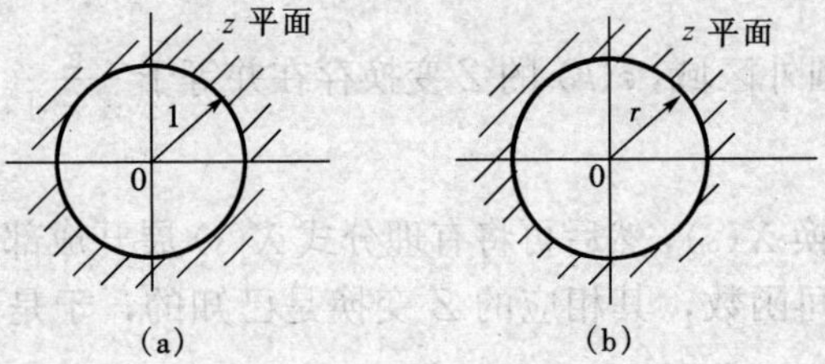

图 6-3 Z 变换的收敛域

(a) $Z[\varepsilon(k)]$ 的收敛域；(b) $Z[r^k]$ 的收敛域

若令 $r=e^{\lambda}$，则 $e^{k\lambda}=(e^{\lambda})^k=r^k$，由 r^k 的 Z 变换可知

$$e^{k\lambda}\leftrightarrow\frac{z}{z-e^{\lambda}}\qquad(\text{ROC}:|z|>e^{\lambda})\tag{6-15}$$

同理有

$$e^{jk\beta}=(e^{j\beta})^k\leftrightarrow\frac{1}{1-e^{j\beta}z^{-1}}=\frac{z}{z-e^{j\beta}}\qquad(\text{ROC}:|z|>|e^{j\beta}|=1)\tag{6-16}$$

（三）单位序列 $\delta(k)$

由 $\delta(k)$ 的定义

$$\delta(k)=\begin{cases}1 & (k=0)\\0 & (k\neq 0)\end{cases}$$

得

$$\mathscr{Z}[\delta(k)]=\sum_{k=0}^{\infty}\delta(k)z^{-k}=1+0z^{-1}+0z^{-2}+\cdots=1$$

即

$$\delta(k)\leftrightarrow 1\qquad(\text{ROC}:全平面)\tag{6-17}$$

（四）单位延时序列

$$\delta(k-j)=\begin{cases}1 & (k=j)\\0 & (k\neq j)\end{cases}$$

$$\mathscr{Z}[\delta(k-j)]=\sum_{k=0}^{\infty}\delta(k-j)z^{-k}=0+0z^{-1}+\cdots+1z^{-j}+0z^{-j+1}+\cdots$$

即

$$\delta(k-j)\leftrightarrow z^{-j}\qquad(\text{ROC}:|z|>0)\tag{6-18}$$

（五）斜变序列 $x(k)=k$

$$\mathscr{Z}[k]=\sum_{k=0}^{\infty}kz^{-k}=z\sum_{k=0}^{\infty}kz^{-k-1}=z\sum_{k=0}^{\infty}\left[-\frac{d}{dz}(z^{-k})\right]=-z\frac{d}{dz}\left(\sum_{k=0}^{\infty}z^{-k}\right)$$

式中，$\sum_{k=0}^{\infty} z^{-k} = 1 + \frac{1}{z} + \frac{1}{z^2} + \cdots$ 也是等比级数，该级数收敛于$\frac{1}{1-z^{-1}}$，收敛域为 $|z|>1$，在收敛域上 $-z\frac{\mathrm{d}}{\mathrm{d}z}\left(\frac{1}{1-z^{-1}}\right) = -z\frac{z^{-2}}{(1-z^{-1})^2} = \frac{z}{(z-1)^2}$，则

$$\mathscr{Z}[k] = \frac{z}{(z-1)^2}$$

即

$$k \leftrightarrow \frac{z}{(z-1)^2} \quad (\text{ROC}: |z|>1) \tag{6-19}$$

其他一些序列的 Z 变换将在下节讨论，各种常用序列的 Z 变换见附录 B。

五、Z 变换的几个定理

（一）线性定理

若

$$\begin{cases} x_1(k) \leftrightarrow X_1(z) & (|z|>r_1) \\ x_2(k) \leftrightarrow X_2(z) & (|z|>r_2) \end{cases}$$

对于任意常数 a_1 和 a_2，则

$$a_1x_1(k)+a_2x_2(k) \leftrightarrow a_1X_1(z)+a_2X_2(z) \quad [\text{ROC}: |z|>\max(r_1, r_2)] \tag{6-20}$$

可见其收敛域应为 $X_1(z)$ 和 $X_2(z)$ 的公共部分，即收敛域是半径为 $\max(r_1, r_2)$ 的圆外区域。根据 Z 变换的定义容易证明式（6-20）。

【例 6-8】 试求余弦序列 $\cos\beta k$ 和正弦序列 $\sin\beta k$（其中 $k\geqslant 0$）的 Z 变换 $\mathscr{Z}[\cos\beta k]$，$\mathscr{Z}[\sin\beta k]$。

解 由欧拉公式 $\cos\beta k = \frac{\mathrm{e}^{\mathrm{j}\beta k}+\mathrm{e}^{-\mathrm{j}\beta k}}{2}$，根据线性性质，由式（6-20）得

$$\mathscr{Z}[\cos\beta k] = \frac{1}{2}\{[\mathscr{Z}(\mathrm{e}^{\mathrm{j}\beta k})]+[\mathscr{Z}(\mathrm{e}^{-\mathrm{j}\beta k})]\}$$

由式（6-16）可知

$$\mathscr{Z}(\mathrm{e}^{\mathrm{j}\beta k}) = \frac{z}{z-\mathrm{e}^{\mathrm{j}\beta}} \quad (\text{ROC}: |z|>1)$$

$$\mathscr{Z}(\mathrm{e}^{-\mathrm{j}\beta k}) = \frac{z}{z-\mathrm{e}^{-\mathrm{j}\beta}} \quad (\text{ROC}: |z|>1)$$

$$\mathscr{Z}[\cos\beta k] = \frac{1}{2}\left(\frac{z}{z-\mathrm{e}^{\mathrm{j}\beta}}+\frac{z}{z-\mathrm{e}^{-\mathrm{j}\beta}}\right)$$

整理得

$$\cos\beta k \leftrightarrow \frac{z^2 - z\cos\beta}{z^2-2z\cos\beta+1} \quad (\text{ROC}: |z|>1) \tag{6-21}$$

同理得

$$\sin\beta k \leftrightarrow \frac{z\sin\beta}{z^2-2z\cos\beta+1} \quad (\text{ROC}: |z|>1) \tag{6-22}$$

（二）移序定理

(1) 对于双边 Z 变换。若 $x(k)\leftrightarrow X(z)$（ROC：$|z|>R_1$），则移位序列 $x(k\pm j)$（$j>0$，j 为整数）的双边 Z 变换为

$$x(k\pm j)\leftrightarrow z^{\pm j}X(z) \tag{6-23}$$

证明：根据双边 Z 变换定义可得

$$\mathscr{Z}[x(k\pm j)]=\sum_{k=-\infty}^{\infty}x(k\pm j)z^{-k}=\sum_{k=-\infty}^{\infty}x(k\pm j)z^{-(k\pm j)}z^{\pm j}$$

$$=z^{\pm j}\sum_{k=-\infty}^{\infty}x(k)z^{-k}=z^{\pm j}X(z)$$

（2）对于单边 Z 变换。若 $x(k)\leftrightarrow X(z)$（ROC：$|z|>R_1$），则

当 $x(k)$ 为双边序列时，则移位序列 $x(k\pm j)$（$j>0$，j 为整数）的单边 Z 变换为

$$x(k-j)\leftrightarrow z^{-j}\left[X(z)+\sum_{k=-j}^{-1}x(k)z^{-k}\right] \tag{6-24}$$

$$x(k+j)\leftrightarrow z^{j}\left[X(z)-\sum_{k=0}^{j-1}x(k)z^{-k}\right] \tag{6-25}$$

收敛域为（ROC：$|z|>R_1$）

当 $x(k)$ 为因果序列（单边右序列）时，则移位序列 $x(k-j)$（$j>0$，j 为整数）的单边 Z 变换为

$$x(k-j)\leftrightarrow z^{-j}X(z)\qquad (\text{ROC}: |z|>R_1) \tag{6-26}$$

证明：设 $x(k)$ 为双边序列，由单边 Z 变换定义，可得

$$\mathscr{Z}[x(k-j)]=\sum_{k=0}^{+\infty}x(k-j)z^{-k}=z^{-j}\sum_{k=0}^{+\infty}x(k-j)z^{-(k-j)}$$

$$=z^{-j}\sum_{k=-j}^{+\infty}x(k)z^{-k}=z^{-j}\left[\sum_{k=0}^{+\infty}x(k)z^{-k}+\sum_{k=-j}^{-1}x(k)z^{-k}\right]$$

$$=z^{-j}\left[X(z)+\sum_{k=-j}^{-1}x(k)z^{-k}\right]$$

故式（6－24）得证，同理可证式（6－25）。

【例 6－9】 求单边 Z 变换 $\mathscr{Z}[r^{(k-1)}]$ 和 $\mathscr{Z}[r^{(k+1)}]$，其中 $r^{(k-1)}$ 为有始序列。

解 由式（6－19）可知 $r^k\leftrightarrow\dfrac{z}{z-r}$（ROC：$|z|>|r|$），因为 $r^{(k-1)}$ 为有始序列，所以 $r^{-1}=0$，故由式（6－24）得

$$\mathscr{Z}[r^{k-1}]=z^{-1}\{\mathscr{Z}[r^k]+r^{-1}z^{-1}\}=z^{-1}\frac{z}{z-r}=\frac{1}{z-r}\qquad (\text{ROC}: |z|>|r|)$$

由式（6－25）得

$$\mathscr{Z}[r^{k+1}]=z\mathscr{Z}[r^k]-zr^0=z\frac{z}{z-r}-z=\frac{rz}{z-r}\qquad (\text{ROC}: |z|>|r|)$$

（三）尺度定理

若

$$x(k)\leftrightarrow X(z)\qquad (\text{ROC}: |z|>R_1)$$

则

$$r^k x(k)\leftrightarrow X\left(\frac{z}{r}\right)\qquad (\text{ROC}: |z|>R_1|r|) \tag{6-27}$$

式中，r 为常数。

证明：

$$\mathscr{Z}\left[r^k x(k)\right]=\sum_{k=0}^{\infty} r^k x(k) z^{-k}=\sum_{k=0}^{\infty} x(k)\left(\frac{z}{r}\right)^{-k}=X\left(\frac{z}{r}\right)$$

由 $x(k)$ 的 Z 变换的收敛域，得 $r^k x(k)$ 的 Z 变换的收敛域为 $\left|\frac{z}{r}\right|>R_1$，即 $|z|>R_1|r|$，式（6-27）得证。

【例 6-10】 试求 $\mathscr{Z}\left[e^{ka}\cos\beta k\right]$。

解　由式（6-21）可知

$$\cos\beta k \leftrightarrow \frac{z^2-z\cos\beta}{z^2-2z\cos\beta+1} \qquad (\text{ROC}: |z|>1)$$

令 $r=e^a$ 则由式（6-27）中，得

$$e^{ka}\cos\beta k=\cos\beta k \leftrightarrow \frac{\left(\frac{z}{r}\right)^2-\left(\frac{z}{r}\right)\cos\beta}{\left(\frac{z}{r}\right)^2-2\left(\frac{z}{r}\right)\cos\beta+1}$$

将 $r=e^a$ 代入上式并整理得

$$e^{ka}\cos\beta k \leftrightarrow \frac{z^2-ze^a\sin\beta}{z^2-2ze^a\cos\beta+e^{2a}} \qquad (\text{ROC}: |z|>|e^a|)$$

（四）乘 k 定理

若

$$x(k)\leftrightarrow X(z) \qquad (\text{ROC}: |z|>R_1)$$

则

$$kx(k)\leftrightarrow -z\frac{d}{dz}X(z) \qquad (\text{ROC}: |z|>R_1) \tag{6-28}$$

证明：

$$\begin{aligned}\mathscr{Z}\left[kx(k)\right]&=\sum_{k=0}^{\infty} kx(k)z^{-k}=z\sum_{k=0}^{\infty} kx(k)z^{-k-1}\\&=z\sum_{k=0}^{\infty} x(k)\left[-\frac{d}{dz}(z^{-k})\right]=-z\frac{d}{dz}\left[\sum_{k=0}^{\infty} x(k)z^{-k}\right]\\&=-z\frac{d}{dz}X(z) \qquad (\text{ROC}: |z|>R_1)\end{aligned}$$

对上式进一步拓展可得

$$k^n x(k)\leftrightarrow\left(-z\frac{d}{dz}\right)^n X(z) \tag{6-29}$$

式中

$$\left(-z\frac{d}{dz}\right)^n X(z)=-z\frac{d}{dz}\left\{\cdots-z\frac{d}{dz}\left[-z\frac{d}{dz}X(z)\right]\cdots\right\}$$

【例 6-11】 试求 $\mathscr{Z}[k]$，$\mathscr{Z}[k^n]$，$\mathscr{Z}[kr^k]$，$\mathscr{Z}[kr^{k-1}]$。

解　$k=k\varepsilon(k)$，由式（6-13）可知

$$\varepsilon(k)\leftrightarrow\frac{1}{1-z^{-1}} \qquad (\text{ROC}: |z|>1)$$

根据乘 k 定理，由式（6-28）得

$$k\varepsilon(k) \leftrightarrow -z\frac{\mathrm{d}}{\mathrm{d}z}\left(\frac{1}{1-z^{-1}}\right) = -z\frac{-z^{-2}}{(1-z^{-1})^2} = \frac{z^{-1}}{(1-z^{-1})^2}$$

即

$$k \leftrightarrow \frac{z^{-1}}{(1-z^{-1})^2} = \frac{z}{(z-1)^2} \quad (\text{ROC}: |z|>1) \tag{6-30}$$

又由式（6-29）得

$$k^n\varepsilon(k) \leftrightarrow \left[-z\frac{\mathrm{d}}{\mathrm{d}z}\right]^n\left(\frac{1}{1-z^{-1}}\right)$$

即

$$k^n \leftrightarrow \left[-z\frac{\mathrm{d}}{\mathrm{d}z}\right]^n\left(\frac{1}{1-z^{-1}}\right) \quad (\text{ROC}: |z|>1) \tag{6-31}$$

根据尺度定理，由式（6-27）及式（6-30）得

$$kr^k \leftrightarrow \frac{\left(\frac{z}{r}\right)^{-1}}{\left[1-\left(\frac{z}{r}\right)^{-1}\right]^2} = \frac{rz^{-1}}{(1-rz^{-1})^2} \quad (\text{ROC}: |z|>|r|) \tag{6-32}$$

根据式（6-32）得

$$kr^{k-1} = \frac{k}{r}r^k \leftrightarrow \frac{z^{-1}}{(1-rz^{-1})^2} \quad (\text{ROC}: |z|>|r|) \tag{6-33}$$

（五）初值定理和终值定理

1. 初值定理

设 $x(k) \leftrightarrow X(z)$（ROC：$|z|>R_1$），若 $x(0)$ 存在，则有

$$x(0) = \lim_{z\to\infty}X(z) \tag{6-34}$$

证明：

$$X(z) = \sum_{k=0}^{\infty}x(k)z^{-k} = x(0) + x(1)z^{-1} + x(2)z^{-2} + \cdots$$

当 $z\to\infty$ 时，$z^{-1}=z^{-2}=\cdots=0$，故初值定理成立。

【例 6-12】 已知 $x(k) = \varepsilon(k) + \left(\frac{1}{4}\right)^k$（$k>0$），试求 $x(0)$ 和 $x(\infty)$。

解 由线性性质得

$$X(z) = \mathscr{Z}[\varepsilon(k)] + \mathscr{Z}\left[\left(\frac{1}{4}\right)^k\right] = \frac{1}{1-z^{-1}} + \frac{1}{1-\frac{1}{4}z^{-1}}$$

由初值定理可求得

$$x(0) = \lim_{z\to+\infty}X(z) = \lim_{z\to+\infty}\left(\frac{1}{1-z^{-1}} + \frac{1}{1-\frac{1}{4}z^{-1}}\right) = 2$$

由终值定理可求得

$$x(\infty) = \lim_{z\to1}(z-1)X(z) = \lim_{z\to1}(z-1)\left(\frac{1}{1-z^{-1}} + \frac{1}{1-\frac{1}{4}z^{-1}}\right) = \lim_{z\to1}\left[z + \frac{z(z-1)}{z-\frac{1}{4}}\right] = 1$$

2. 终值定理

设 $x(k) \leftrightarrow X(z)$，若 $x(\infty)$ 存在，则有

$$\lim_{k\to\infty}x(k)=\lim_{z\to 1}(z-1)X(z) \tag{6-35}$$

证明：根据移序定理式（6-26）得

$$x(k+1)\leftrightarrow zX(z)-zx(0)$$

由线性性质，得

$$\begin{aligned}x(k+1)-x(k)\leftrightarrow \mathscr{Z}[x(k+1)]-\mathscr{Z}[x(k)]&=zX(z)-zx(0)-X(z)\\&=(z-1)X(z)-zx(0)\end{aligned}$$

即

$$\sum_{k=0}^{\infty}[x(k+1)-x(k)]z^{-k}=(z-1)X(z)-zx(0)$$

令 $z\to 1$，上式为

$$\begin{aligned}[x(1)-x(0)]+[x(2)-x(1)]+\cdots&=x(\infty)-x(0)\\&=\lim_{z\to 1}(z-1)X(z)-x(0)\end{aligned}$$

即

$$\lim_{k\to\infty}x(k)=\lim_{z\to 1}(z-1)X(z)$$

【例 6-13】 设 $x(k)=\varepsilon(k)+\left(\frac{1}{4}\right)^k$，求 $x(\infty)$。

解　由线性性质得

$$X(z)=\mathscr{Z}[\varepsilon(k)]+\mathscr{Z}\left[\left(\frac{1}{4}\right)^k\right]=\frac{1}{1-z^{-1}}+\frac{1}{1-\frac{1}{4}z^{-1}}$$

由终值定理可求得

$$x(\infty)=\lim_{z\to 1}(z-1)X(z)=\lim_{z\to 1}(z-1)\left(\frac{1}{1-z^{-1}}+\frac{1}{1-\frac{1}{4}z^{-1}}\right)=\lim_{z\to 1}\left[z+\frac{z(z-1)}{z-\frac{1}{4}}\right]=1$$

（六）卷积定理

与连续系统相仿，离散系统中也有离散序列的卷积和定理，离散序列的卷积和定理在离散系统分析中占有重要的地位。卷积和定理的内容如下：

若

$$\begin{cases}x_1(k)\leftrightarrow X_1(z) & (|z|>r_1)\\ x_2(k)\leftrightarrow X_2(z) & (|z|>r_2)\end{cases}$$

则

$$x_1(k)*x_2(k)\leftrightarrow X_1(z)X_2(z)\qquad [\text{ROC}: |z|>\max(r_1,r_2)]$$

证明：根据离散信号卷积和定义，考虑序列 $x_1(k)$、$x_2(k)$ 是有始序列。

$$x_1(k)*x_2(k)=\sum_{j=0}^{\infty}x_1(j)x_2(k-j)\leftrightarrow\sum_{k=0}^{\infty}\left[\sum_{j=0}^{k}x_1(j)x_2(k-j)\right]z^{-k}$$

因为 $x_2(k)$ 是有始的，对 $k<0$，$x_2(k)=0$，可以将第二个求和号的上限改为∞，再交换两求和号的次序，则卷积和的 Z 变换成为

$$\sum_{j=0}^{\infty}x_1(j)\sum_{k=0}^{\infty}x_2(k-j)z^{-k}=\sum_{j=0}^{\infty}x_1(j)z^{-j}\sum_{k=0}^{\infty}x_2(k-j)z^{-(k-j)}$$

在第二个求和号中令 $k-j=m$，并再次利用 $x_2(m)$ 是有始信号，则上式成为

$$X_1(z)\sum_{m=-j}^{\infty}x_2(m)z^{-m}=X_1(z)\sum_{m=0}^{\infty}x_2(m)z^{-m}=X_1(z)X_2(z)$$

所以 $x_1(k)*x_2(k)\leftrightarrow X_1(z)X_2(z)$，收敛域为 $X_1(z)$ 与 $X_2(z)$ 收敛域的公共部分，即 $|z|>\max(r_1, r_2)$，得证。

【例 6-14】 设 $x_1(k)=r_1^k\varepsilon(k), x_2(k)=r_2^k\varepsilon(k)$，试求 $y(k)=x_1(k)*x_2(k)$。

解 由式（6-13）得

$$r_1^k\leftrightarrow\frac{1}{1-r_1z^{-1}}\qquad (\text{ROC}: |z|>|r_1|)$$

$$r_2^k\leftrightarrow\frac{1}{1-r_2z^{-1}}\qquad (\text{ROC}: |z|>|r_2|)$$

$$Y(z)=X_1(z)X_2(z)=\frac{1}{(1-r_1z^{-1})}\frac{1}{(1-r_2z^{-1})}=\frac{1}{r_1-r_2}\left(\frac{r_1}{1-r_1z^{-1}}-\frac{r_2}{1-r_2z^{-1}}\right)$$

$$[\text{ROC}: |z|>\max(|r_1|, |r_2|)]$$

再求 $Y(z)$ 的逆变换为

$$y(k)=\frac{1}{r_1-r_2}(r_1r_1^k-r_2r_2^k)=\frac{r_1^{k+1}-r_2^{k+1}}{r_1-r_2}$$

Z 逆变换的求法见第二节，Z 变换的性质汇总于附录 B 中。

第二节　Z 逆 变 换

在连续系统中，应用拉氏变换的目的是把描述系统的微分方程转换为复变量 s 的代数方程，然后写出系统的传递函数。即可用拉氏反变换法求出系统的时间响应，从而简化了系统的分析。与此类似，在离散系统中应用 Z 变换，也是为了把 s 的超越方程或者描述离散系统的差分方程转换为复变量 Z 的代数方程，然后写出离散系统的传递函数（Z 域传递函数），再用 Z 逆变换求出离散系统的时间响应。Z 逆变换是从 $X(z)$ 求序列 $x(k)$，只要 Z 变换 $X(z)$ 在 z 的收敛域内就可进行 Z 逆变换，求 Z 逆变换的方法通常有幂级数展开法、部分分式展开法和复变函数法。

一、幂级数展开法

根据 Z 变换定义

$$X(z)=\sum_{k=0}^{\infty}x(k)z^{-k}$$

只要 $X(z)$ 在收敛域中展开为 $\frac{1}{z}$ 的幂级数形式，它的系数就是响应的离散序列 $x(k)$ 的值。$X(z)$ 通常是一个有理真分式，用长除法将分子除以分母可得 $\frac{1}{z}$ 的幂级数，从而根据幂级数的系数得出 $x(k)$。

【例 6-15】 设 $X(z)=\frac{z}{z^2-2z+1}$，$|z|>1$，试求 $x(k)$。

解 收敛域为 $|z|>1$ 是一个圆外部分，对应的序列为右边序列，所以它是一个因果序列，对有理式 $\frac{z}{z^2-2z+1}$ 进行长除，展开成负幂级数。

$$
\begin{array}{r}
z^{-1}+2z^{-2}+3z^{-3}+4z^{-4}+5z^{-5}\cdots \\
z^2-2z+1\,\big/\,z \qquad\qquad\qquad\qquad\qquad \\
\underline{z-2+z^{-1}} \\
2-z^{-1} \\
\underline{2-4z^{-1}+2z^{-2}} \\
3z^{-1}-2z^{-2} \\
\underline{3z^{-1}-6z^{-2}+3z^{-3}} \\
4z^{-2}-3z^{-3} \\
\underline{4z^{-2}-8z^{-3}+4z^{-4}} \\
5z^{-3}-4z^{-4} \\
\underline{5z^{-3}-10z^{-3}+5z^{-5}} \\
6z^{-4}-5z^{-5} \\
\cdots\cdots
\end{array}
$$

$$X(z)=z^{-1}+2z^{-2}+3z^{-3}+4z^{-4}+5z^{-5}\cdots=\sum_{k=0}^{\infty}kz^{-k}$$

所以
$$x(k)=\{0,1,2,3,5\cdots\cdots\}\qquad(k\geqslant 0)$$

【例 6-16】 设 $X(z)=\dfrac{z}{z^2-2z+1}$，$|z|<1$，试求 $x(k)$。

解　$X(z)$ 与上例相同，而收敛域不同。由于 $|z|<1$，其对应的序列为一个左边序列，现用长除法将其展开成正幂级数。

$$
\begin{array}{r}
z+2z^2+3z^3+4z^4+5z^5\cdots \\
1-2z+z^2\,\big/\,z \qquad\qquad\qquad\qquad\qquad \\
\underline{z-2z^2+z^3} \\
2z^2-z^3 \\
\underline{2z^2-4z^3+2z^4} \\
3z^3-2z^4 \\
\underline{3z^3-6z^4+3z^5} \\
4z^4-3z^5 \\
\underline{4z^4-8z^5+4z^6} \\
5z^5-4z^6 \\
\underline{5z^5-10z^6+5z^7} \\
6z^6-5z^7 \\
\cdots\cdots
\end{array}
$$

$$X(z)=z+2z^2+3z^3+4z^4+5z^5\cdots=\sum_{k=-\infty}^{-1}-kz^{-k}$$

所以
$$x(k)=\{1,2,3,4,5\cdots\cdots\}\qquad(k<0)$$

在实际应用中，常常只需要计算有限的几项就够了，因此幂级数计算最简便，这是 Z 变换法的优点之一，但是要从一组中求出通项表达式比较困难。通常幂级数法只能得到前几项，不能得到序列 $x(k)$ 的闭合形式，计算机编程较困难。

二、部分分式展开法

连续系统中用部分分式展开法可以取拉氏逆变换，同样在离散系统中 Z 逆变换也可以用此法求得。

设

$$X(z)=\frac{N(z)}{D(z)}=\frac{b_m z^m+b_{m-}z^{m-1}+\cdots+b_1 z+b_0}{z^n+a_{n-1}z^{n-1}+\cdots+a_1 z+a_0}\quad (m<n) \tag{6-36}$$

则 $X(z)$ 是有理真分式。

（一）若 $X(z)$ 共有 N 个单极点

$D(z)$ 可写成

$$D(z)=(z-p_1)(z-p_2)\cdots(z-p_{\mathrm{N}})$$

则 $\frac{X(z)}{z}$ 可展开为

$$\frac{X(z)}{z}=\frac{A_1}{z-p_1}+\frac{A_2}{z-p_2}+\cdots+\frac{A_N}{z-p_N}=\sum_{i=0}^{N}\frac{A_i}{z-p_i}$$

即

$$X(z)=\frac{A_1 z}{z-p_1}+\frac{A_2 z}{z-p_2}+\cdots+\frac{A_N z}{z-p_N}=\sum_{i=0}^{N}\frac{A_i z}{z-p_i} \tag{6-37}$$

根据式（6-13）和 Z 变换的线性性质得 $X(z)$ 的 Z 逆变换 $x(k)$ 的形式为

$$x(k)=A_1 p_1^k+A_2 p_2^k+\cdots+A_N p_N^k\quad (k\geqslant 0) \tag{6-38}$$

【例 6-17】 试求 $X(z)=\frac{z^2}{z^2-z-2}$，$|z|>2$ 的 Z 逆变换。

解 $X(z)=\frac{z^2}{z^2-z-2}=\frac{z^2}{(z+1)(z-2)}$

则

$$\frac{X(z)}{z}=\frac{z}{(z+1)(z-2)}=\frac{1/3}{z+1}+\frac{2/3}{z-2}$$

即

$$X(z)=\frac{1}{3}\frac{z}{z+1}+\frac{2}{3}\frac{z}{z-2}\quad (\text{ROC}: |z|>2)$$

由收敛域 $|z|>2$ 知 Z 逆变换为单边右序列，则其逆变换为

$$x(k)=\frac{1}{3}\times(-1)^k+\frac{2}{3}\times 2^k\quad (k\geqslant 0)$$

【例 6-18】 试求 $X(z)=\frac{z^2}{z^2-z-2}$，$1<|z|<2$ 的 Z 逆变换。

解 $X(z)=\frac{z^2}{z^2-z-2}=\frac{z^2}{(z+1)(z-2)}$

则

$$\frac{X(z)}{z}=\frac{z}{(z+1)(z-2)}=\frac{1/3}{z+1}+\frac{2/3}{z-2}$$

即

$$X(z)=\frac{1}{3}\times\frac{z}{z+1}+\frac{2}{3}\times\frac{z}{z-2}=X_1(z)+X_2(z)$$

由收敛域 $|z|>1$，对应的极点为 $z=-1$，则 $X_1(z)=\frac{1}{3}\times\frac{z}{z+1}$ 对应的序列为一个知 Z 逆变换为单边右序列，则其逆变换为

$$x_1(k)=\frac{1}{3}\times(-1)^k \qquad (k\geqslant 0)$$

同理，对于收敛域 $|z|<2$，对应的极点为 $z=2$，则 $X_2(z)=\frac{2}{3}\times\frac{z}{z-2}$ 对应的序列为一个知 Z 逆变换为单边右序列，则其逆变换为

$$x_2(k)=\frac{2}{3}\times 2^k \qquad (k<0)$$

所以，$X(z)=\frac{z^2}{z^2-z-2}$，$1<|z|<2$ 的 Z 逆变换为

$$x(k)=\begin{cases}\frac{1}{3}\times(-1)^k & (k\geqslant 0)\\ \frac{2}{3}\times 2^k & (k<0)\end{cases}$$

（二）当 $X(z)$ 有单极点和一个 m 重极点 p_1

此时 $X(z)$ 可以写成

$$X(z)=\frac{N(z)}{D(z)}=\frac{N(z)}{(z-p_1)^m D_1(z)}$$

式中，P_1 是 m 重极点；$D_1(z)$ 中所含都是单根。

设 p_j 表示 $D_1(z)$ 中的单根，则可将上式展开为部分分式形式

$$X(z)=\frac{A_{11}z}{z-p_1}+A_{12}\left(\frac{z}{z-p_1}\right)^2+\cdots+A_{1m}\left(\frac{z}{z-p_1}\right)^m+\sum_j A_j\frac{z}{z-p_j} \qquad (6-39)$$

$X(z)$ 逆变换可表示为

$$x(k)=A_{11}p_1^k+\frac{A_{12}}{(2-1)!}(k+1)p_1^k+\cdots+\frac{A_{1m}}{(m-1)!}(k+1)(k+2)\cdots(k+m-1)p_1^k+\sum_j A_j p_j^k$$

即

$$x(k)=\sum_{i=0}^{\infty}\frac{A_{1i}(k+1)(k+2)\cdots(k+i-1)}{(i-1)!}p_1^k+\sum_j A_j p_j^k \qquad (6-40)$$

式中，A_{11}，A_{12}，…，A_{1m}，A_j 都是待定常数。

【例 6-19】 试求 $X(z)=\frac{z^4}{(z-0.5)^3(z-1)}$ 的逆变换。

解 $$X(z)=\frac{z^4}{(z-0.5)^3(z-1)}=\frac{A_{11}z}{z-0.5}+A_{12}\left(\frac{z}{z-0.5}\right)^2+A_{13}\left(\frac{z}{z-0.5}\right)^3+\frac{A_2 z}{z-1} \qquad (6-41)$$

（1）先求出单根 $z=1$ 的系数 A_2。

$$A_2=\frac{X(z)(z-1)}{z}\bigg|_{z=1}=\frac{z^3}{(z-0.5)^3}\bigg|_{z=1}=8$$

（2）求重根的各个系数，分别求出 A_{13}、A_{12} 和 A_{11}。

将式（6-41）乘上$\left(\frac{z-0.5}{z}\right)^3$，$A_2=8$ 代入得

$$\frac{z}{z-1}=A_{11}\left(\frac{z-0.5}{z}\right)^2+A_{12}\frac{z-0.5}{z}+A_{13}+\frac{8z}{z-1}\left(\frac{z-0.5}{z}\right)^3 \tag{6-42}$$

令 $z=0.5$，代入式（6-42）得出 $A_{13}=\left.\frac{z}{z-1}\right|_{z=0.5}=-1$。

将 $A_{13}=-1$ 代入式（6-41）得

$$\frac{z^4}{(z-0.5)^3(z-1)}=\frac{A_{11}z}{z-0.5}+A_{12}\left(\frac{z}{z-0.5}\right)^2-\left(\frac{z}{z-0.5}\right)^3+\frac{8z}{z-1}$$

将上式中右边两已知项移动左边合并得

$$\frac{-2z(3z-1)}{(z-0.5)^2}=\frac{A_{11}z}{z-0.5}+A_{12}\left(\frac{z}{z-0.5}\right)^2 \tag{6-43}$$

将式（6-43）乘上$\left(\frac{z-0.5}{z}\right)^2$，并令 $z=0.5$，得 $A_{12}=\left.\frac{-2(3z-1)}{z}\right|_{z=0.5}=-2$。

将 $A_{12}=-2$ 代入式（6-43）并将方程右边的已知项移到左边，整理得

$$\frac{-4z}{z-0.5}=\frac{A_{11}z}{z-0.5}$$

将上式乘上$\frac{z-0.5}{z}$，并令 $z=0.5$，得 $A_{11}=-4$，最后得 $X(z)$ 的部分分式形式

$$X(z)=-4\frac{z}{z-0.5}-2\left(\frac{z}{z-0.5}\right)^2-\left(\frac{z}{z-0.5}\right)^3+\frac{8z}{z-1}$$

由式（6-40）得 $X(z)$ 的逆变换为

$$x(k)=-4(0.5)^k-2(k+1)(0.5)^k-\frac{1}{2}(k+1)(k+2)(0.5)^k+8$$

由此可见部分分式法能求出逆变换的确定的表达式。

***三、复变函数法**

除了以上讨论了求解 Z 逆变换的两种方法外，Z 逆变换也可用反演积分来计算。现在用复变函数理论来研究 $X(z)$ 的逆变换。

复变函数中柯西公式为

$$\oint_c z^m \mathrm{d}z=\begin{cases}2\pi\mathrm{j} & (m=-1)\\ 0 & (m\neq-1)\end{cases} \tag{6-44}$$

式中，积分路径是环绕逆时针方向的围线。

Z 变换定义为 $X(z)=\sum_{k=0}^{\infty}x(k)z^{-k}$，将该式两边同乘以 z^{n-1} 后，并在其收敛域中沿着路径 c 作积分，有

$$\oint_c X(z)z^{n-1}\mathrm{d}z=\oint_c\left[\sum_{k=0}^{\infty}x(k)z^{-k}\right]z^{n-1}\mathrm{d}z$$

当满足 $\sum_{k=0}^{\infty}|x(k)|<\infty$ 时，可以交换上式的求和号与积分号，即

标 * 内容为选学内容。

$$\oint_c X(z)z^{n-1}dz = \sum_{k=0}^{\infty} x(k)\oint_c z^{-k+n-1}dz \tag{6-45}$$

根据复变函数中柯西公式，由式（6-44）得

$$\oint_c z^{-k+n-1}dz = \begin{cases} 2\pi j & (k=n) \\ 0 & (k \neq n) \end{cases}$$

则式（6-45）得

$$\oint_c X(z)z^{n-1}dz = x(n)2\pi j \quad (n=k)$$

所以得 $X(z)$ 的逆变换 $x(k)$ 为

$$x(k) = \frac{1}{2\pi j}\oint_c X(z)z^{k-1}dz$$

由此得出定理：若 $x(k) \leftrightarrow X(z)$，则有 $X(z)$ 的逆变换 $x(k)$ 为

$$x(k) = \frac{1}{2\pi j}\oint_c X(z)z^{k-1}dz \tag{6-46}$$

式中，积分路线 c 是 z 平面上包围被积函数 $X(z)z^{k-1}$ 的所有极点的沿逆时针方向的闭合路径，通常取在 z 平面收敛域内以原点为中心的一个圆。

式（6-46）中的围线积分可用留数定理计算

$$\oint_c X(z)z^{k-1}dz = 2\pi j\Sigma \text{Res}[X(z)z^{k-1}]_{c\text{内各极点}} \quad (k \geqslant 0) \tag{6-47}$$

即

$$x(k) = \Sigma \text{Res}[X(z)z^{k-1}]_{c\text{内各极点}} \tag{6-48}$$

【例 6-20】 试用复变函数法求 $X(z) = \dfrac{z}{z-e^{\alpha}}$ 的逆变换。

解
$$x(k) = \frac{1}{2\pi j}\oint_c \frac{z}{z-e^{\alpha}}z^{k-1}dz = \frac{1}{2\pi j}\oint_c \frac{z^k}{z-e^{\alpha}}dz$$

对于 $k>0$，被积函数只有单极点 $z=e^{\alpha}$，收敛区域是 $|z|>e^{\alpha}$。若 $e^{\alpha}<m$，m 为正整数，选择积分路径为半径为 $m+\varepsilon$ 的圆，其中 ε 为一无穷小量，则圆内包含极点 $z=e^{\alpha}$，由式（6-48）得

$$x(k) = \Sigma \text{Res} \frac{z^k}{z-e^{\alpha}}\bigg|_{z=e^{\alpha}}$$

由留数定理得

$$x(k) = \frac{z^k}{z-e^{\alpha}}(z-e^{\alpha})\bigg|_{z=e^{\alpha}} = e^{\alpha k}$$

第三节　Z 变换与傅氏变换和拉氏变换的关系

一、序列的 Z 变换与傅氏变换、拉氏变换的关系

本节只讨论有始序列的变换，即单边 Z 变换。

（一）序列的 Z 变换与傅氏变换的关系

某连续时间函数 $x(t)$ 经冲激序列 $\delta_T(t)$ 抽样后，作傅氏变换得 $X_s(j\omega)$，代换 $e^{j\omega T_s}=z$，得到了抽样序列 $x(k)$ 的 Z 变换。

$$x(t) \xrightarrow{\text{冲激序列 } \delta_T(t) \text{ 抽样}} x_s(t) \xrightarrow{\text{FT}} X_s(j\omega) \xrightarrow{e^{j\omega T_s}=z} X(z)$$

推导过程如下：

根据冲激函数的筛分性质，离散信号序列 $x_s(T)$ 可由连续时间函数 $x(t)$ 经冲激序列 $\delta_T(t)$ 抽样而得到，如图 6-1 所示。由于讨论的是有始序列，所以 $k\geqslant 0$，则

$$x_s(t)=x(t)\delta_T(t)=\sum_{k=0}^{\infty}x(t)\delta(t-kT_s) \tag{6-49}$$

上式的傅氏变换为

$$X_s(j\omega)=\int_{-\infty}^{\infty}\left[\sum_{k=0}^{\infty}x(t)\delta(t-kT_s)\right]e^{-j\omega t}\,dt \tag{6-50}$$

交换积分号和求和号次序，并利用冲激函数的筛分性质，得

$$X_s(j\omega)=\sum_{k=0}^{\infty}\int_{-\infty}^{\infty}x(t)\delta(t-kT_s)e^{-j\omega t}\,dt=\sum_{k=0}^{\infty}x(kT_s)e^{-j\omega kT_s} \tag{6-51}$$

这就是抽样信号的傅氏变换。令式中 $z=e^{j\omega T_s}$，将 $X_s(j\omega)$ 写成 $X(z)$，将 $x(kT_s)$ 简写成 $x(k)$，式（6-51）化为

$$X(z)=\sum_{k=0}^{\infty}x(k)z^{-k} \tag{6-52}$$

得到单边 Z 变换。式（6-51）表明单位圆上的 Z 变换就是序列的频谱。

【例 6-21】 设连续函数 $x(t)=r^t\varepsilon(t)$，由冲激序列 $\delta_T(t)$ 抽样，根据式（6-50）可知抽样后函数为

$$x_s(t)=\sum_{k=0}^{\infty}r^t\varepsilon(t)\delta(t-kT_s)=\sum_{k=0}^{\infty}r^{kT_s}\delta(t-kT_s)$$

根据式（6-51）得傅氏变换为

$$X_s(j\omega)=\sum_{k=0}^{\infty}r^{kT_s}e^{-j\omega kT_s}$$

令 $z=e^{j\omega T_s}$ 代入后得 Z 变换为

$$X(z)=\sum_{k=0}^{\infty}r^{kT_s}z^{-k}=\sum_{k=0}^{\infty}(r^{T_s}z^{-1})^k=\frac{1}{1-r^{T_s}z^{-1}}\qquad(|z|>|r^{T_s}|)$$

（二）序列的 Z 变换与拉氏变换的关系

同样，Z 变换也可以从拉氏变换推导得到。函数 $x(t)$ 经冲激序列 $\delta_T(t)$ 抽样后，作拉氏变换得 $X_s(s)$，作变量替换 $z=e^{sT_s}$，也就得到了抽样序列 $x(k)$ 的 Z 变换。

$$x(t) \xrightarrow{\text{冲激序列 } \delta_T(t) \text{ 抽样}} x_s(t) \xrightarrow{LT} X_s(s) \xrightarrow{e^{sT_s}=z} X(z)$$

若对式（6-49）作拉氏变换，这里序列为有始序列（$k\geqslant 0$），则

$$X_s(s)=\int_{-\infty}^{\infty}\sum_{k=0}^{\infty}x(t)\delta(t-kT_s)e^{-st}\,dt=\sum_{k=0}^{\infty}x(kT_s)e^{-skT_s} \tag{6-53}$$

这是抽样信号的拉氏变换。令 $z=e^{sT_s}$，$X_s(s)$ 写成 $X(z)$，$x(kT_s)$ 写成 $x(k)$，式（6-53）化为

$$X(z)=\sum_{k=0}^{\infty}x(k)z^{-k}$$

在第一节中已经指出单边 Z 变换的收敛域为 z 平面上以原点为中心的某圆外区域。

【例 6-22】 设连续时间函数 $x(t)=e^{\alpha t}\cos\beta t\varepsilon(t)$，经冲激序列 $\delta_T(t)$ 抽样，得抽样信

号为

$$x_s(t)=\sum_{k=-\infty}^{\infty}e^{\alpha t}\cos\beta t\varepsilon(t)\delta(t-kT_s)=\sum_{k=0}^{\infty}e^{\alpha t}\cos\beta t\delta(t-kT_s)$$

由式（6-53）得其单边拉氏变换为

$$X_s(s)=\sum_{k=0}^{\infty}e^{\alpha kT_s}\cos\beta kT_s e^{-skT_s}$$

令 $e^{sT_s}=z$，得到其 Z 变换为

$$\begin{aligned}X(z)&=\sum_{k=0}^{\infty}e^{\alpha kT_s}\cos\beta kT_s z^{-k}=\sum_{k=0}^{\infty}e^{\alpha kT_s}\left(\frac{e^{j\beta kT_s}+e^{-j\beta kT_s}}{2}\right)z^{-k}\\&=\sum_{k=0}^{\infty}\frac{1}{2}\left[e^{(\alpha+j\beta)kT_s}z^{-k}+e^{(\alpha-j\beta)kT_s}z^{-k}\right]\\&=\frac{1}{2}\sum_{k=0}^{\infty}\{[e^{(\alpha+j\beta)T_s}z^{-1}]^k+[e^{(\alpha-j\beta)T_s}z^{-1}]^k\}\\&=\frac{1}{2}\left[\frac{1}{1-e^{(\alpha+j\beta)T_s}z^{-1}}\right]+\left[\frac{1}{1-e^{(\alpha-j\beta)T_s}z^{-1}}\right]\\&=\frac{1-e^{\alpha T_s}\cos\beta T_s z^{-1}}{1-2e^{\alpha T_s}\cos\beta T_s z^{-1}+e^{2\alpha T_s}z^{-2}}\end{aligned}$$

简写为

$$X(z)=\frac{1-e^{\alpha}\cos\beta z^{-1}}{1-2e^{\alpha}\cos\beta z^{-1}+e^{2\alpha}z^{-2}}\tag{6-54}$$

二、连续时间信号的拉氏变换与其抽样序列的 Z 变换间的关系

以上是从抽样信号 $x_s(t)$ 的傅氏变换（或拉氏变换）求取其 Z 变换的方法，只需作变量替代 $z=e^{j\omega T_s}$（或 $z=e^{sT_s}$）即可。有时需要从连续信号 $x(t)$ 的单边拉氏变换 $X(s)$，直接求 $x(t)$ 的抽样序列 $x(kT_s)$，$k=0,1,2,\cdots$ 的 Z 变换。

$X(s)$ 的拉氏逆变换为

$$x(t)=\frac{1}{2\pi j}\int_{\sigma-j\omega}^{\sigma+j\omega}X(s)e^{st}ds$$

将 $x(t)$ 抽样，由上式得到抽样序列 $x(kT_s)$

$$x(kT_s)=\frac{1}{2\pi j}\int_{\sigma-j\omega}^{\sigma+j\omega}X(s)e^{skT_s}ds\qquad(k\geqslant0)\tag{6-55}$$

则此抽样序列的 Z 变换为

$$X(z)=\sum_{k=0}^{\infty}x(kT_s)z^{-k}$$

为寻求 $X(z)$ 与 $X(s)$ 的关系，将式（6-55）代入上式，并交换求和积分次序，得

$$X(z)=\frac{1}{2\pi j}\int_{\sigma-j\omega}^{\sigma+j\omega}X(s)\sum_{k=0}^{\infty}(e^{skT_s}z^{-k})ds\tag{6-56}$$

$\sum_{k=0}^{\infty}(e^{sT_s}z^{-1})^k$ 是公比为 $e^{sT_s}z^{-1}$ 的级数，当 $|z|>|e^{sT_s}|$ 时，级数收敛，值为

$$\sum_{k=0}^{\infty}(e^{sT_s}z^{-1})^k=\frac{1}{1-e^{sT_s}z^{-1}}\tag{6-57}$$

将式（6-57）代入式（6-56）得

$$X(z)=\frac{1}{2\pi j}\int_{\sigma-j\omega}^{\sigma+j\omega}\frac{X(s)}{1-e^{sT_s}z^{-1}}ds=\frac{1}{2\pi j}\int_{\sigma-j\omega}^{\sigma+j\omega}\frac{zX(s)}{z-e^{sT_s}}ds \tag{6-58}$$

若 $X(s)$ 中只有单极点，利用留数定理，得

$$X(z)=\Sigma\mathrm{Res}\left[\frac{zX(s)}{z-e^{sT_s}}\right]_{X(s)\text{的极点}} \tag{6-59}$$

式（6-58）体现了连续时间信号的拉氏变换与其抽样序列的 Z 变换间的关系，即根据连续信号的拉氏变换，可以由式（6-58）直接求出其抽样信号的 Z 变换，当拉氏变换只有单极点时，可用式（6-59）直接求解。

【例 6-23】 连续函数 $r^t\varepsilon(t)$ 的拉氏变换为 $X(s)=\dfrac{1}{s-\ln r}$，求对应的抽样序列 $x(kT_s)=r^{kT_s}\varepsilon(kT_s)(k\geqslant 0)$ 的 Z 变换。

解 根据连续时间信号的拉氏变换与其抽样序列的 Z 变换间的关系，得 Z 变换为

$$X(z)=\Sigma\mathrm{Res}\left[\frac{zX(z)}{z-e^{sT_s}}\right]_{x(s)\text{的极点}}=\Sigma\mathrm{Res}\left[\frac{z}{(s-\ln r)(z-e^{sT_s})}\right]_{x(s)\text{的极点}}$$

$$=\frac{z}{z-r^{T_s}}=\frac{1}{1-r^{T_s}z^{-1}}$$

得

$$X(z)=\frac{1}{1-r^{T_s}z^{-1}}\quad(|z|>|r^{T_s}|)$$

【例 6-24】 连续时间信号 $e^{\alpha t}\cos\beta t\cdot\varepsilon(t)$ 的拉氏变换为 $X(s)=\dfrac{s+a}{(s-\alpha)^2+\beta^2}$，求抽样后序列 $x(kT_s)=e^{\alpha kT_s}\cos\beta kT_s\cdot\varepsilon(kT_s)(k\geqslant 0)$ 的 Z 变换。

解 根据连续时间信号的拉氏变换与其抽样序列的 Z 变换间的关系，得

$$X(z)=\Sigma\mathrm{Res}\left[\frac{z}{z-e^{sT}}\cdot\frac{s+a}{(s-\alpha)^2+\beta^2}\right]_{x(s)\text{的极点}}$$

$X(s)$ 的极点为 $s_{1,2}=\alpha\pm j\beta$，于是

$$X(z)=\mathrm{Res}\left[\frac{z}{z-e^{sT}}\cdot\frac{s+a}{(s-\alpha)^2+\beta^2}\right]_{s=\alpha+j\beta}+\mathrm{Res}\left[\frac{z}{z-e^{sT}}\cdot\frac{s+a}{(s-\alpha)^2+\beta^2}\right]_{s=\alpha-j\beta}$$

$$=\frac{1}{2}\left[\frac{z}{z-e^{(\alpha+j\beta)T_s}}+\frac{z}{z-e^{(\alpha-j\beta)T_s}}\right]$$

整理得

$$X(z)=\frac{1-e^{\alpha}\sin\beta\cdot z^{-1}}{1-2e^{\alpha}\cos\beta z^{-1}+e^{2\alpha}z^{-2}}$$

表 6-1 列出了各种常用的 $H(s)$ 到 $H(z)$ 的变换。

表 6-1　从 $H(s)$ 到 $H(z)$ 的变换

$H(s)$	$h(t)$	$h(k)=h(kT_s)$	$H(z)$
1	$\delta(t)$	$\delta(kT_s)$	1
$\frac{1}{s}$	$\varepsilon(t)$	$\varepsilon(kT_s)$	$\frac{z}{z-1}$

续表

$H(s)$	$h(t)$	$h(k)=h(kT_s)$	$H(z)$
$\frac{1}{s+\alpha}$	$e^{-\alpha t}$	$e^{-\alpha kT_s}$	$\frac{z}{z-e^{-\alpha T_s}}$
$\frac{1}{s^2}$	t	kT_s	$\frac{T_s z}{(z-1)^2}$
$\frac{1}{(s+\alpha)^2}$	$te^{-\alpha t}$	$kT_s e^{-\alpha kT_s}$	$\frac{T_s e^{-\alpha T_s} z}{(z-e^{-\alpha T_s})^2}$
$\frac{1}{s^3}$	$\frac{t^2}{2}$	$\frac{k^2T_s^2}{2}$	$\frac{T_s^2(z+1)z}{2(z-1)^2}$
$\frac{1}{(s+\alpha)^3}$	$\frac{t^2}{2}e^{-\alpha t}$	$\frac{k^2T_s^2}{2}e^{-\alpha kT_s}$	$\frac{T_s e^{-\alpha T_s}(z+e^{-\alpha T_s})z}{(z-e^{-\alpha T_s})^3}$
$\frac{\beta}{(s+\alpha)^2+\beta^2}$	$e^{-\alpha t}\sin\beta t$	$e^{-\alpha kT_s}\sin\beta kT_s$	$\frac{e^{-\alpha T_s}\sin\beta T_s z}{z^2-2e^{-\alpha T_s}\mathrm{cossin}\beta T_s z+e^{-2\alpha T_s}}$
$\frac{s+\alpha}{(s+\alpha)^2+\beta^2}$	$e^{-\alpha t}\cos\beta t$	$e^{-\alpha kT_s}\cos\beta kT_s$	$\frac{z-e^{-\alpha T_s}\cos\beta T_s}{z^2-2e^{-\alpha T_s}\mathrm{cossin}\beta T_s z+e^{-2\alpha T_s}}$

三、泊松求和公式

泊松求和公式将时域抽样值之和与频域抽样值之和联系起来，下面用拉氏变换（或傅氏变换）来讨论。

时间抽样序列

$$X_s(kT_s)=\sum_{k=-\infty}^{\infty}x(t)\delta(t-kT_s) \tag{6-60}$$

周期函数 $\sum_{k=-\infty}^{\infty}\delta(t-kT_s)$ 的傅氏级数为

$$\sum_{k=-\infty}^{\infty}\delta(t-kT_s)=\frac{1}{T_s}\sum_{n=-\infty}^{\infty}e^{jn\omega_s t}\quad\left(\omega_s=\frac{2\pi}{T_s}\right) \tag{6-61}$$

根据式（6-61）知 $X_s(kT_s)$ 的拉氏变换 $X_s(s)$ 可表示为

$$X_s(s)=\frac{1}{T_s}\int_{-\infty}^{\infty}\sum_{n=-\infty}^{\infty}x(t)e^{-(s-jn\omega_s)t}dt=\frac{1}{T_s}\sum_{n=-\infty}^{\infty}X(s-jn\omega_s) \tag{6-62}$$

$X_s(kT_s)$ 的拉氏变换也可以由式（6-60）及拉氏变换定义得到，即

$$X_s(s)=\int_{-\infty}^{\infty}\left[\sum_{k=-\infty}^{\infty}x(t)\delta(t-kT_s)\right]e^{-st}dt=\sum_{k=-\infty}^{\infty}x(kT_s)e^{-skT_s} \tag{6-63}$$

比较式（6-62）和式（6-63）得

$$\sum_{k=-\infty}^{\infty}x(kT_s)e^{-skT_s}=\frac{1}{T_s}\sum_{n=-\infty}^{\infty}X(s-jn\omega_s) \tag{6-64}$$

令 $s=0$，代入上式，即得泊松公式 1。

（1）公式 1：设 $x(t)\leftrightarrow X(s)$ 为一拉氏变换对，则

$$\sum_{k=-\infty}^{\infty}x(kT_s)=\frac{1}{T_s}\sum_{n=-\infty}^{\infty}X(jn\omega_s)\quad\left(\omega_s=\frac{2\pi}{T_s}\right) \tag{6-65}$$

(2) 公式 2：在式（6-64）中令 $z=e^{sT_s}$，则有

$$X(z)\big|_{z=e^{sT_s}}=\frac{1}{T_s}\sum_{n=-\infty}^{\infty}X(s-jn\omega_s) \tag{6-66}$$

式（6-66）表明连续信号 $x(t)$ 的拉氏变换 $X(s)$ 与其抽样信号 $x(k)$ 的 Z 变换 $X(z)$ 的关系，即 $X(z)$ 是 $X(s)$ 的周期延拓，周期为抽样频率 ω_s。

式（6-66）中令 $s=j\omega$，得

$$X(e^{j\omega T_s})=\frac{1}{T_s}\sum_{n=-\infty}^{\infty}X(j\omega-jn\omega_s) \tag{6-67}$$

式（6-67）表明抽样信号序列 $x(k)$ 的频谱是原连续信号 $x(t)$ 的频谱的周期延拓，幅值相差 $\frac{1}{T_s}$倍。这个结论在离散信号频谱分析中具有很重要的意义。

第四节　差分方程 Z 变换解法

Z 变换是分析线性离散系统的数学工具，它可以将描述离散系统的差分方程变换成 Z 域的代数方程，从而方便方程的求解，同时系统的初始状态自然地包含在系统的 Z 变换函数中，因此 Z 变换函数方程，可以分别求得零输入响应和零状态响应，从而得到系统的全响应，然后在进行 Z 逆变换，转换为时域中离散信号的响应，即差分方程的解。

设离散系统的输入信号为 $x(k)$，输出 $y(k)$ 的 Z 变换为 $Y(z)$，Z 域中系统的全响应为零状态响应 $Y_{zs}(z)$ 和零输入响应 $Y_{zi}(z)$ 的和，即

$$Y(z)=Y_{zs}(z)+Y_{zi}(z) \tag{6-68}$$

式中，$Y(z)$ 即为全响应。

将上式进行 Z 逆变换得时域中的响应

$$y(k)=y_{zs}(k)+y_{zi}(k) \tag{6-69}$$

因此用 Z 变换法求解差分方程，首先将差分方程进行 Z 变换，变成 Z 域中的代数方程，然后求出 Z 域中的全响应，再经过 Z 逆变换求出系统的全响应，即差分方程的解。

N 阶差分方程的一般形式为

$$y(k)+a_1y(k-1)+\cdots+a_Ny(k-N)=b_0x(k)+b_1x(k-1)+\cdots+b_Mx(k-M) \tag{6-70}$$

初值为 $y(-1),y(-2),\cdots,y(-N)$。

1. 将差分方程变成 Z 域的代数方程

将式（6-70）作 Z 变换，并由移序定理，得

$$Y(z)+a_1[z^{-1}Y(z)+y(-1)]+\cdots+a_N[z^{-N}Y(z)+z^{-(N-1)}y(-1)+\cdots+y(-N)]$$
$$=b_0X(z)+b_1[z^{-1}X(z)+x(-1)]+\cdots+b_M[z^{-M}X(z)+z^{-(M-1)}x(-1)+\cdots+x(-M)]$$

经整理得

$$(1+a_1z^{-1}+\cdots+a_Nz^{-N})Y(z)+Y_1(z)=(b_0+b_1z^{-1}+\cdots+b_Mz^{-M})X(z)+X_1(z) \tag{6-71}$$

式中，$Y_1(z)$ 为含初值 $y(-1),y(-2),\cdots,y(-N)$ 的项；$X_1(z)$ 为含 $x(-1),x(-2),\cdots,x(-M)$ 的项。对于有始序列 $x(k)$，则 $x(-1)=x(-2)=\cdots=x(-M)=0$，故 $X_1(z)=0$。

式（6-71）中可记为

$$D(z)Y(z)+Y_1(z)=N(z)X(z) \tag{6-72}$$

式中　　$D(z)=1+a_1z^{-1}+\cdots+a_Nz^{-N};N(z)=b_0+b_1z^{-1}+\cdots+b_Mz^{-M}$

2. 写出 z 域的全响应形式

整理得

$$Y(z)=\frac{N(z)}{D(z)}X(z)-\frac{Y_1(z)}{D(z)} \tag{6-73}$$

式中，$\frac{Y_1(z)}{D(z)}$只与初值 $y(-1),y(-2),\cdots,y(-N)$ 有关，与输入 $x(k)$ 无关，所以是零输入响应，记为 $Y_{zi}(z)=-\frac{Y_1(z)}{D(z)}$，而$\frac{N(z)}{D(z)}X(z)$ 是当初值 $y(-1),y(-2),\cdots,y(-N)$ 为零时由 $x(k)$ 引起的响应，称为是零状态响应，记为 $Y_{zs}(z)=\frac{N(z)}{D(z)}X(z)$，故式（6-73）转化为式（6-68）的 z 域全响应形式

$$Y(z)=Y_{zs}(z)+Y_{zi}(z)$$

3. 求时域响应，得差分方程的解

将上式进行 Z 逆变换即得系统的全响应 $y(k)$，也是差分方程的解，同时也可以得到系统时域中的零输入响应 $y_{zi}(k)$ 和零状态响应 $y_{zs}(k)$，即

$$y(k)=y_{zs}(k)+y_{zi}(k)$$

【例 6-25】 用 Z 变换求差分方程的解

$$y(k)-y(k-1)-2y(k-2)=\varepsilon(k)$$

初值 $y(-1)=2$，$y(-2)=1/2$。

解　对原方程作 Z 变换

$$Y(z)-[z^{-1}Y(z)+y(-1)]-2[z^{-2}Y(z)+z^{-1}y(-1)+y(-2)]=\frac{1}{1-z^{-1}}$$

$$Y(z)=\frac{z(4z^2+z-4)}{(z-1)(z-2)(z+1)}$$

$$\frac{Y(z)}{z}=-\frac{1}{2}\times\frac{1}{z-1}+\frac{14}{3}\times\frac{1}{z-2}-\frac{1}{6}\times\frac{1}{z+1}$$

整理得

$$Y(z)=-\frac{1}{2}\times\frac{z}{z-1}+\frac{10}{3}\times\frac{z}{z-2}-\frac{7}{6}\times\frac{z}{z+1}$$

故求 Z 逆变换得

$$y(k)=-\frac{1}{2}+\frac{10}{3}\times2^k-\frac{7}{6}\times(-1)^k \qquad (k\geqslant0)$$

【例 6-26】（见［例 5-10］和［例 5-11］）求解差分方程

$$\begin{cases}y(k)-4y(k-1)+3y(k-2)=2^k \quad (k\geqslant0)\\ y(-1)=-1,y(-2)=1\end{cases}$$

解　［例 5-10］和［例 5-11］已经用不同的差分方程的求解方法求出了 $y(k)$，现采用 Z 变换法求解。

对原式作 Z 变换

$$Y(z)-4[z^{-1}Y(z)+y(-1)]+3[z^{-2}Y(z)+z^{-1}y(-1)+y(-2)]=\frac{1}{1-2z^{-1}}$$

将 $y(-1)=-1, y(-2)=1$ 代入上式，并整理得

$$Y(z)=\frac{-z^2(-4z+9)}{(z-1)(z-3)(z-21)}=\frac{5}{2}\times\frac{z}{z-1}-\frac{9}{2}\times\frac{z}{z-3}-4\times\frac{z}{z-2}$$

将上式进行 Z 逆变换得

$$y(k)=\frac{5}{2}-\frac{9}{2}\times 3^k-4\times 2^k \qquad (k\geqslant 0)$$

结果同［例 5 - 10］和［例 5 - 11］相同。对几种求解差分方程的方法进行比较，可见用 Z 变换法能将差分方程变成 z 域中的代数方程，然后再 Z 逆变换，此种方法求解差分方程，可以不用考虑零输入响应和零状态响应，也不必考虑通解和特解，直接一次求出全响应。

第五节　离散系统的系统函数

一、系统函数的定义

离散系统的系统函数及其 z 域传输函数，定义为系统在零状态下，系统响应（输出序列）的 Z 变换 $Y(z)$ 与激励（输入序列）Z 变换 $X(z)$ 之比，用 $H(z)$ 表示，如图 6 - 4 所示。

$$H(z)=\frac{Y_{zs}(z)}{X(z)} \tag{6-74}$$

由图 6 - 5 离散系统的时域单位响应 $h(k)$ 与 Z 域系统函数 $H(z)$ 的关系图解，可以得出 $H(z)$ 的物理意义，即离散系统的系统函数是单位响应的 z 域函数。

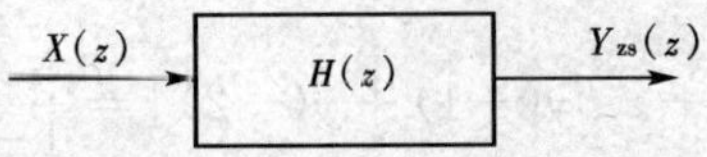

图 6 - 4　离散系统传输框图

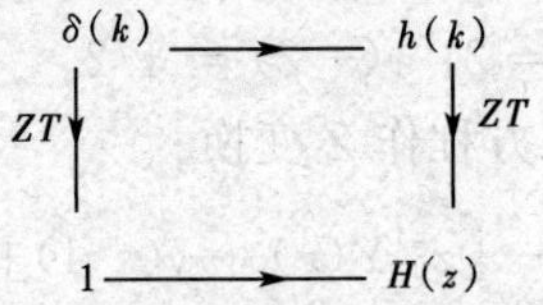

图 6 - 5　时域单位响应 $h(k)$ 与 z 域系统函数 $H(z)$ 的关系

在式（6 - 73）中，若系统的初值为零，即只考虑零状态响应，则有

$$Y(z)=Y_{zs}(z)=\frac{N(z)}{D(z)}X(z) \tag{6-75}$$

根据定义得，系统函数为

$$H(z)=\frac{Y_{zs}(z)}{X(z)}=\frac{N(z)}{D(z)}=\frac{b_0+b_1z^{-1}+\cdots+b_Mz^{-M}}{1+a_1z^{-1}+\cdots+a_Nz^{-N}} \tag{6-76}$$

则式（6 - 75）记为

$$Y_{zs}(z)=H(z)X(z) \tag{6-77}$$

由式（6 - 73）可见，式（6 - 76）中的常系数 a_1，a_2，…，a_N，b_1，b_2，…，b_M 均为差分方程式（6 - 70）的常系数，将式（6 - 76）中的分子、分母进行因式分解，得

$$H(z)=K\frac{\prod_{i=1}^{M}(1-z_iz^{-1})}{\prod_{i=1}^{N}(1-p_iz^{-1})} \tag{6-78}$$

式中，分母的每一个因子 $(1-p_iz^{-1})$ 在 $z=p_i$ 处提供一个极点，分子的每一个因子 $1-z_iz^{-1}$ 在 $z=z_i$ 处提供一个零点，当 $N>M$ 时，在 $z=0$ 处有一个 $N-M$ 阶极点。系统函数完全由其零点、极点确定，这些零点和极点分别由系统差分方程的系数所确定，因此系统函数与差分方程存在直接的关系。如果离散系统的差分方程已知，便可根据式（6-76）确定系统函数。

若激励为 $\delta(k)$，其 Z 变换 $X(z)=1$，则根据式（6-77），此时的系统零状态响应即为单位响应 $H(z)$，记为 $H(z)=Y_{zs}(z)$，故系统函数就是单位响应的 Z 变换，即

$$H(z)=\mathscr{Z}[h(k)]=\sum_{k=0}^{\infty}h(k)z^{-k} \tag{6-79}$$

结论：一个线性时不变离散系统有三种方法描述，分别为单位响应 $h(k)$，系统函数 $H(z)$ 及其收敛域和差分方程。

可以利用系统函数很方便地求取系统的零状态响应。

在第五章第四节中讨论过，时域中系统零状态响应是激励与单位响应的卷积和，见式（5-58）。当激励为有始序列，即对于 $i<0,x(i)=0$，故求和号中下限为零，即 $y_{zs}(k)=\sum_{i=0}^{\infty}x(i)h(k-i)=x(k)*h(k)$，由 Z 变换的卷积定理可以得出 z 域中系统的零状态响应等于激励与系统函数的积，即

$$Y_{zs}(z)=H(z)X(z) \tag{6-80}$$

可见，系统函数是系统的一种数学表示，也称为系统的 z 域模型。不同的系统函数表示不同的系统，系统函数只取决于系统本身的结构和参数，与外界的激励无关。系统函数的极点等于特征方程的根，因此系统函数本身包含有系统的固有信息。可以应用系统函数求取系统的零状态响应，分析系统的一些重要性质，如系统的稳定性和频率特性等。

二、求解离散系统的系统函数

根据离散系统函数的定义和物理意义求解离散系统的系统函数可以通过两种方法：一种方法是利用定义，直接求出 Z 域系统函数 $H(z)=Y(z)/X(z)$；另一种方法是求解离散系统的单位响应，然后求其 Z 变换即可获得系统函数。

【例 6-27】 已知离散系统

$$\begin{cases}y(k)-4y(k-1)+3y(k-2)=2^k \quad (k\geqslant 0)\\ y(-1)=-1,y(-2)=1\end{cases}$$

试求离散系统的系统函数。

解　方法一：求单位零状态响应法。

根据系统的差分方程，单位响应的激励 $x(k)=\delta(k)$，且为零状态，则所得单位零状态差分方程为

$$\begin{cases}h(k)-4h(k-1)+3h(k-2)=\delta(k) \quad (k\geqslant 0)\\ h(-1)=0,h(-2)=0\end{cases}$$

利用［例 5-12］的方法得系统的单位响应即上式差分方程的解为

$$h(k)=-\frac{1}{2}+\frac{3}{2}\times 3^k \quad (k\geqslant 0)$$

然后，对 $h(k)$ 进行 z 变换，得系统函数为

$$H(z)=-\frac{1}{2}\times\frac{z}{z-1}+\frac{3}{2}\times\frac{z}{z-3}=\frac{z^2}{(z-1)(z-3)}$$

方法二：利用定义求解。

先将系统差分方程变成 z 域方程得

$$Y(z)-4[z^{-1}Y(z)+y(-1)]+3[z^{-2}Y(z)+z^{-1}y(-1)+y(-2)]=\frac{1}{1-2z^{-1}}$$

由于系统函数中定义的是零状态响应与激励的比值，因此 $y(-1)=y(-2)=0$，所以上式为

$$Y_{zs}(z)-4z^{-1}Y_{zs}(z)+3z^{-2}Y_{zs}(z)=\frac{1}{1-2z^{-1}}$$

则系统函数为

$$H(z)=\frac{Y_{zs}(z)}{X(z)}=\frac{z^2}{z^2-4z+3}=\frac{z^2}{(z-1)(z-3)}$$

求出系统函数后，可根据式（6-80）求出系统的零状态响应的 z 域解或经 Z 逆变换得时域解。

三、利用 z 域系统函数判别离散系统的稳定性

同连续系统的拉氏变换的系统函数 $H(s)$ 作用类似，离散系统函数 $H(z)$ 对确定系统的性质是十分重要的，可以利用 z 域系统函数的极点是否在单位圆内来判断系统的稳定性。

因果系统的单位响应 $h(k)$ 必是有始序列，即 $k<0$ 时，$h(k)=0$。由本章第一节 Z 变换的收敛域可知，$H(z)$ 的收敛域必在其模为最大的极点的圆外，并且包括无穷大。

第五章中讨论过的系统稳定性必要条件是其单位响应 $h(k)$ 必须绝对可和，即

$$\sum_{k=0}^{\infty}|h(k)|<\infty \tag{6-81}$$

又由式（6-11）可知，$H(z)$ 在收敛域内必满足

$$\sum_{k=0}^{\infty}|h(k)z^{-k}|<\infty \tag{6-82}$$

当 $|z|=1$ 时，式（6-81）和式（6-82）等价；当 $|z|>1$ 时，$|h(k)z^{-k}|<|h(k)|$。若设系统稳定，则式（6-81）成立，于是式（6-82）必然成立，得到结论：因果稳定系统的收敛域在单位圆外部，即因果稳定系统的系统函数的全部极点必须在单位圆内。

如前所述，$H(z)$ 的极点 p_i 由差分方程的特征方程决定，p_i 即为特征方程的根，由于特征方程具有实系数，因此它的根可能是实数或成对的共轭复极点两类。

若 $H(z)$ 的某一单极点，即 $p_i=r$，则在 $H(z)$ 的部分分式展开式中包含 $\frac{z}{z-r}$ 的项。其反变换为 r^k，即单位激励响应 $h(k)$ 中将包含指数项 r^k 序列。

如果 $r<1$，则 $k\to\infty$，$r^k\to 0$，因此该指数项为系统 $h(k)$ 的稳定项。

如果 $r>1$，则 $k\to\infty$，$r^k\to\infty$，因此该指数项为系统 $h(k)$ 的不稳定项。

如果 $r=1$，则 $r^k=\varepsilon(k)$，因此该指数项为系统 $h(k)$ 的临界稳定项。

即极点 p_i 都在单位圆内的系统稳定，否则系统不稳定。

可见，当因果离散系统的系统函数 z 域的极点全在单位圆内时，此系统是稳定性的。用此方法来判断离散系统稳定性与第五章第五节的系统稳定性判定方法相比较为简单。

【例 6-28】 判断累加器的稳定性。

解　累加器的数学模型，见［例 5-14］为

$$y(k)-y(k-1)=x(k)$$

对方程两边作 Z 变换，初值 $y(-1)=0$，得

$$Y(z)-z^{-1}Y(z)=X(z)$$

得系统函数为

$$H(z)=\frac{Y(z)}{X(z)}=\frac{1}{1-z^{-1}}=\frac{z}{z-1}$$

极点 $z=1$ 在单位圆上，故系统不稳定。

【例 6-29】　已知离散系统，见［例 5-3］

$$y(k)-\frac{1}{2}y(k-1)=\frac{1}{2}x(k)$$

判别系统的稳定性。

解　对方程两边作 Z 变换，初值 $y(-1)=0$，得

$$Y(z)-\frac{1}{2}z^{-1}Y(z)=\frac{1}{2}X(z)$$

得系统函数为

$$H(z)=\frac{\frac{1}{2}}{1-\frac{1}{2}z^{-1}}=\frac{\frac{1}{2}z}{z-\frac{1}{2}}$$

极点 $z=\frac{1}{2}<1$ 在单位圆内，故系统稳定。

【例 6-30】　分析一下存款问题的稳定性，见［例 5-3］。

解　某人按月存款 $x(k)$ 元，$k=1, 2, \cdots$ 表示第 k 月，银行月利率为 α，按复利计算，则第 k 月后的本利和 $y(k)$ 为

$$y(k)=\underset{\text{本金}}{y(k-1)}+\underset{\text{利息}}{\alpha y(k-1)}+\underset{\text{本月存}}{x(k)}$$

整理得

$$y(k)-(1+\alpha)y(k-1)=x(k)$$

对方程两边作 Z 变换，初值 $y(-1)=0$，得

$$Y(z)-(1+\alpha)z^{-1}Y(z)=X(z)$$

则系统函数为

$$H(z)=\frac{1}{1-(1+\alpha)z^{-1}}=\frac{z}{z-(1+\alpha)}$$

当利率 $\alpha>0$ 时，极点 $z=(1+\alpha)>1$ 在单位圆外，故存款系统不稳定。

第六节　离散系统的频率响应

一、离散系统频率响应的导出

当离散系统在正弦序列输入情况下，且系统处于零状态时，输出与输入之比定义为系统的频率响应。离散系统的频率响应描述了系统对输入信号的处理作用。下面研究线性时不变系统对正弦序列的稳态响应。

由于正弦序列可以由复指数序列叠加而成，因此用 $Ae^{jk\omega T_s}$ 表示正弦激励。A 表示正弦激励的振幅，ωkT_s 表示的是相角。线性时不变连续系统的频率响应为

$$H(s)\mid_{s=j\omega}=H(j\omega)$$

由此引入离散系统的频率响应

$$H(z)\mid_{Z=e^{j\omega T_s}}=H(e^{j\omega T_s}) \tag{6-83}$$

证明：设输入激励 $x(k)=e^{jk\omega T_s}(k\geqslant 0)$，则系统的零状态响应为

$$y_{zs}(k)=h(k)*x(k)=\sum_{i=0}^{\infty}h(i)x(k-i) \qquad (k\geqslant 0)$$

设离散系统是因果系统，激励为有始序列，即 $x(k)=0$（$k<0$）时，上式可以写成

$$y_{zs}(k)=h(k)*x(k)=\sum_{i=0}^{k}h(i)x(k-i)$$

将激励代入得

$$y_{zs}(k)=\sum_{i=0}^{k}h(i)e^{j(k-i)\omega T_s}=e^{jk\omega T_s}\sum_{i=0}^{k}h(i)e^{-ji\omega T_s}$$

得

$$y_{zs}(k)=x(k)H(z)\mid_{z=e^{-j\omega T_s}}$$

则

$$y_{zs}(k)=x(k)H(e^{j\omega T_s}) \tag{6-84}$$

从而输出的幅相特性表示为

$$\begin{cases}\mid y_{zs}(k)\mid=\mid x(k)\mid\mid H(e^{j\omega T_s})\mid\\ \angle y_{zs}(k)=\angle x(k)+\angle H(e^{j\omega T_s})\end{cases} \tag{6-85}$$

式（6-85）中，$H(e^{j\omega T_s})$ 反映了离散系统的频率特性，即随着输入信号频率的变化，所得的输出信号的幅值和相位也在变化，如图 6-6 所示。

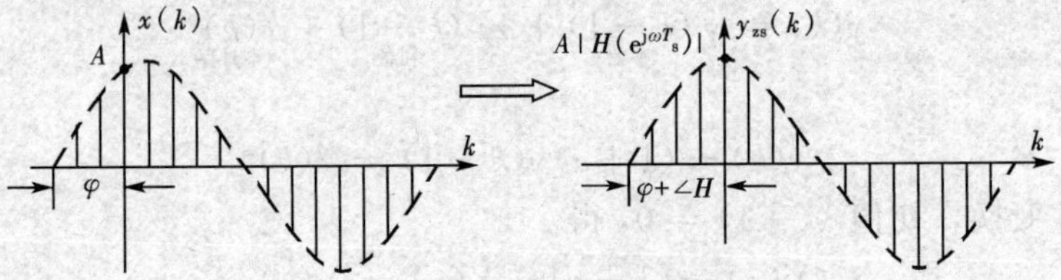

图 6-6　正弦序列输入输出关系

图 6-6 中，激励为正弦序列 $x(k)=A\sin(k\omega T_s+\varphi)$，则根据式（6-85）得正弦序列的稳态响应为

$$y_{zs}(k)=\mid H(e^{j\omega T_s})\mid A\sin[k\omega T_s+\varphi+\angle H(e^{-j\omega T_s})] \tag{6-86}$$

式（6-86）表明，当激励为正弦序列时，线性时不变离散系统的输出响应只改变了正弦序列的幅值和相位，不改变其形状，改变量由 $H(e^{j\omega T_s})$ 确定，称 $H(e^{j\omega T_s})$ 为线性时不变离散系统的频率响应，又称频率特性，其模为幅频特性，幅角为相频特性，记为

$$H(e^{j\omega T_s})=H(z)\mid_{z=e^{j\omega T_s}}=\mid H(e^{j\omega T_s})\mid e^{j\arg H(e^{j\omega T_s})}=\mid H(e^{j\omega T_s})\mid\angle H(e^{j\omega T_s}) \tag{6-87}$$

采用数字频率 $\Omega=\omega T_s$，则频率响应为

$$H(e^{j\Omega})=|H(e^{j\Omega})|\angle H(e^{j\Omega}) \tag{6-88}$$

式（6-86）相应为

$$y_{zs}(k)=|H(e^{j\Omega})|A\sin[k\Omega+\varphi+\arg H(e^{j\Omega})] \tag{6-89}$$

二、频率响应的特点

由以上分析可见，线性时不变离散系统的频率响应与连续系统类似，只是修改了激励的幅值和相位，得出系统的稳定输出，而不改变频率。但是离散系统的频率响应与连续系统相比，也有不同之处，即离散系统的频率响应有其特有的周期性和对称性。

由式（6-87）或式（6-88）可以推得离散系统频率响应的特点。

（一）周期性

由式（6-76）得系统函数表示为

$$H(z)=\frac{Y_{zs}(z)}{X(z)}=\frac{N(z)}{D(z)}=\frac{b_0+b_1z^{-1}+\cdots+b_Mz^{-M}}{1+a_1z^{-1}+\cdots+a_Nz^{-N}}$$

令 $z=e^{j\omega T_s}$，得相应的频率响应为

$$H(e^{j\omega T_s})=\frac{N(e^{j\omega T_s})}{D(e^{j\omega T_s})}=\frac{b_0+b_1(e^{j\omega T_s})^{-1}+\cdots+b_M(e^{j\omega T_s})^{-M}}{1+a_1(e^{j\omega T_s})^{-1}+\cdots+a_N(e^{j\omega T_s})^{-N}} \tag{6-90}$$

由于

$$e^{j\omega T_s}=e^{j\left(\omega+k\frac{2\pi}{T_s}\right)T_s}=e^{j(\omega+k\omega_s)T_s}$$

则复指数函数 $e^{j\omega T_s}$ 以 ω_s 为周期，其中 ω_s 为抽样角频率，且 $\omega_s=\frac{2\pi}{T_s}$，$k$ 为任意整数。

由式（6-90）可知，频率响应 $H(e^{j\omega T_s})$ 的分子分母都是 $e^{j\omega T_s}$ 的多项式，因此频率响应也以 ω_s 为周期，即

$$H(e^{j\omega T_s})=H[e^{j(\omega+k\omega_s)T_s}] \tag{6-91}$$

采用数字频率 Ω 时，周期为 2π，故有

$$H(e^{j\Omega})=H[e^{j(\Omega+2\pi)}] \tag{6-92}$$

离散系统的频率响应具有周期性，这是连续系统的频率响应所不具有的性质。

（二）对称性

频率响应 $H(e^{j\omega T_s})$ 是以 ω_s 为周期的，且 $\omega_s=\frac{2\pi}{T_s}$，得

$$e^{j\frac{\omega_sT_s}{2}}=e^{j\pi}=e^{-j\pi}$$

对于复数运算，如果 $f(a)$ 是关于 a 的具有实数系数的多项式时，有 $f(a)=\overset{*}{f}(\overset{*}{a})$，$a$ 表示变量，$f(a)$ 是关于 a 的函数，* 表示取共轭，则

$$H[e^{j\left(\frac{\omega_s}{2}+\Delta\omega\right)T_s}]=\overset{*}{H}[e^{j\left(\frac{\omega_s}{2}+\Delta\omega\right)T_s}]^* \tag{6-93}$$

因为

$$[e^{j(\pi+\Delta\omega T_s)}]^*=e^{j(-\pi-\Delta\omega T_s)}=e^{j(\pi-\Delta\omega T_s)}$$

所以式（6-93）可化为

$$H[e^{j\left(\frac{\omega_s}{2}+\Delta\omega\right)T_s}]=\overset{*}{H}[e^{j\left(\frac{\omega_s}{2}-\Delta\omega\right)T_s}] \tag{6-94}$$

或

$$H[e^{j(\pi+\Delta\omega T_s)}]=\overset{*}{H}[e^{j(\pi-\Delta\omega T_s)}] \tag{6-95}$$

用数字频率表示为

$$H[e^{j(\pi+\Delta\Omega)}]=\overset{*}{H}[e^{j(\pi-\Delta\Omega)}] \quad (6-96)$$

表明频率响应以$\frac{\omega_s}{2}$对称的，若采用数字频率，则以 π 为对称，幅频响应为偶对称，相频响应为奇对称。

由频率响应的周期性和对称性可见，对于两个频率为$\frac{\omega_s}{2}-\Delta\omega$，$\frac{\omega_s}{2}+\Delta\omega$ 正弦信号输入到同一个系统所得的输出幅值相同，相位关于$\frac{\omega_s}{2}$奇对称。例如，一语音系统的频率响应的$\frac{\omega_s}{2}=100\text{kHz}$，则人说话时 95kHz 和 105kHz 的信号输入到系统中，输出幅值相同，相位是关于$\frac{\omega_s}{2}=100\text{kHz}$ 奇对称的。又如人说话时 95kHz 和 295kHz 的信号输入到系统中，输出幅值相同，相位相同，因此滤波时不易将 295kHz 信号滤掉。

频率响应的周期性和对称性是线性时不变离散系统不同于连续系统的重要特点。离散系统频率响应的周期性和对称性在设计数字滤波器中具有重要的意义。由于离散系统频率特性的周期性和对称性，若离散系统作为滤波器，在进行低通、高通、带通和带阻滤波器设计时，要求其频率特性只能限于 $\Omega\leqslant\pi$ 范围内。

【例 6-31】 若 $u(k)$ 为输入，试求下面离散系统的频率响应，并作图。

$$y(k)=\frac{u(k)-u(k-1)}{2}$$

$$Y(z)=\frac{U(z)-z^{-1}U(z)}{2}$$

$$H(z)=\frac{Y(z)}{U(z)}=\frac{1}{2}-\frac{1}{2}z^{-1}$$

解 对差分方程作 Z 变换求 $H(z)$，频率响应为

$$H(e^{j\Omega})=\frac{1}{2}(1-e^{-j\Omega})=je^{-j\frac{\Omega}{2}}\cdot\frac{e^{j\frac{\Omega}{2}}-e^{-j\frac{\Omega}{2}}}{2j}=je^{-j\frac{\Omega}{2}}\sin\frac{\Omega}{2}$$

$$=e^{j\left(\frac{\pi}{2}-\frac{\Omega}{2}\right)}\sin\frac{\Omega}{2}$$

幅频特性和相频特性分别为

$$\begin{cases}|H(e^{j\Omega})|=\left|\sin\frac{\Omega}{2}\right|\\ \angle H(e^{j\Omega})=\frac{\pi}{2}-\frac{\Omega}{2}\end{cases}$$

特性曲线如图 6-7 所示。

由图 6-7 分析可得：

(1) $\omega=0$，$|H(0)|=0$，$\angle H(0)=0$，即输入为直流分量的序列，输出序列为 0 序列，如图 6-8 所示。

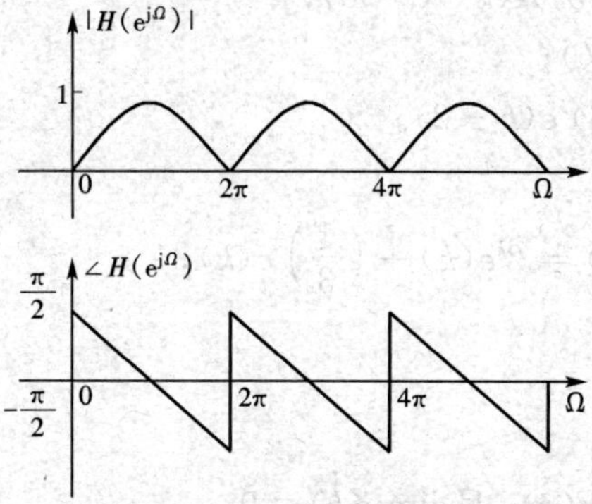

图 6-7 系统的频率响应

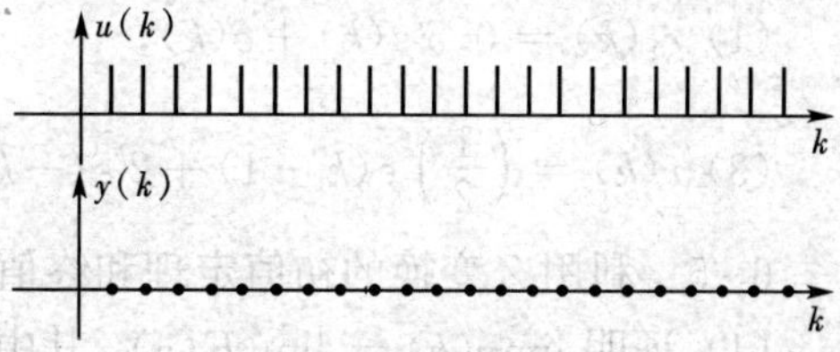

图 6-8 $\omega=0$ 时的输入序列与输出序列

（2）$\omega T_s=\pi$，$\omega=\dfrac{\omega_s}{2}$时，由幅频特性知 $|H(\omega_s/2)|=1$，$\angle H(\omega_s/2)=0$，即输出信号序列与输入序列保持同相同幅，如图 6-9 所示。

（3）$\omega T_s=\dfrac{\pi}{3}$，$\omega=\dfrac{\omega_s}{6}$时，由幅频特性知 $|H(\omega_s/6)|=0.5$，$\angle H(\omega_s/6)=\dfrac{\pi}{3}$，其输出信号序列与输入序列如图 6-10 所示。

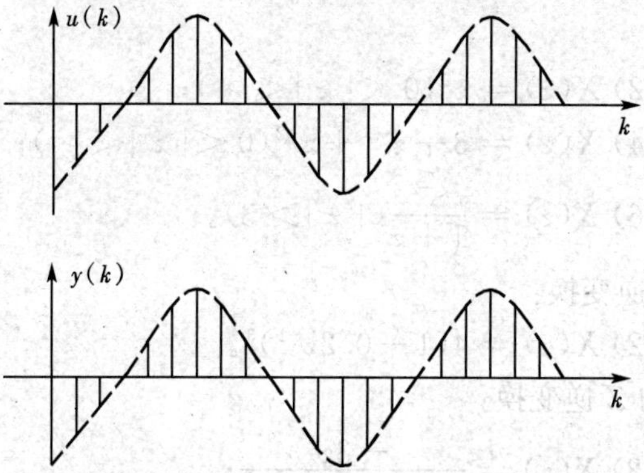

图 6-9 $\omega=\omega_s/2$ 时的输入序列和输出序列

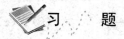

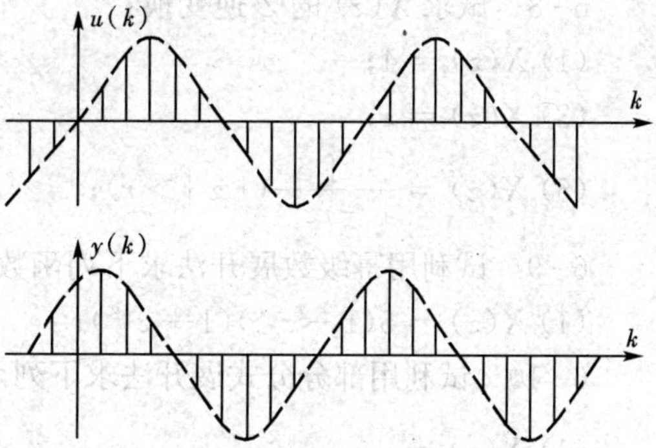

图 6-10 $\omega=\omega_s/6$ 时的输入序列与输出序列

习 题

6-1 试求下列序列的 Z 变换及其收敛域，并画出零、极点图：

(1) $x(k)=\{1, -1, 1, -1, \cdots\}$；

(2) $x(k)=\{1, 0, 1, 0\}$；

(3) $x(k)=\{0, 1, 2, 3, \cdots\}$；

(4) $x(k)=\{1, 4, 0, -1, 0, 0, 0, 0, 0, \cdots, 0, \cdots\}$。

6-2 设 $x_1(k)=\{1, -1, 0, 1, 0\}$，试求 Z 变换 $X(z)$；如将序列右移一位，即 $x_2(k)=x_1(k-1)=\{0, 1, -1, 0, 1\}$，再求 Z 变换，并说明 $X_2(z)$ 和 $X_1(z)$ 的关系。

6-3 利用 Z 变换的性质求下列序列的 Z 变换，并求其收敛域：

(1) $a^{k+3}\varepsilon(k)$；　(2) $\cos(bk)\varepsilon(k)$ $(b<0)$；

(3) $(k+2)\varepsilon(k)$；　(4) $k^2\varepsilon(k)$；

(5) $k\mathrm{e}^k\varepsilon(k)$；　(6) $(0.6)^k\varepsilon(k-2)$。

6-4 试计算下列各序列的 Z 变换：

(1) $x_1(k)=0.5^k\varepsilon(k)+\delta(k)$；　(2) $x(k)=2^k\varepsilon(k)+\left(\dfrac{1}{3}\right)^k\varepsilon(k)$；

(3) $x(k)=\left(\dfrac{1}{2}\right)^k\varepsilon(k-1)+2^k\varepsilon(-k)$。

6-5 利用 Z 变换的初值定理和终值定理，试完成：

(1) 证明 $\lim\limits_{k\to 1}y(k)=\lim\limits_{z\to\infty}zF(z)$，其中 $\mathscr{Z}[y(k)]=F(z)$，且 $\lim\limits_{k\to 0}y(k)=0$。

(2) 求 $y(k)=b(1-\mathrm{e}^{-\alpha kT})$ 的终值。

6-6 利用 Z 变换的移序性质和线性性质，证明：

(1) $r^{k-1}\varepsilon(k-1)\leftrightarrow\dfrac{1}{z-r}$；　(2) $\mathrm{e}^{\lambda(k-1)T_s}\varepsilon(k-1)\leftrightarrow\dfrac{1}{z-\mathrm{e}^{\lambda T_s}}$；

(3) $\mathrm{e}^{\alpha kT_s}\sin\beta kT_s\leftrightarrow\dfrac{z\mathrm{e}^{\alpha T_s}\sin\beta T_S}{z^2+2z\mathrm{e}^{\alpha T_s}\sin\beta T_S+\mathrm{e}^{2\alpha T_s}}$。

6-7 设 $x(k)=r^k\varepsilon(k)$，试利用卷积定理和终值定理求 $y(k)=\sum\limits_{i=0}^{k}x(i)$ 的终值。

6-8 试求 $X(z)$ 的 Z 逆变换：

(1) $X(z)=1$；　(2) $X(z)=z^2(0<|z|<\infty)$；

(3) $X(z)=z$；　(4) $X(z)=3+z^{-1}+z^{-2}(0<|z|<\infty)$；

(5) $X(z)=\dfrac{1}{1-rz^{-1}}(|z|>r)$；　(6) $X(z)=\dfrac{z^{-2}}{1+z}(|z|>3)$。

6-9 试利用幂级数展开法求下列函数的 Z 逆变换：

(1) $X(z)=5(1-z^{-1})(1+z^{-2})$；　(2) $X(z)=4(1-0.2z^{-1})^3$。

6-10 试利用部分分式展开法求下列函数的 Z 逆变换：

(1) $X(z)=\dfrac{z}{(z-1)^2(z+2)}$；　(2) $X(z)=\dfrac{-3z}{(z+1)(z-2)}$；

(3) $X(z)=\dfrac{1}{(z-1)(z^2-1)}$；　(4) $X(z)=\dfrac{z^2}{z^2+4z+3}$；

(5) $X(z)=\dfrac{5}{1+0.5z^{-1}-0.25z^{-2}}$；　(6) $X(z)=\dfrac{5(1-z^{-1})}{(1-z^{-1})(1-0.5z^{-2})}$。

6-11 试利用复变函数法求下列函数的 Z 逆变换：

(1) $X(z)=\dfrac{2z}{(z-1)(z+1)}$；　(2) $X(z)=\dfrac{1-z^{-1}}{1-z^{-1}-z^{-2}}$；

(3) $X(z)=\dfrac{1}{1-z^2}$；　(4) $X(z)=\dfrac{z^{-1}}{1-0.5z^{-1}+0.6z^{-2}}$。

6-12 试利用 Z 逆变换法求解下列差分方程：

(1) $y(k)+3y(k-1)+2y(k-2)=\varepsilon(k-2)$，$y(-2)=-1$，$y(-1)=2$；

(2) $y(k)+3y(k-1)=k\varepsilon(k)$，$y(-1)=0$；

(3) $y(k)+2y(k-1)=(k-1)\varepsilon(k)$，$y(0)=1$；

(4) $y(k)+2y(k-1)-8y(k-2)=5\varepsilon(k), y(-2)=2, y(-1)=1$。

6-13　已知连续函数 $x(t)$ 的拉氏变换 $X(s)$，利用公式

$$X(z)=\Sigma\text{Res}\left[\frac{zX(s)}{Z-e^{sT_s}}\right]_{X(s)\text{的极点}}$$

直接求出下列连续函数的取样函数 $x(kT_s)$ 的 Z 变换 $X(z)$：

(1) $X(s)=\frac{s}{s^2+\beta^2}$；　　(2) $X(s)=\frac{(s+a)}{(s+a)^2+\beta^2}$。

6-14　试求下列差分方程表示的离散系统的系统函数 $H(z)$ 和单位响应 $h(k)$：

(1) $y(k)+y(k-1)=\varepsilon(k), y(-2)=-1, y(-1)=2$；

(2) $y(k)+2y(k-1)+y(k-2)=2^k$；

(3) $y(k)-2y(k-1)+y(k-2)=e^k+\sin\alpha k, y(-2)=3, y(-1)=2$。

6-15　离散因果系统差分方程为 $y(k)-y(k-1)=x(k)$，试求下列情况下离散系统的零状态响应：(1) 当 $x(k)=\varepsilon(k)$；(2) 当 $x(k)=2^k\varepsilon(k)$；(3) 当 $x(k)=e^{\alpha k}\varepsilon(k)$。

6-16　离散系统的系统函数为

$$H(z)=\frac{b_0z^m+b_1z^{m-1}+\cdots+b_m}{a_0z^n+a_1z^{n-1}+\cdots+a_n}$$

试证明：

(1) 若 $m\leqslant n$，则系统是因果系统；

(2) 系统单位响应为 $h(k)=\begin{cases}0 & (k<n-m)\\ \frac{b_m}{a_n} & (k=n-m)\end{cases}$。

6-17　试求下列因果系统（$k\geqslant0$）的系统函数 $H(z)$ 和以 $u(k)$ 为激励的单位阶跃响应：

(1) $y(k)+y(k-1)=u(k)+2u(k-1)$；

(2) $y(k)-7y(k-1)+12y(k-2)=u(k), y(-2)=-1, y(-1)=2$。

6-18　试分析当 α 为何值时下列差分方程描述的离散因果系统稳定［其中 $u(k)$ 为激励］：

(1) $y(k)-\alpha y(k-1)+\alpha^2y(k-2)=u(k)+2u(k-1)$；

(2) $y(k)-\alpha^2y(k-1)=u(k)$；

(3) $y(k)-4\alpha y(k-1)+4\alpha^2y(k-2)=3u(k)+2u(k-1)$。

6-19　如图 6-11 所示离散系统中 α 为何值时系统才稳定？

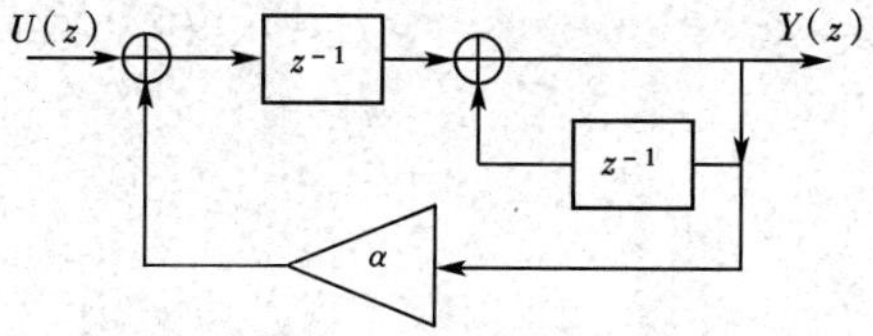

图 6-11　习题 6-19 图

6-20　试求下列差分方程描述的离散系统的系统函数的频率特性 $H(e^{j\omega T_s})=H(e^{j2\pi f/f_s})=H(e^{j2\pi r})$，$r=f/f_s$ 为相对频率，从 0 到 1 间隔为 0.1：

(1) $y(kT_s)=u(kT_s)-u[(k-1)T_s]$；

(2) $y(kT_s)+0.2y[(k-1)T_s]=u[(k-1)T_s]$。

6-21　试连续系统时间微分器为 $y(t)=\frac{dx(t)}{dt}$，离散后用差分方程表示的离散时间微分器近似为 $y(kT_s)=\frac{x(kT_s)-x[(k-1)T_s]}{T_s}$，分别绘制连续时间微分器和离散时间微分器的频率特性（幅频特性和相频特性），并作以比较。$r=f/f_s=fT_s$，取值从 0 到 1，间隔为 0.1。

第七章　离散傅里叶变换与快速傅里叶变换

任意函数 $x(t)$ 都可以分解为无穷多个不同频率正弦信号的和，这是谐波分析的基本概念。需要将时域信号 $x(t)$ 变换到频域，从而得到信号的频谱，并进行信号的频谱分析。这种函数时域和频域的变换关系统称为傅里叶变换。傅里叶变换广泛应用在信号分析中，只有待分析的信号是离散的且有限长，才能通过计算机进行傅里叶分析。所谓离散傅里叶变换(DFT)，即有限长离散信号的傅里叶变换，是由通常意义下的傅里叶变换发展而来的。由于直接用 DFT 进行傅里叶分析时，计算工作量比较大，由此提出了 DFT 的快速算法，称为快速傅里叶变换（FFT），从而使 DFT 得到广泛的应用。

第一节　傅里叶变换的形式

时域中的信号与相应的频域中的频谱构成傅里叶变换对，它们之间的变换关系称之为傅里叶变换。傅里叶变换对包括了连续信号和离散信号的傅里叶变换和傅里叶级数，当时间与频率分别取连续值或离散值时，就得到各种不同形式的傅里叶变换对，即连续时间与离散频率的傅里叶变换对、连续时间与连续频率的傅里叶变换对、离散时间与连续频率的傅里叶变换对和离散时间与离散频率的傅里叶变换对（又称离散傅里叶级数 DFS）。

一、连续时间与离散频率的傅里叶变换（FS）

时域中的周期连续信号的傅里叶变换所得到的频谱是离散非周期的，连续时间与离散频率的傅里叶变换即为时域周期连续信号的傅里叶变换。

本章中以 x 表示时域函数，X 表示其频谱，$\overline{X}$表示周期函数。

时域周期连续信号经傅里叶变换（FS）就是傅里叶级数。设周期为 T_1 的连续时间函数 $\overline{x}(t)$ 的傅里叶级数为 $X(n)$，这一变换对如图 7-1 所示。

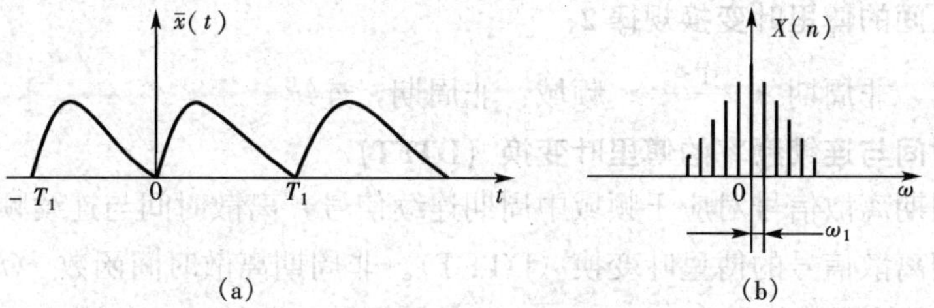

图 7-1　周期连续时间函数傅里叶变换对

(a) 周期连续时间函数 $\overline{x}(t)$；(b) 周期连续时间函数傅里叶变换 $X(n)$

其正反变换分别为

$$X(n)=\frac{1}{T_1}\int_0^{T_1}\overline{x}(t)\mathrm{e}^{-\mathrm{j}n\omega_1 t}\mathrm{d}t \tag{7-1}$$

$$\overline{x}(t)=\sum_{n=-\infty}^{\infty}X(n)\mathrm{e}^{\mathrm{j}n\omega_1 t} \tag{7-2}$$

式中，n 为各次谐波序号；$\omega_1=2\pi/T_1$ 为基波频率即离散频谱相邻两谱线间的角频率间隔；$X(n)$ 为傅里叶级数的系数。

可见时域中周期连续函数对应于频域中的离散非周期函数。

时域频域之间的傅里叶变换规律 1：

时域：连续，周期 $\xleftrightarrow{\text{FS}}$ 频域：非周期，离散

二、连续时间与连续频率的傅里叶变换（FT）

时域中非周期连续信号对应于频域中非周期连续信号，连续时间与连续频率的傅里叶变换即为时域非周期连续信号的傅里叶变换（FT）。非周期连续时间函数 $x(t)$，其傅里叶变换（FT）为 $X(\mathrm{j}\omega)$ 是非周期连续的，如图 7-2 所示，其中 T_1 表示信号长度。

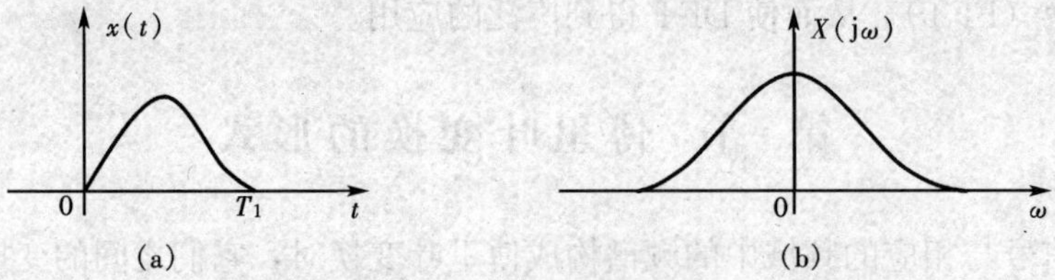

图 7-2　非周期连续时间函数及其频谱

（a）非周期连续时间函数 $x(t)$；（b）非周期连续时间函数频谱 $X(\mathrm{j}\omega)$

$x(t)$ 与 $X(\mathrm{j}\omega)$ 构成傅里叶变换对，其正反傅里叶关系为

$$X(\mathrm{j}\omega)=\int_{-\infty}^{\infty}x(t)\mathrm{e}^{-\mathrm{j}\omega t}\,\mathrm{d}t \tag{7-3}$$

$$x(t)=\frac{1}{2\pi}\int_{-\infty}^{\infty}X(\mathrm{j}\omega)\mathrm{e}^{\mathrm{j}\omega t}\,\mathrm{d}\omega \tag{7-4}$$

此种情况下时域信号转化为频域信号 $|X(\mathrm{j}\omega)|$ 与式（7-1）的 $|X(n)|$ 的意义不同：$|X(n)|$ 是各次谐波频率对应的幅值之半，是离散的序列；$|X(\mathrm{j}\omega)|$ 是各次谐波频率对应的幅值的相对大小，是连续的。

时域频域之间的傅里叶变换规律 2：

时域：连续，非周期 $\xleftrightarrow{\text{FS}}$ 频域：非周期，连续

三、离散时间与连续频率的傅里叶变换（DTFT）

时域中非周期离散信号对应于频域中周期连续信号，离散时间与连续频率的傅里叶变换即为时域非周期离散信号的傅里叶变换（DTFT）。非周期离散时间函数 $x(kT_s)$ 的傅里叶变换（DTFT）所得的频率信号为 $\overline{X}(\omega)$，$\overline{X}(\omega)$ 是周期的、连续的，如图 7-3 所示。

非周期离散时间函数 $x(kT_s)$ 的正反傅里叶变换为式（7-5）和式（7-6），傅里叶变换对

$$\overline{X}(\omega)=\overline{X}(\mathrm{e}^{\mathrm{j}\omega})=\sum_{k=0}^{N-1}x(kT_s)\mathrm{e}^{-\mathrm{j}k\omega T_s} \tag{7-5}$$

$$x(k)=\frac{1}{\omega_s}\int_0^{\omega_s}\overline{X}(\omega)\mathrm{e}^{\mathrm{j}k\omega T_s}\,\mathrm{d}\omega\quad(0\leqslant k\leqslant N-1) \tag{7-6}$$

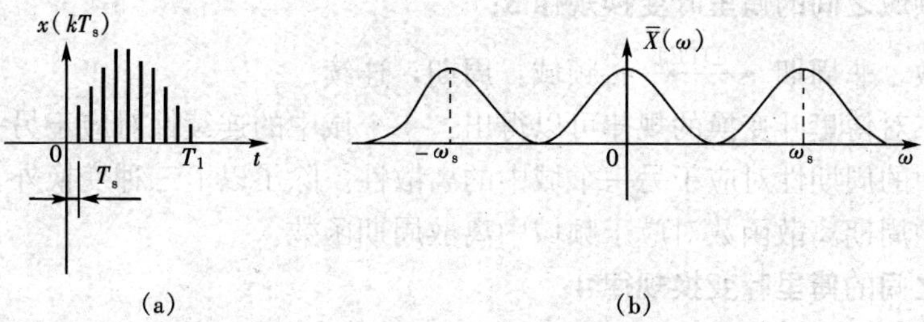

图 7-3　非周期离散时间函数及其频谱
(a) 非周期离散时间函数 $x(kT_s)$；(b) 非周期离散时间函数频谱 $\overline{X}(\omega)$

现在对时域中离散非周期函数的傅里叶变换对进行推导。将图 7-2 (a) 中非周期连续信号 $x(t)$ 以周期为 T_s 的冲激序列 $\delta_T(t)$ 作 N 点均匀抽样，抽样周期为 $T_s=T_1/N$，得到离散的有限长的非周期序列 $x(k)$，表示为

$$x(k)=x(t)\delta_T(t)=\sum_{k=0}^{N-1}x(t)\delta(t-kT_s) \tag{7-7}$$

对式 (7-7) 作傅里叶变换，得响应的频域信号为

$$\begin{aligned}\overline{X}(\omega)=\overline{X}(e^{j\omega})&=\int_{-\infty}^{\infty}\sum_{k=0}^{N-1}x(t)\delta(t-kT_s)e^{-j\omega t}\,dt\\&=\sum_{k=0}^{N-1}x(kT_s)e^{-jk\omega T_s}\end{aligned} \tag{7-8}$$

由 $e^{-jk(\omega+\frac{2\pi}{T_s})T_s}=e^{-jk\omega T_s}$，根据式 (7-8) 可知，$\overline{X}(\omega)$ 为周期信号，周期为 $\omega_s=2\pi/T_s$，即为抽样频率。若用数字频率 $\Omega=\omega T_s$，则为

$$\overline{X}(\Omega)=\sum_{k=0}^{N-1}x(k)e^{-j\Omega k} \tag{7-9}$$

式中，$x(kT_s)$ 简记为 $x(k)$。

可见时域中有限长序列对应于频域中周期连续函数，周期为 $\omega_s=2\pi/T_s$，对应的数字频率周期为 2π。

下面来推导其反变换。对式 (7-8)，在频域中对 $\overline{X}(\omega)$ 的一个周期 $0\sim\omega_s$ 内作积分，即

$$\begin{aligned}\frac{1}{\omega_s}\int_0^{\omega_s}\overline{X}(\omega)e^{jn\omega T_s}\,d\omega&=\frac{1}{\omega_s}\int_0^{\omega_s}\left[\sum_{k=0}^{N-1}x(k)e^{-jk\omega T_s}\right]e^{jn\omega T_s}\,d\omega\\&=\sum_{k=0}^{N-1}x(k)\frac{1}{\omega_s}\int_0^{\omega_s}e^{j\omega T_s(n-k)}\,d\omega\end{aligned}$$

右边积分中被积式是以 ω_s 为周期的复指数函数，只有当 $n=k$ 时积分为 ω_s，于是上式可化为

$$\frac{1}{\omega_s}\int_0^{\omega_s}\overline{X}(\omega)e^{jn\omega T_s}\,d\omega=x(k)$$

反变换式为

$$\begin{aligned}x(k)&=\frac{1}{\omega_s}\int_0^{\omega_s}\overline{X}(\omega)e^{jk\omega T_s}\,d\omega\\&=\frac{1}{2\pi}\int_0^{2\pi}\overline{X}(\Omega)e^{j\Omega k}\,d\Omega\qquad(0\leqslant k\leqslant N-1)\end{aligned} \tag{7-10}$$

得出时域频域之间的傅里叶变换规律 3：

时域：离散，非周期 $\xleftrightarrow{\text{DTFT}}$ 频域：周期，连续

综合以上三对傅里叶变换的规律可以得出：一个域中的连续性对应于另一个域中的非周期性；一个域中的周期性对应于另一个域中的离散性。除了以上三种变换外，还有第四种变换存在，时域中周期离散函数对应于频域中离散周期函数。

时域频域之间的傅里叶变换规律 4：

时域：离散，周期 $\xleftrightarrow{\text{DFS}}$ 频域：周期，离散

这就是下面要讨论的离散时间与频率的傅里叶变换即离散傅里叶级数（DFS）。

四、离散时间与离散频率的傅里叶变换（DFS）

离散时域信号的频谱也是离散的，可以用计算机来进行时域离散信号的频谱分析，另外三种情况都不能直接用计算机进行频谱分析。只有将时域或频域信号经过抽样后变成离散信号，即本节讨论的第四种情况才可用计算机进行分析。

离散周期时间信号 $\overline{x}(k)$ 的傅里叶变换 $\overline{X}(n)$ 也是离散周期的，$\overline{x}(k)$ 与 $\overline{X}(n)$ 构成一对傅里叶变换对，又称为离散傅里叶级数，如图 7-4 所示。

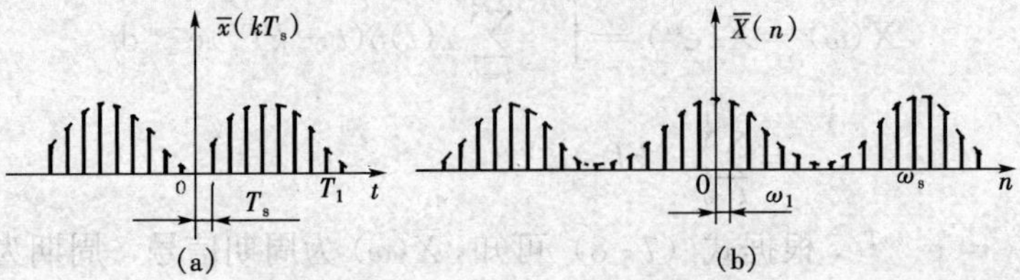

图 7-4　离散傅里叶级数变换对

(a) 离散周期时间信号；(b) 离散周期时间信号傅里叶变换

傅里叶级数对为

DFS：
$$\overline{X}(n)=\sum_{k=0}^{N-1}\overline{x}(k)\mathrm{e}^{-\mathrm{j}\frac{2\pi}{N}kn}\quad(-\infty<n<\infty)\tag{7-11}$$

IDFS：
$$\overline{x}(k)=\frac{1}{N}\sum_{n=0}^{N-1}\overline{X}(n)\mathrm{e}^{\mathrm{j}\frac{2\pi}{N}nk}\quad(-\infty<k<\infty)\tag{7-12}$$

DFS 表示傅里叶级数正变换，IDFS 表示反变换。

下面从第一种形式来推导离散傅里叶级数变换对。

对式（7-2），$\overline{x}(t)=\sum\limits_{n=-\infty}^{\infty}X(n)\mathrm{e}^{\mathrm{j}n\omega_1 t}$ 进行离散化，设将 $\overline{x}(t)$ 在周期 T_1 中进行 N 点均匀抽样，其抽样时间间隔为 T_s，即 $T_1=NT_s$，则得时域中周期离散序列

$$\overline{x}(k)=\sum_{n=-\infty}^{\infty}X(n)\mathrm{e}^{\mathrm{j}n\omega_1 kT_s}\quad(-\infty<k<\infty)$$

考虑到 $\omega_1=\dfrac{2\pi}{T_1}$，$T_1=NT_s$，上式化为

$$\overline{x}(k)=\sum_{n=-\infty}^{\infty}X(n)\mathrm{e}^{\mathrm{j}\frac{2\pi}{N}nk}\quad(-\infty<k<\infty)\tag{7-13}$$

式中，$X(n)$ 是时域周期连续函数 $\overline{x}(t)$ 的 n 次谐波的复系数，而不是所要求的离散傅里叶级数变换对中的复系数。

为求取 DFS 的复系数，将式（7 - 13）两边同乘 $e^{-j\frac{2\pi}{N}mk}$ 后再求和 $\sum_{k=0}^{N-1}$，有

$$\sum_{k=0}^{N-1}\overline{x}(k)e^{-j\frac{2\pi}{N}mk}=\sum_{k=0}^{N-1}\left[\sum_{n=-\infty}^{\infty}X(n)e^{j\frac{2\pi}{N}nk}\right]e^{-j\frac{2\pi}{N}mk}=\sum_{n=-\infty}^{\infty}X(n)\sum_{k=0}^{N-1}e^{j\frac{2\pi}{N}(n-m)k}$$

式中，第二个求和号是一个等比级数求和，m 是参变量，故有

$$\sum_{k=0}^{N-1}e^{j\frac{2\pi}{N}(n-m)k}=\frac{1-e^{j\frac{2\pi}{N}(n-m)N}}{1-e^{j\frac{2\pi}{N}(n-m)}}=\begin{cases}N & (m=n)\\ 0 & (m\neq n)\end{cases}$$

可得

$$\sum_{k=0}^{N-1}\overline{x}(k)e^{-j\frac{2\pi}{N}mk}=NX(n)\quad(-\infty<n<\infty)$$

即

$$NX(n)=\sum_{k=0}^{N-1}\overline{x}(k)e^{-j\frac{2\pi}{N}kn}\quad(-\infty<n<\infty)$$

上式右边是以 N 为周期的序列，故记为

$$\overline{X}(n)=NX(n)\tag{7 - 14}$$

代入得

$$\overline{X}(n)=\sum_{k=0}^{N-1}\overline{x}(k)e^{-j\frac{2\pi}{N}kn}\quad(-\infty<n<\infty)\tag{7 - 15}$$

式（7 - 15）即为离散傅里叶级数的定义式，$\overline{X}(n)$ 为 DFS 的复系数。需要注意的是，离散傅里叶级数的复系数 $\overline{X}(n)$ 不等于傅里叶级数的复系数 $X(n)$，它们之间是 N 倍的关系，见式(7 - 14)。

同理，将式（7 - 15）两边同乘 $e^{j\frac{2\pi}{N}mn}$ 后再求和 $\sum_{n=0}^{N-1}$，可以求得反变换为

$$\overline{x}(k)=\frac{1}{N}\sum_{n=0}^{N-1}\overline{X}(n)e^{j\frac{2\pi}{N}nk}\quad(-\infty<k<\infty)\tag{7 - 16}$$

式（7 - 15）和式（7 - 16）构成离散傅里叶级数变换对，分别称为离散傅里叶级数的正变换和反变换，记为

$$\overline{X}(n)=\mathrm{DFS}[\overline{x}(k)]\tag{7 - 17}$$

$$\overline{x}(k)=\mathrm{IDFS}[\overline{X}(n)]\tag{7 - 18}$$

从 DFS 的正反变换表达式可以得到以下结论：周期为 N 的时域离散序列对应于周期为 N 的频域离散序列，其中 N 与其他各量的关系为 $N=\frac{T_1}{T_s}=\frac{\omega_s}{\omega_1}$；$\omega_s=\frac{2\pi}{T_s}$ 为采样角频率；$\omega_1=\frac{2\pi}{T_1}$ 为基波频率（即分辨率）。

由于 $e^{\pm j\frac{2\pi}{N}nk}$ 相对于 k 和 n 都是以 N 为周期的，所以式（7 - 15）和式（7 - 16）中，$\overline{x}(k)$ 和 $\overline{X}(n)$ 都只有 N 个值是独立的，因此当一个周期的值确定后，其他周期上的值也即确定，因此通常取 $0\sim N-1$ 个值，并称为 DFS 的主值区间序列。

【例 7 - 1】 已知周期序列 $x(k)=\begin{cases}2 & (3\leqslant k\leqslant 5)\\ 0 & (k=0,1,2,6)\end{cases}$，周期为 7，试求 $\mathrm{DFS}[x(k)]=\overline{X}(n)$。

解 根据
$$\overline{X}(n)=\sum_{k=0}^{N-1}\overline{x}(k)\mathrm{e}^{-\mathrm{j}\frac{2\pi}{N}kn}\quad(-\infty<n<\infty)$$
得
$$\begin{aligned}\overline{X}(n)&=\sum_{k=0}^{7-1}\overline{x}(k)\mathrm{e}^{-\mathrm{j}\frac{2\pi}{7}kn}\\&=2\mathrm{e}^{-\mathrm{j}\frac{6\pi n}{7}}+2\mathrm{e}^{-\mathrm{j}\frac{8\pi n}{7}}+2\mathrm{e}^{-\mathrm{j}\frac{10\pi n}{7}}\\&=2\mathrm{e}^{-\mathrm{j}\frac{6\pi n}{7}}(1+\mathrm{e}^{-\mathrm{j}\frac{2\pi n}{7}}+\mathrm{e}^{-\mathrm{j}\frac{4\pi n}{7}})\end{aligned}$$

【例 7 - 2】 求 $x_N(k)=\delta(k)+3\delta(k-1)+3\delta(k-2)$ 的 DFS 的复系数 $\overline{X}(n)$，$0\leqslant k\leqslant 2$，$x(k)$ 的周期 $N=3$。

解 $x_N(k)=\delta(k)+3\delta(k-1)+3\delta(k-2)$ 的周期为 3，则
$$\begin{aligned}\overline{X}(n)&=\sum_{k=0}^{N-1}\overline{x}(k)\mathrm{e}^{-\mathrm{j}\frac{2\pi}{N}kn}\\&=\sum_{k=0}^{3-1}[\delta(k)+3\delta(k-1)+3\delta(k-2)]\mathrm{e}^{-\mathrm{j}\frac{2\pi}{3}kn}\\&=1+3\mathrm{e}^{-\mathrm{j}\frac{2\pi n}{3}}+3\mathrm{e}^{-\mathrm{j}\frac{4\pi n}{3}}\quad(-\infty<n<\infty)\end{aligned}$$

【例 7 - 3】 已知 $\overline{X}(n)=1+\cos\dfrac{n\pi}{2}$，$0\leqslant n\leqslant 3$，试求 $\overline{x}(k)=\mathrm{IDFS}[\overline{X}(n)]$，$x(k)$ 的周期 $N=4$。

解
$$\begin{aligned}\overline{x}(k)&=\frac{1}{N}\sum_{n=0}^{N-1}\overline{X}(n)\mathrm{e}^{\mathrm{j}\frac{2\pi}{N}nk}=\frac{1}{4}\sum_{n=0}^{4-1}\overline{X}(n)\mathrm{e}^{\mathrm{j}\frac{2\pi}{4}nk}\\&=\frac{1}{4}\sum_{n=0}^{3}\left(1+\cos\frac{n\pi}{2}\right)\mathrm{e}^{\mathrm{j}\frac{2\pi}{4}nk}=\frac{1}{4}(2+\mathrm{e}^{\mathrm{j}\frac{2\pi}{4}k}+0+\mathrm{e}^{\mathrm{j}\frac{6\pi}{4}k})\\&=\frac{1}{2}\left(1+\cos\frac{k\pi}{2}\right)\quad(-\infty<k<\infty)\end{aligned}$$

第二节 离散傅里叶变换（DFT）

一、离散傅里叶变换的定义

在计算机上来实现信号的频谱分析及其他方面的处理工作，不仅要求信号在时域和频域都应该是离散的，而且都应是有限长。根据离散傅里叶级数对（DFS）周期性的性质，只要将有限长的离散序列当做离散周期函数的一个主值区间，利用 DFS 计算出离散周期序列的傅里叶变换的主值区间序列的值即可，同时也满足了计算机处理信号所需要的离散且有限长的条件。

根据式（7 - 11）和式（7 - 12）取 DFS 的主值区间，可定义变换对，式（7 - 19）和式（7 - 20）分别为离散傅里叶变换的正变换（DFT）和反变换（IDFT）。

$$X(n)=\sum_{k=0}^{N-1}x(k)\mathrm{e}^{-\mathrm{j}\frac{2\pi}{N}kn}=\mathrm{DFT}[x(k)]\quad(0\leqslant n\leqslant N-1)\tag{7 - 19}$$

$$x(k)=\frac{1}{N}\sum_{n=0}^{N-1}X(n)\mathrm{e}^{\mathrm{j}\frac{2\pi}{N}nk}=\mathrm{IDFT}[X(n)]\quad(0\leqslant k\leqslant N-1)\tag{7-20}$$

$$W_N=\mathrm{e}^{-\mathrm{j}\frac{2\pi}{N}}\tag{7-21}$$

式（7-19）和式（7-20）分别化为

$$X(n)=\sum_{k=0}^{N-1}x(k)W_N^{kn}\quad(0\leqslant n\leqslant N-1)\tag{7-22}$$

$$x(k)=\frac{1}{N}\sum_{n=0}^{N-1}X(n)W_N^{-nk}\quad(0\leqslant k\leqslant N-1)\tag{7-23}$$

可以将式（7-22）和式（7-23）写成矩阵形式，为

$$\begin{bmatrix}X(0)\\X(1)\\\vdots\\X(N-1)\end{bmatrix}=\begin{bmatrix}W_N^0 & W_N^0 & W_N^0 & \cdots & W_N^0\\W_N^0 & W_N^{1\times1} & W_N^{2\times1} & \cdots & W_N^{(N-1)\times1}\\\vdots & \vdots & \vdots & \vdots & \vdots\\W_N^0 & W_N^{1\times(N-1)} & W_N^{2\times(N-1)} & \cdots & W_N^{(N-1)(N-1)}\end{bmatrix}\begin{bmatrix}x(0)\\x(1)\\\vdots\\x(N-1)\end{bmatrix}\tag{7-24}$$

$$\begin{bmatrix}x(0)\\x(1)\\\vdots\\x(N-1)\end{bmatrix}=\frac{1}{N}\begin{bmatrix}W_N^0 & W_N^0 & W_N^0 & \cdots & W_N^0\\W_N^0 & W_N^{-1\times1} & W_N^{-2\times1} & \cdots & W_N^{-(N-1)\times1}\\\vdots & \vdots & \vdots & \vdots & \vdots\\W_N^0 & W_N^{-(N-1)\times1} & W_N^{-(N-1)\times2} & \cdots & W_N^{-(N-1)(N-1)}\end{bmatrix}\begin{bmatrix}X(0)\\X(1)\\\vdots\\X(N-1)\end{bmatrix}\tag{7-25}$$

由以上的叙述可见，DFT 变换对在形式上与 DFS 完全相同，DFT 对应的是在时域、频域都是有限长，且又是离散的序列，但 DFT 并不是一种新的傅里叶变换形式，DFT 只是 DFS 的一个主值区间，只有把 DFT 变换对在时域和频域都作以 N 为周期的延拓，才构成 DFS 变换对。而 DFS 是严格按傅里叶变换定义的，在时域和频域都是无穷长序列，表示的是时域周期离散序列与其频谱的关系。DFT 与 DFS 的关系如图 7-5 所示。

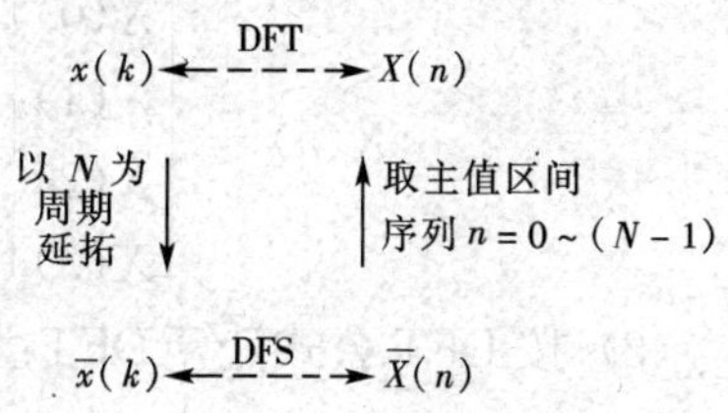

图 7-5　DFT 与 DFS 的关系

根据 DFT 与 DFS 的关系（图 7-5）可见，借助于 DFS 计算有限长序列的 DFT，只需按式（7-19）和式（7-20）直接进行计算即可；但须注意，DFT 是 DFS 的一种借用形式，计算本身已包含着延拓和截断过程。其过程为：

$$x(k)\xrightarrow{\text{以 }N\text{ 为周期延拓}}\tilde{x}(k)\xrightarrow{\text{DFS}}\tilde{X}(n)\xrightarrow{\text{以 }N\text{ 为周期截断}}X(n)$$

【例 7-4】 求 4 点序列 $x(k)=\sin(2\pi/N)k$ 的离散傅里叶变换。

解　已知 $N=4$，故 $W_N=\mathrm{e}^{-\mathrm{j}\frac{2\pi}{4}}=-\mathrm{j}$，由式（7-24）得

$$\begin{bmatrix}X(0)\\X(1)\\X(2)\\X(3)\end{bmatrix}=\begin{bmatrix}W_4^0 & W_4^0 & W_4^0 & W_4^0\\W_4^0 & W_4^1 & W_4^2 & W_4^3\\W_4^0 & W_4^2 & W_4^4 & W_4^6\\W_4^0 & W_4^3 & W_4^6 & W_4^9\end{bmatrix}\begin{bmatrix}x(0)\\x(1)\\x(2)\\x(3)\end{bmatrix}=\begin{bmatrix}1 & 1 & 1 & 1\\1 & -\mathrm{j} & -1 & \mathrm{j}\\1 & -1 & 1 & -1\\1 & \mathrm{j} & -1 & -\mathrm{j}\end{bmatrix}\begin{bmatrix}0\\1\\0\\-1\end{bmatrix}=\begin{bmatrix}0\\-2\mathrm{j}\\0\\2\mathrm{j}\end{bmatrix}$$

$x(k)$ 与 $|X(n)|$ 的图形如图 7-6 所示。

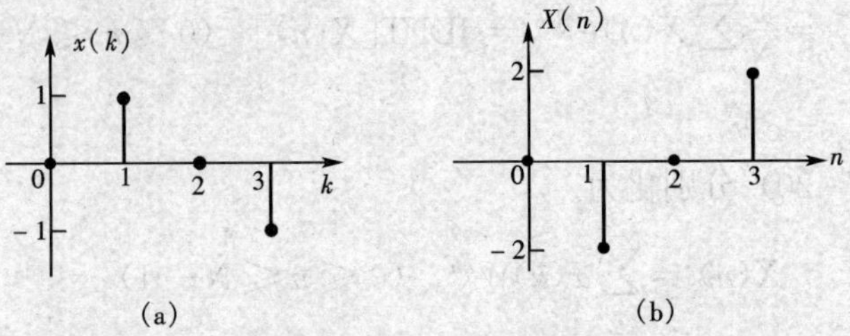

图 7-6 例 7-4 中序列的 DFT

(a) 4 点序列 $x(k)$；(b) $x(k)$ 傅里叶变换

【例 7-5】 试求有限长序列（$N=8$，$a=0.8$）

$$x(k)=\begin{cases}a^k & (0\leqslant k\leqslant N-1)\\ 0 & (\text{其他})\end{cases}$$

的 DFT。

解 $X(n)=\mathrm{DFT}[x(k)]=\sum_{k=0}^{N-1}a^kW_N^{kn}$

$$=\sum_{k=0}^{N-1}(ae^{-j\frac{2\pi}{N}n})^k=\frac{1-a^8}{1-ae^{-j\frac{2\pi}{4}n}}\quad 0\leqslant n\leqslant 7$$

【例 7-6】 试求 $x(k)=\{0,1,2,3\}$ 的 DFT。

解 (1) 按矩阵运算，$x(k)$ 的 DFT 为

$$X(n)=\begin{bmatrix}X(0)\\X(1)\\X(2)\\X(3)\end{bmatrix}=\begin{bmatrix}1&1&1&0\\1&-j&-1&1\\1&-1&1&0\\1&j&-1&-1\end{bmatrix}\begin{bmatrix}0\\1\\2\\3\end{bmatrix}=\begin{bmatrix}6\\-2+2j\\-2\\-2-2j\end{bmatrix}$$

(2) 按 DFT 公式计算 DFT 为

$$X(n)=\mathrm{DFT}[x(k)]=\sum_{k=0}^{4-1}x(k)W_4^{kn}$$

$$=x(0)W_4^0+x(1)W_4^{1n}+x(2)W_4^{2n}+x(3)W_4^{3n}\quad(n=0,1,2,3)$$

$$X(0)=x(0)W_4^0+x(1)W_4^0+x(2)W_4^0+x(3)W_4^0=6$$

$$X(1)=x(0)W_4^0+x(1)W_4^1+x(2)W_4^2+x(3)W_4^3=-2+2j$$

$$X(2)=x(0)W_4^0+x(1)W_4^2+x(2)W_4^4+x(3)W_4^6=-6$$

$$X(3)=x(0)W_4^0+x(1)W_4^3+x(2)W_4^6+x(3)W_4^9=-2-2j$$

【例 7-7】 已知序列

$$X(n)=\begin{cases}\frac{N}{2}e^{j\beta} & (n=m)\\ \frac{N}{2}e^{-j\beta} & (n=N-m)\\ 0 & (\text{其他})\end{cases}$$，其中 m 为正整数，且 $0<m<N/2$。

试求 $x(k)=\mathrm{IDFT}[X(n)]$。

解 (1) 由 $x(k)=\mathrm{IDFT}[X(n)]$ 得

$$\begin{aligned} x(k) &= \mathrm{IDFT}[X(n)] = \frac{1}{N}\sum_{n=0}^{N-1}\overline{X}(n)\mathrm{e}^{\mathrm{j}\frac{2\pi}{N}nk} \\ &= \frac{1}{N}\left(\frac{N}{2}\mathrm{e}^{\mathrm{j}\beta}\mathrm{e}^{\mathrm{j}\frac{2\pi}{N}mk}\right)+\frac{1}{N}\left[\frac{N}{2}\mathrm{e}^{-\mathrm{j}\beta}\mathrm{e}^{\mathrm{j}\frac{2\pi}{N}(N-m)k}\right] \\ &= \frac{1}{2}\mathrm{e}^{\mathrm{j}\left(\frac{2\pi}{N}mk+\beta\right)}+\frac{1}{2}\mathrm{e}^{\mathrm{j}\frac{2\pi}{N}(N-m)k-\beta} \\ &= \frac{1}{2}\mathrm{e}^{\mathrm{j}\left(\frac{2\pi}{N}mk+\beta\right)}+\frac{1}{2}\mathrm{e}^{-\mathrm{j}\left(\frac{2\pi}{N}mk+\beta\right)} \\ &= \cos\left(\beta+\frac{2\pi}{N}mk\right) \quad 0\leqslant k\leqslant N-1 \end{aligned}$$

二、离散傅里叶变换的性质

离散傅里叶变换 DFT 是具有线性、圆周移位和对称等特性。

（一）线性

设 $x_1(k)$ 和 $x_2(k)$ 的离散傅里叶变换分别为

$$X_1(n)=\mathrm{DFT}[x_1(k)] \quad (0<k<N-1)$$

$$X_2(n)=\mathrm{DFT}[x_2(k)] \quad (0<k<N-1)$$

则

$$\mathrm{DFT}[a_1x_1(k)+a_2x_2(k)]=a_1X_1(n)+a_2X_2(n) \quad (0<k<N-1) \tag{7-26}$$

$x_1(k)$ 与 $x_2(k)$ 的序列长度应相同。若 $N_1>N_2$，则应将短序列 $x_2(k)$ 的末端补零，使其长度也为 N_1 后才能进行线性运算，运算后的长度为 N_1。线性序列的运算满足叠加原理，线性特性可用 DFT 定义直接证明。

（二）圆周移位特性

设长为 N 的序列 $x(k)$ 以 N 为周期进行周期延拓生成 $\overline{x}(k)$，将 $\overline{x}(k)$ 移位 m 位后再取主值区间序列，这一过程将序列主值区间序列 $x(k)$ 的 N 个样点按顺序号排列在 N 等分的圆周上，并在圆周上旋转 m 位的过程，故称为圆周移位，如图 7-7 所示。时域中称为圆周时移，频域中则称为圆周频移。

主值区间序列 $x(k)$ 可以用周期序列 $\overline{x}(k)$ 来表示，即

$$x(k)=\overline{x}(k)G_N(k) \tag{7-27}$$

式中，$G_N(k)$ 是长为 N 的矩形序列，定义为

$$G_N(k)=\begin{cases}1 & (k=0,1,\cdots,N-1)\\ 0 & (\text{其他})\end{cases} \tag{7-28}$$

则圆周移位运算式可写成

$$\overline{x}(k-m)G_N(k)=x((k-m))_NG_N(k) \tag{7-29}$$

由圆周的循环性（即序列的周期性），圆周移位后序列的长度仍为 N，序列所在区间的 N 个值都没变换，只是各个值发生了位移。

符号 $((k))_N$ 称为“求余数运算表达式”，它表示将 k 被 N 除后得到最大整数商后的余数。因此，可用求余数运算 $x((k))_N$ 来表示 $x(k)$ 的周期延拓。例如，设 $k=k_1+\beta N$，按以上运算规则，应有 $0\leqslant k_1\leqslant N-1$，故 $((k))_N=k_1$。若 $N=8$，则当 $k=20$ 时，$((20))_8=4$；当 $k=16$ 时，$((16))_8=0$。这样周期序列 $\overline{x}(k)$ 也可以用其主值区间序列 $x(k)$ 来表示，即

$$\overline{x}(k)=x((k))_N \tag{7-30}$$

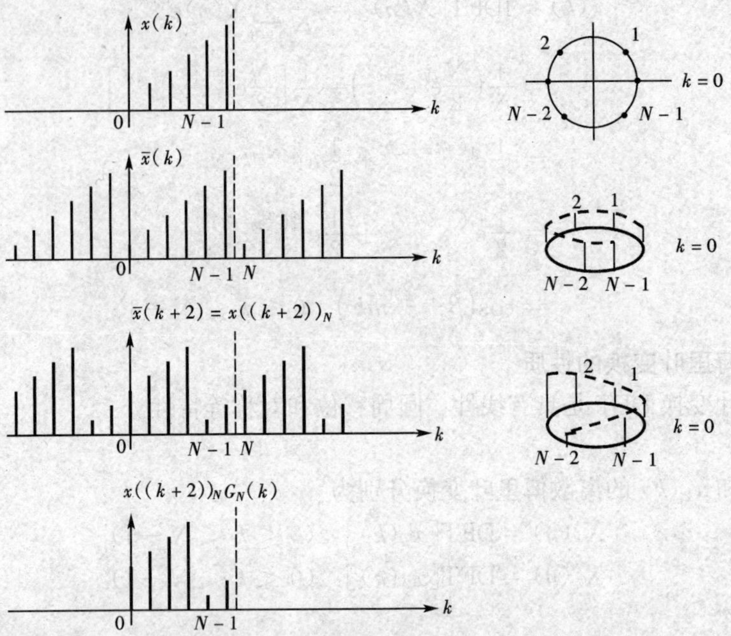

图 7-7　序列圆周移位

圆周移位特性有时域和频域上的移位特性，即圆周时移特性和圆周频域特性。

1. 圆周时移特性

若 $\mathrm{DFT}[x(k)]=X(n)$，则

$$\mathrm{DFT}[x((k-m))_N G_N(k)]=W_N^{mn}X(n) \tag{7-31}$$

证明：按 DFT 定义

$$\begin{aligned}\mathrm{DFT}[x((k-m))_N G_N(k)] &= \mathrm{DFT}[\overline{x}(k-m)G_N(k)]\\ &= \sum_{k=0}^{N-1}\overline{x}(k-m)W_N^{kn}=\sum_{i=-m}^{N-m-1}\overline{x}(i)W_N^{(i+m)n}\\ &= \Big[\sum_{i=-m}^{N-m-1}\overline{x}(i)W_N^{in}\Big]W_N^{mn}\end{aligned}$$

由于 $\overline{x}(i)$ 与 W_N^{in} 均为以 N 为周期的序列，故 $\overline{x}(i)W_N^{in}$ 也是以 N 为周期的序列，即在一个周期内的求和与起始点无关。因此，上式中方括号内部分为

$$\sum_{i=-m}^{N-m-1}\overline{x}(i)W_N^{in}=\sum_{i=0}^{N-1}\overline{x}(i)W_N^{in}=\mathrm{DFT}[x(k)]=X(n)$$

式（7-31）得证。

2. 圆周频移特性

与圆周时移特性类似可以证明频域中的圆周频移特性。

若 $\mathrm{IDFT}[X(n)]=x(k)$，则

$$\mathrm{IDFT}[X((n-m))_N G_N(n)]=W_N^{-mk}x(k) \tag{7-32}$$

（三）圆周卷积定理

1. 圆周卷积的概念

设 $x_1(k)$ 和 $x_2(k)$ 均为 N 长序列，$\otimes$表示 $x_1(k)$ 与 $x_2(k)$ 的圆周卷积，则 $x_1(k)$ 和 $x_2(k)$ 的圆周卷积为

$$x_1(k)\otimes x_2(k)=\sum_{i=0}^{N-1}x_1(i)x_2((k-i))_N G_N(i) \tag{7-33}$$

由式（7-33）可见，圆周卷积就是将其中一个序列作反折、圆周移位后再与另一个序列 $x_1(k)$ 相乘并取和。这一过程共重复 N 次，每一次 $x_2(k)$ 圆周移 k 位，$k=0$，1，…，$N-1$，共得到 N 个值，便是作圆周卷积后的新的序列。圆周卷积可用图解法进行。

【例 7-8】 已知两个有限长序列为

$$x_1(k)=\varepsilon(k)-\varepsilon(k-3)$$
$$x_2(k)=kG_N(k)$$

试用图解法求圆周卷积 $y(k)=x_1(k)\otimes x_2(k)$。

解 图解法步骤如下：

（1）将 $x_1(k)$、$x_2(k)$ 的自变量换为 i，如图 7-8（a）、（b）所示。

（2）将 $x_2(i)$ 反折后作周期延拓，再作圆周移位 k 位，$k=0$，1，2，…，$N-1$，再取主值区间序列，得 $x_2((k-i))_4G_4(i)$，如图 7-8（c）～（f）所示。

（3）将 $x_1(i)$ 与 $x_2((k-i))_4G_4(i)$ 中的对应序号的值相乘并求和得 $y(k)$。

$y(0)=1\times0+1\times3+1\times2+0\times1=5$

$y(1)=1\times1+1\times0+1\times3+0\times2=4$

$y(2)=1\times2+1\times1+1\times0+0\times3=3$

$y(3)=1\times3+1\times2+1\times1+0\times0=6$

$y(k)$ 的图形如图 7-8（g）所示。

2. 时域圆周卷积定理

两序列时域圆周卷积的 DFT 等于这两个序列 DFT 的乘积。

设 $\mathrm{DFT}[x_1(k)]=X_1(n)$，$\mathrm{DFT}[x_2(k)]=X_2(n)$，则

$$\mathrm{DFT}[x_1(k)\otimes x_2(k)]=X_1(n)X_2(n) \tag{7-34}$$

证明：

$$\begin{aligned}\mathrm{DFT}[x_1(k)\otimes x_2(k)]&=\mathrm{DFT}\left[\sum_{i=0}^{N-1}x_1(i)x_2((k-i))_NG_N(i)\right]\\&=\sum_{k=0}^{N-1}\left[\sum_{i=0}^{N-1}x_1(i)x_2((k-i))_NG_N(i)\right]W_N^{kn}\\&=\sum_{i=0}^{N-1}x_1(i)\sum_{k=0}^{N-1}x_2((k-i))_NG_N(i)W_N^{kn}\end{aligned}$$

由式（7-31）得

$$\sum_{k=0}^{N-1}x_2((k-i))_NG_N(i)W_N^{kn}=X_2(n)W_N^{in}$$

则

$$\mathrm{DFT}[x_1(k)\otimes x_2(k)]=\sum_{i=0}^{N-1}x_1(i)[X_2(n)W_N^{in}]=X_1(n)X_2(n)$$

圆周卷积还满足交换律

$$\mathrm{DFT}[x_2(k)\otimes x_1(k)]=X_2(n)X_1(n) \tag{7-35}$$

证明同上。

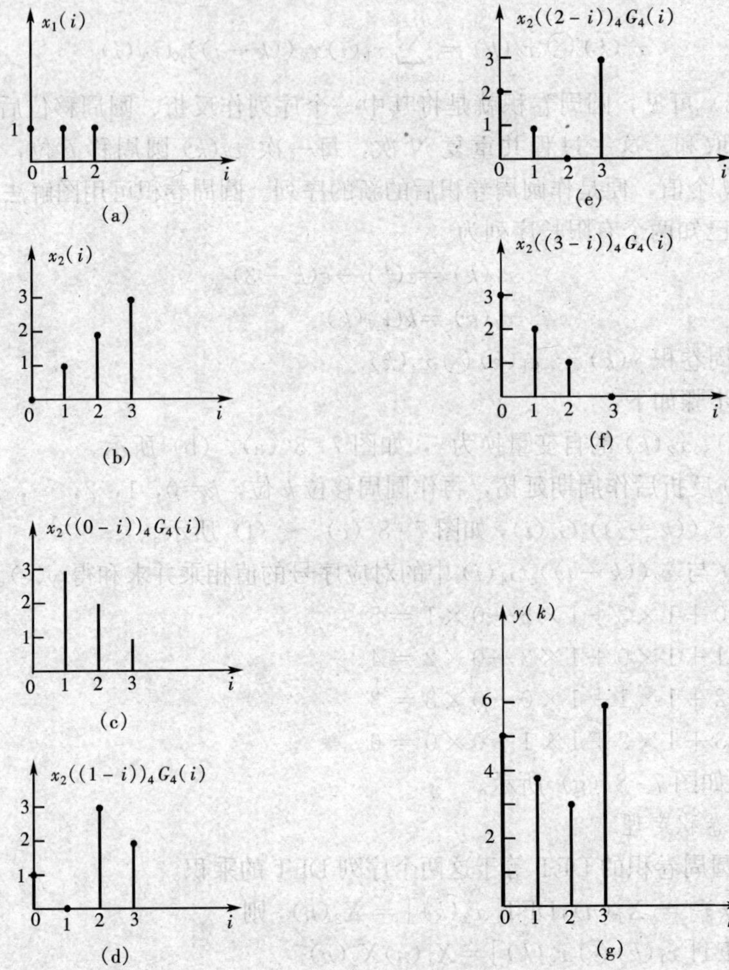

图 7-8 有限长序列圆周卷积计算过程

3. 频域圆周卷积定理

两有限长序列积的 DFT 等于两序列 DFT 卷积的 $1/N$。

若 $X_1(n)=\mathrm{DFT}[x_1(k)]$，$X_2(n)=\mathrm{DFT}[x_2(k)]$，则

$$\mathrm{DFT}[x_1(k)x_2(k)]=\frac{1}{N}X_1(n)\otimes X_2(n)=\frac{1}{N}X_2(n)\otimes X_1(n) \tag{7-36}$$

（四）奇偶性

有限长实数序列 $x(k)$ 的 DFT，即 $X(n)$ 也是实数序列，且在 $0\sim N$ 范围内，其幅值 $|X(n)|$ 和相位 $\angle X(n)$ 对于 $N/2$ 点分别呈偶对称和奇对称。

证明：

$$X(n)=\mathrm{DFT}[x(k)]=\sum_{k=0}^{N-1}x(k)\mathrm{e}^{-\mathrm{j}\frac{2\pi}{N}kn}=\sum_{k=0}^{N-1}x(k)\cos\frac{2\pi}{N}kn-\mathrm{j}\sum_{k=0}^{N-1}x(k)\sin\frac{2\pi}{N}kn$$

$X(n)$ 的实部 $X_{\mathrm{r}}(n)$ 和虚部 $X_{\mathrm{i}}(n)$ 分别为

$$X_{\mathrm{r}}(n)=\sum_{k=0}^{N-1}x(k)\cos\frac{2\pi}{N}kn \tag{7-37}$$

$$X_{\mathrm{i}}(n)=-\sum_{k=0}^{N-1}x(k)\sin\frac{2\pi}{N}kn \tag{7-38}$$

得 $X_{\mathrm{r}}(n)$ 是 n 的偶函数，$X_{\mathrm{i}}(n)$ 是 n 的奇函数，而 $X(n)$ 的幅值 $|X(n)|$ 和相位 $\angle X(n)$ 分别是 n 的偶函数和奇函数

$$\begin{cases}|X(n)|=\sqrt{X_{\mathrm{r}}^2(n)+X_{\mathrm{i}}^2(n)}\\ \angle X(n)=\arctan\left[\dfrac{X_{\mathrm{i}}(n)}{X_{\mathrm{r}}(n)}\right]\end{cases} \tag{7-39}$$

且

$$\begin{aligned}X(n)&=X_{\mathrm{r}}(n)+\mathrm{j}X_{\mathrm{i}}(n)=X_{\mathrm{r}}((-n))_NG_N(n)-\mathrm{j}X_{\mathrm{i}}((-n))_NG_N(n)\\&=\overset{*}{X}((-n))_NG_N(n)\end{aligned} \tag{7-40}$$

式中，* 表示共轭。

若 $x(k)$ 是实序列，有

$$X(n)=\mathrm{DFT}[x(k)]=\sum_{k=0}^{N-1}x(k)W_N^{kn}=\left[\sum_{k=0}^{N-1}x(k)W_N^{-kn}\right]^*=\left[\sum_{k=0}^{N-1}x(k)W_N^{k(N-n)}\right]^*$$

得

$$X(n)=\overset{*}{X}(N-n) \tag{7-41}$$

即

$$|X(n)|=|\overset{*}{X}(N-n)|=|X(N-n)| \tag{7-42}$$

$$\angle X(n)=-\angle X(N-n) \tag{7-43}$$

实数序列 $X(n)$ 在 $0\sim N$ 范围内，其幅值 $|X(n)|$ 关于 $N/2$ 点偶对称，相位 $\angle X(n)$ 关于 $N/2$ 点奇对称。

DFT 的性质汇总于附录 B 中。

三、DFT 与 Z 变换和傅里叶变换的关系

DFT、FT、ZT 均是时域离散信号的不同变换形式，下面分析它们之间的关系。

长为 N 的有限长序列 $x(k)$ 的 Z 变换（ZT）为 $X(z)$，离散傅里叶变换 DFT 为 $X(n)$，傅里叶变换 FT 为 $X(\mathrm{e}^{\mathrm{j}\omega T_{\mathrm{s}}})$，变换式分别如下：

ZT：$$X(z)=\sum_{k=0}^{N-1}x(k)z^{-k}\quad(\mathrm{ROC}:|z|\neq 0) \tag{7-44}$$

DFT：$$X(n)=\sum_{k=0}^{N-1}x(k)W_N^{kn}=\sum_{k=0}^{N-1}x(k)\mathrm{e}^{-\mathrm{j}\frac{2\pi}{N}kn}\quad(n=0,1,\cdots,N-1) \tag{7-45}$$

FT：$$X(\mathrm{e}^{\mathrm{j}\omega T_{\mathrm{s}}})=X(z)\big|_{z=\mathrm{e}^{\mathrm{j}\omega T_{\mathrm{s}}}}=\sum_{k=0}^{N-1}x(k)\mathrm{e}^{-\mathrm{j}\omega kT_{\mathrm{s}}} \tag{7-46}$$

由式（7-44）～式（7-46）可见，$X(z)$ 在 z 平面除 $|z|=0$ 的区域收敛。$X(z)$ 与 $X(n)$ 是同一序列 $x(k)$ 的变换，它们之间具有一定的联系。比较式（7-44）和式（7-45），可以

得出 z 变换与 DFT 的关系式为

$$X(z)\big|_{z=W_N^{-n}}=\sum_{k=0}^{N-1}x(k)W_N^{kn}=X(n) \tag{7-47}$$

$z=W_N^{-n}=\mathrm{e}^{\mathrm{j}\frac{2\pi}{N}n}$，代表 z 平面上单位圆与实轴相交的那一点作为起始点做 N 等分后的第 n 点，如图 7-9（a）所示。$x(k)$ 的 DFT 的 N 个值就是 $X(z)$ 在单位圆上的等间隔取样值。

另一方面，$X(n)$ 与 $X(\mathrm{e}^{\mathrm{j}\omega T_s})$ 是 $x(k)$ 的 DFT 与 FT，比较式（7-45）与式（7-46）得 DFT 与 FT 的关系为

$$X(n)=X(\mathrm{e}^{\mathrm{j}\omega T_s})\big|_{\omega=n\omega_N}=X(\mathrm{e}^{\mathrm{j}\frac{2\pi}{N}n}) \tag{7-48}$$

式中，$\frac{2\pi}{N}n=\omega T_s$，$\omega=\frac{2\pi}{NT_s}n=\frac{\omega_s}{N}n=n\omega_N$，从而取样间隔为 $\omega_N=\frac{\omega_s}{N}=\frac{2\pi}{NT_s}$，因此 $X(n)$ 可看作序列 $x(k)$ 的傅里叶变换 $X(\mathrm{e}^{\mathrm{j}\omega T_s})$ 在相应点 $\omega_n=\frac{2\pi}{NT_s}n=n\omega_N$ 上的取样值，取样间隔为 $\omega_N=\frac{\omega_s}{N}=\frac{2\pi}{NT_s}$，数字频率 $\Omega=\omega T_s$，所以数字频域取样点 $\Omega_N=\omega_N T_s=\frac{2\pi}{N}$，如图 7-9（b）所示。式（7-47）与式（7-48）建立了 DFT 与 Z 变换和傅里叶变换之间的关系。

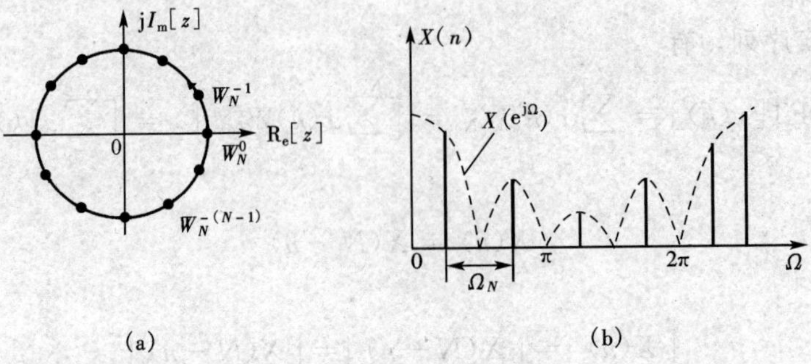

图 7-9 DFT 与 Z 变换和傅里叶变换的关系

（a）z 平面单位圆均匀取样；（b）$X(n)$ 与 $X(\mathrm{e}^{\mathrm{j}\Omega})$ 的关系

四、$X(z)$ 的内插公式

根据前节中与 Z 变换和傅里叶变换 DFT 的关系，若频域中 N 个取样值 $X(n)$ 能不失真地表示长度为 N 的有限长序列 $x(k)$，则这 N 个值 $X(n)$ 也一定能完全表达 $x(k)$ 的 Z 变换 $X(z)$ 和傅里叶变换 $X(\mathrm{e}^{\mathrm{j}\omega T_s})$。$x(k)$ 的 Z 变换为

$$X(z)=\sum_{k=0}^{N-1}x(k)z^{-k}$$

$$X(z)=\sum_{k=0}^{N-1}[\mathrm{IDFT}X(n)]z^{-k}=\sum_{k=0}^{N-1}\left[\frac{1}{N}\sum_{n=0}^{N-1}X(n)W_N^{-nk}\right]z^{-k}$$

则

$$X(z)=\frac{1}{N}\sum_{n=0}^{N-1}X(n)\sum_{k=0}^{N-1}W_N^{-nk}z^{-k}$$

式中，$\sum_{k=0}^{N-1}W_N^{-nk}z^{-k}$ 为等比数列求和，所以

$$\sum_{k=0}^{N-1} W_N^{-nk} z^{-k} = \frac{1-W_N^{-n}z^{-N}}{1-W_N^{-n}z^{-1}}$$

得

$$X(z) = \frac{1}{N}\sum_{n=0}^{N-1} X(n)\frac{1-W_N^{-Nk}z^{-N}}{1-W_N^{-n}z^{-1}} = \frac{1-z^{-N}}{N}\sum_{n=0}^{N-1}\frac{X(n)}{1-W_N^{-n}z^{-1}} \tag{7-49}$$

令

$$\Phi_n(z) = \frac{1}{N}\times\frac{1-z^{-N}}{1-W_N^{-n}z^{-1}} \tag{7-50}$$

$\Phi_n(z)$ 称为内插函数。

式（7-49）为用 N 个频域取样点恢复 $X(z)$ 的内插公式，可进一步写成

$$X(z) = \sum_{n=0}^{N-1} X(n)\Phi_n(z) \tag{7-51}$$

由式（7-51）作变换 $z = e^{j\omega T_s} = e^{j\Omega}$，得序列 $x(k)$ 的频谱为

$$X(e^{j\Omega}) = \sum_{n=0}^{N-1} X(n)\Phi_n(e^{j\Omega}) \tag{7-52}$$

由式（7-50）得

$$\Phi_n(e^{j\Omega}) = \frac{1}{N}\times\frac{1-e^{-j\Omega N}}{1-e^{j\frac{2\pi}{N}n}e^{-j\Omega}} = \frac{1}{N}\times\frac{\sin\frac{\Omega N}{2}}{\sin\frac{\Omega-\frac{2\pi}{N}n}{2}}e^{-j\left(\frac{N-1}{2}\Omega+\frac{n\pi}{N}\right)}$$

令

$$\Phi(\Omega) = \frac{1}{N}\times\frac{\sin\frac{\Omega N}{2}}{\sin\frac{\Omega}{2}}e^{-j\frac{\Omega(N-1)}{2}} \tag{7-53}$$

则

$$\Phi_n(e^{j\Omega}) = \Phi\left(\Omega-\frac{2\pi}{N}n\right) \tag{7-54}$$

由式（7-53）得

$$\Phi\left(n\frac{2\pi}{N}\right) = \begin{cases}1 & (n=0)\\ 0 & (n=1,2,\cdots,N-1)\end{cases}$$

即内插函数在本抽样点 $\Omega=0$ 的函数值为 1，其余采样点上均为零。图 7-10 表示了 $N=5$ 时内插函数的频率特性。

最后由式（7-52）和式（7-54）得

$$X(e^{j\Omega}) = \sum_{n=0}^{N-1} X(n)\Phi\left(\Omega-\frac{2\pi}{N}n\right) \tag{7-55}$$

由 N 个 $\Phi\left(\Omega-\frac{2\pi}{N}n\right)$ 函数值分别加权 $X(n)$ 后求和便得到 $X(e^{j\Omega})$。由于内插函

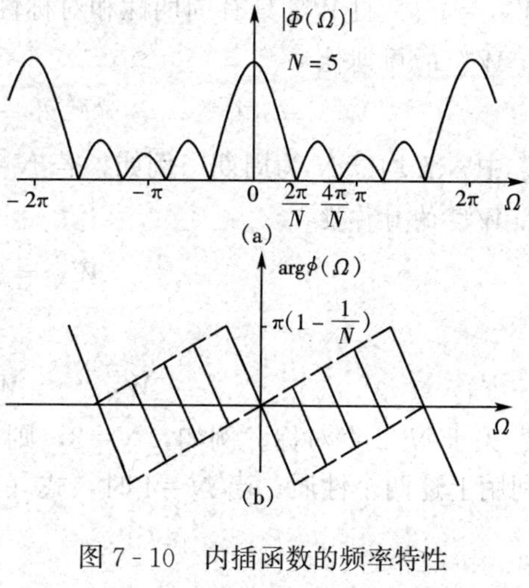

图 7-10　内插函数的频率特性

数在本抽样点 $\Omega=0$ 的函数值为 1，其余采样点上均为零，因此每个采样点上 $X(e^{j\Omega})$ 精确地等于 $X(n)$（其他点的内插函数在该点为零，没有影响），即

$$X(n)=X(e^{j\Omega})\big|_{\Omega=\frac{2\pi}{N}n}\quad(n=0,1,2,\cdots,N-1)\tag{7-56}$$

同式（7-48）的关系式相符。

关于内插公式的应用将在第八章第四节 FIR 数字滤波器的频域抽样法中体现。

第三节　快速傅里叶变换（FFT）

快速傅里叶变换不是一种新的变换，而是 DFT 的快速算法。

对于 N 点序列 $x(k)$，根据式（7-22）和式（7-23），其 DFT 变换对为

$$X(n)=\sum_{k=0}^{N-1}x(k)W_N^{kn}\quad(0\leqslant n\leqslant N-1)$$

式中，$W_N=e^{-j\frac{2\pi}{N}}$。

$$x(k)=\frac{1}{N}\sum_{n=0}^{N-1}X(n)W_N^{-nk}\quad(0\leqslant k\leqslant N-1)$$

由于 W_N 为复数，故求取 $X(n)$ 的一个值需要进行 N 次复数乘法和 $N-1$ 次复数加法，计算全部 $X(n)$ 共需 N^2 次复数乘法和 $N(N-1)$ 次复数加法。N 愈大，计算工作量愈大，当 $N=1024$ 时，复数乘法和复数加法均超过 100 万次，所需的时间过长，难以“实时”实现。对于图像处理，所需计算量更大。如此巨大的工作量使 DFT 的应用受到了很大的限制。虽然 DFT 可进行频谱分析等应用，但由于 DFT 计算量比较大，还不能在工程上应用，尤其是在线运算更不适合，因此需寻求一种算法，来加快 DFT 运算，从而减小 DFT 的运算量，使 DFT 能够得到广泛应用，其中 FFT 就是一种快速的 DFT 算法，FFT 算法有时间抽取 FFT 算法和频率抽取 FFT 算法两种，下面将分别作以介绍。

一、按时间抽取（DIT）FFT 算法

按时间抽取 FFT 算法，这种算法是在时域中将输入序列按奇偶分组，简写为 DIT（Decimation In Time）FFT。FFT 之所以能够实现快速 DFT，主要是利用了 W_N 的性质。

（一）W_N 的性质

$W_N=e^{-j\frac{2\pi}{N}}$，且 W_N^{nk} 具有周期性和对称性等性质。

1. W_N^{nk} 的周期性

$$W_N^{nk}=e^{-j\frac{2\pi}{N}nk}=e^{-j\frac{2\pi}{N}(n+N)k}=e^{-j\frac{2\pi}{N}n(k+N)}=W_N^{(n+N)k}=W_N^{n(k+N)}\tag{7-57}$$

即 W_N^{nk} 中 n、k 均以 N 为周期。例如，若 $N=8$，则 $W_8^8=W_8^0$，$W_8^9=W_8^1$ 等。

2. W_N^{nk} 的对称性

$$W_N^{\frac{N}{2}}=e^{-j\frac{2\pi}{N}\frac{N}{2}}=-1$$

故有

$$W_N^{nk+\frac{N}{2}}=W_N^{nk}W_N^{\frac{N}{2}}=-W_N^{nk}\tag{7-58}$$

即 W_N^{nk} 关于 $N/2$ 奇对称。例如，$N=8$，则 $W_8^3=-W_8^5$，$W_8^2=-W_8^6$ 等。

利用上述两个性质，当 $N=4$ 时，式（7-24）中的方阵为

$$W=\begin{bmatrix}W_4^0 & W_4^0 & W_4^0 & W_4^0\\ W_4^0 & W_4^1 & W_4^2 & W_4^3\\ W_4^0 & W_4^2 & W_4^4 & W_4^6\\ W_4^0 & W_4^3 & W_4^6 & W_4^9\end{bmatrix}=\begin{bmatrix}1 & 1 & 1 & 1\\ 1 & -\mathrm{j} & -1 & \mathrm{j}\\ 1 & -1 & 1 & -1\\ 1 & \mathrm{j} & -1 & -\mathrm{j}\end{bmatrix}$$

可见 W 中只有两个独立元素，这在［例 7-1］中已经看到。

3. $W_N^m=W_{N/m}$

若 N 可以整除 m，则

$$W_N^m=W_{N/m} \tag{7-59}$$

因为 $W_N^m=\mathrm{e}^{-\mathrm{j}\frac{2\pi}{N}m}=\mathrm{e}^{-\mathrm{j}\frac{2\pi}{N/m}}=W_{N/m}$，按 W_n^m 的定义可知式（7-59）成立。根据 W_N 的以上性质，在进行 DFT 运算时作适当组合可大大提高计算速度。下面来讨论 FFT 算法的原理和实现。

（二）按时间抽取 FFT 算法原理

设 $N=2^{\beta}$，β 为正整数。将 DFT 运算分解成 k 为偶数和奇数两部分 $k=2r$，$k=2r+1$，其中 $r=0$，1，…，$N/2-1$。根据 W_N 的性质，式（7-22）中偶数部分和奇数部分分别为

$$\begin{aligned}X_{偶数}(n)&=\sum_{k=偶数}x(k)W_N^{kn}=\sum_{r=0}^{\frac{N}{2}-1}x(2r)W_N^{2rn}=\sum_{r=0}^{\frac{N}{2}-1}x(2r)(W_N^2)^{rn}\\&=\sum_{r=0}^{\frac{N}{2}-1}x(2r)W_{\frac{N}{2}}^{rn}\qquad(0\leqslant n\leqslant N-1)\end{aligned}$$

$$\begin{aligned}X_{奇数}(n)&=\sum_{k=奇数}x(k)W_N^{kn}=\sum_{r=0}^{\frac{N}{2}-1}x(2r+1)W_N^{(2r+1)n}\\&=\sum_{r=0}^{\frac{N}{2}-1}x(2r+1)(W_N^2)^{rn}W_N^n=W_N^n\sum_{r=0}^{\frac{N}{2}-1}x(2r+1)W_{\frac{N}{2}}^{rn}\qquad(0\leqslant n\leqslant N-1)\end{aligned}$$

$$\begin{aligned}X(n)&=\sum_{k=0}^{N-1}x(k)W_N^{kn}=X_{偶数}(n)+X_{奇数}(n)\\&=\sum_{r=0}^{\frac{N}{2}-1}x(2r)W_{\frac{N}{2}}^{rn}+W_N^n\sum_{r=0}^{\frac{N}{2}-1}x(2r+1)W_{\frac{N}{2}}^{rn}\qquad(0\leqslant n\leqslant N-1)\end{aligned} \tag{7-60}$$

按 DFT 定义，上式右边两个求和项都是 $N/2$ 点 DFT，记为 $G(n)$ 和 $H(n)$

$$G(n)=\sum_{r=0}^{\frac{N}{2}-1}x(2r)W_{\frac{N}{2}}^{rn}\qquad[n=0\sim(N/2-1)] \tag{7-61}$$

$$H(n)=\sum_{r=0}^{\frac{N}{2}-1}x(2r+1)W_{\frac{N}{2}}^{rn}\qquad[n=0\sim(N/2-1)] \tag{7-62}$$

则

$$X(n)=G(n)+W_N^nH(n) \tag{7-63}$$

由 W_N 的周期性可知，当 n 取值 $0\sim N-1$ 时，$G(n)$ 和 $H(n)$ 中只有从 $n=0\sim N/2-1$，即 $N/2$ 个值是独立的，$G(n)$ 和 $H(n)$ 都以 $N/2$ 为周期，实现了将 N 点 DFT 的计算分解为两个 $N/2$ 点 DFT 的计算，又由 W_N^{nk} 的对称性，$W_N^{\frac{N}{2}+n}=-W_N^n$，则以 $N=8$ 为例，式

(7-63) 可得

$$\begin{cases} X(0)=G(0)+W_8^0H(0) \\ X(1)=G(1)+W_8^1H(1) \\ X(2)=G(2)+W_8^2H(2) \\ X(3)=G(3)+W_8^3H(3) \\ X(4)=G(0)-W_8^0H(0) \\ X(5)=G(1)-W_8^1H(1) \\ X(6)=G(2)-W_8^2H(2) \\ X(7)=G(3)-W_8^3H(3) \end{cases} \tag{7-64}$$

为了将式（7-64）表示成计算流图，先介绍一下蝶形运算单元，如图 7-11 中右半部分所示。箭头表示运算方向，图中为自左向右进行，左边两个节点为输入，右面两个节点为输出，下方标注数值如 W_8^0 等与 -1 表示蝶形单元左下方输入数据在运算过程中的加权系数。将式（7-64）的运算分成 $N/2$ 个蝶形运算单元，如图 7-12 所示。

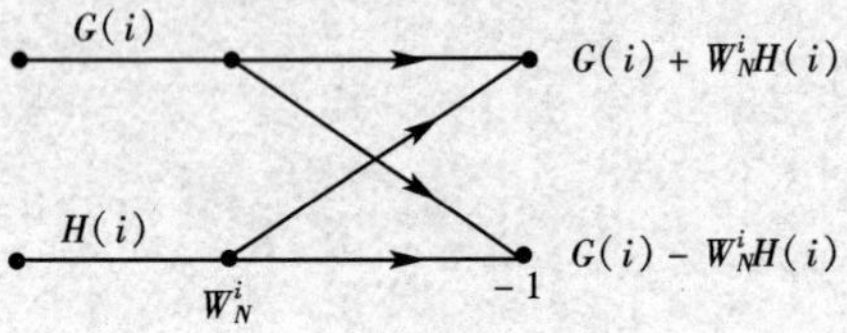

图 7-11　蝶形运算单元

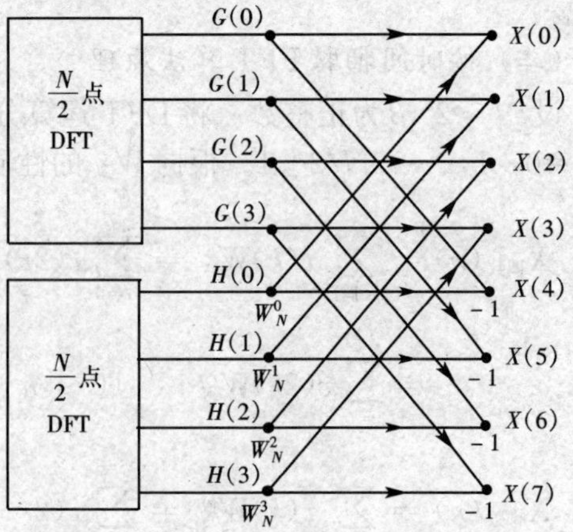

图 7-12　N 点 DFT 化成 $N/2$ 点 DFT

同理 $G(n)$ 和 $H(n)$ 为 $N/2$ 点 DFT，可继续按上述方法将 $N/2$ 点 DFT 的 $G(n)$ 被进一步分解成两个 $N/4$ 点 DFT 的计算，如图 7-13 所示。

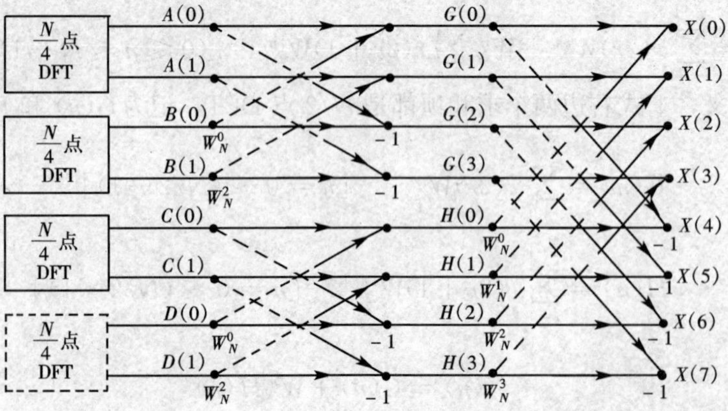

图 7-13　N 点 DFT 化成 $N/4$ 点 DFT

$$G_{偶数}(n)=\sum_{\gamma=偶数}x(2r)W_{\frac{N}{2}}^{rn}=\sum_{l=0}^{\frac{N}{4}-1}x(4l)W_{\frac{N}{2}}^{2ln}$$

$$=\sum_{l=0}^{\frac{N}{4}-1}x(4l)W_{\frac{N}{2}}^{2ln}=\sum_{l=0}^{\frac{N}{4}-1}x(4l)W_{\frac{N}{4}}^{ln}=A(n) \tag{7-65}$$

其中

$$A(n)=\sum_{l=0}^{\frac{N}{4}-1}x(4l)W_{\frac{N}{4}}^{ln}=\sum_{l=0}^{\frac{N}{4}-1}x(4l)W_{N}^{4ln}\qquad [n=0\sim(N/4-1)] \tag{7-66}$$

$$G_{奇数}(n)=\sum_{\gamma=奇数}x(2r+1)W_{\frac{N}{2}}^{rn}=\sum_{l=0}^{\frac{N}{4}-1}x(4l+2)W_{\frac{N}{2}}^{(2l+1)n}=\sum_{l=0}^{\frac{N}{4}-1}x(4l+2)W_{\frac{N}{2}}^{2ln}W_{\frac{N}{2}}^{n}$$

$$=W_{N}^{2n}\sum_{l=0}^{\frac{N}{4}-1}x(4l+2)W_{\frac{N}{4}}^{ln}=W_{N}^{2n}B(n) \tag{7-67}$$

$$B(n)=\sum_{l=0}^{\frac{N}{4}-1}x(4l+2)W_{\frac{N}{4}}^{ln}\sum_{l=0}^{\frac{N}{4}-1}x(4l+2)W_{N}^{4ln} \tag{7-68}$$

则

$$G(n)=A(n)+W_{N}^{2n}B(n) \tag{7-69}$$

$A(n)$,$B(n)$ 是 $N/4$ 点 DFT，$N/2$ 点 DFT 的 $G(n)$ 被成两个 $N/4$ 点 DFT 的计算。$N=8$ 时，有

$$\begin{cases}G(0)=A(0)+W_8^0B(0)\\G(1)=A(1)+W_8^2B(1)\\G(2)=A(0)-W_8^0B(0)\\G(3)=A(1)-W_8^2B(1)\end{cases} \tag{7-70}$$

同理有

$$\begin{cases}H(0)=C(0)+W_8^0D(0)\\H(1)=C(1)+W_8^2D(1)\\H(2)=C(0)-W_8^0D(0)\\H(3)=C(1)-W_8^2D(1)\end{cases} \tag{7-71}$$

式中，$C(0)$,$C(1)$,$D(0)$,$D(1)$ 是 $N/4$ 点 DFT。

$A(n)$,$B(n)$,$C(n)$,$D(n)$ 是 $N/4$ 点 DFT，可继续分解下去，逐次得到 $N/8$ 点，$N/16$ 点…2 点 DFT。对于 $N=8$,$N/4=2$,A,B,C,D 已不可再分。将式（7-70）和式（7-71）画成计算流图，并求出它们与原始数据之间的关系。由式（7-66）、式（7-68）和式（7-69），得

$$\begin{cases}A(0)=x(0)+W_8^0x(4)\\A(1)=x(0)+W_8^4x(4)=x(0)-W_8^0x(4)\\B(0)=x(2)+W_8^0x(6)\\B(1)=x(2)+W_8^4x(6)=x(2)-W_8^0x(6)\end{cases} \tag{7-72}$$

同理

$$\begin{cases} C(0) = x(1) + W_8^0 x(5) \\ C(1) = x(1) - W_8^0 x(5) \\ D(0) = x(3) + W_8^0 x(7) \\ D(1) = x(3) - W_8^0 x(7) \end{cases} \tag{7-73}$$

式（7-72）和式（7-73）中保留权系数 W_8^0（=1）是为了形式上的统一。将式（7-72）和式（7-73）也画成蝶形运算，则图 7-13 最终变成图 7-14。

按以上分析的 DFT 运算的规律，快速地计算 DFT，如图 7-14 所示的计算方法，即为 DFT 的快速算法。这种算法是在时域中将输入序列按奇偶分组，故称为“按时间抽取法 FFT”。

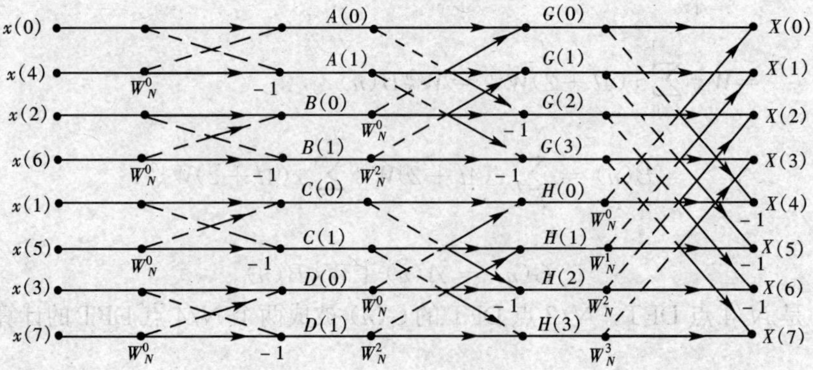

图 7-14　8 点 DFT 的快速运算 FFT 流图

（三）FFT 算法的规律和特点

根据时间抽取 FFT 的原理，可以得出（DIT）FFT 算法的规律和特点。

1. 分级运算

对 $N=2^\beta$，则分成 β 级运算，依次为 2 点 DFT，4 点 DFT，…，直至 $N/2$ 点 DFT。由图 7-14 可知，8 点 DFT 分成 3 级运算。FFT 最大的优点就是减小了计算的工作量。

用 DFT 的算法求取 $X(n)$ 时，由于 W_N 为复数，故求取 $X(n)$ 的一个值需要进行 N 次复数乘法和 $N-1$ 次复数加法，计算全部 $X(n)$，共需 N^2 次复数乘法和 $N(N-1)$ 次复数加法。而采用 FFT，对 $N=2^\beta$，则分成 β 级运算，每级运算中都含 $N/2$ 个蝶形单元，每个蝶形单元包含 1 次复数乘法和 2 次复数加法，故整个 FFT 算法包含 $N\beta/2$ 次复数乘法和 $N\beta$ 次复数加法。若忽略复数加法，则直接用 DFT 计算和用 FFT 计算的运算工作量之比为

$$\alpha = \frac{N^2}{\frac{N\beta}{2}} = \frac{2N}{\beta} \tag{7-74}$$

若 $N=1024$，则 $\alpha \approx 200$。可见与 DFT 算法相比 FFT 极大地提高了运算速度，因此 FFT 使 DFT 得到广泛的应用。

2. 码位倒置

由于 DIT FFT 算法是每级以数据序号的奇偶为组，根据图 7-14 可以看出，输出 $X(n)$ 的自然顺序排列时，则输入 $x(k)$ 以码位倒置顺序排列，称为倒位码。所谓倒位码是将十进制数按二进制表示的数字首尾位置颠倒排列，再重新按十进制读数。$N=8$ 时自然顺序与其

倒位码见表 7-1。

表 7-1　自然顺序与倒位码 (N=8)

自然顺序	二进制数	倒位码二进制数	倒位码	自然顺序	二进制数	倒位码二进制数	倒位码
0	000	000	0	4	100	001	1
1	001	100	4	5	101	101	5
2	010	010	2	6	110	011	3
3	011	110	6	7	111	111	7

因此在使用 FFT 计算机实现时，编程要注意输入信号应是倒位码的顺序。

3. 同址运算

从图 7-14 可以看出，每级的输入数据在进行相应的运算后，在后级运算中就不再使用，因此各级的运算结果可以存放在输入数据的相应的存储单元，直至最后一级运算，中间无需其他存储单元。如图 7-14 中，由 $x(0)$ 与 $x(4)$ 求得 $A(0)$、$A(1)$ 后，$x(0)$、$x(4)$ 即可清除，而将 $A(0)$、$A(1)$ 存放在这两个单元中，可见每一级运算只利用了原输入数据的存储单元。因此同址运算使得计算机处理 FFT 时，占用的内存资源不多，这也是其有利的一面。

二、按频率抽取（DIF）FFT 算法

在 DIT FFT 中输入序列 $x(k)$ 是按奇偶来分组的，而且输出序列 $X(n)$ 是自然排序的，那么与 DIT FFT 相对应，频域数据的输出序列 $X(n)$ 可以按其顺序的奇偶来分组。即是按频率抽取的 DFT，称为按频率抽取（DIF）FFT 算法，简称 DIF（Decimation In Frequency）FFT 算法。

设 $x(k)$ 的长度为 $N=2^{\beta}$，β 为正整数的情况。先将 $x(k)$ 按 k 的先后顺序分成前后两半：

前半子序列　　$x(k)$　　$(0\leqslant k\leqslant N/2-1)$

后半子序列　　$x(k+N/2)$　　$(0\leqslant k\leqslant N/2-1)$

则

$$\begin{aligned}X(n)&=\sum_{k=0}^{N-1}x(k)W_N^{kn}=\sum_{k=0}^{\frac{N}{2}-1}x(k)W_N^{kn}+\sum_{k=\frac{N}{2}}^{N-1}x(k)W_N^{kn}\\&=\sum_{k=0}^{\frac{N}{2}-1}x(k)W_N^{kn}+\sum_{k=0}^{\frac{N}{2}-1}x\left(k+\frac{N}{2}\right)W_N^{\left(k+\frac{N}{2}\right)n}\end{aligned}\tag{7-75}$$

由于 $W_N^{\frac{N}{2}}=-1$，$W_N^{\frac{N}{2}n}=(-1)^n$，上式为

$$X(n)=\sum_{k=0}^{\frac{N}{2}-1}\left[x(k)+(-1)^n x\left(k+\frac{N}{2}\right)\right]W_N^{kn}\quad(0\leqslant n\leqslant N-1)\tag{7-76}$$

按 n 的奇偶可将 $X(n)$ 分成两部分，令 $r=0$，1，…，$N/2-1$，则 $X(n)$ 偶数部分为

$$X(2r)=\sum_{k=0}^{\frac{N}{2}-1}\left[x(k)+x\left(k+\frac{N}{2}\right)\right]W_N^{2kr}=\sum_{k=0}^{\frac{N}{2}-1}\left[x(k)+x\left(k+\frac{N}{2}\right)\right]W_{\frac{N}{2}}^{kr}\tag{7-77}$$

$X(n)$ 奇数部分为

$$X(2r+1)=\sum_{k=0}^{\frac{N}{2}-1}\left[x(k)-x\left(k+\frac{N}{2}\right)\right]W_N^{k(2r+1)}=\sum_{k=0}^{\frac{N}{2}-1}\left[x(k)-x\left(k+\frac{N}{2}\right)\right]W_N^{k}W_{\frac{N}{2}}^{kr}\tag{7-78}$$

式（7-75）为前一半输入与后一半输入之和的$N/2$点DFT，式（7-76）为前一半输入与后一半输入之差再乘上W_N^k的$N/2$点DFT。令

$$\begin{cases} x_1(k)=x(k)+x\left(k+\dfrac{N}{2}\right) \\ x_2(k)=\left[x(k)-x\left(k+\dfrac{N}{2}\right)\right]W_N^k \end{cases} \quad \left(0\leqslant k\leqslant \frac{N}{2}-1\right) \tag{7-79}$$

式（7-77），式（7-78）分别为

$$X(2r)=\sum_{k=0}^{\frac{N}{2}-1} x_1(k)W_{\frac{N}{2}}^{kr} \quad \left(0\leqslant r\leqslant \frac{N}{2}-1\right) \tag{7-80}$$

$$X(2r+1)=\sum_{k=0}^{\frac{N}{2}-1} x_2(k)W_{\frac{N}{2}}^{kr} \quad \left(0\leqslant r\leqslant \frac{N}{2}-1\right) \tag{7-81}$$

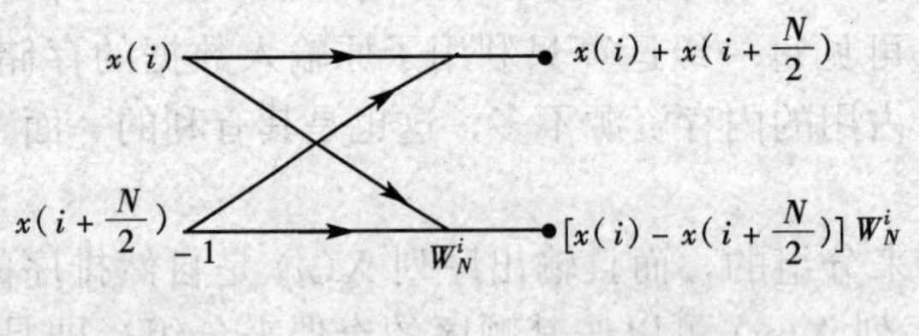

图7-15 DIF FFT蝶形运算结构

按上述过程将一个N点DFT按频域n的奇偶分解为2个$N/2$点的DFT。与DIT FFT的导出过程相同，这样的步骤可一直进行下去。式（7-79）的运算关系同样可以蝶形运算结构表示，如图7-15所示。

当$N=8$时，可得DIF FFT的运算流图如图7-16所示。

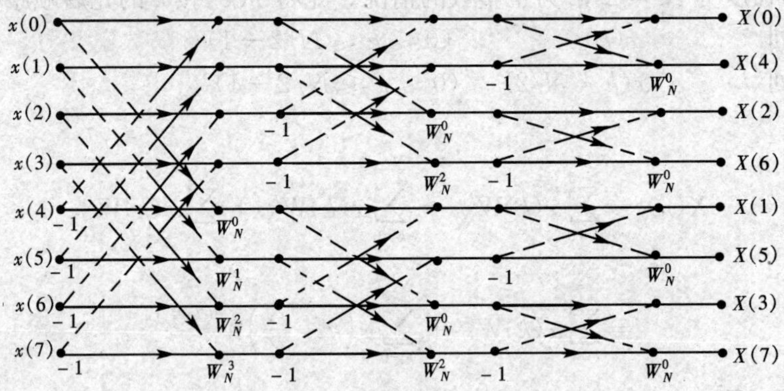

图7-16 8点DIF FFT运算流图

三、离散傅里叶反变换（IDFT）快速算法

由式（7-20）和式（7-19）可见DFT和IDFT的运算式的形式是相似的，前面讨论的DFT的FFT算法同样也可用于IDFT的运算，即为快速傅里叶反变换IFFT称为DIF IFFT。式（7-20）和式（7-19）可化为

$$x(k)=\text{IDFT}[X(n)]=\frac{1}{N}\sum_{n=0}^{N-1}X(n)W_N^{-nk} \quad (0\leqslant k\leqslant N-1) \tag{7-82}$$

$$X(n)=\text{DFT}[x(k)]=\sum_{k=0}^{N-1}x(k)W_N^{kn} \quad (0\leqslant n\leqslant N-1) \tag{7-83}$$

比较式（7-82）和式（7-83）可以看出，只要将DFT运算中的系数W_N^{kn}换成W_N^{-nk}，将结果除以N，则前面讨论的DIT FFT或DIF FFT算法都可用于计算IDFT，只需稍作些修改即可。如图7-16，将图中的输出量变成$x(k)$，当把DIT FFT运算流图用于IDFT时，输出变量变成$x(k)$，输入量变成$X(n)$，系数W_N^{kn}换成W_N^{-nk}，最后所得到的结果再除以N。这样图7-16就改称为DIF IFFT流图。

还有一种方法直接用FFT的计算程序计算IFFT。对式（7-82）取共轭复数，有

$$\overset{*}{x}(k)=\frac{1}{N}\sum_{n=0}^{N-1}\overset{*}{X}(n)W_N^{nk}\qquad(0\leqslant k\leqslant N-1)$$

则

$$x(k)=\frac{1}{N}\Big[\sum_{n=0}^{N-1}\overset{*}{X}(n)W_N^{nk}\Big]^*=\frac{1}{N}[\mathrm{DFT}\overset{*}{X}(n)]^*\qquad(0\leqslant k\leqslant N-1)\qquad(7-84)$$

式（7-84）表明，只要将$X(n)$取共轭后就可直接利用FFT，最后将运算结果再取一次共轭，并除以N即可求得$x(k)$，可见FFT是DFT和IDFT的运算的一种快速的算法。

第四节　离散傅里叶变换DFT的应用

由于FFT的出现而使DFT获得了广泛的应用，可以用DFT进行频谱分析和快速卷积运算。

时域信号按周期和非周期、连续和离散可以分为四种，即连续非周期信号、连续周期信号、离散非周期信号和离散周期信号。DFT是一种时域离散到频域离散的转换，满足计算机进行信号频谱分析，要求信号的时域和频域信号均为离散的。下面讨论通过DFT来进行四种时域信号的频谱分析。

一、用DFT进行周期离散信号的频谱分析

根据第一节可知，离散周期信号的傅里叶级数为DFS（见图7-4），根据DFT与DFS的关系，DFT只是DFS的一个主值区间，是一种“借用”形式。将DFT变换对在时域和频域都作以N为周期的延拓，就构成了DFS变换对。因此直接利用DFT就可以进行离散周期信号的频谱分析。

其他的几种类型的信号要用DFT进行频谱分析，必将经过时域或频域信号的处理，如取样或截取，最终将时域信号和频域信号都转换为周期离散的信号，并找出信号处理后的原信号频谱和信号经处理后即DFT转换后的频谱之间的关系，这样就可利用DFT来进行其他三种类型的信号的频谱分析。

二、用DFT进行非周期离散信号的频谱分析

比较图7-3的离散非周期时间函数的频谱与图7-4的离散周期信号的频谱可以看出，原信号经过DTFT所得的频谱$\overline{X}(\omega)$，进行频域取样所得的离散频谱信号与将原信号周期延拓进行DFS所得的频谱$\overline{X}(n)$相同。因此只要找到DFT（DFS）与DTFT之间的关系，就可以用DFT来分析离散非周期信号的频谱。

离散非周期信号$x(k)$可分为有限长序列和无限长序列，下面将对离散非周期信号的这两种类型的序列用DFT进行频谱分析。

（一）用DFT进行有限长非周期离散序列的频谱分析

设$x(k)$是长度为N的有限长离散非周期序列，则用DFT进行有限长序列的频谱分析

过程为：

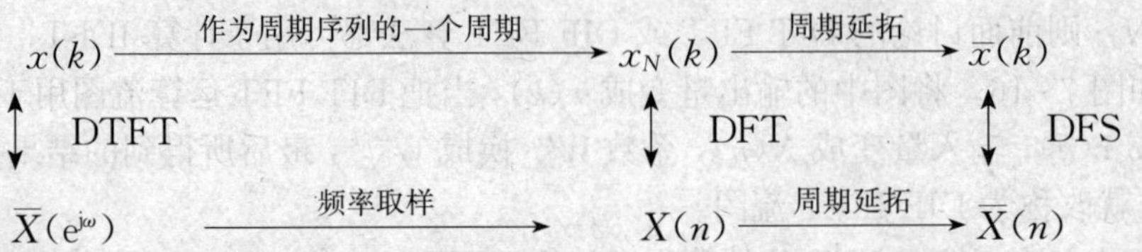

用 DFT 进行有限长序列的频谱分析，需要将原信号的频谱进行取样处理。

图中 $x(k)$ 的 DTFT 为 $\overline{X}(e^{j\omega})$，频谱 $\overline{X}(e^{j\omega})$ 的一个周期经 M 个取样点取样后的频域信号取 $X(n)$，根据第二节中的讨论可知 $\overline{X}(e^{j\omega})$ 与 $X(n)$、$\overline{X}(n)$ 的 相互关系为

$$X(n)=X(e^{j\omega})\big|_{\omega=\frac{2\pi}{M}n}\qquad(n=0,1,\cdots,M-1)\tag{7-85}$$

$$\overline{X}(n)=\sum_{r=0}^{\infty}X(n+rM)\qquad(r=0,1,\cdots,M-1)\tag{7-86}$$

时域信号 $x(k)$、$x_N(k)$ 与 $\overline{x}(k)$ 的相互关系为

$$x_N(k)=x(k)\qquad(k=0,1,\cdots,N-1)\tag{7-87}$$

$$\overline{x}(k)=\sum_{l=0}^{\infty}x_N(k+lN)\qquad(l=0,1,\cdots,+\infty)\tag{7-88}$$

由以上过程可见，若采用 DFT 来分析有限长离散非周期信号的频谱，需解决以下几个问题：

(1) $X(n)$ 是否包含了 $\overline{X}(e^{j\omega})$ 一个周期的全部信息，即是否为 $\overline{X}(e^{j\omega})$ 一个周期的准确取样。

(2) $X(n)$ 的反变换 $x(k)'=\text{IDFT}[X(n)]$ 是否包含了原信号 $x(k)$ 的全部信息。

根据第二节，由式（7-48）可知，长为 N 的有限长序列 $x(k)$ 的离散傅里叶变换 DFT 为 $X(n)$，与傅里叶变换 DTFT 为 $X(e^{j\omega T_s})$ 的变换如下

$$X(n)=X(e^{j\omega T_s})\big|_{\omega=n\omega_N}=X(e^{j\frac{2\pi}{M}n})\tag{7-89}$$

$X(n)$ 也可看做序列 $x(k)$ 的傅里叶变换 DTFT，如图 7-9（b）所示，即 $X(e^{j\omega T_s})$ 在相应点 $\Omega=n\Omega_M=n\dfrac{2\pi}{M}$［$\Omega_M$ 是取样间隔，相当于图 7-9（b）中的 Ω_N］上的取样值，因为 ω 与 Ω 的关系为 $\omega=\Omega/T_s$，则取样间隔也可用 ω_M 表示，式中，$\omega_M=\dfrac{\omega_s}{M}=\dfrac{2\pi}{MT_s}$；取样点用 $\omega=n\omega_M$ 表示，则 $\omega=\dfrac{2\pi}{MT_s}n$，取样间隔为 $\omega_M=\dfrac{\omega_s}{M}=\dfrac{2\pi}{MT_s}$，其中 ω_s 为取样角频率，T_s 为取样周期。

因此 DTFT 到 DFT 的转换，经历了频域取样，问题是对于一个频率特性怎样取样才能不失真地恢复原始信号，即频域取样定理，从而解决问题（2）。

（二）频域取样定理

根据式（7-48）和式（7-89），对于有限长 N 序列 $x(k)$［$x(k)=0,k\geqslant N$］，进行 DFT 变换，相当于信号的 DTFT 进行频域均匀取样，得到的取样的频率信号为

$$X(n)=\sum_{k=0}^{N-1}x(k)W_M^{kn}\qquad(n=0,1,\cdots,N-1)$$

求和扩展到$\pm\infty$不会影响结果，即

$$X(n)=\sum_{k=-\infty}^{+\infty}x(k)W_M^{kn}\qquad(n=0,1,\cdots,N-1)\tag{7-90}$$

式中，$W_M = e^{-j\frac{2\pi}{M}}$；$M$ 为取样点数，M 不一定等于 N。根据第二节中 z 变换与 DFT 的关系，可知 $X(n)$ 的 M 个频域取样值，即为 z 域单位圆上的 M 个等间隔取样值，那么按式（7-90）进行 DFT 所得的频率离散信号 $X(n)$ 应满足什么样的条件才可不失真地恢复原始序列 $x(k)$。若用 $x'(k)$ 代表频域取样后所得的时域序列，即是 $X(n)$ 的 IDFT 所得的信号。通过判断 $x'(k)$ 与原信号 $x(k)$ 的逼近关系，来判断频域取样后信号是否失真，并通过分析找出信号不失真的条件，且推出频域取样定理。

频域取样后的时域信号 $x'(k)$ 表示为

$$x'(k) = \text{IDFT}[X(n)]$$

利用 DFT 与 DFS 的关系，将 $x'(k)$ 和 $X(n)$ 作周期延拓得 $\overline{x}'(k)$、$\overline{X}(n)$，由式（7-16）有

$$\overline{x}'(k) = \text{IDFS}[\overline{X}(n)] = \frac{1}{M}\sum_{n=0}^{M-1} X(n) W_M^{-nk}$$

将式（7-90）代入上式，得

$$\overline{x}'(k) = \frac{1}{M}\sum_{n=0}^{M-1}\Big[\sum_{m=-\infty}^{\infty} x(m) W_M^{mn}\Big] W_M^{-nk} = \sum_{m=-\infty}^{\infty} x(m)\Big[\frac{1}{M}\sum_{n=0}^{M-1} W_M^{(m-k)n}\Big]$$

由于

$$\frac{1}{M}\sum_{n=0}^{M-1} W_M^{(m-k)n} = \begin{cases} 1 & (m = k + rM, r\text{ 为整数}) \\ 0 & (\text{其他}) \end{cases}$$

得

$$\overline{x}'(k) = \sum_{r=-\infty}^{\infty} x(k + rM) \tag{7-91}$$

式（7-91）表明 $\overline{x}'(k)$ 是原序列 $x(k)$ 以 M 为周期的延拓。这一结论与时域中取样造成频域中频谱作周期延拓类似。

若频域取样间隔不够密集，即若 $M < N$，得到的 $\overline{x}'(k)$ 中将会出现原序列 $x(k)$ 的混叠，引起混叠失真。由此得出重要结论：

对于长 N 的序列 $x(k)$，频域信号经过取样后能够不失真恢复原信号的条件为：频域取样点数 M 必须大于或等于序列长度 N，即

$$M \geqslant N \tag{7-92}$$

在满足式（7-92）的条件下

$$x(k) = x'(k) = \overline{x}'(k) G_M(k) = \sum_{r=-\infty}^{\infty} x(k + rM) G_M(k) \tag{7-93}$$

显然，当 $x(k)$ 非时限或为无穷长序列时，无论 M 取多大，都会不可避免地产生混叠失真，为减小失真，应尽量增大 M 使 $x'(k)$ 逼近原序列 $x(k)$。

对信号的连续频谱抽样，必伴随信号在时域的周期性延拓。为了使频域的样本能完全代表时域的信号，必须满足两个条件：

(1) 信号必须是时限的。

(2) 周期延拓时不可发生混叠。对于长为 N 的有限长序列 $x(k)$，对它的频谱 $X(n)$ 作 M 点等间隔采样时，对应的时域信号 $x(k)$ 必以 M 为周期延拓。为了避免混叠，必须满足条件 $M \geqslant N$，即式（7-92）。

这就是频域取样定理的描述。

通过以上分析，可以得出频域取样时可能会产生混叠，并引起原信号失真而不可恢复，究其原因是由于 IDFT 实质上是 IDFS，而 IDFS 是无限周期延拓的，因此若取样间隔点 M 较小，会使得 IDFS 在做周期延拓时出现混叠现象。

若取频域取样点 $M=N$，则用 DFT 进行有限长离散非周期序列的频谱分析的数学过程为（见图 7 - 17）：

（1）频率抽样。为使原信号 $x(k)$ 的周期连续频谱 $\overline{X}_N(\omega)$ 转换为离散序列，需在频域中均匀冲激抽样，频域冲激序列为

$$\delta_\omega(\omega)=\sum_{n=-\infty}^{\infty}\delta(\omega-n\omega_1)\qquad\left(\omega_1=\frac{2\pi}{T_1}\right)\tag{7 - 94}$$

由对称性，时域中为

$$\delta_\omega(t)=\frac{T_1}{2\pi}\sum_{n=-\infty}^{\infty}\delta(t-mT_1)\tag{7 - 95}$$

ω_1 和 T_1 的关系为 $\omega_1=\dfrac{2\pi}{T_1}=2\pi f_1$，$\omega_1$ 为频域中抽样周期，相应 f_1 为谱线间隔，又称分辨率。$\delta_\omega(\omega)$ 和 $\delta_\omega(t)$ 如图 7 - 17 所示。用 $\delta_\omega(\omega)$ 对 $\overline{X}_N(\omega)$ 均匀取样，得

$$\begin{aligned}\overline{X}_N(n\omega_1)&=\overline{X}_N(\omega)\delta_\omega(\omega)=\overline{X}_N(\omega)\delta(\omega-n\omega_1)\\&=\sum_{n=-\infty}^{\infty}\overline{X}_N(n)\delta(\omega-n\omega_1)\end{aligned}\tag{7 - 96}$$

（2）原信号恢复。得到频域中离散周期序列，对应于时域中信号也为离散周期序列，由卷积定理，得

$$\begin{aligned}\overline{x}_N(k)'&=x_N(k)*\frac{T_1}{2\pi}\sum_{m=-\infty}^{\infty}\delta(t-mT_1)\\&=\left[\sum_{k=0}^{N-1}x(k)\delta(t-kT_s)\right]*\left[\frac{T_1}{2\pi}\sum_{m=-\infty}^{\infty}\delta(t-mT_1)\right]\\&=\int_{-\infty}^{\infty}\sum_{k=0}^{N-1}x(k)\delta(\eta-kT_s)\frac{T_1}{2\pi}\sum_{m=-\infty}^{\infty}\delta(t-mT_1-\eta)\mathrm{d}\eta\\&=\frac{T_1}{2\pi}\sum_{m=-\infty}^{\infty}\sum_{k=0}^{N-1}x(k)\delta(t-mT_1-kT_s)\end{aligned}$$

上式表示将 $x(k)$ 作 N 为周期的延拓后，幅值为原信号的$\dfrac{T_1}{2\pi}$。故

$$\overline{x}_N(k)'=\frac{T_1}{2\pi}x((k))_N\tag{7 - 97}$$

$\overline{x}_N(k)$ 与 $\overline{X}_N(n)$ 如图 7 - 17 所示。

（3）结论。以上推导过程是按傅里叶变换的定义严格进行的，所以 $\overline{x}_N(k)'$ 与 $\overline{X}_N(n)$ 是 DFS 变换对，其主值区间序列分别为 $x_N(k)'$ 与 $X_N(n)$，$x_N(k)'$ 与原有限长离散非周期序列 $x(k)$ 的关系为 $x_N(k)'=\dfrac{T_1}{2\pi}x(k)$，而 $|X_N(n)|$ 与 $|X(\omega)|$ 的采样值的关系为 $|X_N(n)|=|X(\omega)|$。结论：当用 DFT 作离散非周期信号的频谱分析时，原信号的频谱为用 DFT 得到的频谱的$\dfrac{T_1}{2\pi}$倍，即

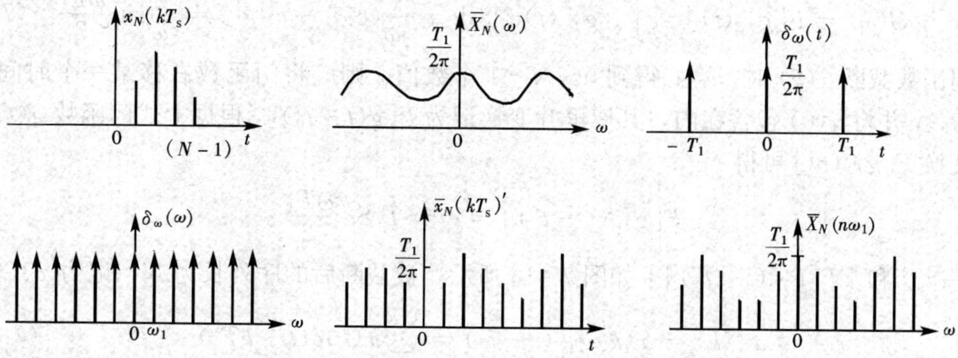

图 7-17　用 DFT 对有限长非周期离散信号作频谱分析的推导过程

$$X_N(\omega)\mid_{\omega=n\omega_1}=\frac{T_1}{2\pi}\mathrm{DFT}[x(k)] \tag{7-98}$$

根据以上分析可见对于时限离散非周期信号只要满足频域取样定理，即可根据式(7-98) 用 DFT 来分析其频谱，即要求频域取样点的个数要大于等于信号长度，就可以解决以上的两个问题，使原信号不失真恢复，避免了时域的混叠现象。下面讨论用 DFT 进行无限长离散非周期信号的频谱分析。

（三）用 DFT 进行无限长非周期离散序列的频谱分析

设 $x(k)$ 为无限长离散非周期序列，则用 DFT 进行频谱分析过程为：

$$\begin{array}{ccccccc}
x(k) & \xrightarrow{\text{门函数截断}} & x(k)g(t-t_0) & \xrightarrow{\text{作为周期序列的一个周期}} & x_N(k) & \xrightarrow{\text{周期延拓}} & \overline{x}(k) \\
\updownarrow\ \mathrm{DTFT} & & \updownarrow\ \mathrm{DTFT} & & \updownarrow\ \mathrm{DFT} & & \updownarrow\ \mathrm{DFS} \\
\overline{X}(e^{j\omega}) & \xrightarrow{\text{卷积}} & \overset{*}{X}(e^{j\omega})F[g(t-t_0)] & \xrightarrow{\text{频率抽样}} & X_N(n) & \xrightarrow{\text{周期延拓}} & \overline{X}_N(n)
\end{array}$$

即时域信号经过门函数截断，并以 N 作为截取的离散序列的长度，从而将无限长信号的频谱分析转换为有限长的信号，并利用有限长序列的 DFT 分析频谱的方法，分析其频谱，期间信号经过时域信号的截断和频域信号的抽样信号处理。

由于以上过程要采用 DFT 来分析无限长离散非周期信号的频谱，同样需要解决以下问题：

(1) $\overline{X}(n)$ 是否包含了 $\overline{X}(e^{j\omega})$ 的全部信息，即是否为 $\overline{X}(e^{j\omega})$ 的准确取样。

(2) $X_N(n)$ 的反变换 $x(k)'=\mathrm{IDFT}[X_N(n)]$ 是否包含了 $x(k)$ 的全部信息。

下面找出无限长离散非周期序列的频谱与用 DFT 转换后的频谱之间的关系。用 DFT 进行无限长离散非周期序列的频谱分析的数学过程为（见图 7-18）：

(1) 时域信号 $x(k)$ 的截断。因 $x(k)$ 非时限或延续时间很长，需作时域截短，相当于用门函数 $g(t)$ 与 $x(k)$ 相乘。设门函数宽度为 $T_1=NT$，则门函数 $g_{T_1}(t)$ 表示为

$$g_{T_1}(t)=\begin{cases}1 & \left(\mid t\mid<\dfrac{T_1}{2}\right)\\ 0 & (\text{其他})\end{cases}$$

其傅里叶变换为

$$G(\omega)=F[g_{T_1}(t)]=\int_{-\infty}^{+\infty}g_{T_1}(t)\mathrm{e}^{-\mathrm{j}\omega t}\mathrm{d}t=\frac{1}{\mathrm{j}\omega}(\mathrm{e}^{\mathrm{j}\frac{\omega T_1}{2}}-\mathrm{e}^{-\mathrm{j}\frac{\omega T_1}{2}})=\frac{2}{\omega}\sin\frac{\omega T_1}{2} \quad (7-99)$$

若使门函数截断 $x(k)$ 时，恰好得到 $0\sim N-1$ 个数值，则应将门函数右移某一个时间 t_0 为 $g(t-t_0)$，并将 $x(0)$ 包含在内，其傅里叶变换记为 $F[g(t-t_0)]$，根据上式门函数 $g(t)$ 的傅里叶变换 $F[g_{T_1}(t)]$ 可得

$$F[g_{T_1}(t-t_0)]=\mathrm{e}^{-\mathrm{j}\omega t_0}T_1 Sa\frac{\omega T_1}{2}$$

$g_{T_1}(t-t_0)$ 和 $|F[g_{T_1}(t-t_0)]|$ 如图 7-18 所示，被截断后的序列长为 N，记为 $x_N(k)$，

$$x_N(k)=x(k)g_{T_1}(t-t_0)=\sum_{k=0}^{N-1}x(k)\delta(t-kT_s) \quad (7-100)$$

则

$$|x_N(k)|=|x(k)|$$

其傅里叶变换 DTFT 形式为

$$\overline{X}_N(\omega)=\frac{1}{2\pi}\overline{X}(\omega)*F[g_{T_1}(t-t_0)]=\frac{T_1}{2\pi}\overline{X}(\omega)*\left\{\frac{F[g_{T_1}(t-t_0)]}{T_1}\right\} \quad (7-101)$$

卷积积分的结果使频谱产生折皱，且幅值变为原来 $x(t)$ 的频谱 $|\overline{X}(\omega)|$ 的 $\frac{T_1}{2\pi}$ 倍，即

$$|\overline{X}_N(\omega)|=\frac{T_1}{2\pi}|\overline{X}(\omega)| \quad (7-102)$$

$\overline{X}_N(\omega)$ 如图 7-18 所示。

（2）频域抽样。用 $\delta_\omega(\omega)$ 对 $\overline{X}_N(\omega)$ 均匀取样，由式（7-96）得

$$\overline{X}_N(n\omega_1)=\overline{X}_N(\omega)\sum_{n=-\infty}^{\infty}\delta(\omega-n\omega_1) \quad (7-103)$$

比较式（7-101）和式（7-103）得

$$\overline{X}_N(n)=\frac{T_1}{2\pi}\left[\overline{X}(\omega)*\left(\frac{F[g(t-t_0)]}{T_1}\right)\right]\sum_{n=-\infty}^{\infty}\delta(\omega-n\omega_1) \quad (7-104)$$

$\overline{X}_N(n)$ 的幅值为原信号频谱 $\overline{X}(\omega)$ 的 $\frac{T_1}{2\pi}$ 倍，即 $|\overline{X}_N(n)|=\frac{T_1}{2\pi}|\overline{X}(\omega)|$。

（3）原信号恢复。将 DFT 转换的信号恢复，由式（7-97）与式（7-100）得

$$\overline{x}_N(k)'=\frac{T_1}{2\pi}\{[x(k)g(t-t_0)]\}_N$$

此式表示将 $x(k)$ 作截断后，以 N 为周期的延拓后，幅值为原信号的 $\frac{T_1}{2\pi}$ 倍，即

$$\overline{x}_N(k)'=\frac{T_1}{2\pi}x[(k)]_N \quad (7-105)$$

$$|\overline{x}_N(k)'|=\frac{T_1}{2\pi}|x[(k)]_N| \quad (7-106)$$

$\overline{x}_N(k)'$ 与 $\overline{X}_N(n)$ 如图 7-18 所示。

（4）结论。以上推导过程是按傅里叶变换的定义严格进行的，所以 $\overline{x}_N(k)'$ 与 $\overline{X}_N(n)$ 是 DFS 变换对，其主值区间序列分别为 $x_N(k)$ 与 $X_N(n)$，根据 $x_N(k)$ 与原有限长离散非周期序列 $x(k)$ 的关系如式（7-105）所示，其幅值是 $\frac{T_1}{2\pi}$ 的关系，而 $|X_N(n)|$ 与 $|X(\omega)|$ 的采样

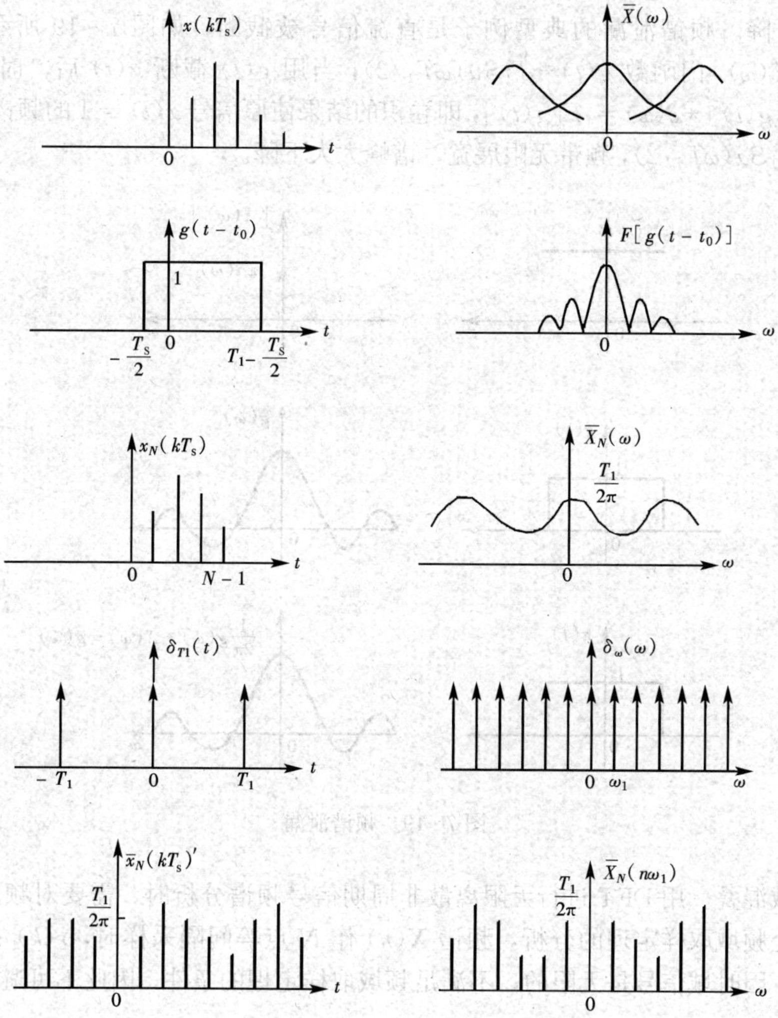

图 7-18　用 DFT 对无限长非周期离散信号作频谱分析的推导过程

值的关系为 $|X_N(n)| = \frac{T_1}{2\pi}|X(\omega)|$。

结论：当用 DFT 作无限长非周期离散信号的频谱分析时，用 DFT 计算的频谱与原信号的频谱相近或相同，即

$$|X(\omega)|_{\omega=n\omega_1} = \mathrm{DFT}[x(k)] \tag{7-107}$$

$$\omega_1 = \frac{T_1}{2\pi}$$

$$T_1 = NT_s$$

根据以上分析，可以看到用 DFT 作时无限离散非周期信号的频谱分析时会产生以下误差：

（1）折皱误差。时域中由门函数截断对应于频域中所研究的频谱与门函数的频谱之间的卷积过程，因此折皱不可避免。

（2）频谱泄漏。时域中用门函数截断，在频域中的卷积还会产生频谱泄漏，即造成频谱扩展。谱峰下降。频谱泄漏的典型例子是直流信号被截断，如图 7-19 所示。直流信号 $x(t)=1\leftrightarrow 2\pi\delta(\omega)$，门函数 $g(t)\leftrightarrow T_1 Sa(\omega T_1/2)$，当用 $g(t)$ 截断 $x(t)$ 后，时域中 $g(t)=x(t)g(t)\leftrightarrow F[g(t)]*\delta(\omega)=F[g(t)]$，即卷积的结果使原信号 $x(t)=1$ 的频谱 $2\pi\delta(\omega)$ 变为 $F[g(t)]=T_1 Sa(\omega T_1/2)$，频带无限展宽，谱峰大大下降。

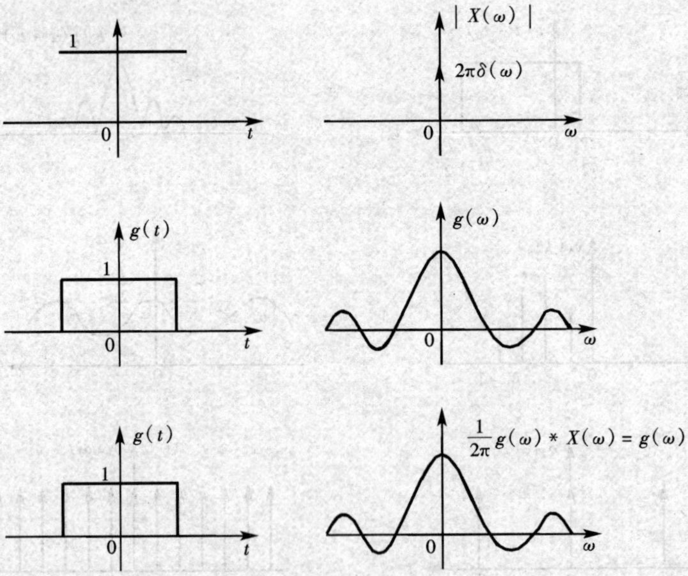

图 7-19 频谱泄漏

（3）时域混叠。用 DFT 进行无限离散非周期信号频谱分析时，需要对频域信号进行取样，根据以上频域取样定理的分析，频谱 $X(n)$ 作 N 点等间隔采样时，$x(k)$ 在时域必以 N 为周期延拓。因时域信号是无限的，不满足频域取样定理的条件，因此不可避免会产生混叠现象。

【例 7-9】 设序列 $x(k)$ 的长度为 $N=8$，现对 $x_N(k)$ 的 DTFT $[X(e^{j\omega})]$ 的一个周期作 $M=6$ 点的均匀取样，得 $X_M(n)$。试研究 $X_M(n)$ 的反变换 $x_M(k)$ 和原序列 $x_N(k)$ 的关系，其中 $x(k)=\{8,7,6,5,4,3,2,1\}$。

解 利用

$$X_M(n)=\sum_{k=0}^{N-1}x_N(k)e^{-j\frac{2\pi}{M}kn}$$

$$x_M(k)=\sum_{k=0}^{N-1}X_M(n)e^{-j\frac{2\pi}{M}kn}$$

得 $x_M(k)=\{10,8,6,5,4,3\}$，显然

$$x_M(0)=x_N(0)+x_N(6)$$

$$x_M(1)=x_N(1)+x_N(7)$$

$$x_M(k)=x_N(k)\quad(k=2,3,4,5)$$

这种现象的出现是由于时域周期延拓造成的。

混叠的方式是一个周期的后两点和本周期的前两点相加，即

8，7，6，5，4，3，2，1

　　　　　　　　8，7，6，5，4，3，2，1

　　　　　　　　　　　　　　　　8，7，6，5，4，3，2，1

则

$$x_M(k)=\{10,8,6,5,4,3\}$$

当 M 取得越大，混叠就会越小，但 M 取得大就会增加计算量。

三、用 DFT 进行周期连续信号的频谱分析

连续周期信号是非时限的，利用 DFT 进行周期连续信号 $\bar{x}(t)$ 的频谱分析时，需要进行周期信号的取样和截断，分析过程如下：

$$\begin{array}{ccccc}
\bar{x}(t) & \xrightarrow{\text{取样}} & \bar{x}(k) & \xrightarrow{\text{主值区间}} & x_N(k) \\
\updownarrow \text{FS} & & \updownarrow \text{DFS} & & \updownarrow \text{DFT} \\
X(n) & \xrightarrow{\text{卷积}} & \bar{X}(n) & \xrightarrow{\text{主值区间}} & X_N(n)
\end{array}$$

推导过程如图 7-20 所示。

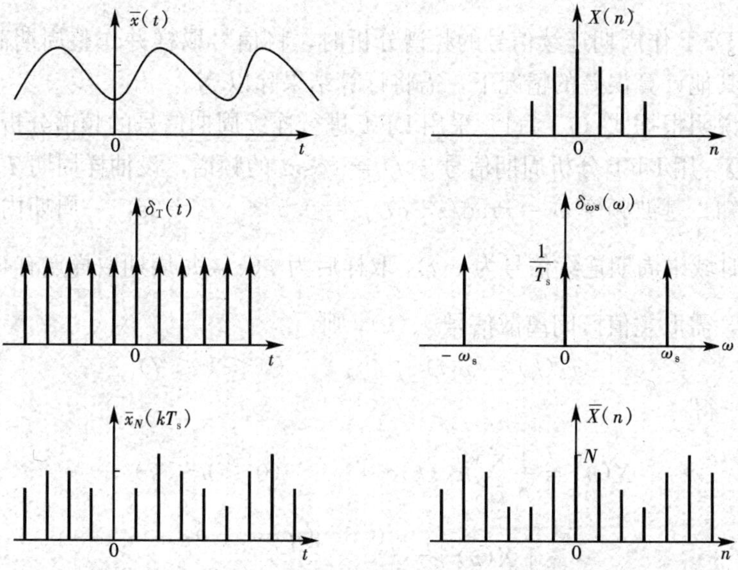

图 7-20　用 DFT 对周期连续信号进行频谱分析的推导过程

由于时域信号经过取样和截断，就有可能产生频谱混叠和泄漏。

下面分析原信号的频谱和用 DFT 转换所得频谱的关系。

周期信号 $\bar{x}(t)$ 及其频谱 $X(n)$ 之间关系由式（7-1）和式（7-2）确定，基波频率 $\omega_1=2\pi/T_1$，最高频率为 ω_m。原信号的取样信号为 $\bar{x}_N(kT_s)$，并以 N 为周期，取样间隔周期为 $T_s=T_1/N$，$\bar{x}_N(k)$ 的频谱为 $\bar{X}_N(n)$。若 $\bar{x}(t)$ 频限，取样频率需要满足 $f_s\geqslant 2f_m$，即满足时域取样定理，则可以使原信号取样后频谱不会发生混叠失真现象；若 $\bar{x}(t)$ 非频限，则混叠不可避免。

用 DFT 作周期连续信号的频谱分析时，将信号进行取样后得到时域信号和频谱信号分别为 $\overline{x}_N(k)$ 和 $\overline{X}_N(n)$，则 $\overline{x}_N(k)$ 与 $\overline{X}_N(n)$ 构成一对 DFS 变换对，主值区间序列为 $x_N(k)$ 和 $X_N(n)$，可用 DFT 进行计算。

上述过程实际上就是傅里叶级数的积分运算近似为求和运算。为方便计算，式(7-1)重写如下

$$X(n)=\frac{1}{T_1}\int_0^{T_1}\overline{x}(t)\mathrm{e}^{-\mathrm{j}n\omega_1 t}\mathrm{d}t \tag{7-108}$$

将式（7-108）近似为求和，取 $\mathrm{d}t=T_s, t=kT_s, 0\leqslant k\leqslant N-1, \omega_1=2\pi/T_1$，则

$$X(n)=\frac{1}{NT_s}\sum_{k=0}^{N-1}x_N(k)\mathrm{e}^{-\mathrm{j}n\frac{2\pi}{T_1}kT_s}T_s=\frac{1}{N}\sum_{k=0}^{N-1}x_N(k)\mathrm{e}^{-\mathrm{j}\frac{2\pi}{N}kn} \quad (0\leqslant n\leqslant N-1) \tag{7-109}$$

而 DFT 的转换式为

$$X_N(n)=\sum_{k=0}^{N-1}x_N(k)\mathrm{e}^{-\mathrm{j}\frac{2\pi}{N}kn} \quad (0\leqslant n\leqslant N-1) \tag{7-110}$$

由式（7-109）与式（7-110）得原信号的频谱和 DFT 分析的频谱之间的关系为

$$X(n)=\frac{1}{N}X_N(n) \quad (0\leqslant n\leqslant N-1) \tag{7-111}$$

结论：用 DFT 作周期连续信号的频谱分析时，将信号取样并作整周期截断处理，在不计混叠误差及其他计算误差的情况下，需将计算结果除以 N。

下面举例说明根据式（7-111）采用 DFT 进行连续周期信号的频谱分析。

【例 7-10】 用 DFT 分析周期信号 $\overline{x}(t)=\cos\pi t$ 的频谱，设抽样周期 $T_s=0.25\mathrm{s}$。

解 由题知，基波频率 $\omega_1=\pi\mathrm{rad/s}$，故 $f_1=0.5/\mathrm{s}$，$T_1=2\mathrm{s}$，一周期内抽样点数 $N=\frac{T_1}{T_s}=8$，于是时域中周期连续信号为 $\overline{x}(t)$，取样后为 $\overline{x}(k)$，每周期取样点有 8 个，要用 DFT 进行频谱分析，需取主值区间离散信号 $x_8(k)$，则

$$x_8(k)=\overline{x}(t)\big|_{t=0.25k} \quad (0\leqslant k\leqslant 7)$$

按式（7-111）得

$$X(n)=\frac{1}{8}\sum_{k=0}^{7}x_N(k)\mathrm{e}^{-\mathrm{j}\frac{2\pi}{8}kn} \quad (0\leqslant n\leqslant 7)$$

求得

$$|X(n)|=\begin{cases}0.5 & (n=1,7)\\ 0 & (n=0,2,3,4,5,6)\end{cases}$$

抽样序列的频谱是用 DFT 所求得的一个周期内谱线 $|X(n)|$ 的周期重复，周期为 $\omega_s=2\pi/T_S=8\pi=8\omega_1$，时域抽样序列及其频谱如图 7-21（a）、（b）所示。

由此得原信号 $\overline{x}(t)$ 的傅氏级数系数为

$$X(n)=\begin{cases}0.5 & (n\pm 1)\\ 0 & (\text{其他})\end{cases}$$

如图 7-21（c）所示。可见用 DFT 计算得到的频谱与原周期信号的频谱完全相同。

在根据式（7-111），用 DFT 进行连续周期信号的频谱分析时，信号经过取样和截取，可能会产生一些误差。

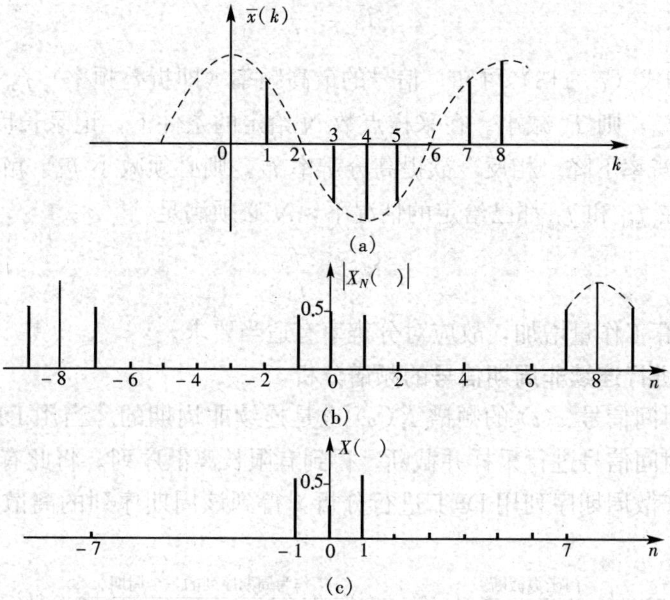

图 7-21　[例 7-4] 用 DFT 计算周期离散信号的频谱

(a) 抽样序列 $\bar{x}(k)$；(b) 抽样序列频谱；(c) 原信号的傅氏级数

1. 频谱泄漏现象

若连续信号在截断时，不是整周期截取的，会使得频谱褶皱和泄漏。如 [例 7-10]，若不作整周期截断，即 $NT_s \neq T_1$，门函数截断后，周期延拓，周期序列已不是以同一周期 T_s 对 $\bar{x}(t)$ 进行采样的序列，如图 7-22 所示，由于在 A 点处，有跳变，会产生许多的频率成分，从而引起频谱泄漏，频谱展开，谱峰下降。

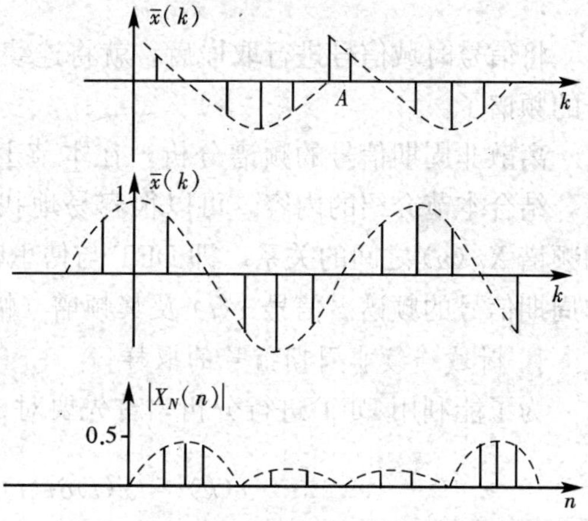

图 7-22　用 DFT 进行周期连续信号频谱分析非整周期截断产生频谱泄漏

此时计算结果将由于频谱泄漏而存在较大误差。因此，为了避免泄漏，对周期序列进行频谱分析时，截取长度应是基本周期或其整数倍。若待分析的周期信号不能确定，则可加长截取长度进行分析，以减少频谱泄漏误差。

2. 频谱混叠

若信号非频限或采样频率不够高，不满足时域取样定理，则必有混叠误差。为了减小混叠，可在采样前先用低通模拟滤波器作前置滤波，以滤除高于折叠频率的分量，记折叠频率为 f_m。根据采样定理，为了不发生混叠，必须有 $f_s \geqslant 2f_m$，或采样周期满足

$$T_s \leqslant \frac{1}{2f_m} \tag{7-112}$$

$f_1 = f_s/N$ 为谱线间隔，即分辨率，则信号周期即记录长度为 T_1，则

$$T_1 = \frac{1}{f_1} \tag{7-113}$$

由式（7-112）和式（7-113）可知，信号的最高频率（即折叠频率）f_m 与频率分辨率之间是矛盾的，增大 f_m，则 T_s 减小。在采样点数 N 给定的条件下，记录长度 $T_1 = NT_s$ 缩短，从而 f_1 增大，分辨率下降。相反，欲提高分辨率 f_1，则必须减小 f_m。解决这一矛盾的唯一办法是增大 N，在 f_m 和 f_1 都已给定的情况下，N 必须满足

$$N \geqslant \frac{2f_m}{f_1} \tag{7-114}$$

但增大 N 会使运算工作量增加，故应对分辨率有适当要求。

四、用 DFT 进行连续非周期信号的频谱分析

连续非周期时间信号 $x(t)$ 的频谱 $X(\omega)$ 也是连续非周期的。当用 DFT 作频谱分析时，必须首先将连续时间信号进行采样并截断，得到有限长离散序列。将此有限长序列作周期延拓后，就可对该离散周期序列用 DFT 进行分析，得到该周期序列的离散周期序列频谱。其过程如下：

$$\begin{array}{ccccccccc}
x(t) & \xrightarrow{\text{取样}} & x(k) & \xrightarrow{\text{门函数截断}} & x(k)g(t-t_0) & \xrightarrow{\text{作为周期序列的一个周期}} & x_N(k) & \xrightarrow{\text{周期延拓}} & \overline{x}(k) \\
\updownarrow \text{FT} & & \updownarrow \text{DTFT} & & \updownarrow \text{DTFT} & & \updownarrow \text{DFT} & & \updownarrow \text{DFS} \\
X(\omega) & \xrightarrow{\text{周期延拓}} & \overline{X}(e^{j\omega}) & \xrightarrow{\text{卷积}} & X(e^{j\omega}) * F[g(t-t_0)] & \xrightarrow{\text{频率抽样}} & X_N(n) & \xrightarrow{\text{周期延拓}} & \overline{X}_N(n)
\end{array}$$

将信号时域信号进行取样后，就将连续非周期的信号的频谱分析变为分析离散非周期信号的频谱了。

离散非周期信号的频谱分析，在本节上面部分作了讨论，现在进行时域信号的取样分析，结合本节介绍的内容，可以很容易地找出连续非周期信号的频谱 $X(\omega)$ 与用 DFT 得出的频谱 $X_N(n)$ 之间的关系，即 DFT 与傅里叶变换 FT 的关系，从而实现用 DFT 来分析连续非周期信号的频谱。信号 $x(t)$ 及其频谱（幅值）$|X(\omega)|$ 如图 7-23 所示。

1. 时域连续非周期信号的取样

为了能利用 DFT 进行分析，首先要对 $x(t)$ 离散化，即用冲激序列 $\delta_T(t)$ 与 $x(t)$ 相乘

$$x(k) = x(t)\delta_T(t) = x(t)\sum_{k=-\infty}^{\infty}\delta(t-kT_s) \tag{7-115}$$

$\delta_T(t)$ 的频谱为

$$\delta_{\omega_s}(\omega) = \omega_s \sum_{n=-\infty}^{\infty}\delta(\omega - n\omega_s) \tag{7-116}$$

式中，$\omega_s = \dfrac{2\pi}{T_s}$。$\delta_{\omega_s}(t)$ 和 $\delta_{\omega_s}(\omega)$ 如图 7-23 所示。由频域卷积定理得 $x(k)$ 的频谱为

$$\overline{X}(\omega) = \frac{1}{T_s}\sum_{n=-\infty}^{\infty}X(\omega - n\omega_s) \tag{7-117}$$

根据式（7-117）可知，原连续信号 $x(t)$ 的频谱 $X(\omega)$ 以抽样角频率 ω_s 为周期的周期延拓，是原信号抽样后 $x(k)$ 的频谱 $\overline{X}(\omega)$，其幅值为 $X(\omega)$ 的 $\dfrac{1}{T_s}$。若 $X(\omega)$ 是非频限的，或者 ω_s 不够高，则 $\overline{X}(\omega)$ 必将发生频谱混叠而产生混叠误差，$x(k)$ 及其频谱如图 7-23 所示。

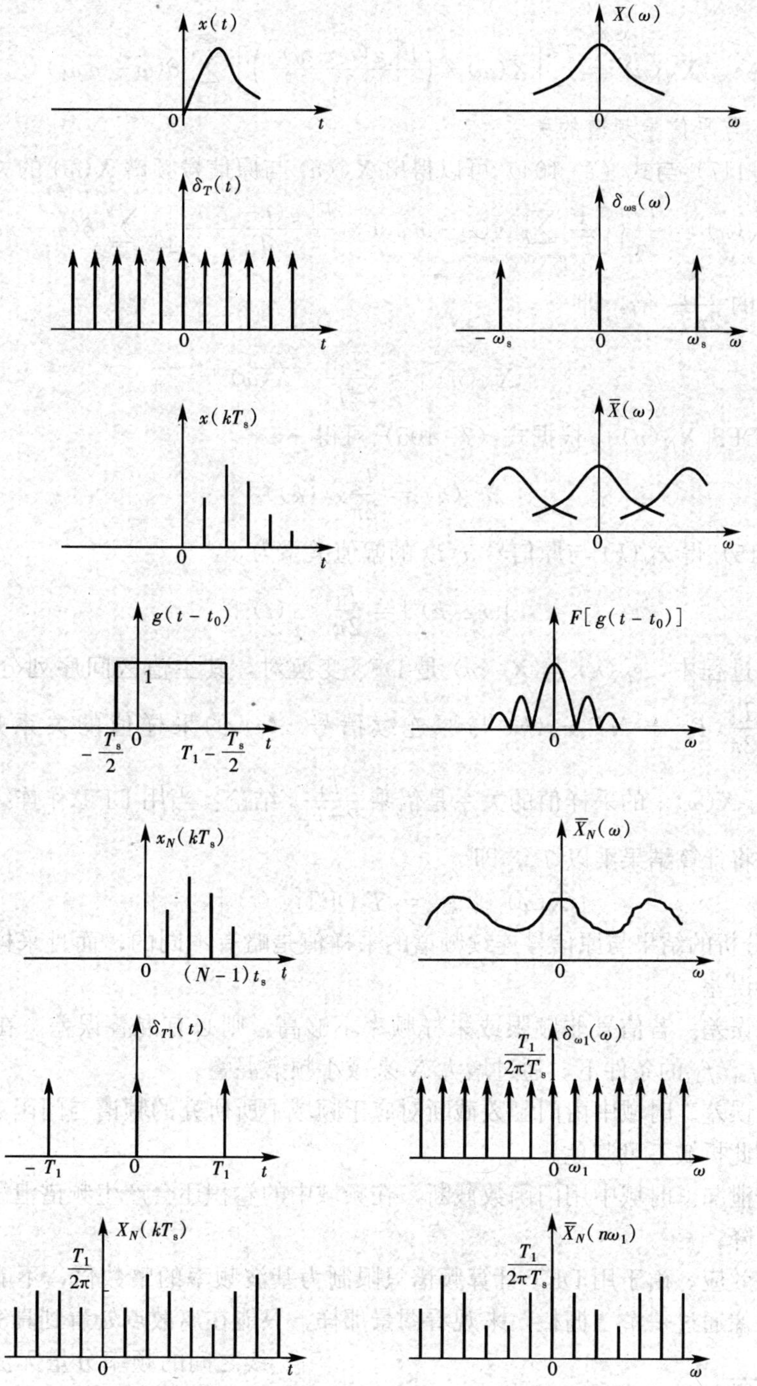

图 7-23　用 DFT 作连续非周期信号频谱分析推导过程

2. 离散非周期信号的频谱分析

时域信号经过取样就变成了离散非周期信号，本节前面所述的离散非周期信号的频谱分析中，式（7-104）表示出 DFT 转换后的频谱 $\overline{X}_N(n)$ 与离散非周期信号的频谱 $\overline{X}(\omega)$ 之间

的关系为

$$\overline{X}_N(n)=\frac{T_1}{2\pi}\left[\overline{X}(\omega)*\left(\frac{F[g(t-t_0)]}{T_1}\right)\right]\sum_{n=-\infty}^{\infty}\delta(\omega-n\omega_1) \tag{7-118}$$

3. $\overline{X}_N(n)$ 与原信号频谱的关系

由式（7-117）与式（7-104）可以得出 $\overline{X}_N(n)$ 与原信号频谱 $X(\omega)$ 的关系式为

$$\overline{X}_N(n)=\frac{T_1}{2\pi}\left\{\left[\frac{1}{T_s}\sum_{n=-\infty}^{\infty}X(\omega-n\omega_s)*\frac{F[g(t-t_0)]}{T_1}\right]\right\}\sum_{n=-\infty}^{\infty}\delta(\omega-n\omega_1) \tag{7-119}$$

幅值为原信号的 $\frac{T_1}{2\pi T_s}$ 倍，即

$$|\overline{X}_N(n)|=\frac{T_1}{2\pi T_s}|X(\omega)| \tag{7-120}$$

设 $\overline{x}_N(k)=\text{IDFS}[\overline{X}_N(n)]$，根据式（7-105）可得

$$\overline{x}_N(k)=\frac{T_1}{2\pi}x((k))_N \tag{7-121}$$

根据式（7-115）得 $\overline{x}_N(k)$ 与原信号 $x(t)$ 的幅值关系为

$$|\overline{x}_N(k)|=\frac{T_1}{2\pi}|x(t)| \tag{7-122}$$

以上推导过程中，$\overline{x}_N(k)$ 与 $\overline{X}_N(n)$ 是 DFS 变换对，其主值区间序列分别为 $x_N(k)$ 与 $X_N(n)$，$\omega_1=\frac{T_1}{2\pi}$，$T_1=NT_s x_N(k)$ 与原连续信号 $x(t)$ 的采样值的关系是倍乘 $\frac{T_1}{2\pi}$，而 $|X_N(n)|$ 与 $|X(\omega)|$ 的采样值的关系是倍乘 $\frac{T_1}{2\pi T_s}$。结论：当用 DFT 作连续非周期信号的频谱分析时需将计算结果乘以 T_s，即

$$|X(\omega)|_{\omega=n\omega_1}=T_s\text{DFT}[x(t)|_{t=kT_s}] \tag{7-123}$$

用 DFT 分析的结果与原信号连续频谱的采样值是略有不同的，而且采样和截断过程也会使频谱产生误差。

（1）混叠误差。若信号非频限或采样频率不够高，则必有混叠误差。在时域取样点数 N 满足 $N\geqslant 2f_m/f_1$ 的条件下，通过增大 N 来减小频谱混叠。

（2）折皱误差。时域中由门函数截断对应于频域中所研究的频谱与门函数的频谱之间的卷积过程，因此折皱不可避免。

（3）频谱泄漏。时域中用门函数截断，在频域中的卷积还会产生频谱泄漏，即造成频谱扩展，谱峰下降。

（4）栅栏效应。由于用 DFT 计算频谱只限制为基波频率的整数倍，不能将频谱视为一连续函数，好像通过一个“栅栏”来观看图景那样，只能在离散点处看到真实图景，两个谱线之间的频率分量无法检测出来，称为栅栏效应。

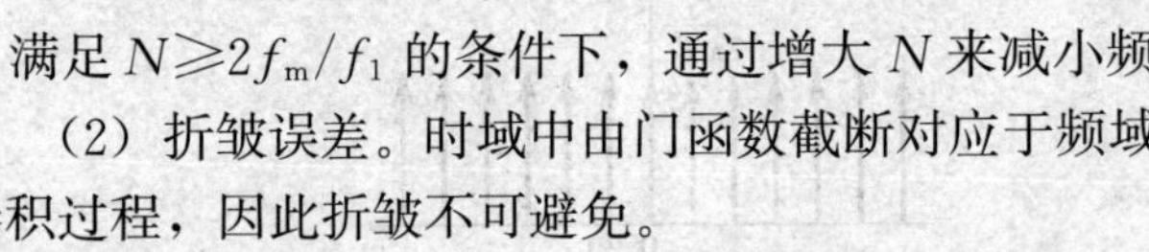

图 7-24　用 DFT 进行连续非周期信号频谱分析的实现过程

从以上分析可知，用 DFT 分析连续信号的频谱是一定程度上的近似计算，在忽略各种误差的情况下，用 DFT 计算连续信号的频谱的实现过程如图 7-24 所示。

【例 7-11】 DFT 计算图 7-25（a）所示信号的频谱，要求分辨率 $f_1=100\text{Hz}$，最高频率 $f_m=4\text{kHz}$。

解

（1）根据时域取样定理得

$$T_s \leqslant \frac{1}{2f_m} = \frac{1}{2\times4\times10^3} = 0.125(\text{ms})$$

数据长度为

$$T_1 = \frac{1}{f_1} = \frac{1}{100} = 0.01(\text{s}) = 10(\text{ms})$$

采样点数为

$$N \geqslant \frac{T_1}{T_s} = \frac{10}{0.125} = 80$$

一般取 $N=2^\beta$，β 为正整数，故取 $N=128$，重新修正 T_s

$$T_s = \frac{T_1}{N} = \frac{10}{128} = 0.0781(\text{ms})$$

1ms 内样点数为 $\left[\frac{1}{0.0781}\right]=12$，方括号表示取整，数据长度 T_1 内样点值如图 7-25 所示。

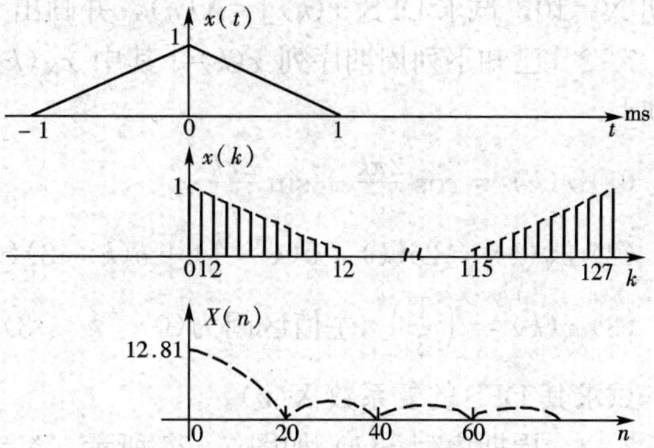

图 7-25　用 DFT 计算三角脉冲函数的频谱

（2）用 DFT 计算频谱。

计算 $x(t)$ 的频谱，由式（7-123）得原信号的频谱为

$$|X(\omega)|_{\omega=n\omega_1} = T_s\text{DFT}[x(t)|_{t=kT_s}] \tag{7-124}$$

$$\begin{aligned} T_sX(n) &= T_s\sum_{k=0}^{127}x(k)\text{e}^{-\text{j}\frac{2\pi}{128}kn} \\ &= 0.0781\sum_{k=0}^{12}x(k)\text{e}^{-\text{j}\frac{2\pi}{128}kn} + 0.0781\sum_{116}^{127}x(k)\text{e}^{-\text{j}\frac{2\pi}{128}kn} \quad (0\leqslant n\leqslant 127)\end{aligned}$$

（3）验证。

求出 $T_sX(0)$

$$T_sX(0) = 0.0781\sum_{k=0}^{12}x(k) + 0.0781\sum_{116}^{127}x(k) = 0.0781\times12.81 = 1$$

即 $x(t)$ 的频谱中的直流分量为 $X(\omega)|_{\omega=0}=1$。为验证计算结果的正确性，可以查得 $x(t)$ 的频谱为

$$X(\omega) = \tau\text{sinc}^2(\omega\tau/2)$$

故　$X(\omega)|_{\omega=0}=\tau=1$，可见与用 DFT 计算的频谱相同。

全部计算结果如图 7-25 所示。在 $k=10$，20，30，…这些点处，对应频率为 $\omega=2\pi\times10\times10^2$，$2\pi\times20\times10^2$，$2\pi\times30\times10^2$，…，计算值 $X(n)\approx0$。同理也可以从 $x(t)$ 的频谱解析表达式（7-124）得到验证。

习 题

7-1 已知周期序列

$$x(k)=\begin{cases}10 & (2\leqslant k\leqslant 6)\\ 0 & (k=0,\ 1,\ 7,\ 8,\ 9)\end{cases}$$

周期 $N=10$，试求 $\mathrm{DFS}[x(k)]=X(n)$，并画出 $X(k)$ 的幅度和相位特性。

7-2 已知下列周期序列 $x(k)$ [其中 $x_N(k)$ 为 $x(k)$ 主值区间的序列，N 为 $x(k)$ 的周期]：

(1) $x(k)=\cos\dfrac{2\pi k}{3}+\sin\dfrac{2\pi k}{7}$；

(2) $x_N(k)=2\delta(k)+\delta(k-1)+\delta(k-3)(0\leqslant k\leqslant 3)$，$x(k)$ 的周期为 $N=4$；

(3) $x(k)=\left(\dfrac{1}{3}\right)^k$，主值区间为$(0\leqslant k\leqslant 3)$。

试求其 DFS 的复系数 $\overline{X}(n)$。

7-3 周期序列 $x(k)$ 如图 7-26 所示（$N=4$）。试完成：

(1) 求 DFS $[\overline{x}(k)]=\overline{X}(n)$；

(2) 取 $\overline{x}(k)$ 的主值区间序列，$x_N(k)=\overline{x}(k)G_N(k)$，求其离散傅里叶变换 $X(n)=\mathrm{DFT}[X_N(k)]$；

(3) 再由 $\overline{X}(n)$ 求 $\overline{x}(k)=\mathrm{IDFS}[\overline{X}(n)]$。

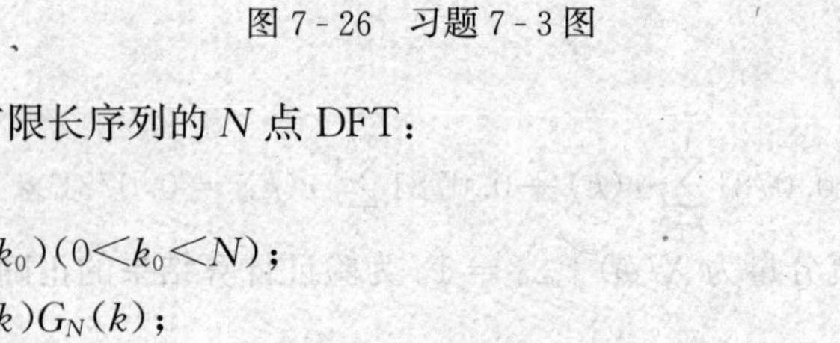

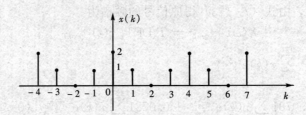

图 7-26 习题 7-3 图

7-4 试求以下有限长序列的 N 点 DFT：

(1) $x(k)=r^k$；

(2) $x(k)=\delta(k-k_0)(0<k_0<N)$；

(3) $x(k)=\sin(\Omega k)G_N(k)$；

(4) $x(k)=k^2(0<k_0<N)$；

(5) $x(k)=\mathrm{e}^{\mathrm{j}\frac{2\pi}{N}mk}G_N(k)$。

7-5 已知周期为 8 的离散周期时间信号 $\overline{x}(k)$ 的 DFS 复系数为 $\overline{X}(n)$：

(1) $\overline{X}(n)=\cos\dfrac{\pi n}{4}+\sin\dfrac{3\pi n}{4}$；

(2) $\overline{X}(n)=\begin{cases}\sin\dfrac{\pi n}{3} & (0\leqslant n\leqslant 6)\\ 0 & (n=7)\end{cases}$；

(3) $X_N(n)=n$ 主值区间为 $0\leqslant n\leqslant 6$（其中$X_N(n)$ 为 $\overline{X}(n)$ 的主值区间序列，N 为周期）。

试求 $\overline{x}(k)$。

7-6 已知下列序列 $X(n)$：

(1) $$X(n)=\begin{cases}\frac{N}{2}e^{j\beta} & (n=m)\\ \frac{N}{2}e^{-j\beta} & (n=N-m)\\ 0 & (\text{其他})\end{cases};$$

(2) $$X(n)=\begin{cases}-\frac{N}{2}e^{j\beta} & (n=m)\\ \frac{N}{2}e^{-j\beta} & (n=N-m)\\ 0 & (\text{其他})\end{cases}。$$

其中 m 为正整数，且 $0<m<N/2$。

试求 $x(k)=\text{IDFT}[X(n)]$。

7-7 设 $x(k)$ 为纯虚部序列，$\text{DFT}[x(k)]$ 的实部和虚部分别为 $X_r(n)$ 和 $X_i(n)$，即 $X(n)=\text{DFT}[x(k)]=X_r(n)+jX_i(n)$，证明 $X_r(n)$ 和 $X_i(n)$ 分别是 n 的奇函数和偶函数。

7-8 画出 $N=8$ 的 FFT 计算流程图，要求：

(1) 输入为自然序列，输出为倒序码；

(2) 输入和输出都是自然序。

7-9 画出 $N=16$ 的 FFT 算法流程图，输入序列按倒序码排列，输出为自然序列排序。要求：

(1) 按时间抽样；

(2) 按频率抽样。

7-10 利用 DFT 计算信号频谱，要求频率分辨率 $f_1=10\text{Hz}$，信号最高频率 $f_m=1.5\text{kHz}$，计算点数 $N=2^{\beta}$，β 为正整数，求下列 DFT 参数：

(1) 抽样周期 T_s；

(2) 数据长度 T_1；

(3) 计算点数 N。

第八章 数字滤波器

在对信号进行分析与处理时，信号中经常伴有噪声，根据有用信号和噪声的不同特征，消除或削弱干扰噪声，提取有用信号的过程称为滤波，实现滤波功能的系统称为滤波器。当信号和噪声的频带不同时，可用具有选频特性的经典滤波器。从本质上讲，滤波就是改变信号中各频率分量的相对幅度和相位。根据滤波器所处理的信号性质，可将其划分为模拟滤波器 AF 和数字滤波器 DF。模拟滤波器处理的是模拟信号（连续时间信号），数字滤波器处理的是离散时间信号的滤波器。由于 IIR 数字滤波器的设计是模仿模拟滤波器进行的，FIR 数字滤波器是对理想滤波器的逼近。在第三章讨论了无失真传输、理想低通滤波器的概念基础上，简单介绍典型模拟滤波器的设计，重点讨论数字滤波器的基本概念、类型、分析方法及设计实现。

第一节 模拟滤波器（AF）的设计

实际滤波器与理想滤波器之间有一定偏差，图 8-1 给出两种滤波器的幅频特性。图中①为理想低通滤波器的幅频特性；②为实际低通滤波器的幅频特性，其频率范围 $0\sim\omega_c$ 为通带，ω_c 为通带截止频率，$\omega_c\sim\omega_r$ 为过渡带，$\omega>\omega_r$ 为阻带，ω_r 为阻带截止频率。

滤波器设计的核心问题是寻求一个可实现的物理系统，使其频率特性尽量逼近理想滤波器。在进行滤波器的设计时，需要根据滤波器的技术要求，工程上滤波器设计中给出的技术指标通常是工作衰耗。

工作衰耗取决于系统功率增益的幅度平方或称模方函数 $|H(j\omega)|^2$，定义为

$$A(\omega)=10\lg\frac{|H(0)|^2}{|H(j\omega)|^2}$$

单位为分贝（dB）。若 $\omega=0$ 处的幅值为 $|H(0)|=1$，则工作衰耗表示为

$$A(\omega)=-10\lg|H(j\omega)|^2=-20\lg|H(j\omega)| \tag{8-1}$$

由图 8-1 可见，对于理想滤波器，通带衰耗为零，阻带衰耗为无限大；对于实际低通滤波器，通带的最大衰耗，简称为通带衰耗，记为 $A_p=A(\omega_c)$；阻带的最小衰耗，简称为阻带衰耗，记为 $A_r=A(\omega_r)$，在过渡带中，工作衰耗逐渐变化。A_p 越小，A_r 越大，则越逼近理想滤波器。

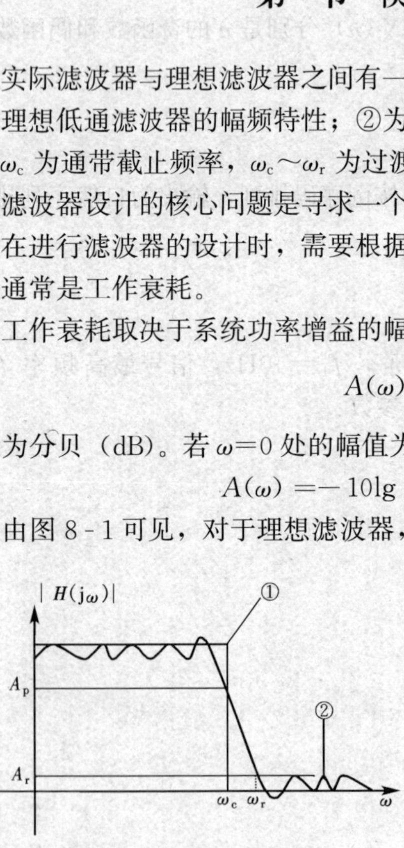

图 8-1 实际滤波器与理想滤波器的幅频特性

常用的典型低通模拟滤波器有巴特沃兹滤波器、切比雪夫滤波器和椭圆滤波器，本节中只讨论巴特沃兹滤波器的设计。

一、巴特沃兹滤波器的定义与性质

巴特沃兹低通滤波器的幅频特性定义为

$$H(\mathrm{j}\omega)=\frac{1}{\sqrt{1+\varepsilon^2\left(\frac{\omega}{\omega_c}\right)^{2n}}}\quad(n=1,2,\cdots)\tag{8-2}$$

式中，ω_c 为滤波器的通带截止频率；n 为滤波器的阶数。幅频特性如图 8-2 所示。图 8-2(a) 中，ε、α 为参数，ε 与 A_p 有关，α 与 A_r 有关，由滤波器的技术指标决定。

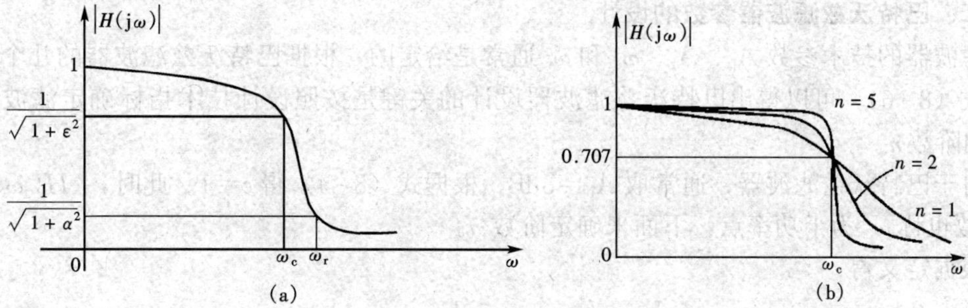

图 8-2 巴特沃兹滤波器的幅频特性

(a) 巴特沃兹滤波器的幅频特性；(b) n 阶巴特沃兹滤波器的幅频特性的比较

ω_c 处的幅值为 $$|H(\mathrm{j}\omega_c)|=\frac{1}{\sqrt{1+\varepsilon^2}}$$

ω_r 处的幅值为 $$|H(\mathrm{j}\omega_r)|=\frac{1}{\sqrt{1+\alpha^2}}$$

根据式 (8-1) 得

$$A_p=10\lg(1+\varepsilon^2)$$
$$A_r=10\lg(1+\alpha^2)\tag{8-3}$$

则

$$\varepsilon=\sqrt{10^{0.1A_p}-1}$$
$$\alpha=\sqrt{10^{0.1A_r}-1}\tag{8-4}$$

已知 ε 和 α，则实际滤波器的频谱的幅值范围就确定了，即

$$\begin{cases}\omega\in[0,\omega_c]\longrightarrow|H(\mathrm{j}\omega)|\in\left[\frac{1}{\sqrt{1+\varepsilon^2}},1\right]\\\omega\in[\omega_r,\infty)\longrightarrow|H(\mathrm{j}\omega)|\in\left[0,\frac{1}{\sqrt{1+\alpha^2}}\right]\end{cases}$$

得

$$\varepsilon\longrightarrow0\Rightarrow\frac{1}{\sqrt{1+\varepsilon^2}}\to1$$

$$\alpha\longrightarrow+\infty\Rightarrow\frac{1}{\sqrt{1+\alpha^2}}\to0$$

由图 8-2 可以看出巴特沃兹滤波器的几个基本特点：

(1) 对于任意阶数 n，总有

$$|H(\mathrm{j}\omega)|_{\omega=0}=1\tag{8-5}$$

$$|H(j\omega)|_{\omega=\omega_c}=\frac{1}{\sqrt{1+\varepsilon^2}} \tag{8-6}$$

（2）ε 越小，α 越大，通带内 $|H(j\omega)|$ 越平坦，且 ω_r 越靠近 ω_c，故滤波器特性越逼近理想滤波器。

（3）n 越大，滤波器越逼近理想特性。

二、巴特沃兹滤波器参数的设计

滤波器的技术参数 A_p、A_r、ω_c 和 ω_r 通常是给定的，根据巴特沃兹滤波器的几个基本特点和式（8-6），可以得出巴特沃兹滤波器设计的关键是按照设计技术指标确定滤波器的参数 ε 和阶数 n。

对于巴特沃兹滤波器，通常取 $A_p=3\text{dB}$，根据式（8-4）得 $\varepsilon=1$。此时，$|H(j\omega_c)|^2=0.5$，故也称 ω_c 为半功率点，下面来确定阶数 n。

根据定义得

$$|H(j\omega_r)|=\frac{1}{\sqrt{1+\alpha^2}}=\frac{1}{\sqrt{1+\varepsilon^2(\omega_r/\omega_c)^{2n}}}$$

$$A_r=-10\lg\frac{1}{1+\alpha^2}=10\lg(1+\alpha^2)=10\lg\left[1+\left(\frac{\omega_r}{\omega_c}\right)^{2n}\right] \tag{8-7}$$

由式（8-7）和式（8-4）可确定滤波器的阶数 n 为

$$n\geqslant\frac{\lg\sqrt{10^{0.1A_r}-1}}{\lg\dfrac{\omega_r}{\omega_c}}\quad(n\text{ 取整数}) \tag{8-8}$$

于是给定了 ω_c、ω_r 和 A_r 即可确定 n。若用归一化频率 $\omega_c=1$，则

$$n\geqslant\frac{\lg\sqrt{10^{0.1A_r}-1}}{\lg\omega_r} \tag{8-9}$$

A_r 越大，滤波器性能越好，但阶数越高，滤波器的结构越复杂。

【例 8-1】 试求巴特沃兹滤波器的频率特性，技术指标为通带截止频率 $f_c=60\text{kHz}$，$A_p=3\text{dB}$，阻带截止频率 $f_r=120\text{kHz}$，$A_r\geqslant 20\text{dB}$。

解 由式（8-8）得

$$n\geqslant\frac{\lg\sqrt{10^{0.1\times 20}-1}}{\lg\dfrac{120}{60}}=3.3$$

取 $n=4$，相应巴特沃兹滤波器的幅频特性为

$$|H(j\omega)|=\frac{1}{\sqrt{1+\left(\dfrac{\omega}{120\pi}\right)^8}}$$

三、巴特沃兹滤波器的物理实现

巴特沃兹滤波器的物理实现，首先要确定滤波器的系统函数 $H(s)$，并用实际线路实现。

由于巴特沃兹滤波器，通常取 $\varepsilon=1$，代入式（8-2）得

$$|H(j\omega)|=\frac{1}{\sqrt{1+\left(\dfrac{\omega}{\omega_c}\right)^{2n}}}$$

则

$$|H(\mathrm{j}\omega)|^2 = H(\mathrm{j}\omega)\overset{*}{H}(\mathrm{j}\omega) = H(\mathrm{j}\omega)H(-\mathrm{j}\omega) = \frac{1}{1+\left(\frac{\omega}{\omega_c}\right)^{2n}}$$

由 $H(\mathrm{j}\omega) = H(s)|_{s=\mathrm{j}\omega}$ 得

$$|H(s)|^2 = H(s)H(-s) = \frac{1}{1+\left(\frac{s}{\mathrm{j}\omega_c}\right)^{2n}} \tag{8-10}$$

可见 $|H(s)|^2$ 有 $2n$ 个极点，求得

$$1+\left(\frac{s}{\mathrm{j}\omega_c}\right)^{2n} = 0 \tag{8-11}$$

得

$$s = \mathrm{j}\omega_c(-1)^{\frac{1}{2n}}$$

极点为

$$s_k = \omega_c \mathrm{e}^{\mathrm{j}\left(\frac{\pi}{2}+\frac{2k-1}{2n}\pi\right)} \quad (k = 1,2,\cdots,2n) \tag{8-12}$$

图 8-3 给出了 n=2、3 时，$|H(s)|^2$ 的极点在 s 平面上的分布情况。由图 8-3 和式(8-12) 可以得出极点具有以下的特点：

(1) 极点分布在半径为 ω_c 的圆周上。

(2) 极点以原点对称成对出现，以横轴为对称共轭出现。

(3) 当 n 为奇数时，必有极点在横轴上。

(4) 对于稳定系统，虚轴上不可能有极点。

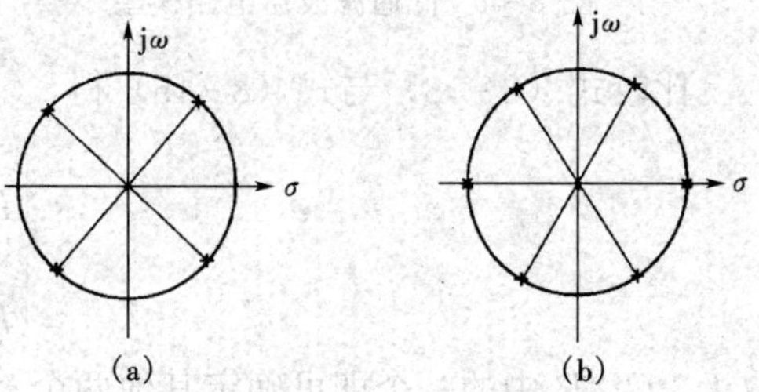

图 8-3 巴特沃兹滤波器的极点分布

(a) n=2；(b) n=3

根据以上特点，可以得出巴特沃兹滤波器的系统函数的极点在 s 平面的左半平面，即图 8-3 中左半平面的极点为系统函数的极点。据此，可立即得到各阶巴特沃兹滤波器的系统函数

$$H(s)|_{s_k\text{在左半平面}} = \frac{k}{(s-s_1)(s-s_2)\cdots(s-s_n)}$$

例如，$n=2$ 时，根据式(8-12) 得

$$H(s) = \frac{k}{(s-\omega_c\mathrm{e}^{\mathrm{j}\frac{3\pi}{4}})(s-\omega_c\mathrm{e}^{-\mathrm{j}\frac{3\pi}{4}})} = \frac{k}{s^2+\sqrt{2}\omega_c s+\omega_c^2}$$

待定系数 k 可由低频特性 $|H(\mathrm{j}\omega)|_{\omega=0} = 1$ 确定，$k = \omega_c^2$，得二阶巴特沃兹滤波器的系统函数为

$$H(s) = \frac{\omega_c^2}{s^2+\sqrt{2}\omega_c s+\omega_c^2} \tag{8-13}$$

为了分析方便，进行归一化处理，取归一化截止频率 ω_c=1，则得经归一化的系统函数为

$$H(s) = \frac{1}{s^2+\sqrt{2}s+1} \tag{8-14}$$

表 8-1 给出了归一化的各阶巴特沃兹滤波器的系统函数，只要将 s 换成 s/ω_c 即可得到实际的系统函数。

表 8-1 巴特沃兹滤波器的系统函数

阶次	系统函数 $H(s)$
1	$1/(s+1)$
2	$1/(s^2+\sqrt{2}s+1)$
3	$1/(s^3+2s^2+2s+1)$
4	$1/(s^4+2.613s^3+3.414s^2+2.613s+1)$
5	$1/(s^5+3.263s^4+5.236s^3+5.236s^2+3.236s+1)$
6	$1/(s^6+3.863s^5+7.464s^4+9.141s^3+7.464s^2+3.863s+1)$

确定了滤波器的传递函数，就可以根据系统函数来设计实际电路的参数。

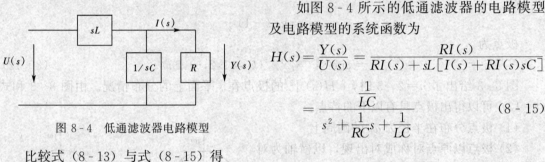

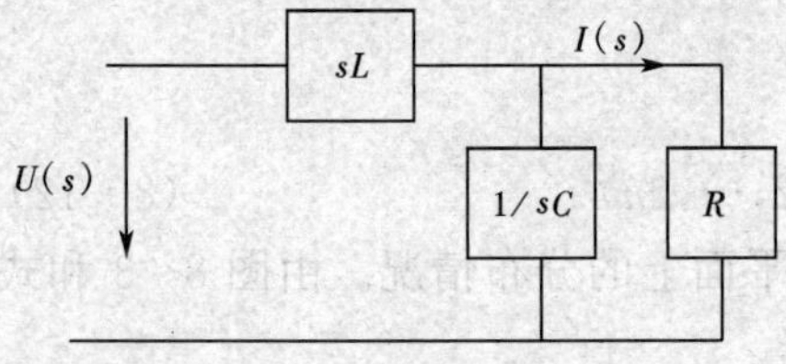

图 8-4 低通滤波器电路模型

如图 8-4 所示的低通滤波器的电路模型及电路模型的系统函数为

$$H(s)=\frac{Y(s)}{U(s)}=\frac{RI(s)}{RI(s)+sL[I(s)+RI(s)sC]}$$

$$=\frac{\frac{1}{LC}}{s^2+\frac{1}{RC}s+\frac{1}{LC}} \tag{8-15}$$

比较式（8-13）与式（8-15）得

$$\begin{cases}\frac{1}{LC}=\omega_C^2\\ \frac{1}{RC}=\sqrt{2}\omega_C\end{cases}$$

取 L、C、R 中的一个即可确定其他两个，从而完成巴特沃兹低通滤波器的设计。

第二节 数字滤波器（DF）的基本概念和类型

若滤波器的输入、输出都是离散时间信号，而离散信号经过量化后成为数字信号，那么，该滤波器的冲激响应也必然是离散的即单位响应 $h(k)$，则称这种滤波器为数字滤波器。

模拟滤波器（AF）的实现只能用硬件来实现，其元件是 R、L、C 及运算放大器或开关电容等。而数字滤波器（DF）的实现可以通过硬件实现，也可以通过软件实现。硬件实现所需的元件是延迟器、乘法器和加法器。软件实现实际上是寻求一种算法，数字滤波器是一个运算程序，是一个离散系统，其功能是将输入数字序列变换为输出数字序列，使不同频率的离散信号的幅值和相位发生不同程度的改变。

和模拟滤波器一样，数字滤波器从功能上也可以分为四种，即低通（LP）、高通（HP）、带通（BP）和带阻（BS）滤波器。图 8-5 给出了 AF、DF 的四种滤波器的理想频率特性，虚线部分是实际的 AF，实线部分是四种类型的理想数字滤波器，理想 DF 实际上也是不可能实现的。例如，对于低通滤波器，它们的单位响应 $h(k)$ 是 Sa 函数，从 $-\infty\sim+\infty$ 都有值，是无限长和非因果的。实际的 DF 是在某些准则下对理想滤波器的逼近，从而保证 DF 是可实现且稳定的。

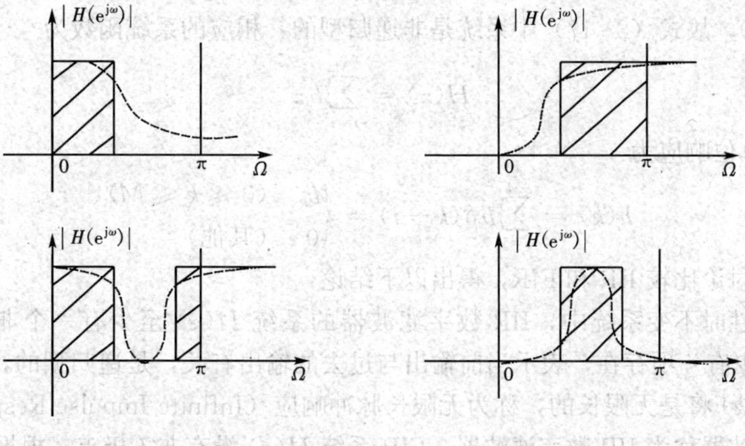

图 8-5 AF和DF的四种类型

由图 8-5 可以看出，DF 的频率范围 Ω 为 $0\sim\pi$，从时域抽样定理和离散系统频率特性的周期性和对称性来看，根据时域抽样定理，可得信号不失真恢复的条件是 $\omega_s \geqslant 2\omega_m$，所以要求 $\omega_m \leqslant \frac{\omega_s}{2}$，因此要求 $\omega \leqslant \frac{\omega_s}{2}$，即 Ω 的范围是 $0\sim\pi$；从频率特性的角度分析，表明离散系统的频率响应以 ω_s 为周期，以 $\frac{\omega_s}{2}$ 为对称，若采用数字频率则以 π 为对称，幅频响应为偶对称，相频响应为奇对称。因此与 AF 不同，DF 的频率特性只能限带于 $\Omega \leqslant \pi$。

由于数字滤波器是离散系统，因此其描述方法与离散系统的相同，可以用单位响应、系统函数和差分方程等来描述。

数字滤波器的差分方程的一般形式为

$$y(k) = b_0x(k) + b_1x(k-1) + \cdots + b_Mx(k-M) - a_1y(k-1) - a_2y(k-2) - \cdots - a_Ny(k-N) \tag{8-16}$$

对于数字滤波器，从单位响应的长度上来分，又可以分为无限脉冲数字滤波器 IIR DF 和有限脉冲数字滤波器 FIR DF 两类。

1. 无限脉冲数字滤波器

式（8-16）中 a_i 总会有至少一个不为零，根据式（8-16）得出系统函数为

$$H(z) = \frac{N(z)}{D(z)} = \frac{b_0 + b_1z^{-1} + \cdots + b_Mz^{-M}}{1 + a_1z^{-1} + \cdots + a_Nz^{-N}} = \frac{\sum_{i=0}^{M} b_iz^{-i}}{1 + \sum_{i=1}^{N} a_iz^{-i}} \tag{8-17}$$

设 $H(z)$ 为有理分式，$M \leqslant N$，且只有一阶极点，通过部分分式展开法可将式（8-17）展开成

$$H(z) = \sum_{i=1}^{N} \frac{A_iz}{z - p_i} \tag{8-18}$$

式中，p_i 为极点。

IIR DF 系统的单位响应为

$$h(k) = \sum_{i=1}^{N} A_ip_i^k\varepsilon(k) \tag{8-19}$$

2. 有限脉冲数字滤波器 FIR DF

全部 $a_i=0$，故式（8-17）中系统是非递归型的，相应的系统函数为

$$H(z)=\sum_{i=1}^{M}b_i z^{-i} \tag{8-20}$$

FIR DF 系统单位响应为

$$h(k)=\sum_{i=1}^{M}b_i\delta(k-i)=\begin{cases}b_k & (0\leqslant k\leqslant M)\\ 0 & (其他)\end{cases} \tag{8-21}$$

通过以上讨论比较 IIR 和 FIR，得出以下结论：

(1) 在线性时不变系统中，IIR 数字滤波器的系统 $H(z)$ 至少有一个非零极点，即式（8-19）中至少有一项存在，表示当前输出与过去的输出有关，是递归型的，有反馈的，因此单位响应 $h(k)$ 将是无限长的，称为无限长脉冲响应（Infinite Impulse Response，IIR）系统。相应的滤波器称为 IIR 数字滤波器。FIR 系统 $H(z)$ 没有非零极点，根据式（8-21）可见 FIR 数字滤波器的单位响应 $h(k)$ 是有限长的，长度为 $M+1$。当 $k>M$ 时，$h(k)$ 为零，故称这类系统为有限长脉冲响应（Finite Impulse Response，FIR）系统，相应的滤波器称为 FIR 数字滤波器。

(2) FIR 滤波器的系统函数只有单极点 $z=0$，在单位圆内，FIR 滤波器总是稳定的。而 IIR 滤波器只有在系统函数的极点都在 Z 平面的单位圆内时，才是稳定的。

(3) 对于 IIR 滤波器，改变式（8-17）中的系数 a_i 和 b_i 就可以改变 IIR 滤波器的系统函数的零、极点的位置，从而改变幅频特性从通带到阻带具有锐降的程度。而 FIR 滤波器若要改变幅频特性从通带到阻带具有锐降的程度，使其锐降加剧，则其单位响应的长度 M 将增大，相应的软件计算量也就加大。

第三节 IIR 数字滤波器的设计

不论是 IIR 数字滤波器的设计还是 FIR 滤波器的设计，基本的设计思路都是先给出所需要的滤波器的技术指标；然后设计一个数字滤波器的系统函数 $H(z)$ 使其逼近设计指标。由于模拟滤波器的设计已经比较成熟，设计 IIR 滤波器最通用的方法是借助模拟滤波器设计的设计方法。第一节中已经介绍了模拟滤波器的设计，就是为 IIR 滤波器的设计做了铺垫。

一、概述

设计一个 IIR 数字滤波器，要先按给定的技术指标 $H(s)$ 设计模拟滤波器，然后将模拟滤波器 $H(s)$ 转换为数字滤波器 $H(z)$，因此数字滤波器的设计的中心是确定可实现的数字滤波器的系统函数。由于数字滤波器是离散系统，需要强调的是其频率响应是以 2π 为周期延拓的，其幅度响应是数字频率的偶函数，相位响应是数字频率的奇函数，即

$$\begin{cases}|H(e^{j\Omega})|=|H(e^{-j\Omega})|\\ \Phi(\Omega)=-\Phi(-\Omega)\end{cases}$$

由于数字滤波器的幅频特性，只能限带于 $\Omega\leqslant\pi$。四种数字滤波器的幅频特性如图 8-6 所示（依次为低通、高通、带通和带阻）。

设计的 IIR 数字滤波器必须是物理可实现的，一个线性时不变离散系统，只有具备因果性和稳定性，物理上才可以实现，因此 IIR 数字滤波器的单位响应应该满足

$$\begin{cases} h(k)=0, k<0 & \text{(因果性)} \\ \sum_{N=0}^{\infty} |h(k)| < \infty \text{ 或} \lim_{n\to\infty} h(k)=0 & \text{(稳定性)} \end{cases} \tag{8-22}$$

设计低通 IIR 数字滤波器时，需要进行模拟滤波器 $H(s)$ 到数字滤波器 $H(z)$ 的转换，即是 s 域到 z 域的转换，在设计过程中，从模拟变换到数字的映射关系要满足以下两个条件：

(1) $H(z)$ 的频率特性等于或逼近于 $H_a(s)$（下标 a 表示模拟滤波器，以便区别）的频率特性，因此，s 平面上的虚轴必须变换到 z 平面的单位圆上。

(2) 若模拟滤波器是稳定的因果系统，则变换后的数字滤波器也应是稳定的因果系统，所以要求把 s 平面的左半平面映射到 z 平面的单位圆内部。

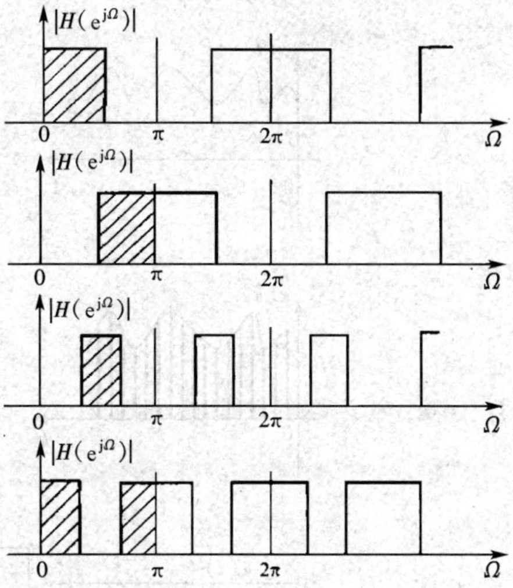

图 8-6　数字滤波器的频率特性分类

如果能够保证模拟滤波器是物理可实现的，那么数字滤波器也一定是物理可实现的，而且基本上保持模拟滤波器的频率特性。

下面讨论用直接的方法进行模拟滤波器到数字滤波器的转换。

由 s 平面到 z 平面的映射关系为 $z=e^{sT_s}$ 或 $s=\frac{1}{T_s}\ln z$，$\omega=\Omega T_s$。将 $H(s)$ 转换为 $H(z)$ 的直接方法为

$$H(z)=H(s)\big|_{s=\frac{1}{T_s}\ln z} \tag{8-23}$$

由上式可见，在直接设计 IIR 数字低通滤波器中，将使 $H(z)$ 中的 z 以对数形式出现，使 $H(z)$ 的分子分母不再是 z 的有理多项式，将给系统的分析带来不便，因此需要寻求间接设计的方法，即脉冲响应不变法设计 IIR 数字低通滤波器。

二、脉冲响应不变法

脉冲响应不变法是一种间接实现模拟滤波器和数字滤波器之间时域特性的最佳逼近的方法，从而实现模拟滤波器 $H(s)$ 到数字滤波器 $H(z)$ 的转换，即使其单位响应（即脉冲响应）等于模拟滤波器的冲激响应的抽样值

$$h(k)=h_a(t)\big|_{t=kT_s} \tag{8-24}$$

图 8-7 表示脉冲响应不变法中数字滤波器与模拟滤波器的逼近关系。实际上用数字滤波器进行连续信号滤波时，需将连续信号 $x(t)$ 经过 A/D 抽样和量化，变成离散信号 $x(k)$，经过数字滤波器 $H(z)$，输出离散信号 $y(k)$，再经过 D/A 转换成连续信号 $y(t)$，此过程等效于连续信号直接经过模拟滤波器 $H_a(s)$ 输出连续信号 $y(t)$ 的过程，因此设计的数字滤波器 $H(z)$ 实际上是对原型模拟滤波器 $H_a(s)$ 的逼近。

脉冲响应不变法设计 IIR 数字滤波器的过程为，先设计符合给定技术指标的原型模拟滤波器 $H_a(s)$，求出其冲激响应 $h_a(t)$，按式（8-24）得到 $h(k)$，再作 Z 变换求得离散系统的系统函数 $H(z)$。整个过程可表示为

$$H_a(s)\xrightarrow{\text{ILT}}h_a(s)\xrightarrow{\text{抽样}}h(k)\xrightarrow{\text{ZT}}H(z)$$

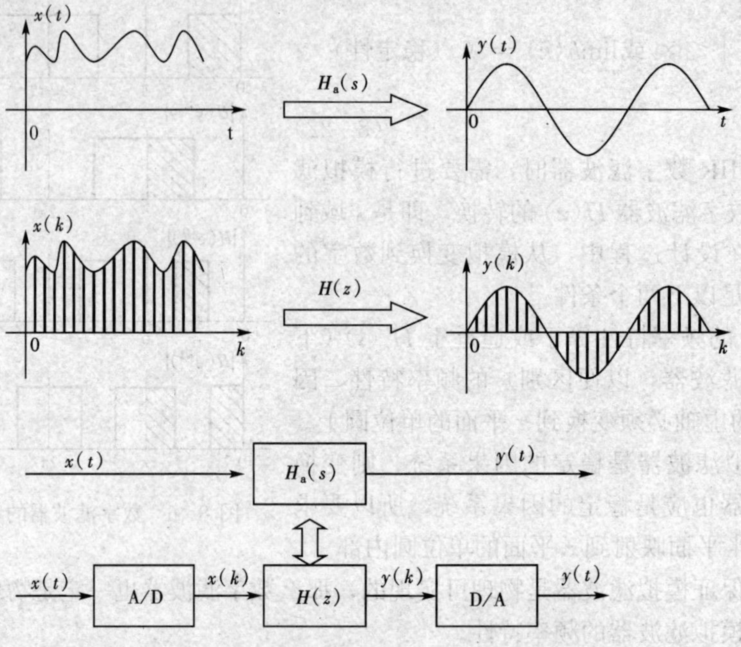

图 8-7 模拟滤波器到数字滤波器的转换

ILT 为拉氏反变换。

实质上也就是从 s 平面映射到 z 平面，这种映射关系必须满足模拟变换到数字的映射关系的两个条件：①s 平面上的虚轴必须变换到 z 平面的单位圆上；②s 平面的左半平面映射到 z 平面的单位圆内部。

设 $H_a(s)$ 只有一阶极点，且极点个数 N 大于零点个数 M，则 $H_a(s)$ 可表示为部分分式之和

$$H_a(s) = \sum_{i=1}^{N} \frac{A_i}{s - p_i} \tag{8-25}$$

式中，p_i 为极点。

系统脉冲响应为

$$h_a(t) = \sum_{i=1}^{N} A_i e^{p_i t} \tag{8-26}$$

按式(8-24) 对 $h_a(t)$ 抽样，得

$$h(k) = h_a(t)\,|_{t=kT_s} = \sum_{i=1}^{N} A_i e^{p_i k T_s} \tag{8-27}$$

求 $h(k)$ 的 Z 变换得数字滤波器的系统函数为

$$H(z) = \sum_{k=0}^{\infty} h(k) z^{-k} = \sum_{k=0}^{\infty} \left(\sum_{i=1}^{N} A_i e^{p_i k T_s}\right) z^{-k} = \sum_{i=1}^{N} A_i \sum_{k=0}^{\infty} (e^{p_i T_s} z^{-1})^k = \sum_{i=1}^{N} \frac{A_i}{1 - e^{p_i T_s} z^{-1}}$$

$$(|z| > |e^{p_i T_s}|) \tag{8-28}$$

比较式（8-25）和式（8-28）可知，若已知模拟滤波器系统函数 $H_a(s)$ 的极点及对应部分分式的系数，就可得到相应的数字滤波器的系统函数 $H(z)$。

数字滤波器的频率特性与 T_s 成反比［见式（6-70）泊松求和公式］，若采样频率很高，则数字滤波器的增益很高，有可能在运算过程中出现溢出，所以通常 $H(z)$ 乘以 T_s 作为数字滤波器的系统函数，即

$$H(z)=\sum_{i=1}^{N}\frac{A_iT_s}{1-e^{p_iT_s}z^{-1}} \tag{8-29}$$

【例 8-2】 二阶巴特沃兹滤波器系统函数为 $H_a(s)=\dfrac{1}{s^2+\sqrt{2}s+1}$，设计相应的 IIR DF 数字滤波器。

解 极点 $p_1=-\dfrac{1-j}{\sqrt{2}}, p_2=-\dfrac{1+j}{\sqrt{2}}$，部分分式展开为

$$H_a(s)=\frac{-\frac{j}{\sqrt{2}}}{s+\frac{1-j}{\sqrt{2}}}+\frac{\frac{j}{\sqrt{2}}}{s+\frac{1+j}{\sqrt{2}}}$$

设 $T_s=1$，由式（8-29）得相应的数字滤波器的系统函数为

$$\begin{aligned}H(z)&=\frac{j}{\sqrt{2}}\left(\frac{1}{1-e^{-\frac{1+j}{\sqrt{2}}}z^{-1}}-\frac{1}{1-e^{-\frac{1-j}{\sqrt{2}}}z^{-1}}\right)\\&=\frac{\sqrt{2}e^{-\frac{1}{\sqrt{2}}}\sin\frac{1}{\sqrt{2}}z^{-1}}{1-2e^{-\frac{1}{\sqrt{2}}}\cos\frac{1}{\sqrt{2}}z^{-1}+e^{-\sqrt{2}}z^{-2}}\\&=\frac{0.4529z^{-1}}{1-0.7496z^{-1}+0.2431z^{-2}}\end{aligned}$$

系统频率特性为

$$H(e^{j\Omega})=H(z)\big|_{z=e^{j\Omega}}=\frac{0.4529e^{-j\Omega}}{1-0.7496e^{-j\Omega}+0.2431e^{-j2\Omega}}\quad(|\Omega|\leqslant\pi)$$

模拟滤波器的频率特性为

$$H_a(j\omega)=H(s)\big|_{s=j\omega}=\frac{1}{1-\omega^2+j\sqrt{2}\omega}$$

两种滤波器的幅频特性如图 8-8 所示，可见数字滤波器在 $\Omega=\pi$ 附近有明显的混叠失真。

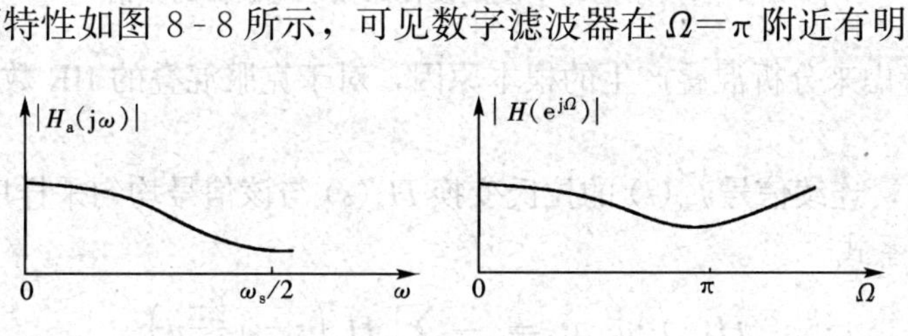

图 8-8　IIR DF 二阶滤波器的幅频特性

下面分析一下数字滤波器频率混叠的原因。

原型模拟滤波器 $h_a(t)$ 和 $H_a(j\omega)$ 是一傅里叶变换对，即

$$h_a(t)\xleftrightarrow{\text{FT}}H_a(j\omega)$$

由式（8-24）可知 $h(k)$ 是 $h_a(t)$ 的抽样，根据式（6-70）的泊松求和公式，得

$$h_a(t)\big|_{t=kT_s}=h(k)\xleftrightarrow{\text{FT}}H(e^{j\omega T_s})=\frac{1}{T_s}\sum_{n=-\infty}^{\infty}H_a\left(j\omega-j\frac{2\pi}{T_s}n\right)$$

可得数字滤波器的频率特性为

$$H(e^{j\omega T_s})=\frac{1}{T_s}\sum_{n=-\infty}^{\infty}H_a\left(j\omega-j\frac{2\pi}{T_s}n\right) \tag{8-30}$$

或写成数字频率 Ω，式（8-30）为

$$H(e^{j\Omega})=\frac{1}{T_s}\sum_{n=-\infty}^{\infty}H_a\left(j\frac{\Omega}{T_s}-j\frac{2\pi}{T_s}n\right) \tag{8-31}$$

$$H_a\left(j\frac{\Omega}{T_s}\right)=0\quad\left[|\Omega|>\pi\left(\text{或}\ |\omega|>\frac{\pi}{T_s}\right)\right] \tag{8-32}$$

由此可见，数字滤波器频率特性是模拟滤波器频率特性的无限周期延拓，周期 $\Omega=2\pi$，如图 8-9 所示。由于数字滤波器的频率特性只能限带于 $\Omega\leqslant\pi$，故若模拟滤波器的频率特性是频带无限的，则实际设计的数字滤波器很难真正满足式（8-32），因此将不可避免地引起混叠失真，数字滤波器的频率特性不能完全模仿模拟滤波器的频率特性，只有当模拟滤波器的频率特性在超过折叠频率后衰减很快，才能使所设计的数字滤波器满足设计要求，或者若抽样频率足够高，使式（8-32）成立，则数字滤波器的频率特性可不失真地模仿模拟滤波器的频率特性，即

$$H(e^{j\Omega})=\frac{1}{T_s}H_a\left(j\frac{\Omega}{T_s}\right)=\frac{1}{T_s}H(j\omega) \tag{8-33}$$

两者之间只差系数 $\frac{1}{T_s}$。

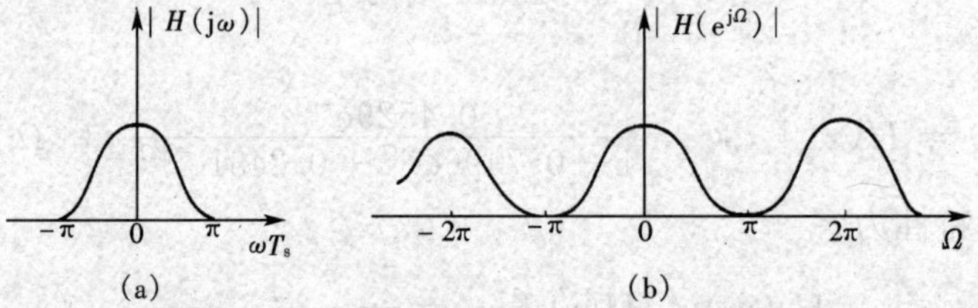

图 8-9 用脉冲不变法设计的数字滤波器的频谱

从数学角度考虑来分析混叠产生的根本原因，对于克服混叠的 IIR 数字滤波器的设计才具有指导意义。

由式（6-69），连续信号 $h_a(t)$ 的拉氏变换 $H_a(s)$ 与该信号均匀采样序列 $h(k)$ 的 Z 变换 $H(z)$ 之间满足关系式

$$H(z)\big|_{z=e^{sT_s}}=\frac{1}{T_s}\sum_{n=-\infty}^{\infty}H_a\left(s-j\frac{2\pi}{T_s}n\right) \tag{8-34}$$

式（8-34）表明，用脉冲响应不变法将模拟滤波器变换成数字滤波器分为两步：先将模拟滤波器的系统函数 $H_a(s)$ 作周期延拓，再作变换

$$z=e^{sT_s} \tag{8-35}$$

从而得到数字滤波器的系统函数 $H(z)$。变换式（8-35）已经作过说明，这里作进一步讨论。将 $s=\sigma+j\omega$ 代入式（8-35）中得

$$z = e^{sT_s} = e^{(\sigma+j\omega)T_s} = e^{\sigma T_s}e^{j\omega T_s} = e^{\sigma T_s}e^{j\left(\omega+n\frac{2\pi}{T_s}\right)T_s} \tag{8-36}$$

可见变换 s 到 z 是一个多值映射，如图 8-10 所示。将 s 平面上虚轴以周期$\frac{2\pi}{T_s}=\omega_s$ 重复映射到 z 平面的单位圆上，这是产生混叠的根本原因。为克服这一缺点，应构造一个变换使 s 平面与 z 平面之间的映射是一一对应的单值映射，即双线性变换法。

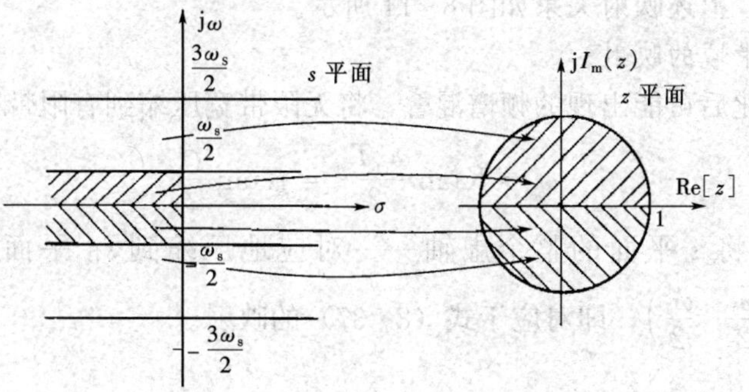

图 8-10 s 平面到 z 平面的映射

脉冲响应不变法设计的数字滤波器是能够实现的，映射 $z=e^{sT_s}$ 满足了前面提出的两个基本条件。在式（8-36）中，令 $\sigma=0$，则 $z=e^{j(\omega+n\omega_s)T_s}$，$|z|=1$，$s$ 平面虚轴以周期 ω_s 映射到 z 平面单位圆上。当 $\sigma<0$ 时，则把 s 平面左半平面映射到 z 平面单位圆内部，故若 $H_a(s)$ 是稳定系统，则 $H(z)$ 也必是稳定系统。

脉冲响应不变法设计 IIR 数字滤波器有以下几个主要特点：

(1) 由式（8-24）可见用脉冲响应不变法设计的数字滤波器的单位响应时域逼近良好，能很好地模仿模拟滤波器的冲激响应，这是很有实际意义的。

(2) 由于模拟滤波器和数字滤波器之间的频率变换是线性关系，即 $\Omega=\omega T_s$，如果模拟滤波器是线性相位的，通过变换后得到的数字滤波器仍然是线性相位的。

(3) 频谱混叠使 $|H_a(e^{j\Omega})|$ 有明显的混叠失真，使得 $|H_a(j\omega)|$ 在 $|\omega|>\pi$ 时仍有较大幅值，如图 8-9 所示。

脉冲响应不变法难以克服频谱混叠，应用受到一定的限制。脉冲响应不变法不适宜用于高通和带阻数字滤波器的设计，多用于低通和带通滤波器的设计，但是低通和带通滤波器的频率特性也不可能是严格带限的，抽样频率不可能很高而不满足抽样定理，仍然会产生频谱混叠。只有在采样速度相当高，且给定设计指标具有锐减特性时，所设计的数字滤波器才能保持良好的频率响应特性。

三、IIR 数字滤波器的设计——双线性变换法

引起脉冲响应不变法设计的数字滤波器的频率特性混叠失真的根本原因是由于映射 $z=e^{sT_s}$ 是多值映射，它将 s 平面上虚轴以周期$\frac{2\pi}{T_s}=\omega_s$ 重复映射到 z 平面的单位圆上，引起频率混叠。为克服这一缺点，需要构造一个变换使 s 平面与 z 平面之间是一一对应的单值映射。双线性变换法克服了脉冲响应不变法的这个缺点，基本思想是首先根据技术指标设计一个模拟低通滤波器，然后将无限带宽的模拟滤波器的系统函数 $H(s)$，通过适当的数学转换方法把无限宽的频带，变换成频带受限的系统函数 $H(s_D)$，最后将 $H(s_D)$ 按常规的脉冲响应不变

法进行 s_D 到 z 的转换，并求得数字低通滤波器 $H(z)$，由于预先进行了频带压缩，避免了数字滤波器的频谱混叠。

具体做法是：先将整个 s 平面一一对应地映射到 s_D 平面的带域 $-\frac{\pi}{T_s}\leqslant\omega_D\leqslant\frac{\pi}{T_s}$，再用变换式 $z=e^{s_D T_s}$，把 s_D 平面的带域映射到 z 平面。显然按上述步骤构成的映射是单值映射，因此可消除混叠失真，上述映射关系如图 8-11 所示。

1. s 平面到 s_D 带域的映射

为了避免数字化后可能出现的频谱混叠，将无限带宽压缩到有限带宽，变换式为

$$\omega = K\tan\frac{\omega_D T_s}{2} = K\tan\frac{\Omega}{2} \tag{8-37}$$

如图 8-12 所示，将 s 平面的整个虚轴一一对应地压缩到 s_D 平面虚轴上的一个区间 $\left(-\frac{\pi}{T_s},\ \frac{\pi}{T_s}\right)=\left(-\frac{\omega_s}{2},\ \frac{\omega_s}{2}\right)$，即对应于式（8-37）的映射。

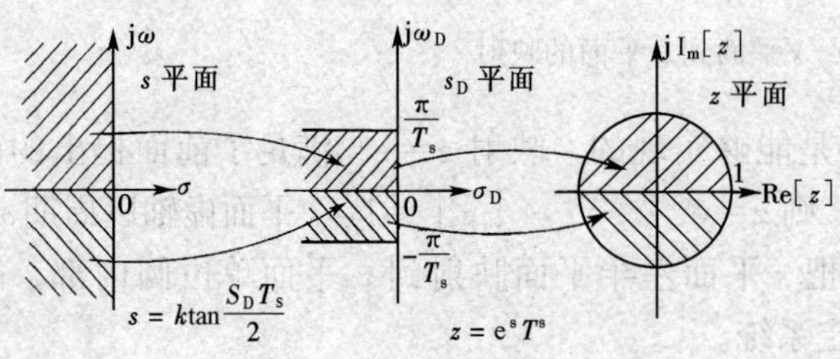

图 8-11　s 平面到 z 平面的一一映射关系

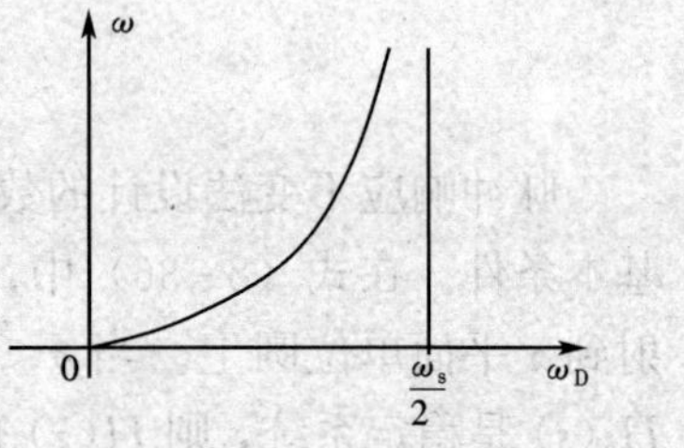

图 8-12　ω 与 ω_D 的一一映射关系

式（8-37）可改写为

$$j\omega = K\frac{e^{j\frac{\omega_D T_s}{2}}-e^{-j\frac{\omega_D T_s}{2}}}{e^{j\frac{\omega_D T_s}{2}}+e^{-j\frac{\omega_D T_s}{2}}} \tag{8-38}$$

令 $j\omega=s$，$j\omega_D=s_D$，带入上式，得

$$s=K\frac{e^{j\frac{\omega_D T_s}{2}}-e^{-j\frac{\omega_D T_s}{2}}}{e^{j\frac{\omega_D T_s}{2}}+e^{-j\frac{\omega_D T_s}{2}}}=K\frac{1-e^{s_D T_s}}{1+e^{s_D T_s}}=K\tan\frac{s_D T_s}{2} \tag{8-39}$$

由式（8-39）可见，整个 s 平面单值地映射到 s_D 平面的带域，为避免数字滤波器的频谱混叠提供了一个必要的条件。

2. s_D 平面到 z 域的映射

用脉冲响应不变法的变换关系 $z=e^{s_D T_s}$，按式（8-39）得变换式

$$s=K\frac{1-z^{-1}}{1+z^{-1}}=K\frac{z-1}{z+1} \tag{8-40}$$

$$z=\frac{K+s}{K-s} \tag{8-41}$$

式（8-40）和式（8-41）是双向线性变换，故称这种设计方法为双线性变换法。

双线性变换通过两次映射实现了 s 到 z 的单值映射，如图 8-11 所示，有效地避免了混叠现象，而且可以证明该方法满足模拟滤波器转换为数字滤波器的条件。

由式（8-41），令 $s=\sigma+j\omega$，有

$$|z|=\sqrt{\frac{(k+\sigma)^2+\omega^2}{(k-\sigma)^2+\omega^2}}$$

$\sigma\leqslant 0$ 时，$|z|\leqslant 1$，故变换式（8-41）将 s 平面的整个左半平面映射到 z 平面的单位圆内部，说明数字滤波器是稳定的系统。

由变换式（8-40）可立即从模拟滤波器的系统函数直接得到数字滤波器的系统函数

$$H(z)=H_a(s)\big|_{s=K\frac{z-1}{z+1}}=H_a\left(K\frac{z-1}{z+1}\right) \tag{8-42}$$

频率特性为

$$H(e^{j\Omega})=H_a\left(K\frac{1-e^{j\Omega}}{1+e^{-j\Omega}}\right) \tag{8-43}$$

由于式（8-42）和式（8-43）是一种简单代数关系，比较式（8-23）和式（8-34），脉冲响应不变法没有这样的代数关系，双线性变换法实现了 s 平面到 z 平面的单值映射，克服了脉冲响应不变法难以从根本上消除的频谱混叠失真的问题，使得到的数字滤波器的频率特性较好地逼近模拟滤波器的特性。如图 8-13 所示，模拟低通滤波器经变换后仍为低通滤波器，并且保持了良好的形状。

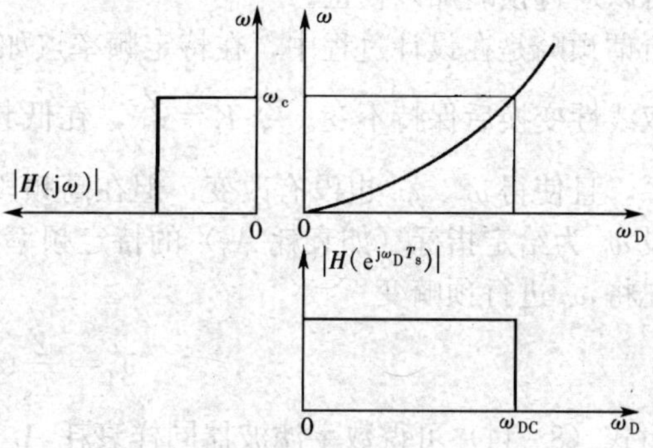

图 8-13　双线性变换法的幅频特性

3. K 的确定

设计时直接利用式（8-42）就可以完成模拟滤波器到数字滤波器的设计，因此还要确定式（8-42）中的系数 K。根据图 8-12 可知，式（8-37）是非线性的，只有当 ω 很小时，才接近线性，一般取 $K=\frac{2}{T_s}$，则式（8-37）为

$$\omega=\frac{2}{T_s}\tan\frac{\omega_1 T_s}{2}=\frac{2}{T_s}\tan\frac{\Omega}{2} \tag{8-44}$$

在低频段，有

$$\omega\approx\omega_D=\frac{\Omega}{T_s} \tag{8-45}$$

当 ω 很小，$\omega\approx\omega_D$。

4. 求解 $H(z)$

将 $K=\frac{2}{T_s}$ 代入式（8-42）得

$$H(z)=H_a(s)\big|_{s=\frac{2}{T_s}\cdot\frac{z-1}{z+1}}=H_a\left(\frac{2}{T_s}\cdot\frac{z-1}{z+1}\right) \tag{8-46}$$

【例 8-3】 已知模拟滤波器 $H_a(s)=\dfrac{\omega_c^2}{s^2+\sqrt{2}\omega_c s+\omega_c^2}$，试用双线性法设计数字滤波器。

解　根据原型滤波器 $H_a(s)$，由式（8-46）得数字滤波器为

$$H(z)=H_a(s)\big|_{s=\frac{2}{T_s}\cdot\frac{z-1}{z+1}}=H_a\left(\frac{2}{T_s}\cdot\frac{z-1}{z+1}\right)=\frac{\omega_c^2}{s^2+\sqrt{2}\omega_c s+\omega_c^2}\bigg|_{s=\frac{2}{T_s}\cdot\frac{z-1}{z+1}}$$

即

$$H(z)=\frac{\omega_c^2(z+1)^2}{(K^2+\omega_c^2+\sqrt{2}K\omega_c)z^2+(-2K^2+\sqrt{2}K\omega_c+2\omega_c^2)z+(K^2-\sqrt{2}K\omega_c+1)}$$

式中，$K=\dfrac{2}{T_s}$。

双线性变换实现了 s 到 z 的单值映射，但同时也存在新的问题，从式（8-37）可知，从 s 平面到 s_D 平面的变换中，频率关系不是线性的，如图 8-12 所示，在低频处近似为线性，频率越高压缩得越严重，出现了严重的非线性，称为频率畸变。如图 8-13 所示，低通滤波器的通带和阻带截止频率 ω_c 和 ω_r 经变换后成为 Ω_c 和 Ω_r，对应关系发生了畸变，这种频率畸变可以通过预畸加以校正。

所谓预畸是在设计过程中，在特定频率点如图 8-13 中的 ω_c 和 ω_r 等，采取预畸变措施，经过双线性变换后保持不变。令 $K=\dfrac{2}{T_s}$，在低频段，两种滤波器的频率关系满足对应的相等关系，且使得 ω_c、ω_r 也没有改变，但在高频段，式（8-45）不成立。

设 ω_q 为给定指标（如衰耗 A_q）的特定频率，希望数字滤波器的相应频率为 $\Omega_q=\omega_q T_s$，则可先将 ω_q 进行预畸变

$$\omega_q'=\frac{2}{T_s}\tan\frac{\Omega_q}{2} \tag{8-47}$$

由式（8-44）可得数字滤波器同样衰耗 A_q 处的角频率为

$$\Omega_q'=2\arctan\frac{\omega_q' T_s}{2}=2\arctan\left(\frac{2}{T_s}\tan\frac{\Omega_q}{2}\cdot\frac{T_s}{2}\right)=\Omega_q \tag{8-48}$$

重要的特定频率点，如 ω_c 和 ω_r 经过预畸后保持不变，使得设计的数字滤波器的数字指标符合要求。因此，在设计过程中应首先对那些给定指标的频率（如 ω_c 和 ω_r 等）进行预畸，以控制这些特定频率点的位置，使变换前后的频率一致。要注意的是预畸只能保证一些特定频率一致，对其他频率是存在一定偏差的。

【例 8-4】 用双线性变换法设计一个巴特沃兹滤波器。设计指标：通带截止频率 $\Omega_c=0.3\pi\text{rad}$，阻带截止频 $\Omega_r=0.5\pi\text{rad}$，最小阻带衰耗 $A_r=10\text{dB}$，抽样频率 $\omega_s=20\pi\text{rad/s}$。

解 首先需确定巴特沃兹滤波器的阶数，将给定指标中的特定频率按式（8-47）进行预畸变

$$T_s=\frac{2\pi}{\omega_s}=0.1\text{s}$$

$$\omega_c'=20\tan\frac{\Omega_c}{2}=20\tan\frac{0.3\pi}{2}=10.19$$

$$\omega_r'=20\tan\frac{\Omega_r}{2}=20\tan\frac{0.5\pi}{2}=20$$

$$\alpha=\sqrt{10^{0.1A_r}-1}=\sqrt{10^{0.1\times10}-1}=3$$

按式（8-8）有

$$n\geqslant\frac{\lg\sqrt{10^{0.1A_r}-1}}{\lg\omega_r'/\omega_c'}=\frac{\lg 3}{\lg\dfrac{20}{10.19}}=1.6288$$

取 $n=2$，二阶巴特沃兹滤波器的系统函数为

$$H_a(s)=\frac{1}{s^2+\sqrt{2}s+1}$$

将上式中的 s 代以 s/ω'_c 得实际的模拟低通滤波器为

$$H_a(s)=\frac{\omega'^2_c}{s^2+\sqrt{2}\omega'_c s+\omega'^2_c}=\frac{103.836}{s^2+\sqrt{2}10.19s+103.836}$$

由式（8-46）得数字滤波器的系统函数为

$$\begin{aligned}H(z)&=\frac{103.836}{\left[20\left(\frac{z-1}{z+1}\right)\right]^2+\sqrt{2}10.19\left[20\left(\frac{z-1}{z+1}\right)\right]+103.836}\\&=\frac{0.2596}{\left(\frac{z-1}{z+1}\right)^2+0.72\left(\frac{z-1}{z+1}\right)+0.2596}\\&=\frac{0.131(z+1)^2}{z^2-0.748z+0.2726}\end{aligned}$$

第四节　FIR 数字滤波器的设计

FIR 数字滤波器的设计与 IIR 数字滤波器的设计相比采用的是直接设计的方法，首先讨论 FIR 数字滤波器的性质，从而为 FIR 数字滤波器的设计提供理论上的依据。

一、FIR 数字滤波器的性质

按式（8-20），FIR 数字滤波器的系统函数为

$$H(z)=\sum_{i=0}^{M}b_i z^{-i}$$

FIR DF 系统单位响应为

$$h(k)=\sum_{i=0}^{M}b_i\delta(k-i)=\begin{cases}b_k & (0\leqslant k\leqslant M)\\0 & (\text{其他})\end{cases}$$

FIR 滤波器在一定的条件下，具有严格线性的相频特性。线性相位是无畸变传输的一个重要条件，因此对于 FIR 数字滤波器这一性质在滤波器的设计中有重要的意义。

对于模拟理想低通滤波器，其频率特性具有线性性质；若 FIR 滤波器的 $h(k)$ 满足对称条件，则其具有严格线性的相频特性，即相位特性是频率 Ω 的线性函数。这是 FIR DF 的一个重要的特性。线性相位表示系统的相频特性与频率成正比，即

$$\angle H(e^{j\Omega})=-K_0\Omega \tag{8-49}$$

系数 K_0 表示任意频率信号通过该系统产生相同的时间延迟，即 K_0T_s，T_s 为抽样周期。FIR 数字滤波器具有线性相位的充分必要条件是：

单位响应 $h(k)$ 的序列必须以 $K_0=\frac{M-1}{2}$ 为对称中心，时间延迟 K_0 为长度 M 的一半，即

$$\begin{cases}K_0=\dfrac{M-1}{2}\\h(k)=h(M-1-k)\quad(0\leqslant k\leqslant M-1)\end{cases} \tag{8-50}$$

由于 FIR 滤波器的单位响应 $h(k)$ 是有限长序列，且长度为 M 的因果系统，当式（8-49）中 K_0 为常数，FIR 就具有严格的线性相位。其系统函数为

$$H(z)=\sum_{k=0}^{M-1}h(k)z^{-k}$$

频率特性为

$$H(\mathrm{e}^{\mathrm{j}\Omega})=\sum_{k=0}^{M-1}h(k)\mathrm{e}^{-\mathrm{j}\Omega k}=\sum_{k=0}^{M-1}h(k)(\cos\Omega k-\mathrm{j}\sin\Omega k) \tag{8-51}$$

有

$$\angle H(\mathrm{e}^{\mathrm{j}\Omega})=\arctan\frac{-\sum_{k=0}^{M-1}h(k)\sin\Omega k}{\sum_{k=0}^{M-1}h(k)\cos\Omega k}=-K_0\Omega$$

$$\tan(K_0\Omega)=\frac{\sum_{k=0}^{M-1}h(k)\sin\Omega k}{\sum_{k=0}^{M-1}h(k)\cos\Omega k} \tag{8-52}$$

$$\sin K_0\Omega\sum_{k=0}^{M-1}h(k)\cos\Omega k-\cos K_0\Omega\sum_{k=0}^{M-1}h(k)\sin\Omega k=0$$

得

$$\sum_{k=0}^{M-1}h(k)\sin[(K_0-k)\Omega]=0 \tag{8-53}$$

证明上式成立的充要条件，即 FIR DF 具有线性相位的充要条件为

$$\begin{cases}K_0=\dfrac{M-1}{2}\\ h(k)=h(M-1-k)\quad(0\leqslant k\leqslant M-1)\end{cases} \tag{8-54}$$

M 可取奇数或偶数。当 M 为奇数时，滤波器延时 K_0 为整数。例如，$M=7$，则 $K_0=3$，$h(0)=h(6)$，$h(1)=h(5)$，$h(2)=h(4)$，$h(3)$ 为对称中心。若 $M=8$，则 $K_0=3.5$，$h(0)=h(7)$，$h(1)=h(6)$，$h(2)=h(5)$，$h(3)=h(4)$，对称中心为 $h(3)$ 与 $h(4)$ 的中点，如图 8-14 所示。

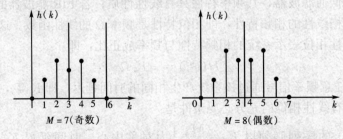

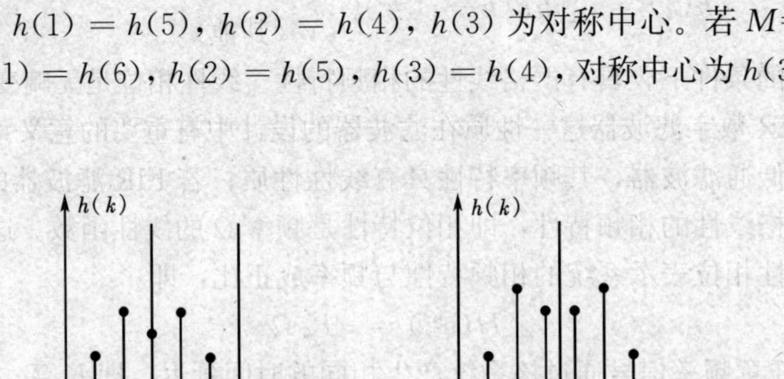

图 8-14 FIR 线性频率响应具有相位时的 $h(k)$ 的对称性

【例 8-5】 某数字滤波器的差分方程为 $y(k)=\frac{1}{2}u(k)+u(k-1)+\frac{1}{2}u(k-2)$，判断该数字滤波器频率响应是否具有线性相位。

解 方法一：直接求出频率响应判断。

根据差分方程得出系统的系统函数为 $H(z)=\frac{1}{2}+z^{-1}+\frac{1}{2}z^{-2}$，这是一个 FIR 型系统，频率特性为

$$H(e^{j\Omega})=\frac{1}{2}+e^{-j\Omega}+\frac{1}{2}e^{-j2\Omega}=e^{-j\Omega}\left(\frac{e^{j\Omega}}{2}+1+\frac{e^{-j\Omega}}{2}\right)=e^{-j\Omega}(1+\cos\Omega)$$

$$H(e^{j\Omega})=1+\cos\Omega$$

$$\angle H(e^{j\Omega})=-\Omega$$

该 FIR 系统是一个具有线性相位的数字滤波器。这一例子说明 FIR 滤波器在一定条件下可以具有严格的线性相位。

方法二：利用 FIR DF 具有线性相位的充要条件，即式（8-54），根据差分方程得出系统的系统函数为

$$H(z)=\frac{1}{2}+z^{-1}+\frac{1}{2}z^{-2}$$

这是一个 FIR 型系统，由上式的 z 逆变换，可得单位响应为

$$h(k)=\frac{1}{4}\delta(k)+\frac{1}{2}\delta(k-1)+\frac{1}{4}\delta(k-2)\quad[M=3,(M-1)/2=1]$$

$$h(0)=1/4,\ h(1)=1/2,\ h(2)=1/4$$

如图 8-15 可见 $h(k)$ 关于 $k=1$ 对称，满足式（8-54），所以系统频率响应具有线性相位。

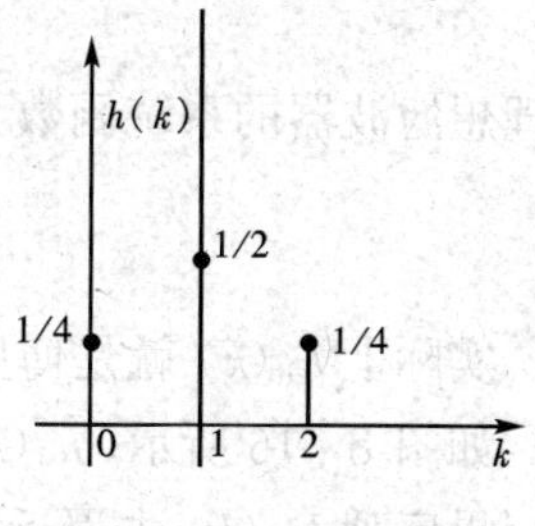

图 8-15 离散系统单位响应

当 $h(k)$ 为奇对称序列时，也可以证明其具有线性相位。

设

$$h(k)=-h(M-1-k)\tag{8-55}$$

可以证明

$$\angle H(e^{j\Omega})=-K_0\Omega+\frac{\pi}{2}\tag{8-56}$$

也是 Ω 的线性函数。

FIR 数字滤波器还有另外一个重要的性质，即由于系统函数只有零极点，系统必然稳定且是因果系统。这些性质体现了 FIR 数字滤波器的优越性的一面。由于线性相位的特征在工程实际中具有重要的意义，如数字通信、语音信号处理、图像处理和自适应信号处理等领域，信号在传输过程中相位要求比较严格，不能有明显的相位失真，因而 FIR 滤波器获得广泛的应用。

在数字滤波器设计中，IIR 数字滤波器的系统函数为有理分式，与模拟滤波器的系统函数之间存在对应关系，所以 IIR 数字滤波器的设计可采用间接方法，主要是借助于模拟滤波器，即先按技术指标设计模拟滤波器，然后再离散化求得数字滤波器的系统函数。而 FIR 数字滤波器的系统函数如式（8-20），它是 z^{-1} 的多项式，与模拟滤波器的系统函数之间没有对应关系，所以只能采取直接设计方法，建立在对理想滤波器频率特性进行逼近的技术上，即根据设计指标直接求出物理上可实现的系统函数。FIR 数字滤波器的设计有窗函数法和频率抽样法等。

二、窗函数法

FIR 滤波器的设计是一个直接逼近理想滤波器的过程，是一种直接的设计方法。其设计思想是：设所期望的理想滤波器的频率特性为 $H_d(e^{j\Omega})$，设计 FIR 数字滤波器，即找出一个 $H(z)$，使其频率特性 $H(e^{j\Omega})$ 逼近 $H_d(e^{j\Omega})$。

设计过程为：

$$H_d(e^{j\Omega}) \xrightarrow[(1)]{\text{IFT}} h_d(k) \xrightarrow[(2)]{\text{截断}} h_N(k)$$

$$\uparrow \text{逼近} \qquad\qquad\qquad (3) \downarrow \text{时延}$$

$$H(e^{j\Omega}) \xleftarrow[(5)]{} H(z) \xleftarrow[(4)]{\text{ZT}} h(k)$$

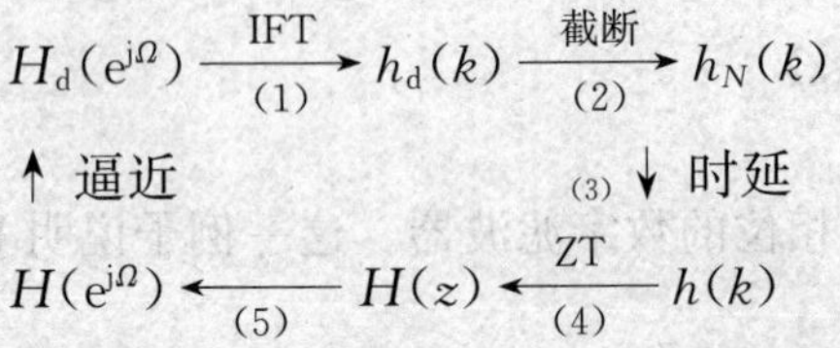

在时域中，可由理想滤波器频率特性 $H_d(e^{j\Omega})$ 求出对应的系统单位响应 $h_d(k)$，由于考虑因果性和线性相位，再分别将 $h_d(k)$ 进行截断或时延，确定实际 FIR 滤波器的单位响应 $h(k)$，即可经过 Z 变换得出数字滤波器的系统函数 $H(z)$，可见 FIR 数字低通滤波器的频率特性 $H(e^{j\Omega})$ 是理想滤波器频率响应的逼近。

1. 由 $H_d(e^{j\Omega}) \longrightarrow h_d(k)$

考虑到数字滤波器的频率响应，对于数字频率 Ω 是以 2π 为周期的，用数字频率代替模拟频率 ω，与 $H_d(e^{j\Omega})$ 相对应的单位响应 $h_d(k)$ 为

$$h_d(k) = \frac{1}{2\pi} \int_{-\pi}^{\pi} H_d(e^{j\Omega}) e^{j\Omega k} \, d\Omega \tag{8-57}$$

而理想滤波器的系统函数为

$$H_d(z) = \sum_{k=-\infty}^{\infty} h_d(k) z^{-1} \tag{8-58}$$

实际上 $h_d(k)$ 就是傅里叶级数的系数，所以这种方法又称为傅里叶级数法。

如图 8-16 所示，$h_d(k)$ 是无限长且非因果的，一般在物理上不可实现，必须用有限长的因果序列 $h_N(k)$ 去逼近它，才能使设计的 FIR 数字滤波器物理上可以实现。

2. 截断

截断过程如图 8-16 所示，这里 $\omega_N(k)$ 为矩形窗，得数字滤波器的系统函数为

$$H_N(z) = \sum_{k=-K_0}^{K_0} h_N(k) z^{-k} \tag{8-59}$$

式中，$h_N(k)$ 是 $h_d(k)$ 用窗函数 $\omega_N(k)$ 截断后得到长为 N 的有限长序列，$h_d(k)$ 是对称的，为了满足线性相位条件，用 $\omega_N(k)$ 截断后的 $h_N(k)$ 也应是对称的

$$h_N(k) = h_d(k)\omega_N(k) \quad \left(-\frac{N-1}{2} \leqslant k \leqslant \frac{N-1}{2}\right) \tag{8-60}$$

也可表示为

$$h_N(k) = \begin{cases} h_d(k) & \left(-\dfrac{N-1}{2} \leqslant k \leqslant \dfrac{N-1}{2}\right) \\ 0 & \text{（其他）} \end{cases} \tag{8-61}$$

因此，式（8-59）中窗函数的长度为 $2K_0+1$，即为单位响应的长度，则

$$K_0 = \frac{N-1}{2} \tag{8-62}$$

3. 时延

如图 8-16 所示，截断后 $h_N(k)$ 仍为非因果，为此可将 $h_N(k)$ 延时 K_0，所得到即为实际的 FIR 数字滤波器的单位响应 $h(k)$，实际 FIR 数字滤波器与理想滤波器单位响应之间关系为

$$h(k)=h_d(k-K_0)\omega_N(k) \quad (8-63)$$

也可表示为

$$h(k)=h_d(k-K_0)$$

$$K_0=\frac{N-1}{2}\ (k=0,1,\cdots,N-1) \quad (8-64)$$

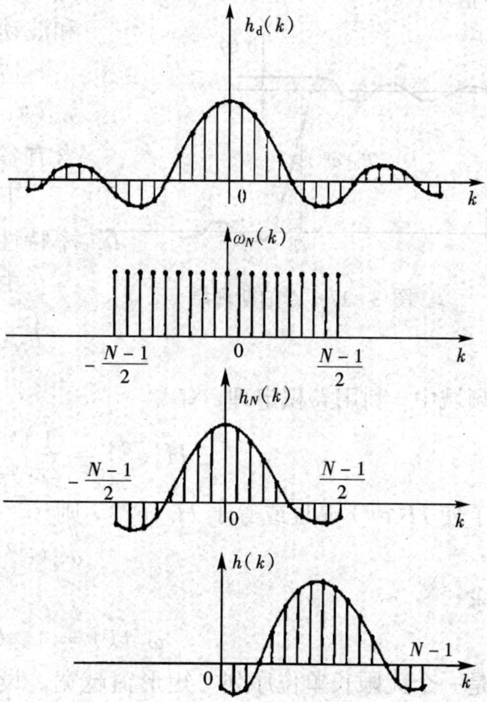

图 8-16 窗函数法设计 FIR 数字低通滤波器
（上图依次为 a、b、c、d）

时域中延时 K_0（即 K_0T_s）相应地在 z 域中为乘上 z^{-K_0}，在 z 域内系统函数为

$$\begin{aligned}H(z)&=z^{-K_0}H_N(z)\\&=z^{-K_0}\sum_{k=-K_0}^{K_0}h_N(k)z^{-k}\\&=\sum_{k=-K_0}^{K_0}h_N(k)z^{-(k+K_0)}\\&=\sum_{k'=0}^{2K_0}h_N(k'-K_0)z^{-k'}\\&=\sum_{k'=0}^{N-1}h_N(k'-K_0)z^{-k'}\end{aligned}$$

将 k' 改写为 k，得

$$H(z)=\sum_{k=0}^{N-1}h_N(k-K_0)z^{-k}=\sum_{k=0}^{N-1}h(k)z^{-k} \quad (8-65)$$

式（8-63）是长为 N 的有始序列，是因果稳定系统，物理上可以实现（可实现性）。

【例 8-6】 理想线性相位低通滤波器

$$H_d(e^{j\Omega})=\begin{cases}1 & (|\Omega|\leqslant\Omega_c)\\0 & (\Omega_c<|\Omega|<\pi)\end{cases}$$

$\Omega_c=0.2\pi\text{rad}$，$K_0=10$，试设计 FIR 数字低通滤波器。

解 按式（8-62）单位响应长度为 $N=2K_0+1=21$，由式（8-57）得

$$h_d(k)=\frac{1}{2\pi}\int_{-\Omega_c}^{\Omega_c}1e^{j\Omega k}d\Omega=\frac{\sin k\Omega_c}{k\pi}=\frac{\sin 0.2\pi k}{k\pi}=0.2\mathrm{sinc}(0.2\pi k)\quad(-\infty<k<+\infty)$$

由式（8-64）得

$$h(k)=h_d(k-k_0)\omega_N(k)=0.2\mathrm{sinc}[0.2\pi(k-10)]\quad(k=0,1,2,\cdots,20)$$

由式（8-65）得系统函数为

$$H(z)=0.2\sum_{k=0}^{N-1}\mathrm{sinc}[0.2\pi(k-10)]z^{-k}$$

系统频率特性为

$$H(e^{j\Omega})=0.2\sum_{k=0}^{N-1}\text{sinc}[2\pi(k-10)]e^{-j\Omega k}$$

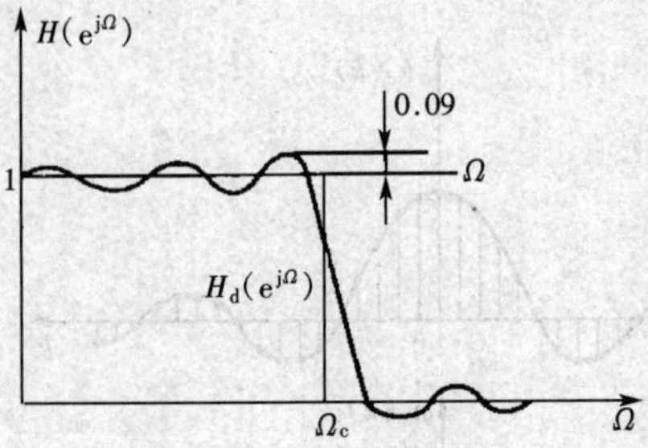

图 8-17 吉伯斯现象

其幅频特性如图 8-17 所示。在 $\Omega=\Omega_c$ 附近产生过冲和波动，即出现吉伯斯现象。

造成吉伯斯现象的根本原因是用时域矩形窗 $\omega_N(k)$ 截断 $h_d(k)$，使 $h_d(k)$ 出现不连续点，在 $\Omega=\Omega_c$ 含有各频率分量。

下面分析截断这一步骤，研究窗函数 $\omega_N(k)$ 对频率特性的影响。

由式（8-60），在时域中有

$$h_N(k)=h_d(k)\omega_N(k)\quad\left(-\frac{N-1}{2}\leqslant k\leqslant\frac{N-1}{2}\right)$$

在频域中，利用卷积定理，有

$$H(e^{j\Omega})=\frac{1}{2\pi}\int_{-\pi}^{\pi}H_d(e^{j\eta})\omega_N[e^{j(\Omega-\eta)}]d\eta \tag{8-66}$$

为了使 $H(e^{j\Omega})$ 逼近或等于 $H_d(e^{j\Omega})$，则

$$\omega_N(e^{j\Omega})=2\pi\delta(\Omega) \tag{8-67}$$

要求

$$\omega_N(k)=1\quad(-\infty<k<+\infty) \tag{8-68}$$

这是一个无限长单位序列。矩形窗越宽，设计得到的滤波器的频率特性 $H(e^{j\Omega})$ 越能逼近理想特性 $H_d(e^{j\Omega})$，极限情况下 $\omega_N(k)$ 为无限宽，实际频响等于理想频响。实际上窗函数不可能是无限宽的，K 是有限的，因此截断对频率特性必然产生影响，出现吉伯斯现象。

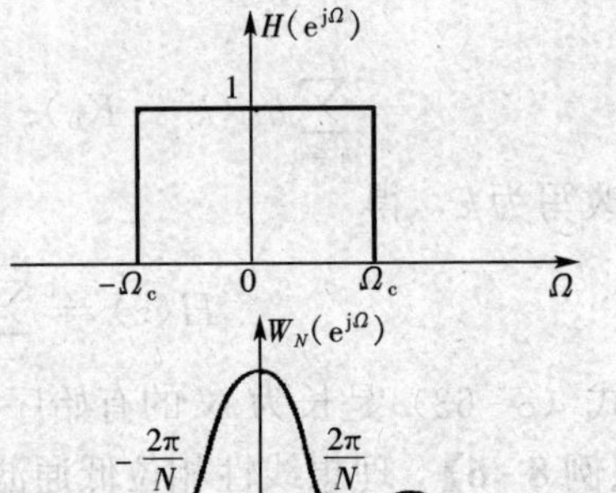

图 8-18 矩形窗对数字滤波器幅频特性的影响

窗函数的确定和选择，在 FIR 数字滤波器窗函数法设计中是非常重要的。设矩形窗为

$$\omega_N(k)=\begin{cases}1 & \left(-\dfrac{N-1}{2}\leqslant k\leqslant\dfrac{N-1}{2}\right)\\ 0 & (\text{其他})\end{cases} \tag{8-69}$$

矩形窗的频谱为

$$W_N(e^{j\Omega})=\sum_{k=-\frac{N-1}{2}}^{\frac{N-1}{2}}\omega_N(k)e^{-j\Omega k}=\frac{\sin\dfrac{N\Omega}{2}}{\sin\dfrac{\Omega}{2}} \tag{8-70}$$

如图 8-18 所示，可见窗函数的频谱在 $\Omega=\pm\dfrac{2\pi}{N}$ 处过零点，由中心处的主瓣和两侧的旁瓣组成，主瓣宽度为$\dfrac{4\pi}{N}$。理想低通滤波器为

$$H_d(e^{j\Omega}) = \begin{cases} 1 & (|\Omega| \leqslant \Omega_c) \\ 0 & (\Omega_c < |\Omega| < \pi) \end{cases} \tag{8-71}$$

则 FIR 数字滤波器的频率响应 $H(e^{j\Omega})$ 是窗函数 $W_d(e^{j\Omega})$ 和理想滤波器频率响应 $H_d(e^{j\Omega})$ 的卷积积分，根据式（8-66）得

$$H(e^{j\Omega}) = \frac{1}{2\pi}\int_{-\pi}^{\pi} H_d[e^{j(\Omega-\theta)}] \frac{\sin\frac{N\theta}{2}}{\sin\frac{\theta}{2}} d\theta$$

由图 8-18 可以看出，理想滤波器的脉冲响应经 $\omega_N(k)$ 加权后，对幅频特性产生的影响主要有以下几点：

（1）窗函数的主瓣影响过渡带，即使 $H(e^{j\Omega})$ 在截止频率处的间断点变成连续曲线，出现了过渡带，过渡带宽度等于窗函数的主瓣宽度，即 $W_N(e^{j\Omega}) = \frac{4\pi}{N}$。

（2）窗函数旁瓣的作用使幅频特性出现波动，旁瓣包围的面积越大，通带波动越大，阻带衰耗越小。

（3）增大窗函数的长度 N 只能减小过渡带宽，但不能改变过冲值，因为增加 N，只能减小 $W_N(e^{j\Omega})$ 的主瓣宽度，但不能改变第一旁瓣与主瓣之间的相对值。而过冲值直接影响通带和阻带衰耗，所以它对滤波器的性能有很大影响，在工程设计中，只有通过改变窗函数的形状来解决此问题，从而改善系统的幅频特性。图 8-19 显示了几种窗函数的图形，根据前面分析，选择窗函数时应考虑以下两点：① 主瓣宽度要小，但其占有面积要尽量大，以使过渡带较陡；② 旁瓣应尽可能地小，当频率趋于 Ω_c 时，旁瓣的面积很快减小，以利增大阻带衰耗。

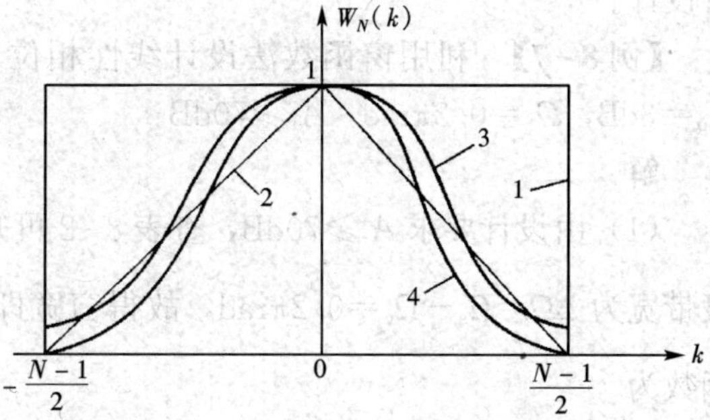

图 8-19　几种窗函数的形状

1—矩形窗；2—三角形窗；3—哈明窗；4—布拉克曼窗

表 8-2 列出了几种常用窗函数的表达式及其特性。

表 8-2　　**常用窗函数**

窗函数	时域表示式 $\omega_N(k)$ $(0 \leqslant k \leqslant N-1)$	最小阻带衰耗 (dB)	精确过渡宽带 $\Delta\Omega = \Omega_s - \Omega_c$(rad)	主瓣宽带（近似过渡带宽）
矩形窗	$1(k)$	21	$1.8\pi/N$	$4\pi/N$
三角形窗	$1-\frac{2\left(k-\frac{N-1}{2}\right)}{N-1}$	25	$6.1\pi/N$	$8\pi/N$
哈明窗	$0.54-0.46\cos\frac{2\pi k}{N-1}$	53	$6.6\pi/N$	$8\pi/N$

续表

窗函数	时域表示式 $\omega_N(k)$ $(0\leqslant k\leqslant N-1)$	最小阻带衰耗 (dB)	精确过渡宽带 $\Delta\Omega=\Omega_s-\Omega_c$(rad)	主瓣宽带（近似过渡带宽）
布拉克曼窗	$0.42-0.5\cos\frac{2\pi k}{N-1}+0.08\cos\frac{4\pi k}{N-1}$	74	$11\pi/N$	$12\pi/N$
凯塞窗	$\frac{I_0\left[\beta\sqrt{\left(\frac{N-1}{2}\right)^2-\left(k-\frac{N-1}{2}\right)^2}\right]}{I_0\left[\beta\left(\frac{N-1}{2}\right)\right]}$	$50(\beta=4.538)$	$5.8\pi/N$	$12\pi/N$
海宁窗	$\frac{1}{2}\left(1-\cos\frac{2\pi k}{N-1}\right)$	44	$6.2\pi/N$	$8\pi/N$

结论：在进行窗函数法设计 FIR 数字低通滤波器时，首先要选择合适的窗函数，其设计思想和步骤基本上与本节一开始所述的相同，即首先根据通带、阻带衰耗及过渡带宽等设计指标选择窗函数 $\omega_N(k)$ 并确定窗宽（即滤波器的阶数），然后按矩形窗设计 FIR 的步骤进行设计。

【例 8-7】 利用窗函数法设计线性相位 FIR 低通滤波器，技术指标为 $\Omega_c=0.1\pi$rad，$A_p=3$dB，$\Omega_r=0.3\pi$rad，$A_r\geqslant70$dB。

解

(1) 由设计要求 $A_r\geqslant70$dB，查表 8-2 可知，布拉克曼窗能满足要求 $A_r\geqslant74$dB。精确过渡带宽为 $\Delta\Omega=\Omega_s-\Omega_c=0.2\pi$rad，故得窗宽即滤波器阶数 $N=\frac{12\pi}{0.2\pi}=60$，取 $N=61$，则窗函数为

$$\omega_N(k)=0.42-0.52\cos\frac{2\pi k}{60}+0.08\cos\frac{4\pi k}{60}\quad(-30\leqslant k\leqslant 30)$$

(2) 利用［例 8-6］结果，$K_0=\frac{N-1}{2}=30$，理想滤波器的单位响应为

$$h_d(k)=\frac{\sin\Omega_c k}{\pi k}\quad(-\infty<k<+\infty)$$

(3) 用窗函数 $\omega_N(k)$ 截断 $h_d(k)$ 并移位后得实际的滤波器的单位响应为

$$h(k)=h_d(k)\omega_N(k)\quad(0\leqslant k\leqslant 60)$$

(4) 按式 (8-54) 得系统函数为

$$H(z)=\sum_{k=0}^{60}h(k)z^{-k}$$

实际滤波器的频率特性为

$$H(e^{j\Omega})=\sum_{k=0}^{60}h(k)e^{-jk\Omega}$$

检查设计好的 FIR 数字低通滤波器的 A_p，A_r 是否符合技术指标的要求，如果不满足，则要重新选择 N 再设计，直到满足技术指标的要求为止。

【例 8-8】 用海宁窗设计具有线性相位的低通 FIR 滤波器，$N=9$；$\Omega_{cL}=1$rad，$\Omega_{cH}=2$rad。

解 根据题意得

$$K_0=\frac{N-1}{2}=4$$

理想线性相位低通数字滤波器为

$$H_d(e^{j\Omega})=\begin{cases}1 & (|\Omega|\leqslant\Omega_{cL})\\ 0 & (\Omega_{cL}<|\Omega|<\pi)\end{cases}$$

则理想线性相位低通数字滤波器时域表达式为

$$h_d(k)=\frac{1}{2\pi}\int_{-\Omega_{cL}}^{\Omega_{cL}}1\cdot e^{j\Omega k}d\Omega=\frac{\sin(k\Omega_{cL})}{k\pi}=\frac{\sin k}{k\pi}=\frac{1}{\pi}\text{sinc}(k)\quad(-\infty<k<+\infty)$$

时延长度为

$$K_0=\frac{N-1}{2}=4$$

查表得海宁窗函数为

$$\omega_N(k)=\frac{1}{2}\left(1-\cos\frac{2\pi k}{N-1}\right)\quad(0\leqslant k\leqslant 8)$$

理想滤波器的单位响应为

$$h_d(k)=\frac{1}{2\pi}\int_{-\Omega_{cL}}^{\Omega_{cL}}1\cdot e^{j\Omega k}d\Omega=\frac{\sin[k\Omega_{cL}]}{k\pi}=\frac{\sin k}{k\pi}=\frac{1}{\pi}\text{sinc}(k)\quad(-\infty<k<+\infty)$$

用窗函数 $\omega_N(k)$ 截断 $h_d(k)$ 并移位后得实际的滤波器的单位响应

$$h(k)=h_d(k-k_0)\omega_N(k)=\frac{1}{2\pi}\left(1-\cos\frac{2\pi k}{N-1}\right)\text{sinc}(k-4)\quad(0\leqslant k\leqslant 8)$$

得系统函数为

$$H(z)=\sum_{k=0}^{N-1}x(k)z^{-k}=\sum_{k=0}^{8}\frac{1}{2\pi}\left(1-\cos\frac{2\pi k}{N-1}\right)\text{sinc}(k-4)z^{-k}\quad(0\leqslant k\leqslant 8)$$

实际滤波器的频率特性为

$$H(e^{j\Omega})=\sum_{k=0}^{N-1}x(k)e^{-jk\Omega}=\sum_{k=0}^{8}\frac{1}{2\pi}\left(1-\cos\frac{2\pi k}{N-1}\right)\text{sinc}(k-4)e^{-jk\Omega}\quad(0\leqslant k\leqslant 8)$$

检查设计好的 FIR 数字低通滤波器的 A_p、A_r 是否符合技术指标的要求，如果不满足则要重新选择 N，再重新设计，直到满足技术指标的要求为止。

【例 8-9】 根据理想低通滤波器的幅频特性 $H_d(e^{j\Omega})$ 和窗函数 $\omega(k)$ 用窗函数法设计具有线性相位的数字低通滤波器 $H(e^{j\Omega})$。

$$H_d(e^{j\Omega})=\begin{cases}e^{-2j\Omega} & \left(-\frac{\pi}{4}\leqslant\Omega\leqslant\frac{\pi}{4}\right)\\ 0 & \left(\frac{\pi}{4}\leqslant|\Omega|\leqslant\pi\right)\end{cases}$$

$$\omega(k)=\begin{cases}1 & (0\leqslant k\leqslant 4)\\ 0 & (\text{其他})\end{cases}$$

解 根据已知条件得理想滤波器的幅频特性为

$$H_d(e^{j\Omega})=\begin{cases}e^{-2j\Omega} & \left(-\frac{\pi}{4}\leqslant\Omega\leqslant\frac{\pi}{4}\right)\\ 0 & \left(\frac{\pi}{4}\leqslant|\Omega|\leqslant\pi\right)\end{cases}$$

取 $K_0=2$，则单位响应长度为 $N=2K_0+1=5$

得 $H_d(e^{j\Omega})$ 相对应的单位响应 $h_d(k)$ 为

$$h_d(k)=\frac{1}{2\pi}\int_{-\Omega_c}^{\Omega_c}H_d(e^{j\Omega})\cdot e^{j\Omega k}d\Omega=\frac{1}{2\pi}\int_{-\frac{\pi}{4}}^{\frac{\pi}{4}}e^{-2j\Omega}e^{j\Omega k}d\Omega$$

$$=\frac{\sin\frac{\pi}{4}(k-2)}{\pi(k-2)}=\frac{\pi}{4}\mathrm{sinc}\,\frac{\pi}{4}(k-2)\quad(-\infty<k<+\infty)$$

窗函数为

$$\omega(k)=\begin{cases}1 & (0\leqslant k\leqslant 4)\\ 0 & (其他)\end{cases}$$

得实际 FIR 滤波器的单位响应为

$$h(k)=h_d(k)\omega_N(k)=\frac{\pi}{4}\mathrm{sinc}\,\frac{\pi}{4}(k-2)\quad(k=0,1,2,3,4)$$

实际 FIR 滤波器的系统函数为

$$H(z)=\sum_{k=0}^{N-1}h(k)z^{-k}=\sum_{k=0}^{4}\frac{\pi}{4}\mathrm{sinc}\,\frac{\pi}{4}(k-2)\cdot z^{-k}\quad(k=0,1,2,3,4)$$

所以实际 FIR 滤波器的频率特性为

$$H(e^{j\Omega})=\sum_{k=0}^{4}\frac{\pi}{4}\mathrm{sinc}\,\frac{\pi}{4}(k-2)\cdot e^{-\Omega k}\quad(k=0,1,2,3,4)$$

三、频域取样法

窗函数法设计 FIR 滤波器是从时域出发，用合适的窗函数截断理想滤波器的单位响应后，再得到实际 FIR 数字滤波器的系统函数 $H(z)$。频域取样法是从频域出发，直接对理想滤波器的频率特性 $H_d(e^{j\Omega})$ 进行等间隔采样，然后求出相应的数字滤波器的系统函数 $H(z)$。

由频域取样定理可知，一个时间受限的信号其频谱在取样频率满足取样定理的前提下，可以通过频谱的取样值不失真地恢复原信号的频谱。频域取样法就是根据频域取样定理，在对理想滤波器的单位响应 $h(k)$（有限长）的频率响应进行取样，从而达到 FIR 数字滤波器的设计的目的。

$H(n)$ 即为给定的系统频率特性的设计指标样本，在一个周期 2π 内对理想滤波器的频率特性 $H_d(e^{j\Omega})$ 作 N 点均匀抽样，可得

$$H(n)=H_d(e^{j\Omega})\big|_{\Omega=\frac{2\pi}{N}n}=H_d(e^{j\frac{2\pi}{N}n})\quad(n=0,1,2,\cdots,N-1)\tag{8-72}$$

对 $H(n)$ 进行 IDFT 可得到相应的系统单位响应 $h(k)$ 为

$$h(k)=\frac{1}{N}\sum_{n=0}^{N-1}H(n)e^{j\frac{2\pi}{N}kn}\quad(k=0,1,2,\cdots,N-1)\tag{8-73}$$

实际滤波器的系统函数和频率特性为

$$H(z)=\sum_{k=0}^{N-1}h(k)z^{-k}\tag{8-74}$$

$$H(e^{j\Omega})=\sum_{k=0}^{N-1}h(k)e^{-j\Omega k}\tag{8-75}$$

这就是频域取样法设计 FIR 数字滤波器的基本思路，但实际设计过程可以直接由 $H(n)$

转换为 $H(z)$。由式（7-49）表示的系统函数的内插公式，可直接由式（8-72）求出系统函数 $H(z)$

$$H(z)=\frac{1-z^{-N}}{N}\sum_{n=0}^{N-1}\frac{H(n)}{1-W_N^{-n}z^{-1}} \tag{8-76}$$

式中，$W_N=\mathrm{e}^{-\mathrm{j}\frac{2\pi}{N}}$。所设计滤波器的频率特性为

$$H(\mathrm{e}^{\mathrm{j}\Omega})=\sum_{n=0}^{N-1}H(n)\Phi\left(\Omega-\frac{2\pi}{N}n\right) \tag{8-77}$$

式中，$\Phi\left(\Omega-\frac{2\pi}{N}n\right)$ 为内插函数；$H(n)$ 为权，且

$$\Phi(\Omega)=\frac{1}{N}\frac{\sin\frac{\Omega N}{2}}{\sin\frac{\Omega}{2}}\mathrm{e}^{-\mathrm{j}\frac{N-1}{2}\Omega} \tag{8-78}$$

由式（8-77）可知，在采样点 $\Omega=\frac{2\pi}{N}n$ 上，$H(\mathrm{e}^{\mathrm{j}\Omega})$ 与理想值 $H(n)$ 严格相等，在非采样点上，$H(\mathrm{e}^{\mathrm{j}\Omega})$ 为 N 个以相应插值函数为权的采样值之和。为了减小误差，使数字滤波器更好地逼近理想滤波器，N 值应取得大一些。

由式（8-78）知，内插函数 $\Phi(\Omega)$ 具有线性相位特性，根据式（8-77），$H(n)$ 也具有线性相位，那么在频域中用频域取样法设计的 FIR 数字滤波器也就具有线性相位的特征。用 $|H(n)|$ 和 θ_n 表示 $H(n)$ 的模和幅角，有

$$H(n)=H_n\mathrm{e}^{\mathrm{j}\theta_n}\quad(n=0,1,2,\cdots,N-1) \tag{8-79}$$

为使 $H(n)$ 具有线性相位，$H(n)$ 关于中心为偶对称，即

$$H_n=H_{N-n} \tag{8-80}$$

线性相位表示系统的相频特性与频率成正比，设比例系数为 K_0，由于 $K_0=\frac{N-1}{2}$，得

$$\theta_n=-\frac{N-1}{2}\Omega=-\frac{N-1}{2}\frac{2\pi}{N}n=-\frac{N-1}{N}n\pi \tag{8-81}$$

因此，频域取样法设计 FIR 数字滤波器时，只要满足单位响应 $H(n)$ 相对于中心是偶对称的即满足式（8-80），实现了数字滤波器的线性相位的特性。

【例 8-10】 用频域取样法设计线性相位低通滤波器，截止频率 $\Omega_c=0.4\pi\mathrm{rad}$，采样点数 $N=41$。试完成：

（1）设计采样值的相位。

（2）求 $H(n)$ 的表达式。

（3）求 $H_d(\mathrm{e}^{\mathrm{j}\Omega})$。

解 对理想低通滤波器的频率特性作关于 π 的偶拓展，这样满足式（8-80）的要求，满足线性相位要求，如图 8-20 所示，给出了样本点的分布。

$$H_n=\begin{cases}1 & (0\leqslant n\leqslant 8,32\leqslant n\leqslant 40)\\ 0 & (9\leqslant n\leqslant 31)\end{cases}$$

由式（8-81），取截止频率 $\Omega_c=0.4\pi$，取样点数 $N=41$。

（1）$H(n)$ 的相位为

$$\theta_n = -\frac{40}{41}n\pi \quad (n = 0,1,2,\cdots,40)$$

（2）滤波器单位响应的 DFT 为

$$H(n) = H_n e^{j\theta_n} \quad (n = 0,1,2,\cdots,40)$$

（3）由式（8-73），得滤波器单位响应为

$$h(k) = \frac{1}{41}\sum_{n=0}^{40} H(n) e^{j\frac{2\pi}{41}nk} \quad (0 \leqslant k \leqslant 40)$$

根据 $H(e^{j\Omega}) = \sum_{k=0}^{N-1} h(k) e^{-j\Omega k}$ 得滤波器的频率特性为

$$H(e^{j\Omega}) = \frac{1}{41}\sum_{k=0}^{40}\sum_{n=0}^{40} H(n) e^{j\frac{2\pi}{41}nk} e^{-j\Omega k}$$

由式（8-74）即可得到系统函数 $H(z)$。所设计滤波器的频率特性如图 8-21 所示。

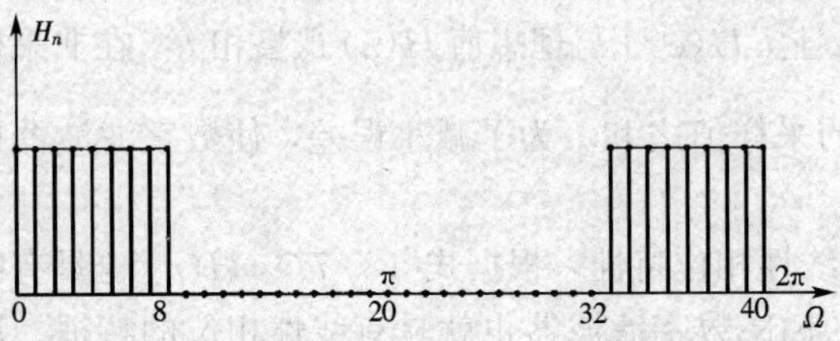

图 8-20 理想滤波器 H_n 的取样

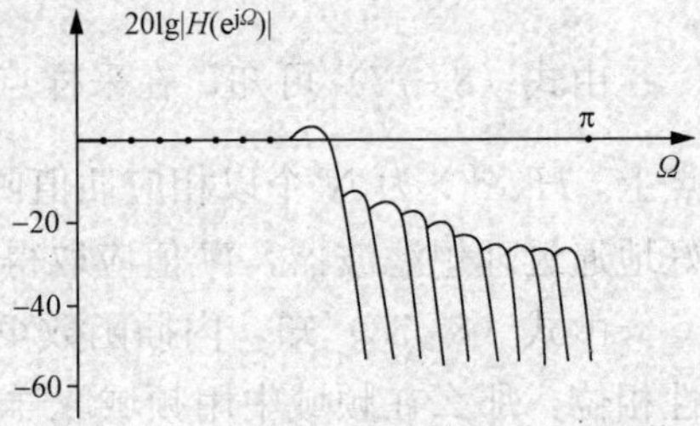

图 8-21 低通数字滤波器的幅频特性

通过对 FIR 数字滤波器的设计两种方法的讨论，可以看出，窗函数法和频域取样法都比较简单，但窗函数法有其局限性，其频率特性在截止频率处有过冲和波动，只有通过选择合适的窗函数和滤波长度其进行控制。而频域取样法则通过对频域取样样点的选取，直接对滤波器的频率响应产生影响，获得良好的频率特性；另外频域取样法可以用 DFT 的快速算法进行运算，这给数字滤波器的设计带来很大的方便。当然，加窗技术已是用数字方法进行数据处理所必不可少的，因此窗函数法是一种比较实用的方法。在实际应用中，可以根据实际的情况来选择滤波器的设计方法。

第五节 数字滤波器的结构

数字滤波器通常有硬件实现和软件实现两种。硬件实现是利用数字器件，如加法器、乘法器和延迟器等作成专用数字信号处理装置；软件实现通过计算机编程实现。从运算结构而言，软件实现和硬件实现是一样的。

实际中用数字滤波器实现对信号的滤波，并提取有用信号的过程如图 8-22 所示。先将带有噪声的原信号经过模拟抗混叠滤波，取有限长，然后经 A/D 采样量化变成数字信号，经过数字信号处理器中数字滤波器的算法运算，进行数字滤波，提取有用信号，最后将数字化的有用信号经 D/A 变成连续信号，连续信号经过恢复滤波输出所需要的连续信号，从而得到期望信号。

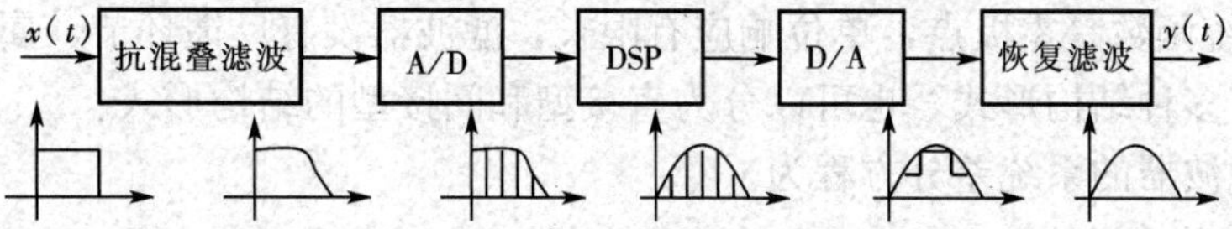

图 8-22　实际的数字信号的滤波过程

一、IIR 数字滤波器的结构

IIR 数字滤波器的主要特点有：系统函数存在非零极点；单位响应无限长；结构是递归型的，存在输出到输入的反馈。同一个 IIR 系统函数可以有不同的结构形式，分直接型和间接型。直接型分直接Ⅰ型、直接Ⅱ型，间接型分并联型、级联型。现以直接Ⅰ型为例，给出其结构框图。

N 阶 IIR 数字滤波器的系统函数表示为

$$H(z)=\frac{\sum_{i=0}^{M}b_iz^{-i}}{1+\sum_{i=1}^{N}a_iz^{-i}} \tag{8-82}$$

系统差分方程为

$$y(k)=\sum_{i=0}^{M}b_ix(k-i)-\sum_{i=1}^{N}a_iy(k-i) \tag{8-83}$$

由式（8-83）可知，IIR 滤波器的差分方程右边由延时网络和反馈网络两项构成。延时网络用 $\sum_{i=0}^{M}b_ix(k-i)$ 表示，是由 $M+1$ 个延时环节加权 b_i 后构成的。反馈网络用 $-\sum_{i=1}^{N}a_iy(k-i)$ 表示，将输出信号延时加权后组成 N 节延时网络。用加法器把延时网络和反馈网络结合起来，即为图 8-23 所示的结构形式。可见，这种结构共需要 $N+M$ 个延时单元，其中 $H(z)$ 的零点是有延时网络实现的，而 $H(z)$ 的极点则是由反馈网络实现的。

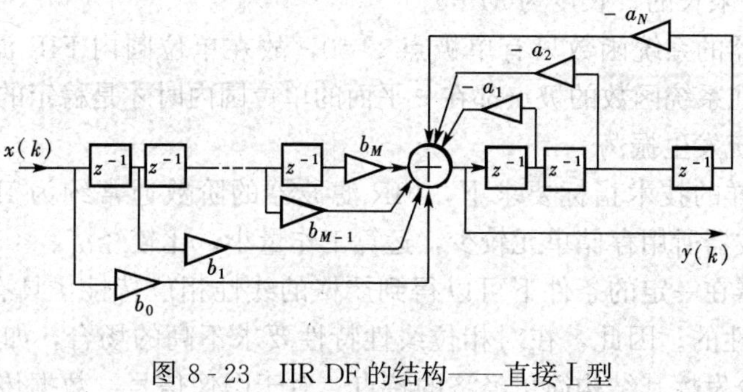

图 8-23　IIR DF 的结构——直接Ⅰ型

对于直接型结构的优点是简单直观，缺点是系数 a_i、b_i 对滤波器性能的控制关系不直接，调整不方便，极点位置对滤波器性能影响太灵敏，字长效应太敏感，误差较大，不稳定。

二、FIR 数字滤波器的结构

FIR DF 系统函数是零极点，单位响应有限长，滤波器没有反馈环节，属非递归型结构。FIR 滤波器也有多种结构形式，也可以分为直接型和间接型的结构形式。

FIR 数字滤波器的系统差分方程为

$$y(k)=\sum_{i=0}^{k}h(i)x(k-i)=h(k)*x(k-i)\quad(k=0,1,\cdots,N-1)\tag{8-84}$$

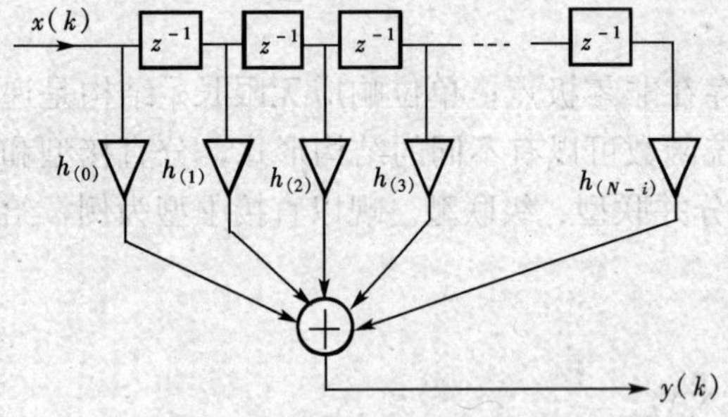

图 8-24　FIR DF 的结构——直接型

系统函数为

$$H(z)=\sum_{k=0}^{N-1}h(k)z^{-k}\tag{8-85}$$

系统函数 $H(z)$ 只在 $z=0$ 有 $N-1$ 阶极点，另外还有 $N-1$ 个零点。

直接型如图 8-24 所示的运算结构，由于式（8-84）是信号卷积和，故称为卷积型结构，通常又称为横截型结构。

除此之外，FIR 数字滤波器还有快速卷积型、级联型、频域取样型等。

三、IIR 与 FIR 滤波器的比较

IIR 数字滤波器和 FIR 数字滤波器比较：

（1）两种数字滤波器的系统函数分别为

IIR DF：
$$H(z)=\frac{\sum_{i=0}^{M}b_iz^{-i}}{1+\sum_{i=1}^{N}a_iz^{-i}}$$

FIR DF：
$$H(z)=\sum_{i=0}^{M}b_iz^{-i}$$

（2）在线性时不变系统中，IIR 滤波器系统的 $H(z)$ 至少有一个非零极点，是递归型的，有反馈的，单位响应 $h(k)$ 将是无限长的。FIR 系统的 $H(z)$ 没有非零极点，FIR 滤波器的单位响应 $h(k)$ 是有限长的，长度为 $M+1$。

（3）FIR 滤波器的系统函数只有单极点 $z=0$，故在单位圆内 FIR 滤波器总是稳定的。而 IIR 滤波器只有在系统函数的极点都在 z 平面的单位圆内时才是稳定的，运算过程中的舍入处理有可能使系统发生振荡。

（4）在满足同样的技术指标要求下，FIR 滤波器的阶数通常约为 IIR 滤波器的 5～10 倍，因此，IIR 滤波器所用存储单元较少，运算工作量小，比较经济。

（5）IIR 滤波器在一定的条件下可以得到严格的线性相位特性，具有良好的幅度特性，但相位特性是非线性的。因此，在对相位线性特性要求不高的场合，如语音传送等可选用 IIR 滤波器，以充分发挥其结构简单经济的特点。对于图像信号、数据传递等，则要求好的线性相位，故以选用 FIR 滤波器为宜。

（6）在设计方法上，IIR 滤波器采用间接法进行设计，使其逼近模拟滤波器，可利用成熟的模拟滤波器的设计公式、图表等，十分方便；而 FIR 滤波器采用直接的设计方法，使其逼近理想滤波器，没有现成的设计方法可以借用，设计工作量大，需借助于计算机设计。

(7) IIR 滤波器只局限于设计具有分片特性的滤波器，如低通、高通、带通、带阻等；而 FIR 滤波器十分灵活，特别是频域取样法设计，可以适应各种幅频特性要求。

(8) FIR 滤波器的运算是卷积求和，故可采用 FFT 快速算法，这是 FIR 滤波器的一个优点，是 IIR 滤波器所不及的。

对于实际的滤波器系统，可以根据待处理信号的特点，权衡 IIR 数字滤波器和 FIR 数字滤波器的优缺点，合理地选择滤波器的设计方法。

习　题

8-1　低通滤波器的技术指标为：通带频率 $f_c=0.5\text{kHz}$，$A_p\leqslant 3\text{dB}$；阻带频率 $f_r=2\text{kHz}$，$A_p\geqslant 60\text{dB}$。试根据技术指标设计巴特沃兹滤波器。

8-2　(1) 简述脉冲响应不变法设计 IIR 数字滤波器的基本原理。

(2) 简述利用脉冲响应不变法设计 IIR 数字滤波器会引起频谱混叠的根本原因。

8-3　用脉冲响应不变法求将下列模拟滤波器的系统函数 $H_a(s)$ 变换为数字滤波器的系统函数 $H(z)$，采样周期为 T：

(1) $H_a(s)=\dfrac{s+a}{(s+a)^2+b^2}$；

(2) $H_a(s)=\dfrac{A}{(s-s_0)^n}$（$n$ 为任意正整数，A 和 s_0 为常数）。

8-4　用脉冲响应不变法和双线性变换法设计二阶和三阶 BW 型数字滤波器，已知 3dB 截止频率为 $f_c=100\text{Hz}$，采样频率为 $f_s=1\text{kHz}$。

8-5　用脉冲响应不变法和双线性变换法将下列的模拟系统函数 $H_a(s)$ 变换为数字滤波器的系统函数 $H(z)$：

(1) $H_a(s)=\dfrac{4}{(s+1)(s+3)}$，采样周期 $T_s=0.5\text{s}$；

(2) $H_a(s)=\dfrac{2}{s^2+s+1}$，采样周期 $T_s=1\text{s}$；

(3) $H_a(s)=\dfrac{3s+2}{2s^2+3s+1}$，采样周期 $T_s=0.1\text{s}$。

8-6　已知模拟滤波器的模方函数为

(1) $|H_a(\text{j}\omega)|^2=\dfrac{3}{\omega^4+3\omega^2+1}$；

(2) $|H_a(\text{j}\omega)|^2=\dfrac{\omega^2+1}{\omega^4+5\omega^2+1}$。

试完成：

(1) 求相应的模拟系统函数 $H_a(s)$；

(2) 用脉冲响应不变法求数字滤波器的系统函数 $H(z)$；

(3) 用双线性变换法求数字滤波器的系统函数 $H(z)$。

8-7　(1) 设计具有下列技术指标的 BW 型模拟低通滤波器：

1) $f_c=3\text{kHz}$，$A_p=3\text{dB}$；$f_r=6\text{kHz}$，$A_r\geqslant 20\text{dB}$；

2) $f_c=1\text{kHz}$，$A_p=2\text{dB}$；$f_r=1.5\text{kHz}$，$A_r\geqslant 10\text{dB}$。

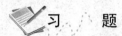

（2）用脉冲响应不变法将（1）中的模拟低通滤波器变换为数字低通滤波器，设采样频率为 $f_s=4f_c$。

（3）用双线性变换法将（1）中的模拟低通变换为数字低通滤波器，设采样频率为 $f_s=5f_c$。

8-8 数字系统的数学模型为 $y(k)=x(k)-\frac{1}{3}x(k-1)+\frac{1}{6}x(k-2)$，试完成：

（1）求系统单位响应；

（2）求系统函数；

（3）说明该系统属于哪一类滤波器。

8-9 （1）简述用窗函数法设计 FIR 滤波器的基本原理。

（2）简述窗函数形状对滤波器性能的影响。

8-10 分别用矩形窗、三角窗、海宁窗设计具有线性相位的低通，高通 FIR 滤波器，$N=9$；$\Omega_{cL}=1\text{rad}$，$\Omega_{cH}=2\text{rad}$，画出相应的幅频特性。

8-11 用窗函数法（哈明窗）设计数字滤波器来逼近图 8-25 所示的理想特性并画出其幅频特性。

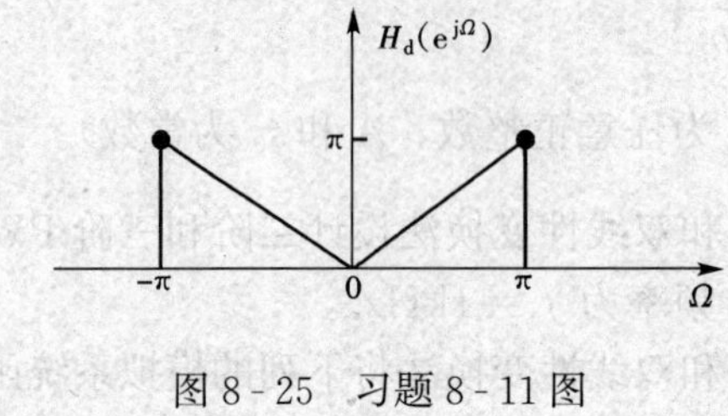

图 8-25 习题 8-11 图

8-12 根据下列理想低通滤波器的幅频特性 $H_d(e^{j\Omega})$ 和窗函数 $\omega(k)$ 用窗函数法设计具有线性相位的数字低通滤波器 $H(e^{j\Omega})$：

（1）$H_d(e^{j\Omega})=\begin{cases} e^{-2j\Omega} & \left(-\frac{\pi}{4}\leqslant\Omega\leqslant\frac{\pi}{4}\right) \\ 0 & \left(\frac{\pi}{4}\leqslant|\Omega|\leqslant\pi\right)\end{cases}$；

$\omega(k)=\begin{cases} 1 & (0\leqslant k\leqslant 4) \\ 0 & (\text{其他})\end{cases}$。

（2）$H_d(e^{j\Omega})=\begin{cases} e^{-2j\Omega} & \left(-\frac{\pi}{4}\leqslant\Omega\leqslant\frac{\pi}{4}\right) \\ 0 & \left(\frac{\pi}{4}\leqslant|\Omega|\leqslant\pi\right)\end{cases}$；

$\omega(k)=\begin{cases} 1 & (k=1,2,3) \\ \frac{1}{2} & (k=0,4) \\ 0 & (\text{其他})\end{cases}$。

8-13 （1）用频域取样法设计低通滤波器，截止频率 $\Omega_c=0.5\pi$，取样点数 $N=17$。

（2）求所设计的数字滤波器的系统函数。

(3) 求数字滤波器的频率特性，画出幅频特性。

8-14 用频域取样法设计线性相位低通滤波器，$N=13$，幅度采样值为

$$H_n(n)=\begin{cases}1 & (n=0)\\ 0.5 & (n=1,12)\\ 0 & (n=2,3,\cdots,11)\end{cases}$$

试完成：

(1) 设计采样值的相位；

(2) 求 $h(n)$ 的表达式；

(3) 求 $H_d(e^{j\Omega})$。

用脉冲不变法设计三阶 BW 型数字低通滤波器，采样频率为 $f_s=6.2832\text{kHz}$，截止频率为 $f_c=1\text{kHz}$，并画出滤波器的并联型结构图。

第九章 线性系统的状态变量分析

第一节 状态、状态变量和状态方程

一、系统状态与状态变量

对一个系统进行分析，首先要将这个系统的工作状况表示为数学模型，也就是要用适当的数学表达式来描述系统的工作状况。按照采用的数学模型，描述系统的方法可以分两类：一类是输入/输出描述法，另一类是状态变量描述法。

线性系统的各种分析法，包括时域分析法和变换域分析法，尽管各有不同的特点，但都仅着眼于激励函数和响应函数之间的直接关系。对于简单的单输入/单输出系统，这种描述法和处理法是很方便的。但是，现代工程中所采用的系统日趋复杂，它们往往是多输入/多输出的系统。分析这样的系统，如果采用输入/输出描述法，不仅计算工作繁重，而且无法知道系统内部的必要情况。这时，用状态变量来描写和分析就更加合适。

在用状态变量法分析系统时，系统的动态特性是由状态变量构成的一阶微分方程组来描述的。它能反映系统的全部独立变量的变化，从而能同时确定系统的全部运动状态，而且可以方便地处理初始条件。

1. 状态

状态是指表征系统运动的信息。一个系统在 $t=t_0$ 时的状态，是一组代表所需最少信息量的数值 $x_1(t_0),x_2(t_0),\cdots,x_n(t_0)$，利用这组数值和 $t\geqslant t_0$ 时的输入激励函数，可以唯一地确定 $t\geqslant t_0$ 时系统的行为。

2. 状态变量

状态变量是指足以完全表征系统运动状态的最小个数的一组变量。一个用 n 阶微分方程式描述的系统，就有 n 个独立变量，当这 n 个独立变量的时间响应都求得时，系统的运动状态也就被揭示无遗了。因此，可以说该系统的状态变量就是 n 阶系统的 n 个独立变量。

状态变量的选取具有非唯一性，既可用某一组又可用另一组数目最少的变量作为状态变量。状态变量不一定在物理上可量测，有时只具有数学意义，但实用时毕竟还是选择容易量测的量作为状态变量，以便满足实现状态反馈、改善性能的要求。状态变量的一般记号为 $x_1(t),x_2(t)\cdots,x_n(t)$。

3. 状态矢量

把描述系统状态的 n 个状态变量 $x_1(t),x_2(t)\cdots,x_n(t)$ 看做矢量 $\boldsymbol{x}(t)$ 的分量，则矢量 $\boldsymbol{x}(t)$ 称为 n 维状态矢量，即

$$\boldsymbol{x}(t)=\begin{bmatrix}x_1(t)\\x_2(t)\\\vdots\\x_n(t)\end{bmatrix} \text{ 或 } \boldsymbol{x}(t)=[x_1(t),x_2(t),\cdots,x_n(t)]^{\mathrm{T}} \tag{9-1}$$

4. 状态空间

状态空间，是指以 n 个状态变量作为坐标轴所构成 n 维空间。系统在任一时刻的状态，在状态空间中用一点来表示。随着时间的推移，$\boldsymbol{x}(t)$ 将在状态空间中描绘出一条轨迹，称为状态轨线。

状态矢量在状态空间中，矢量所包含的状态变量的个数即相当于状态空间的维数，它也就是系统的阶数。

二、状态方程与输出方程

在给定系统的模型和输入激励函数，用状态变量去分析该系统时，可以分两步来进行：第一步是根据系统的初始状态求出各个状态变量的时间函数，第二步是用这些状态变量来确定初始时间以后的系统的输出响应函数。

由系统的状态变量构成的一阶微分方程组称为状态方程。由于状态变量的选择具有非唯一性，故状态方程也具有非唯一性。对于一个具体的系统，当按可量测的物理量来选择状态变量时，状态方程往往不具备某种典型形式，当按一定规则来选择状态变量时则具有典型形式，从而给研究系统特性带来方便。尽管状态方程形式不同，但它们都描述了同一个系统，不同形式的状态方程之间实际上存在着某种线性变换关系。

下面用图 9-1 所示的 RLC 电路说明如何用状态变量描述这一系统。

该系统有两个独立储能元件，即电容 C 和电感 L，故用二阶微分方程式描述该系统，所以应有两个状态变量。状态变量的选取，原则上是任意的，但考虑到电容的储能与其两端的电压 u_C 有关，电感的储能与流经它的电流 i 有关，故通常就以 u_C 和 i 作为该系统的两个状态变量。

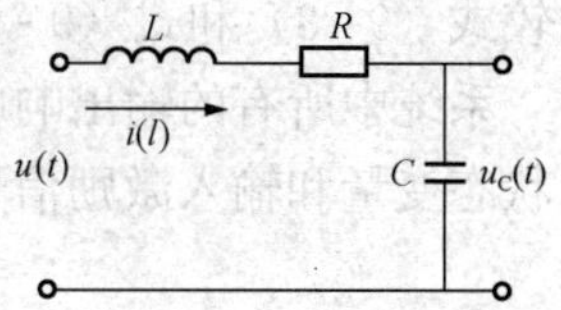

图 9-1　RLC 电路

根据电路原理，容易写出两个含有状态变量的一阶微分方程式为

$$C\frac{\mathrm{d}u_C}{\mathrm{d}t}=i$$

$$L\frac{\mathrm{d}i}{\mathrm{d}t}+Ri+u_C=u$$

令
$$\dot{x}=\frac{\mathrm{d}x}{\mathrm{d}t}$$

则
$$\begin{cases}\dot{u}_C=\dfrac{1}{C}i\\ \dot{i}=-\dfrac{1}{L}u_C-\dfrac{R}{L}i+\dfrac{1}{L}u\end{cases}\tag{9-2}$$

设状态变量 $x_1=u_C$，$x_2=i$，则该系统的状态方程为

$$\dot{x}_1=\frac{1}{C}x_2$$

$$\dot{x}_2=-\frac{1}{L}x_1-\frac{R}{L}x_2+\frac{1}{L}u$$

写成向量矩阵形式为

$$\begin{bmatrix}\dot{x}_1\\ \dot{x}_2\end{bmatrix}=\begin{bmatrix}0 & \frac{1}{C}\\ -\frac{1}{L} & -\frac{R}{L}\end{bmatrix}\begin{bmatrix}x_1\\ x_2\end{bmatrix}+\begin{bmatrix}0\\ \frac{1}{L}\end{bmatrix}u \tag{9-3}$$

简记为

$$\dot{\boldsymbol{x}}=\boldsymbol{A}\boldsymbol{x}+\boldsymbol{B}u$$

式中

$$\boldsymbol{x}=\begin{bmatrix}x_1\\ x_2\end{bmatrix},\ \boldsymbol{A}=\begin{bmatrix}0 & \frac{1}{C}\\ -\frac{1}{L} & -\frac{R}{L}\end{bmatrix},\ \boldsymbol{B}=\begin{bmatrix}0\\ \frac{1}{L}\end{bmatrix}$$

若改选 u_C 和 $\dot{u}_C$ 作为两个状态变量，即令 $x_1=u_C, x_2=\dot{u}_C$，则该系统的状态方程为

$$\dot{x}_1=x_2$$

$$\dot{x}_2=-\frac{1}{LC}x_1-\frac{R}{L}x_2+\frac{1}{LC}u$$

即

$$\begin{bmatrix}\dot{x}_1\\ \dot{x}_2\end{bmatrix}=\begin{bmatrix}0 & 1\\ -\frac{1}{LC} & -\frac{R}{L}\end{bmatrix}\begin{bmatrix}x_1\\ x_2\end{bmatrix}+\begin{bmatrix}0\\ \frac{1}{LC}\end{bmatrix}u \tag{9-4}$$

比较式（9-3）和式（9-4），显然，同一系统，状态变量选取的不同，状态方程也不同。

系统中所有的输出响应可能由多个状态变量以及输入信号的作用组合而成，都可以直接由状态变量和输入激励信号来表示。输出响应一般用 $\boldsymbol{y}$ 表示，则系统的输出方程可表示为

$$\boldsymbol{y}=\boldsymbol{C}\boldsymbol{x}+\boldsymbol{D}u \tag{9-5}$$

$\boldsymbol{C}$ 是 $1\times n$ 的行输出矩阵；$\boldsymbol{D}$ 是一个系数，反映输入对输出的直接作用。

如在图 9-1 所示系统中，指定 $x_1=u_C$ 作为输出，输出一般用 y 表示，则有

$$y=u_C \text{ 或 } y=x_1$$

它的矩阵表示式为

$$\boldsymbol{y}=[1\quad 0]\begin{bmatrix}x_1\\ x_2\end{bmatrix}$$

或

$$\boldsymbol{y}=\boldsymbol{C}\boldsymbol{x}$$

状态方程和输出方程的组合称为状态空间表达式，它既表征了输入对于系统内部状态的因果关系，又反映了内部状态对于外部输出的影响，所以状态空间表达式是对系统的一种完全的描述。由于系统状态变量的选择是非唯一的，因此状态空间表达式也是非唯一的。

设单输入/单输出线性定常连续系统，其状态变量为 $x_1(t), x_2(t)\cdots, x_n(t)$，则状态方程的一般形式为

$$\begin{aligned}\dot{x}_1&=a_{11}x_1+a_{12}x_2+\cdots+a_{1n}x_n+b_1u\\ \dot{x}_2&=a_{21}x_1+a_{22}x_2+\cdots+a_{2n}x_n+b_2u\\ &\vdots\\ \dot{x}_n&=a_{n1}x_1+a_{n2}x_2+\cdots+a_{nn}x_n+b_nu\end{aligned} \tag{9-6}$$

输出方程的形式则为

$$y=c_1x_1+c_2x_2+\cdots+c_nx_n+du \tag{9-7}$$

写成向量矩阵形式为

$$\begin{bmatrix}\dot{x}_1\\ \dot{x}_2\\ \vdots\\ \dot{x}_n\end{bmatrix}=\begin{bmatrix}a_{11} & a_{12} & \cdots & a_{1n}\\ a_{21} & a_{22} & \cdots & a_{2n}\\ & \cdots & \cdots & \\ a_{n1} & a_{n2} & \cdots & a_{nn}\end{bmatrix}\begin{bmatrix}x_1\\ x_2\\ \vdots\\ x_n\end{bmatrix}+\begin{bmatrix}b_1\\ b_2\\ \vdots\\ b_n\end{bmatrix}u$$

$$y=\begin{bmatrix}c_1 & c_2 & \cdots & c_n\end{bmatrix}\begin{bmatrix}x_1\\ x_2\\ \vdots\\ x_n\end{bmatrix}+du$$

简写为

$$\begin{cases}\dot{\boldsymbol{x}}=\boldsymbol{A}\boldsymbol{x}+\boldsymbol{B}\boldsymbol{u}\\ \boldsymbol{y}=\boldsymbol{C}\boldsymbol{x}+\boldsymbol{D}\boldsymbol{u}\end{cases}\tag{9-8}$$

式中，$\boldsymbol{x}$ 为 n 维状态变量；$\boldsymbol{A}$ 为系统内部状态的联系，称为系统矩阵或系数矩阵，为 $n\times n$ 方阵；$\boldsymbol{B}$ 为输入对状态的作用，称为输入矩阵或控制矩阵，为 $n\times 1$ 的列阵；$\boldsymbol{C}$ 为 $1\times n$ 输出矩阵；$\boldsymbol{D}$ 是一个系数，反映输入对输出的直接作用。

对于一个具有 r 个输入、m 个输出的复杂系统，此时的状态方程变为

$$\begin{aligned}\dot{x}_1&=a_{11}x_1+a_{12}x_2+\cdots+a_{1n}x_n+b_{11}u_1+b_{12}u_2+\cdots+b_{1r}u_r\\ \dot{x}_2&=a_{21}x_1+a_{22}x_2+\cdots+a_{2n}x_n+b_{21}u_1+b_{22}u_2+\cdots+b_{2r}u_r\\ &\vdots\\ \dot{x}_n&=a_{n1}x_1+a_{n2}x_2+\cdots+a_{nn}x_n+b_{n1}u_1+b_{n2}u_2+\cdots+b_{nr}u_r\end{aligned}$$

至于输出方程，不仅是状态变量的组合，而且在特殊情况下，还可能有输入矢量的直接传递，因而有一般形式为

$$\begin{aligned}y_1&=c_{11}x_1+c_{12}x_2+\cdots+c_{1n}x_n+d_{11}u_1+d_{12}u_2+\cdots+d_{1r}u_r\\ y_2&=c_{21}x_1+c_{22}x_2+\cdots+c_{2n}x_n+d_{21}u_1+d_{22}u_2+\cdots+d_{2r}u_r\\ &\vdots\\ y_m&=c_{m1}x_1+c_{m2}x_2+\cdots+c_{mn}x_n+d_{m1}u_1+d_{m2}u_2+\cdots+d_{mr}u_r\end{aligned}$$

多输入/多输出系统状态空间表达式的矢量形式为

$$\begin{bmatrix}\dot{x}_1\\ \dot{x}_2\\ \vdots\\ \dot{x}_n\end{bmatrix}=\begin{bmatrix}a_{11} & a_{12} & \cdots & a_{1n}\\ a_{21} & a_{22} & \cdots & a_{2n}\\ \vdots & \vdots & \cdots & \vdots\\ a_{n1} & a_{n2} & \cdots & a_{nn}\end{bmatrix}\begin{bmatrix}x_1\\ x_2\\ \vdots\\ x_n\end{bmatrix}+\begin{bmatrix}b_{11} & b_{12} & \cdots & b_{1r}\\ b_{21} & b_{22} & \cdots & b_{2r}\\ \vdots & \vdots & \cdots & \vdots\\ b_{n1} & b_{n2} & \cdots & b_{nr}\end{bmatrix}\begin{bmatrix}u_1\\ u_2\\ \vdots\\ u_r\end{bmatrix}$$

$$\begin{bmatrix}y_1\\ y_2\\ \vdots\\ y_m\end{bmatrix}=\begin{bmatrix}c_{11} & c_{12} & \cdots & c_{1n}\\ c_{21} & c_{22} & \cdots & c_{2n}\\ \vdots & \vdots & \cdots & \vdots\\ c_{m1} & c_{m2} & \cdots & c_{mn}\end{bmatrix}\begin{bmatrix}x_1\\ x_2\\ \vdots\\ x_n\end{bmatrix}+\begin{bmatrix}d_{11} & d_{12} & \cdots & d_{1r}\\ d_{21} & d_{22} & \cdots & d_{2r}\\ \vdots & \vdots & \cdots & \vdots\\ d_{m1} & d_{m2} & \cdots & d_{mr}\end{bmatrix}\begin{bmatrix}u_1\\ u_2\\ \vdots\\ u_r\end{bmatrix}$$

简写为

$$\begin{cases}\dot{\boldsymbol{x}}=\boldsymbol{A}\boldsymbol{x}+\boldsymbol{B}\boldsymbol{u}\\ \boldsymbol{y}=\boldsymbol{C}\boldsymbol{x}+\boldsymbol{D}\boldsymbol{u}\end{cases}\tag{9-9}$$

式中，$\boldsymbol{x}$ 和 $\boldsymbol{A}$ 与单输入/单输出系统相同，分别为 n 维状态矢量和 $n\times n$ 系数矩阵；$\boldsymbol{u}$ 为 r 维输入（或控制）矢量；$\boldsymbol{y}$ 为 m 维输出矢量；$\boldsymbol{B}$ 为 $n\times r$ 控制矩阵；$\boldsymbol{C}$ 为 $m\times n$ 输出矩阵；$\boldsymbol{D}$ 为 $m\times r$ 直接传递输入矩阵，也称为关联矩阵。式（9-9）为状态方程和输出方程的标准形式。

由以上讨论可见，状态方程是由状态变量、输入激励函数和系统元件模型的参数所组成的一组一阶微分方程；输出方程则是把输出响应表示为状态变量、输入激励函数和系统元件模型的参数所组成的一组线性代数方程。对于系统进行分析，首先列出状态方程，然后解状态方程求出状态变量，最后是将状态变量代入输出方程而得输出响应。所以通过状态方程去解出状态变量，其最终目的仍是为了求得在一定的输入激励下系统的输出响应，这样的分析方法有时常被称为现代的系统分析法。

用状态变量法分析系统的优点在于：

（1）便于研究系统内部的一些物理量在信号转换过程中的变化，这些物理量可以用状态矢量的一个分量表示，从而可以研究其变化规律。

（2）系统的状态变量分析法与系统的复杂程度没有关系，复杂系统和简单系统的数学模型形式相似，都表示为一些状态变量的线性组合，这种以矢量和矩阵表示的数学模型特别适用于描述多输入/多输出系统。

（3）状态变量分析法也适用于非线性或时变系统，因为一阶微分方程或差分方程是研究非线性和时变系统的有效办法。

（4）状态方程的主要参数鲜明地表征了系统的关键性能。以系统状态变量为基础引出的系统可控制性和可观测性两个概念对于揭示系统内在特性具有重要意义。

（5）由于状态方程都是一阶微分方程或差分方程，因而便于采用数值解法，为使用计算机分析系统提供了有效的途径。

第二节　连续时间系统状态空间表达式的建立

从元件或系统所遵循的物理定律来建立其微分方程，继而选择有关物理量作为状态变量，从而导出其状态空间表达式，这是建立实际元件或系统状态空间表达式的实用方法。系统可以用电路图、结构图或微分方程来表示，对于系统用电路图表示的情况，可参考本章第一节 *RLC* 电路的例子，关键是状态变量的选取与状态方程的建立。通常建立状态方程的工作可以分为三个步骤：

（1）通常取所有独立的电感电流和电容电压为状态变量。

（2）对于每一个电感电流，各写一个包括此电流的一阶导数在内的回路电压方程；对于每一个电容电压，各写一个包括此电压的一阶导数在内的节点电流方程。

（3）把方程中的非状态变量表示为状态变量从而消去非状态变量，并经过整理，就可得到标准形式的状态方程。

下面重点介绍从微分方程出发建立状态空间表达式的方法，从系统结构图建立状态空间表达式的方法从略。

一、由系统微分方程或传递函数出发建立状态空间表达式

鉴于微分方程或传递函数是描述线性定常连续系统的通用数学模型，有必要研究已知 n 阶系统微分方程或传递函数时，导出状态空间表达式的一般方法，以建立统一的研究理论，

揭示系统内部固有的重要结构特性。由描述系统输入/输出动态关系的微分方程式或传递函数建立系统的状态空间表达式，这样的问题叫实现问题。由于状态变量的选择是非唯一的，因此实现也是非唯一的。而且并非任意的微分方程式或传递函数都能求得其实现，实现存在的条件是 $m \leqslant n$。这里重点研究单输入/单输出线性定常系统。

(1) 传递函数中没有零点时的实现。这种单输入/单输出线性定常连续系统，它的运动方程是一个 n 阶线性定常系数微分方程，则

$$y^{(n)} + a_{n-1}y^{(n-1)} + \cdots + a_1\dot{y} + a_0 y = b_0 u \tag{9-10}$$

其相应的传递函数为

$$W(s) = \frac{b_0}{s^n + a_{n-1}s^{n-1} + \cdots + a_1 s + a_0} \tag{9-11}$$

式（9-11）的实现，可以有多种结构，常用的简便形式可由相应的模拟结构图 9-2 导出。这种由中间变量到输入端的负反馈，是一种常见的结构形式，也是一种最易求得的结构形式。

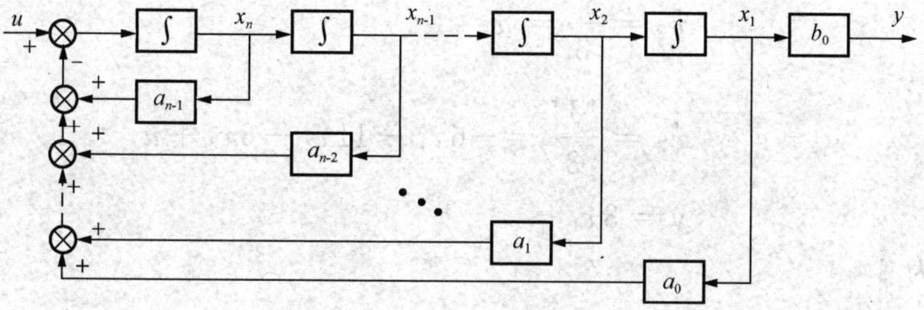

图 9-2　系统模拟结构图

将图中的每个积分器的输出取作状态变量，状态方程由各积分器的输入/输出关系确定，输出方程在输出端获得。

由图 9-2 可知，系统的状态空间表达式为

$$\begin{aligned}
\dot{x}_1 &= x_2 \\
\dot{x}_2 &= x_3 \\
&\vdots \\
\dot{x}_{n-1} &= x_n \\
\dot{x}_n &= -a_0x_1 - a_1x_2 - \cdots - a_{n-2}x_{n-1} - a_{n-1}x_n + u \\
y &= b_0x_1
\end{aligned}$$

写成矩阵形式，则为

$$\begin{cases}
\begin{bmatrix} \dot{x}_1 \\ \dot{x}_2 \\ \vdots \\ \dot{x}_{n-1} \\ \dot{x}_n \end{bmatrix} = \begin{bmatrix} 0 & 1 & 0 & \cdots & 0 \\ 0 & 0 & 1 & \cdots & 0 \\ \vdots & \vdots & \vdots & \cdots & \vdots \\ 0 & 0 & 0 & \cdots & 1 \\ -a_0 & -a_1 & -a_2 & \cdots & -a_{n-1} \end{bmatrix} \begin{bmatrix} x_1 \\ x_2 \\ \vdots \\ x_{n-1} \\ x_n \end{bmatrix} + \begin{bmatrix} 0 \\ 0 \\ 0 \\ \vdots \\ 1 \end{bmatrix} u \\
y = \begin{bmatrix} b_0 & 0 & 0 & \cdots & 0 \end{bmatrix} \boldsymbol{x}
\end{cases} \tag{9-12}$$

简写为

$$\begin{cases}\dot{\boldsymbol{x}}=\boldsymbol{A}\boldsymbol{x}+\boldsymbol{B}\boldsymbol{u}\\ \boldsymbol{y}=\boldsymbol{C}\boldsymbol{x}\end{cases}$$

顺便指出，当 **A** 阵具有式（9-12）的形式时，称为友矩阵。友矩阵的特点是主对角线上方的元素均为 1，最后一行的元素可取任意值，而其余元素均为零。

【例 9-1】 已知系统的输入/输出微分方程为

$$\dddot{y}+6\ddot{y}+11\dot{y}+6y=3u$$

试列写其状态空间表达式。

解 选 $y/3,\dot{y}/3,\ddot{y}/3$ 为状态变量，即 $x_1=\dfrac{y}{3},x_2=\dfrac{\dot{y}}{3},x_3=\dfrac{\ddot{y}}{3}$，可得

$$\dot{x}_1=\frac{\dot{y}}{3}=x_2$$

$$\dot{x}_2=\frac{\ddot{y}}{3}=x_3$$

$$\dot{x}_3=\frac{\dddot{y}}{3}=-6x_1-11x_2-6x_3+u$$

$$y=3x_1$$

写成矩阵形式为

$$\begin{cases}\begin{bmatrix}\dot{x}_1\\ \dot{x}_2\\ \dot{x}_3\end{bmatrix}=\begin{bmatrix}0&1&0\\0&0&1\\-6&-11&-6\end{bmatrix}\begin{bmatrix}x_1\\x_2\\x_3\end{bmatrix}+\begin{bmatrix}0\\0\\1\end{bmatrix}u\\ y=\begin{bmatrix}3&0&0\end{bmatrix}\begin{bmatrix}x_1\\x_2\\x_3\end{bmatrix}\end{cases}$$

（2）传递函数中有零点时的实现。此时系统的微分方程为

$$y^{(n)}+a_{n-1}y^{(n-1)}+\cdots+a_1\dot{y}+a_0y=b_mu^{(m)}+b_{m-1}u^{(m-1)}+\cdots+b_1\dot{u}+b_0u$$

相应的传递函数为

$$W(s)=\frac{Y(s)}{U(s)}=\frac{b_ms^m+b_{m-1}s^{m-1}+\cdots+b_1s+b_0}{s^n+a_{n-1}s^{n-1}+\cdots+a_1s+a_0}\qquad(m\leqslant n)\tag{9-13}$$

在这种包含有输入函数导数情况下的实现问题，与前述实现的不同点主要在于选取合适的结构，使状态方程中不包含输入函数的导数项，否则将给求解和物理实现带来麻烦。

为了说明方便，又不失一般性，这里先从三阶微分方程出发，找出其实现规律，然后推广到 n 阶系统。

设待实现的系统传递函数为

$$W(s)=\frac{Y(s)}{U(s)}=\frac{b_3s^3+b_2s^2+b_1s+b_0}{s^3+a_2s^2+a_1s+a_0}\qquad(n=m=3)\tag{9-14}$$

因为 $n=m$，式（9-14）可变为

$$W(s)=b_3+\frac{(b_2-a_2b_3)s^2+(b_1-a_1b_3)s+(b_0-a_0b_3)}{s^3+a_2s^2+a_1s+a_0}$$

令

$$Y_1(s)=\frac{1}{s^3+a_2s^2+a_1s+a_0}U(s)$$

则

$$Y(s)=b_3U(s)+Y_1(s)[(b_2-a_2b_3)s^2+(b_1-a_1b_3)s+(b_0-a_0b_3)]$$

对上式求拉氏反变换，可得

$$y=b_3u+(b_2-a_2b_3)\ddot{y}_1+(b_1-a_1b_3)\dot{y}_1+(b_0-a_0b_3)y_1$$

据此可得系统模拟结构图，如图 9-3 所示。

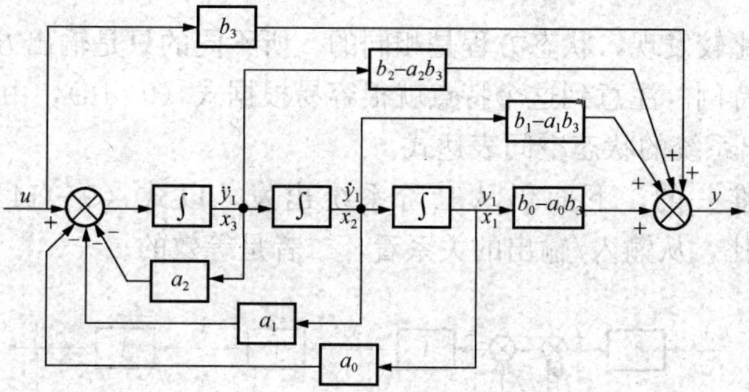

图 9-3　系统模拟结构图

选每个积分器的输出为一个状态变量，可得系统的状态空间表达式为

$$\dot{x}_1=x_2$$

$$\dot{x}_2=x_3$$

$$\dot{x}_3=-a_0x_1-a_1x_2-a_3x_3+u$$

$$y=b_3u+(b_2-a_2b_3)x_3+(b_1-a_1b_3)x_2+(b_0-a_0b_3)x_1$$

或表示为矩阵形式

$$\begin{cases}\begin{bmatrix}\dot{x}_1\\\dot{x}_2\\\dot{x}_3\end{bmatrix}=\begin{bmatrix}0&1&0\\0&0&1\\-a_0&-a_1&-a_2\end{bmatrix}\begin{bmatrix}x_1\\x_2\\x_3\end{bmatrix}+\begin{bmatrix}0\\0\\1\end{bmatrix}u\\ y=[(b_0-a_0b_3)\quad(b_1-a_1b_3)\quad(b_2-a_2b_3)]\begin{bmatrix}x_1\\x_2\\x_3\end{bmatrix}+b_3u\end{cases}\tag{9-15}$$

推广到 n 阶系统，式（9-13）的实现可以写为

$$\begin{cases}\begin{bmatrix}\dot{x}_1\\ \dot{x}_2\\ \vdots\\ \dot{x}_{n-1}\\ \dot{x}_n\end{bmatrix}=\begin{bmatrix}0 & 1 & 0 & \cdots & 0\\ 0 & 0 & 1 & \cdots & 0\\ \vdots & \vdots & \vdots & \cdots & \vdots\\ 0 & 0 & 0 & \cdots & 1\\ -a_0 & -a_1 & -a_2 & \cdots & -a_{n-1}\end{bmatrix}\begin{bmatrix}x_1\\ x_2\\ \vdots\\ x_{n-1}\\ x_n\end{bmatrix}+\begin{bmatrix}0\\ 0\\ \vdots\\ 0\\ 1\end{bmatrix}u\\ y=[(b_0-a_0b_n)\quad(b_1-a_1b_n)\quad\cdots\quad(b_{n-1}-a_{n-1}b_n)]\begin{bmatrix}x_1\\ x_2\\ \vdots\\ x_{n-1}\\ x_n\end{bmatrix}+b_nu\end{cases} \tag{9-16}$$

与式（9-12）比较发现，状态方程是相同的，所不同的只是输出方程。而且式（9-12）属于式（9-16）的特例。注意到这个特点就很容易根据式（9-16），由传递函数的分子分母多项式的系数，写出系统的状态空间表达式。

由于实现是非唯一的，下面仍从三阶系统出发，以式（9-14）的传递函数为例。图9-4与图9-3相比，从输入/输出的关系看，二者是等效的。

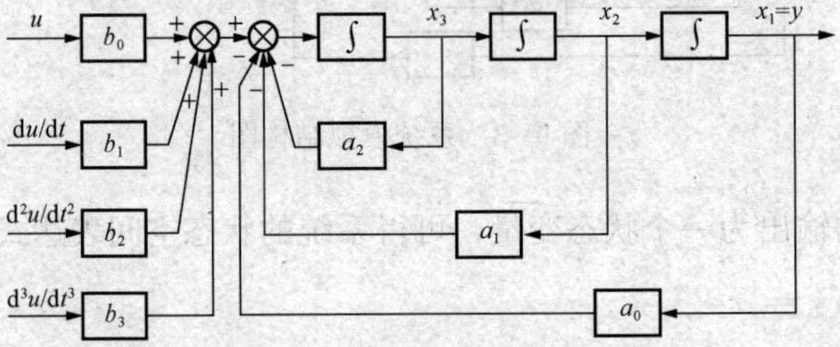

图9-4 系统模拟结构图

由图9-4可以看出，输入函数的各阶导数 $\frac{du}{dt}$、$\frac{d^2u}{dt^2}$、$\frac{d^3u}{dt^3}$ 作适当的等效移动，就可以用图9-5（a）表示，只要 β_0、β_1、β_2、β_3 系数选择适当，从系统的输入、输出看，二者是完全等效的。将综合点等效地移到前面，得到等效模拟结构图如图9-5（b）所示。

由图9-5（b）容易求得其对应的传递函数为

$$\begin{aligned}W(s)&=\frac{\beta_3(s^3+a_2s^2+a_1s+a_0)+\beta_2(s^2+a_2s+a_1)+\beta_1(s+a_2)+\beta_0}{s^3+a_2s^2+a_1s+a_0}\\&=\frac{\beta_3s^3+(a_2\beta_3+\beta_2)s^2+(a_1\beta_3+a_2\beta_2+\beta_1)s+(a_0\beta_3+a_1\beta_2+a_2\beta_1+\beta_0)}{s^3+a_2s^2+a_1s+a_0}\end{aligned} \tag{9-17}$$

为求得 β_i，令式（9-17）与式（9-14）相等，由此得出

$$\begin{aligned}&\beta_3=b_3\\&a_2\beta_3+\beta_2=b_2\\&a_1\beta_3+a_2\beta_2+\beta_1=b_1\\&a_0\beta_3+a_1\beta_2+a_2\beta_1+\beta_0=b_0\end{aligned}$$

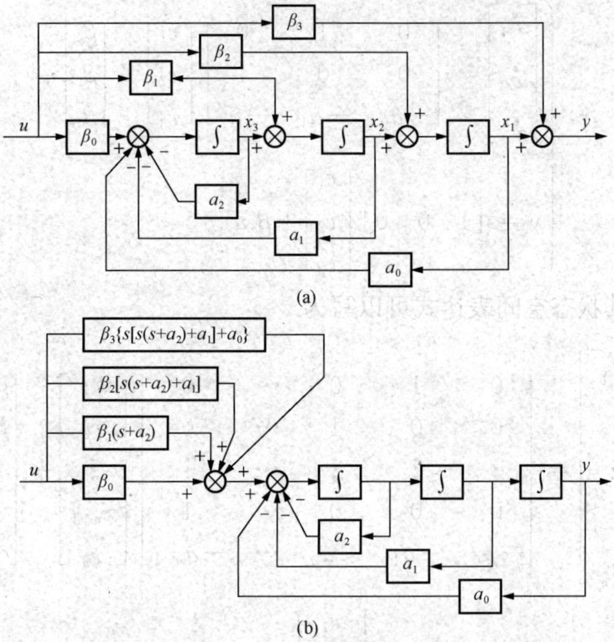

图 9-5　系统模拟结构图

(a) 等效转移后的结构图；(b) 等效模拟结构图

故得

$$\begin{aligned}\beta_3 &= b_3\\ \beta_2 &= b_2 - a_2\beta_3\\ \beta_1 &= b_1 - a_1\beta_3 - a_2\beta_2\\ \beta_0 &= b_0 - a_0\beta_3 - a_1\beta_2 - a_2\beta_1\end{aligned} \tag{9-18}$$

为便于记忆，可将式（9-18）写成式（9-19）的形式，则

$$\begin{bmatrix}1 & 0 & 0 & 0\\ a_2 & 1 & 0 & 0\\ a_1 & a_2 & 1 & 0\\ a_0 & a_1 & a_2 & 1\end{bmatrix}\begin{bmatrix}\beta_3\\ \beta_2\\ \beta_1\\ \beta_0\end{bmatrix}=\begin{bmatrix}b_3\\ b_2\\ b_1\\ b_0\end{bmatrix} \tag{9-19}$$

将图 9-5（a）的每个积分器的输出选做状态变量，如图 9-5（b）所示，可得这种结构下的状态空间表达式为

$$\begin{aligned}\dot{x}_1 &= x_2 + \beta_2 u\\ \dot{x}_2 &= x_3 + \beta_1 u\\ \dot{x}_3 &= -a_0x_1 - a_1x_2 - a_3x_3 + \beta_0 u\\ y &= x_1 + \beta_3 u\end{aligned}$$

即

$$\begin{cases}\begin{bmatrix}\dot{x}_1\\ \dot{x}_2\\ \dot{x}_3\end{bmatrix}=\begin{bmatrix}0 & 1 & 0\\ 0 & 0 & 1\\ -a_0 & -a_1 & -a_2\end{bmatrix}\begin{bmatrix}x_1\\ x_2\\ x_3\end{bmatrix}+\begin{bmatrix}\beta_2\\ \beta_1\\ \beta_0\end{bmatrix}u\\ y=\begin{bmatrix}1 & 0 & 0\end{bmatrix}\begin{bmatrix}x_1\\ x_2\\ x_3\end{bmatrix}+\beta_3 u\end{cases} \tag{9-20}$$

扩展到 n 阶系统，其状态空间表达式可以写为

$$\begin{cases}\begin{bmatrix}\dot{x}_1\\ \dot{x}_2\\ \vdots\\ \dot{x}_{n-1}\\ \dot{x}_n\end{bmatrix}=\begin{bmatrix}0 & 1 & 0 & \cdots & 0\\ 0 & 0 & 1 & \cdots & 0\\ \vdots & \vdots & \vdots & \cdots & \vdots\\ 0 & 0 & 0 & \cdots & 1\\ -a_0 & -a_1 & -a_2 & \cdots & -a_{n-1}\end{bmatrix}\begin{bmatrix}x_1\\ x_2\\ \vdots\\ x_{n-1}\\ x_n\end{bmatrix}+\begin{bmatrix}\beta_{n-1}\\ \beta_{n-2}\\ \vdots\\ \beta_1\\ \beta_0\end{bmatrix}u\\ y=\begin{bmatrix}1 & 0 & 0 & \cdots & 0\end{bmatrix}\begin{bmatrix}x_1\\ x_2\\ \vdots\\ x_{n-1}\\ x_n\end{bmatrix}+\beta_n u\end{cases} \tag{9-21}$$

式中，$\beta_i(i=0,1,\cdots,n)$ 可由式（9-22）求出，即

$$\begin{bmatrix}1 & & & & 0\\ a_{n-1} & 1 & & & \\ a_{n-2} & a_{n-1} & 1 & & \\ \vdots & \vdots & & \ddots & \\ a_0 & a_1 & \cdots & a_{n-1} & 1\end{bmatrix}\begin{bmatrix}\beta_n\\ \beta_{n-1}\\ \beta_{n-2}\\ \vdots\\ \beta_0\end{bmatrix}=\begin{bmatrix}b_n\\ b_{n-1}\\ b_{n-2}\\ \vdots\\ b_0\end{bmatrix} \tag{9-22}$$

【例 9-2】 已知系统的输入输出微分方程为

$$\dddot{y}+5\ddot{y}+7\dot{y}+3y=\ddot{u}+3\dot{u}+2u$$

试列写其状态空间表达式。

解 由微分方程系数可知 $a_2=5,a_1=7,a_0=3,b_3=0,b_2=1,b_1=3,b_0=2$。

（1）按式（9-16）所示的方法列写，得

$$\begin{cases}\begin{bmatrix}\dot{x}_1\\ \dot{x}_2\\ \dot{x}_3\end{bmatrix}=\begin{bmatrix}0 & 1 & 0\\ 0 & 0 & 1\\ -3 & -7 & -5\end{bmatrix}\begin{bmatrix}x_1\\ x_2\\ x_3\end{bmatrix}+\begin{bmatrix}0\\ 0\\ 1\end{bmatrix}u\\ y=\begin{bmatrix}2 & 3 & 1\end{bmatrix}\begin{bmatrix}x_1\\ x_2\\ x_3\end{bmatrix}\end{cases}$$

（2）按式（9-21）所示的方法列写，首先根据式（9-22）的计算公式求 β_i，则

$$\begin{bmatrix}1&0&0&0\\5&1&0&0\\7&5&1&0\\3&7&5&1\end{bmatrix}\begin{bmatrix}\beta_3\\\beta_2\\\beta_1\\\beta_0\end{bmatrix}=\begin{bmatrix}0\\1\\3\\2\end{bmatrix}$$

即

$$\begin{bmatrix}\beta_3\\\beta_2\\\beta_1\\\beta_0\end{bmatrix}=\begin{bmatrix}0\\1\\-2\\5\end{bmatrix}$$

按照式（9-21）所示的方法直接写出状态空间表达式，得

$$\begin{cases}\begin{bmatrix}\dot{x}_1\\\dot{x}_2\\\dot{x}_3\end{bmatrix}=\begin{bmatrix}0&1&0\\0&0&1\\-3&-7&-5\end{bmatrix}\begin{bmatrix}x_1\\x_2\\x_3\end{bmatrix}+\begin{bmatrix}1\\-2\\5\end{bmatrix}u\\ y=\begin{bmatrix}1&0&0\end{bmatrix}\begin{bmatrix}x_1\\x_2\\x_3\end{bmatrix}\end{cases}$$

值得注意的是，这两种方法所选择的状态变量是不同的。这一点可以从它们的模拟结构图［图 9-3 和图 9-5（a）］中很清楚地看出。

二、从状态空间表达式求传递函数阵

以上介绍了由传递函数建立状态空间表达式的问题，即系统的实现问题。下面介绍从状态空间表达式求传递函数阵的问题。

设系统状态空间表达式为

$$\begin{cases}\dot{\boldsymbol{x}}=\boldsymbol{Ax}+\boldsymbol{Bu}\\ \boldsymbol{y}=\boldsymbol{Cx}+\boldsymbol{Du}\end{cases}\tag{9-23}$$

令初始条件为零，则拉氏变换式为

$$\begin{cases}\boldsymbol{x}(s)=(s\boldsymbol{I}-\boldsymbol{A})^{-1}\boldsymbol{Bu}(s)\\ \boldsymbol{y}(s)=[\boldsymbol{C}(s\boldsymbol{I}-\boldsymbol{A})^{-1}\boldsymbol{B}+\boldsymbol{D}]\boldsymbol{u}(s)=\boldsymbol{W}(s)\boldsymbol{u}(s)\end{cases}$$

系统传递函数矩阵表达式为

$$\boldsymbol{W}(s)=\boldsymbol{C}(s\boldsymbol{I}-\boldsymbol{A})^{-1}\boldsymbol{B}+\boldsymbol{D}\tag{9-24}$$

式中，$(s\boldsymbol{I}-\boldsymbol{A})^{-1}=\dfrac{\mathrm{adj}(s\boldsymbol{I}-\boldsymbol{A})}{\det(s\boldsymbol{I}-\boldsymbol{A})}$，其中 $\mathrm{adj}(s\boldsymbol{I}-\boldsymbol{A})$ 为（$s\boldsymbol{I}-\boldsymbol{A}$）的代数余子式，$\det(s\boldsymbol{I}-\boldsymbol{A})$ 为（$s\boldsymbol{I}-\boldsymbol{A}$）的特征行列式，则 $|s\boldsymbol{I}-\boldsymbol{A}|=0$ 称为系统状态空间表达式的特征方程，其解称为系统状态空间表达式的特征根。

$\boldsymbol{W}(s)$ 是一个 $m\times r$ 矩阵函数，即

$$\boldsymbol{W}(s)=\begin{bmatrix}W_{11}(s)&W_{12}(s)&\cdots&W_{1r}(s)\\W_{21}(s)&W_{22}(s)&\cdots&W_{2r}(s)\\\vdots&\vdots&\cdots&\vdots\\W_{m1}(s)&W_{m2}(s)&\cdots&W_{mr}(s)\end{bmatrix}$$

其中，各元素 $W_{ij}(s)$ 都是标量函数，它表征第 j 个输入对第 i 个输出的传递关系。当 $i\neq j$ 时，意味着不同标号的输入与输出有相互关联，称为耦合关系，这正是多变量系统的特点。

应当指出，同一系统，尽管其状态空间表达式是非唯一的，但它的传递函数矩阵是不变的。对于已知系统如式（9-23），其传递函数矩阵为式（9-24）。当做坐标变换，即令 $\boldsymbol{z}=\boldsymbol{T}^{-1}\boldsymbol{x}$时，该系统的状态空间表达式变为

$$\begin{cases}\dot{\boldsymbol{z}}=\boldsymbol{T}^{-1}\boldsymbol{A}\boldsymbol{T}\boldsymbol{z}+\boldsymbol{T}^{-1}\boldsymbol{B}\boldsymbol{u}\\ \boldsymbol{y}=\boldsymbol{C}\boldsymbol{T}\boldsymbol{z}+\boldsymbol{D}\boldsymbol{u}\end{cases}$$

那么对应上式的传递函数矩阵 $\widetilde{\boldsymbol{W}}(s)$ 应为

$$\begin{aligned}\widetilde{\boldsymbol{W}}(s)&=\boldsymbol{C}\boldsymbol{T}(s\boldsymbol{I}-\boldsymbol{T}^{-1}\boldsymbol{A}\boldsymbol{T})^{-1}\boldsymbol{T}^{-1}\boldsymbol{B}+\boldsymbol{D}=\boldsymbol{C}\left[\boldsymbol{T}(s\boldsymbol{I}-\boldsymbol{T}^{-1}\boldsymbol{A}\boldsymbol{T})^{-1}\boldsymbol{T}\right]\boldsymbol{B}+\boldsymbol{D}\\ &=\boldsymbol{C}\left[\boldsymbol{T}(s\boldsymbol{I})\boldsymbol{T}^{-1}-\boldsymbol{T}\boldsymbol{T}^{-1}\boldsymbol{A}\boldsymbol{T}\boldsymbol{T}^{-1}\right]^{-1}\boldsymbol{B}+\boldsymbol{D}\\ &=\boldsymbol{C}(s\boldsymbol{I}-\boldsymbol{A})^{-1}\boldsymbol{B}+\boldsymbol{D}=\boldsymbol{W}(s)\end{aligned}$$

即同一系统，其传递函数矩阵是唯一的。

第三节 状态空间表达式的线性变换及规范化

对于一个给定的定常系统，可以选取许多种状态变量，相应地就有许多种状态空间表达式描述同一系统，也就是说系统可以有多种结构形式。所选取的状态矢量之间，实际上存在着一种矢量的线性变换。

1. 线性变换

设给定系统为

$$\begin{cases}\dot{\boldsymbol{x}}=\boldsymbol{A}\boldsymbol{x}+\boldsymbol{B}\boldsymbol{u},\boldsymbol{x}(0)=\boldsymbol{x}_0\\ \boldsymbol{y}=\boldsymbol{C}\boldsymbol{x}+\boldsymbol{D}\boldsymbol{u}\end{cases}\tag{9-25}$$

总可以找到任意一个非奇异矩阵 $\boldsymbol{T}$，将原状态矢量 $\boldsymbol{x}$ 作线性变换，得到另一状态矢量 $\boldsymbol{z}$，设变换关系为 $\boldsymbol{x}=\boldsymbol{T}\boldsymbol{z}$，即 $\boldsymbol{z}=\boldsymbol{T}^{-1}\boldsymbol{x}$，代入式（9-25），得到新的状态空间表达式为

$$\begin{cases}\dot{\boldsymbol{z}}=\boldsymbol{T}^{-1}\boldsymbol{A}\boldsymbol{T}\boldsymbol{z}+\boldsymbol{T}^{-1}\boldsymbol{B}\boldsymbol{u},\ \boldsymbol{z}(0)=\boldsymbol{T}^{-1}\boldsymbol{x}(0)=\boldsymbol{T}^{-1}\boldsymbol{x}_0\\ \boldsymbol{y}=\boldsymbol{C}\boldsymbol{T}\boldsymbol{z}+\boldsymbol{D}\boldsymbol{u}\end{cases}\tag{9-26}$$

很明显，由于 $\boldsymbol{T}$ 为任意非奇异矩阵，故状态空间表达式为非唯一的。通常称 $\boldsymbol{T}$ 为变换矩阵。对系统进行线性变换的目的在于使 $\boldsymbol{T}^{-1}\boldsymbol{A}\boldsymbol{T}$ 阵规范化，以便于揭示系统特性及分析计算。其理论依据是非奇异变换并不会改变系统原有的性质。这是因为对于式（9-25），系统特征值为 $|\lambda\boldsymbol{I}-\boldsymbol{A}|=0$ 的根，经过线性变换后为式（9-26），则特征值为 $|\lambda\boldsymbol{I}-\boldsymbol{T}^{-1}\boldsymbol{A}\boldsymbol{T}|$，而

$$\begin{aligned}|\lambda\boldsymbol{I}-\boldsymbol{T}^{-1}\boldsymbol{A}\boldsymbol{T}|&=|\lambda\boldsymbol{T}^{-1}\boldsymbol{T}-\boldsymbol{T}^{-1}\boldsymbol{A}\boldsymbol{T}|=|\boldsymbol{T}^{-1}\lambda\boldsymbol{T}-\boldsymbol{T}^{-1}\boldsymbol{A}\boldsymbol{T}|\\ &=|\boldsymbol{T}^{-1}(\lambda\boldsymbol{I}-\boldsymbol{A})\boldsymbol{T}|=|\boldsymbol{T}^{-1}||\lambda\boldsymbol{I}-\boldsymbol{A}||\boldsymbol{T}|\\ &=|\boldsymbol{T}^{-1}\boldsymbol{T}||\lambda\boldsymbol{I}-\boldsymbol{A}|=|\lambda\boldsymbol{I}-\boldsymbol{A}|\end{aligned}$$

故有等价变换之称。待获得所需结果以后，再引入反变换关系 $\boldsymbol{z}=\boldsymbol{T}^{-1}\boldsymbol{x}$，换算回到原来的状态空间中去，得出最终结果。

线性变换是线性代数的内容，下面仅概括指出本书中常用的几种变换关系。

（1）化 $\boldsymbol{A}$ 为对角形。

1）若 $\boldsymbol{A}$ 阵为任意形式且有 n 个互异实数特征值 λ_1，λ_2，…，λ_n，即 $|\lambda\boldsymbol{I}-\boldsymbol{A}|=0$ 的根，

则可由 $\boldsymbol{A}$ 的特征根直接写出对角阵 $\boldsymbol{\Lambda}$，即

$$\boldsymbol{\Lambda}=\boldsymbol{T}^{-1}\boldsymbol{A}\boldsymbol{T}=\begin{bmatrix}\lambda_1 & & & 0\\ & \lambda_2 & & \\ & & \ddots & \\ & & & \ddots \\ 0 & & & \lambda_n\end{bmatrix} \tag{9-27}$$

而欲得到变换的控制矩阵 $\boldsymbol{T}^{-1}\boldsymbol{B}$ 和输出矩阵 $\boldsymbol{CT}$，则必须求出变换矩阵 $\boldsymbol{T}$。$\boldsymbol{T}$ 阵由 $\boldsymbol{A}$ 阵的特征矢量 $\boldsymbol{p}_i(i=1,2,\cdots,n)$ 组成，即

$$\boldsymbol{T}=[\boldsymbol{p}_1 \quad \boldsymbol{p}_2 \quad \cdots \quad \boldsymbol{p}_n] \tag{9-28}$$

特征向量满足
$$\boldsymbol{A}\boldsymbol{p}_i=\lambda_i\boldsymbol{p}_i \quad (i=1,\ 2,\ \cdots,\ n) \tag{9-29}$$

【例 9-3】 试将下列状态方程变换为对角线标准型

$$\begin{bmatrix}\dot{x}_1\\ \dot{x}_2\\ \dot{x}_3\end{bmatrix}=\begin{bmatrix}0 & 1 & -1\\ -6 & -11 & 6\\ -6 & -11 & 5\end{bmatrix}\begin{bmatrix}x_1\\ x_2\\ x_3\end{bmatrix}+\begin{bmatrix}0\\ 0\\ 1\end{bmatrix}u$$

$$y=[1 \quad 0 \quad 0]\,\boldsymbol{x}$$

解　$\boldsymbol{A}$ 的特征值可由 $|\lambda\boldsymbol{I}-\boldsymbol{A}|=0$ 求出，则

$$|\lambda\boldsymbol{I}-\boldsymbol{A}|=\begin{vmatrix}\lambda & -1 & 1\\ 6 & \lambda+11 & -6\\ 6 & 11 & \lambda-5\end{vmatrix}=0$$

即
$$\lambda_3+6\lambda^2+11\lambda+6=(\lambda+1)(\lambda+2)(\lambda+3)=0$$

解得
$$\lambda_1=-1,\quad \lambda_2=-2,\quad \lambda_3=-3$$

对应于 $\lambda_1=-1$ 的特征矢量 $\boldsymbol{p}_1$，由式（9-28）得

$$\boldsymbol{A}\boldsymbol{p}_1=\lambda_1\boldsymbol{p}_1$$

则有
$$\begin{bmatrix}0 & 1 & -1\\ -6 & -11 & 6\\ -6 & -11 & 5\end{bmatrix}\begin{bmatrix}p_{11}\\ p_{21}\\ p_{31}\end{bmatrix}=-\begin{bmatrix}p_{11}\\ p_{21}\\ p_{31}\end{bmatrix}$$

可以解出
$$\boldsymbol{p}_1=\begin{bmatrix}1\\ 0\\ 1\end{bmatrix}$$

同理，可以算出对应于 $\lambda_2=-2$、$\lambda_3=-3$ 的特征矢量 $\boldsymbol{p}_2$、$\boldsymbol{p}_3$ 为

$$\boldsymbol{p}_2=\begin{bmatrix}1\\ 2\\ 4\end{bmatrix},\quad \boldsymbol{p}_3=\begin{bmatrix}1\\ 6\\ 9\end{bmatrix}$$

则变换矩阵 $\boldsymbol{T}$ 由式（9-28）写出为

$$\boldsymbol{T}=\begin{bmatrix}1 & 1 & 1\\ 0 & 2 & 6\\ 1 & 4 & 9\end{bmatrix}$$

再根据式（9-26）可将该系统变换为对角线标准型，即

$$\begin{bmatrix}\dot{z}_1\\ \dot{z}_2\\ \dot{z}_3\end{bmatrix}=\begin{bmatrix}-1&0&0\\0&-2&0\\0&0&-3\end{bmatrix}\begin{bmatrix}z_1\\z_2\\z_3\end{bmatrix}+\begin{bmatrix}-2\\3\\-1\end{bmatrix}u$$

$$y=\begin{bmatrix}1&1&1\end{bmatrix}\begin{bmatrix}z_1\\z_2\\z_3\end{bmatrix}$$

2）若 $\boldsymbol{A}$ 阵为友矩阵形式且有 n 个互异实数特征值 $\lambda_1,\lambda_2,\cdots,\lambda_n$，则 $\boldsymbol{T}$ 阵是一个范德蒙德（Vandermonde）矩阵，为

$$\boldsymbol{T}=\begin{bmatrix}1&1&\cdots&1\\ \lambda_1&\lambda_2&\cdots&\lambda_n\\ \lambda_1^2&\lambda_2^2&\cdots&\lambda_n^2\\ \vdots&\vdots&\vdots&\vdots\\ \lambda_1^{n-1}&\lambda_2^{n-1}&\cdots&\lambda_n^{n-1}\end{bmatrix}\tag{9-30}$$

3）若 $\boldsymbol{A}$ 阵有 q 个实特征值 λ_1，其余 $n-q$ 个为互异实数特征值，但在求解 $\boldsymbol{Ap}_i=\lambda_i\boldsymbol{p}_i(i=1,2,\cdots,q)$ 时，只有一个独立实特征向量 $\boldsymbol{p}_1$，则只能使 $\boldsymbol{A}$ 化为约当阵 $\boldsymbol{\Lambda}$，即

$$\boldsymbol{\Lambda}=\boldsymbol{T}^{-1}\boldsymbol{AT}=\begin{bmatrix}\lambda_1&&&&&\\&\ddots&&&0&\\&&\lambda_1&&&\\&&&\lambda_{q+1}&&\\&0&&&\ddots&\\&&&&&\lambda_n\end{bmatrix}\tag{9-31}$$

式中，$\boldsymbol{p}_{q+1},\cdots,\boldsymbol{p}_n$ 是互异特征值对应的实特征向量。

展开 $\boldsymbol{Ap}_i=\lambda_i\boldsymbol{p}_i(i=1,2,\cdots,q)$ 时，n 个代数方程中若有 q 个 $p_{ij}(j=1,2,\cdots,n)$ 元素可以任意选择，或只有 $n-q$ 个独立方程，则有 q 个独立实特征向量。

（2）化 $\boldsymbol{A}$ 为约当形。

若 $\boldsymbol{A}$ 阵为任意形式且有 q 个实特征值 λ_1，其余 $n-q$ 个为互异实数特征值，但在求解 $\boldsymbol{Ap}_i=\lambda_i\boldsymbol{p}_i(i=1,2,\cdots,q)$ 时，仍有 q 个独立实特征向量 $\boldsymbol{p}_1$，…，$\boldsymbol{p}_q$，则仍可使 $\boldsymbol{A}$ 化为对角阵。

$$\boldsymbol{J}=\begin{bmatrix}\lambda_1&1&&&&&\\&\lambda_1&\ddots&&&0&\\&&\ddots&1&&&\\&&&\lambda_1&&&\\&&&&\lambda_{q+1}&&\\&0&&&&\ddots&\\&&&&&&\lambda_n\end{bmatrix}\tag{9-32}$$

$\boldsymbol{J}$ 中虚线示出存在一个约当块，为

$$\boldsymbol{T}=\begin{bmatrix}\boldsymbol{p}_1&\boldsymbol{p}_2&\cdots&\boldsymbol{p}_q&\vdots&\boldsymbol{p}_{q+1}&\cdots&\boldsymbol{p}_n\end{bmatrix}\tag{9-33}$$

式中，$\boldsymbol{p}_2,\cdots,\boldsymbol{p}_q$ 是广义特征矢量，满足

$$[\boldsymbol{p}_1 \quad \boldsymbol{p}_2 \quad \cdots \quad \boldsymbol{p}_q]\begin{bmatrix}\lambda_1 & 1 & & \\ & \lambda_1 & \ddots & \\ & & \ddots & 1 \\ & & & \lambda_1\end{bmatrix}=\boldsymbol{A}[\boldsymbol{p}_1 \quad \boldsymbol{p}_2 \quad \cdots \quad \boldsymbol{p}_q] \tag{9-34}$$

$\boldsymbol{p}_{q+1}$，…，$\boldsymbol{p}_n$是互异特征值对应的实特征向量。

从上述分析中可以发现，对角形实际上是约当形的一种特殊形式。

当系统用状态空间表达式来描述时，用上述方法可以比较方便地得到约当型，但若系统直接由传递函数来描述，则用下面的方法更简便。

2. 系统的并联型实现

已知系统的传递函数为

$$W(s)=\frac{Y(s)}{U(s)}=\frac{b_m s^m+b_{m-1}s^{m-1}+\cdots+b_1 s+b_0}{s^n+a_{n-1}s^{n-1}+\cdots+a_1 s+a_0} \tag{9-35}$$

现将式（9-35）展开成部分分式。由于系统的特征根有两种情况，下面分别讨论。

（1）具有互异根情况。此时式（9-35）可以写成

$$W(s)=\frac{b_m s^m+b_{m-1}s^{m-1}+\cdots+b_1 s+b_0}{(s-\lambda_1)(s-\lambda_2)\cdots(s-\lambda_n)} \tag{9-36}$$

式中，$\lambda_1,\lambda_2,\cdots,\lambda_n$ 为系统的特征根。

将其展开成部分分式为

$$W(s)=\frac{Y(s)}{U(s)}=\frac{c_1}{s-\lambda_1}+\frac{c_2}{s-\lambda_2}+\cdots+\frac{c_n}{s-\lambda_n}=\sum_{i=1}^{n}\frac{c_i}{s-\lambda_i} \tag{9-37}$$

根据式（9-36）容易看出，其模拟结构图如图 9-6 所示，这种结构采取的是积分器并联的结构形式。

取每个积分器的输出作为一个状态变量，系统的状态空间表达式分别为

$$\dot{\boldsymbol{x}}=\begin{bmatrix}\lambda_1 & 0 & \cdots & 0\\ 0 & \lambda_2 & \cdots & 0\\ \vdots & \vdots & \cdots & \vdots\\ 0 & 0 & \cdots & \lambda_n\end{bmatrix}\boldsymbol{x}+\begin{bmatrix}1\\1\\ \vdots\\1\end{bmatrix}u \tag{9-38}$$

$$y=[c_1 \quad c_2 \quad \cdots \quad c_n]\boldsymbol{x}$$

或

$$\dot{\boldsymbol{x}}=\begin{bmatrix}\lambda_1 & 0 & \cdots & 0\\ 0 & \lambda_2 & \cdots & 0\\ \vdots & \vdots & \cdots & \vdots\\ 0 & 0 & \cdots & \lambda_n\end{bmatrix}\boldsymbol{x}+\begin{bmatrix}c_1\\c_2\\ \vdots\\c_n\end{bmatrix}u \tag{9-39}$$

$$y=[1 \quad 1 \quad \cdots \quad 1]\,\boldsymbol{x}$$

式（9-38）和式（9-39）是互为对偶的。同理，图 9-6（a）和图 9-6（b）也有其对偶关系。式（9-38）或式（9-39）都属于约当标准型（或对角线标准型），因此，约当标准型的实现是并联型的。

（2）具有重根的情况。设有一个 q 重的主根 λ_1，其余 $\lambda_{q+1},\lambda_{q+2},\cdots,\lambda_n$ 是互异根。此时式（9-35）可以展开成部分分式为

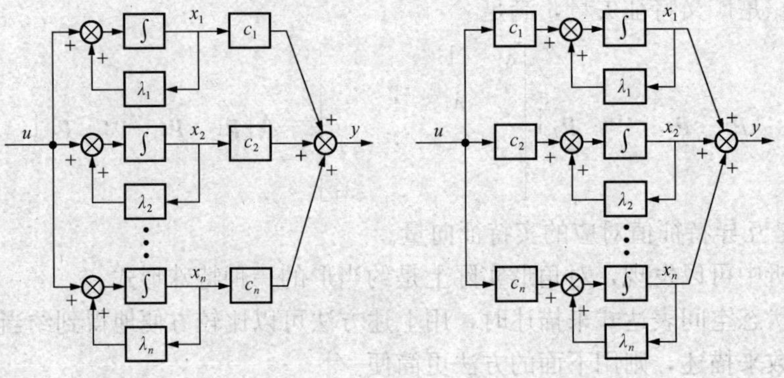

(a)　　　　　　　　(b)

图 9 - 6　并联型模拟结构图

(a) 结构图；(b) 与 (a) 对偶的结构图

$$W(s)=\frac{c_{1q}}{(s-\lambda_1)^q}+\frac{c_{1(q-1)}}{(s-\lambda_1)^{q-1}}+\cdots+\frac{c_{12}}{(s-\lambda_1)^2}+\frac{c_{11}}{(s-\lambda_1)}+\sum_{i=q+1}^{n}\frac{c_i}{(s-\lambda_i)} \qquad (9-40)$$

由式 (9 - 40) 可知，系统的一种实现具有图 9 - 7 所示的结构，除重根是取积分器串联的形式外，其余均为积分器并联。

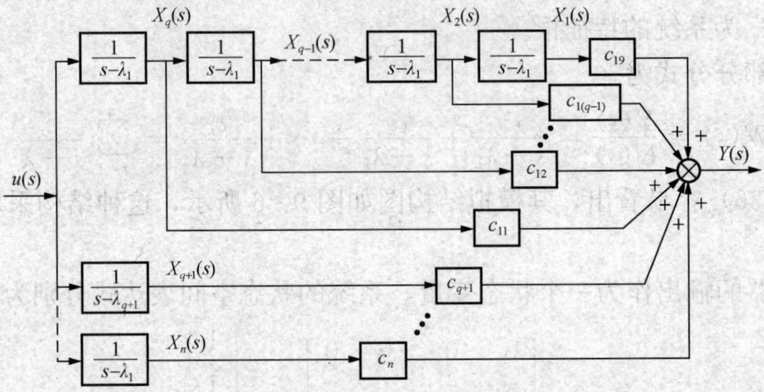

图 9 - 7　并联型模拟结构图

从图 9 - 7 所示的结构，不难列出其相应的状态空间表达式为

$$\dot{x}_1=\lambda_1x_1+x_2$$
$$\dot{x}_2=\lambda_1x_2+x_3$$
$$\vdots$$
$$\dot{x}_{q-1}=\lambda_1x_{q-1}+x_q$$
$$\dot{x}_q=\lambda_1x_q+u$$
$$\dot{x}_{q+1}=\lambda_{q+1}x_{q+1}+u$$
$$\vdots$$
$$\dot{x}_n=\lambda_nx_n+u$$
$$y=c_{1q}x_1+c_{1(q-1)}x_2+\cdots+c_{12}x_{q-1}+c_{11}x_q+c_{q+1}x_{q+1}+\cdots+c_nx_n$$

用矢量矩阵形式表示为

$$\left\{\begin{aligned}&\begin{bmatrix}\dot{x}_1\\ \dot{x}_2\\ \vdots\\ \dot{x}_{q-1}\\ \dot{x}_q\\ \dot{x}_{q+1}\\ \vdots\\ \dot{x}_n\end{bmatrix}=\begin{bmatrix}\lambda_1 & 1 & 0 & \cdots & 0 & 0 & 0 & \cdots & 0\\ 0 & \lambda_1 & 1 & \cdots & 0 & 0 & 0 & \cdots & 0\\ \vdots & \vdots & \vdots & \cdots & \vdots & \vdots & & & \vdots\\ 0 & 0 & 0 & \cdots & \lambda_1 & 1 & 0 & \cdots & 0\\ 0 & 0 & 0 & \cdots & 0 & \lambda_1 & 0 & \cdots & 0\\ 0 & 0 & 0 & \cdots & 0 & 0 & \lambda_{q+1} & \cdots & 0\\ \vdots & \vdots & \vdots & \cdots & \vdots & \vdots & \vdots & & \vdots\\ 0 & 0 & 0 & \cdots & 0 & 0 & 0 & \cdots & \lambda_n\end{bmatrix}\begin{bmatrix}x_1\\ x_2\\ \vdots\\ x_{q-1}\\ x_q\\ x_{q+1}\\ \vdots\\ x_n\end{bmatrix}+\begin{bmatrix}0\\ 0\\ \vdots\\ 0\\ 1\\ 1\\ \vdots\\ 1\end{bmatrix}u \\ &y=\begin{bmatrix}c_{1q} & c_{1(q-1)} & \cdots & c_{12} & c_{11} & c_{q+1} & \cdots & c_n\end{bmatrix}\begin{bmatrix}x_1\\ x_2\\ \vdots\\ x_{q-1}\\ x_q\\ x_{q+1}\\ \vdots\\ x_n\end{bmatrix}\end{aligned}\right. \tag{9-41}$$

第四节　连续时间系统状态方程的求解

可以利用时域方法或变换域方法求解状态方程，一般由解析式经人工计算求解时，变换域方法比较简单，而时域方法往往要借助计算机求解。下面先给出用拉普拉斯变换法求解状态方程，然后介绍时域法求解状态方程。

一、连续时间系统状态方程的 *S* 域解法

给定状态方程

$$\dot{\boldsymbol{x}}(t)=\boldsymbol{A}\boldsymbol{x}(t)+\boldsymbol{B}\boldsymbol{f}(t)$$

进行拉普拉斯变换

$$s\boldsymbol{X}(s)-\boldsymbol{x}(0)=\boldsymbol{A}\boldsymbol{X}(s)+\boldsymbol{B}\boldsymbol{F}(s)$$

将上式移项，并引用 $n\times n$ 的单位矩阵 $\boldsymbol{I}$ 以便将含有 $\boldsymbol{X}(s)$ 的项归并，即得

$$s\boldsymbol{X}(s)-\boldsymbol{A}\boldsymbol{X}(s)=\boldsymbol{x}(0)+\boldsymbol{B}\boldsymbol{F}(s)$$

或

$$(s\boldsymbol{I}-\boldsymbol{A})\boldsymbol{X}(s)=\boldsymbol{x}(0)+\boldsymbol{B}\boldsymbol{F}(s) \tag{9-42}$$

于是得

$$\begin{aligned}\boldsymbol{X}(s)&=(s\boldsymbol{I}-\boldsymbol{A})^{-1}[\boldsymbol{x}(0)+\boldsymbol{B}\boldsymbol{F}(s)]\\ &=(s\boldsymbol{I}-\boldsymbol{A})^{-1}\boldsymbol{x}(0)+(s\boldsymbol{I}-\boldsymbol{A})^{-1}\boldsymbol{B}\boldsymbol{F}(s)\end{aligned} \tag{9-43}$$

式（9 - 43）即是状态变量的频域解，其中 $(s\boldsymbol{I}-\boldsymbol{A})^{-1}$ 为矩阵 $(s\boldsymbol{I}-\boldsymbol{A})$ 的逆矩阵。取此式的反变换，即得状态变量的时域表示式

$$\boldsymbol{x}(t)=\mathscr{L}^{-1}[(s\boldsymbol{I}-\boldsymbol{A})^{-1}\boldsymbol{x}(0)]+\mathscr{L}^{-1}[(s\boldsymbol{I}-\boldsymbol{A})^{-1}\boldsymbol{B}\boldsymbol{F}(s)] \tag{9-44}$$

注意式（9 - 43）和式（9 - 44）中都有两项。第一项仅由初始状态决定而与输入激励无

关，当初始状态为零时该项亦为零，显然这是状态变量的零输入分量。第二项仅由输入激励函数决定而与初始状态无关，当输入为零时该项亦为零，显然这是状态变量的零状态分量。

求得了状态变量，把它们代入输出方程，即得输出响应函数。将输出方程

$$\boldsymbol{y}(t)=\boldsymbol{C}\boldsymbol{x}(t)+\boldsymbol{D}\boldsymbol{f}(t)$$

进行拉普拉斯变换，得变换式

$$\boldsymbol{Y}(s)=\boldsymbol{C}\boldsymbol{X}(s)+\boldsymbol{D}\boldsymbol{F}(s) \tag{9-45}$$

将式（9-43）代入式（9-45），得

$$\boldsymbol{Y}(s)=\boldsymbol{C}(s\boldsymbol{I}-\boldsymbol{A})^{-1}x(0)+[\boldsymbol{C}(s\boldsymbol{I}-\boldsymbol{A})^{-1}\boldsymbol{B}+\boldsymbol{D}]\boldsymbol{F}(s)=\boldsymbol{Y}_{zi}(s)+\boldsymbol{Y}_{zs}(s) \tag{9-46}$$

式（9-46）是已知系统的 A、B、C、D 矩阵和系统的初始状态及输入激励函数求输出响应函数的变换式。式中第一项代表零输入响应，第二项代表零状态响应。取式（9-46）的反变换，即得输出响应矢量函数 $y(t)$。

现在单来考察零状态响应的变换式

$$\boldsymbol{Y}_{zs}(s)=[\boldsymbol{C}(s\boldsymbol{I}-\boldsymbol{A})^{-1}\boldsymbol{B}+\boldsymbol{D}]\boldsymbol{F}(s) \tag{9-47}$$

对于单输入/输出系统，转移函数 $H(s)$ 是在零状态响应的变换式 $Y_{zs}(s)=H(s)F(s)$ 中定义的。在多输入输出系统中，转移函数矩阵 $H(s)$ 也可在零状态响应矢量的变换式中来定义，即

$$\boldsymbol{Y}_{zs}(s)=\boldsymbol{H}(s)\boldsymbol{F}(s) \tag{9-48}$$

式中，$Y(s)$ 和单输入/输出系统中的 $R(s)$ 相当，都表示响应函数，只是前者是矢量函数，后者是标量函数。比较式（9-47）和式（9-48），可得转移函数矩阵 $H(s)$ 为

$$\boldsymbol{H}(s)=\boldsymbol{C}(s\boldsymbol{I}-\boldsymbol{A})^{-1}\boldsymbol{B}+\boldsymbol{D} \tag{9-49}$$

这个矩阵仅由系统的 A、B、C、D 矩阵所确定，它具有 r 行 m 列，这里 r 是输出数目，m 是输入数目。转移函数矩阵 $\boldsymbol{H}(s)$ 的元素 $H_{ij}(s)$ 是表示在输入函数 $f_j(t)$ 单独作用于系统时将输出函数 $y_i(t)$ 和输入函数 $f_j(t)$ 之间联系起来的转移函数，即 $H_{ij}(s)=Y_i(s)/F_j(s)$。由此可见，知道了系统的状态方程和输出方程，就可以利用式（9-49）求得系统的转移函数。

单输入/输出系统的自然频率是系统特征方程的根，亦即是转移函数的极点。多输入/输出系统的自然频率也是系统特征方程的根，也即是各转移函数 $H_{ij}(s)$ 的共同的极点。现在就来研究这一问题。由式（9-49）可以看出，因为对于线性非时变系统，$\boldsymbol{A}$、$\boldsymbol{B}$、$\boldsymbol{C}$、$\boldsymbol{D}$ 都是常数矩阵，转移函数矩阵 $\boldsymbol{H}(s)$ 中只有矩阵 $(s\boldsymbol{I}-\boldsymbol{A})^{-1}$ 含有复频率变量 s，所以有必要对这后一矩阵稍加考察。由矩阵代数知

$$(s\boldsymbol{I}-\boldsymbol{A})^{-1}=\frac{\mathrm{adj}(s\boldsymbol{I}-\boldsymbol{A})}{|s\boldsymbol{I}-\boldsymbol{A}|} \tag{9-50}$$

式中，$\mathrm{adj}(s\boldsymbol{I}-\boldsymbol{A})$ 和 $|s\boldsymbol{I}-\boldsymbol{A}|$ 分别是矩阵 $(s\boldsymbol{I}-\boldsymbol{A})$ 的伴随矩阵和行列式。矩阵 $(s\boldsymbol{I}-\boldsymbol{A})$ 具有如下形式

$$(s\boldsymbol{I}-\boldsymbol{A})=s\begin{bmatrix}1 & 0 & \cdots & 0\\ 0 & 1 & \cdots & 0\\ \vdots & \vdots & \cdots & \vdots\\ 0 & 0 & \cdots & 1\end{bmatrix}-\begin{bmatrix}a_{11} & a_{12} & \cdots & a_{1n}\\ a_{21} & a_{22} & \cdots & a_{2n}\\ \vdots & \vdots & \cdots & \vdots\\ a_{n1} & a_{n2} & \cdots & a_{nn}\end{bmatrix}$$

$$= \begin{bmatrix} s-a_{11} & -a_{12} & \cdots & -a_{1n} \\ -a_{21} & s-a_{22} & \cdots & -a_{2n} \\ \vdots & \vdots & \cdots & \vdots \\ -a_{n1} & -a_{n2} & \cdots & s-a_{nn} \end{bmatrix} \tag{9-51}$$

由此可见，伴随矩阵 $\mathrm{adj}(s\boldsymbol{I}-\boldsymbol{A})$ 是 n 行 n 列的矩阵，它的每一元素都是一个次数不超过 $n-1$ 的变量 s 的多项式。于是由式（9 - 49）和式（9 - 50），矩阵 $(s\boldsymbol{I}-\boldsymbol{A})^{-1}$ 和 $\boldsymbol{H}(s)$ 的所有元素均为 s 的有理分式，并且具有共同的分母 $|s\boldsymbol{I}-\boldsymbol{A}|$，这分母是一个 s 的 n 次多项式。所以可以得出结论，多项式 $|s\boldsymbol{I}-\boldsymbol{A}|$ 的零点或者方程式

$$|s\boldsymbol{I}-\boldsymbol{A}|=0 \tag{9-52}$$

的根是所有转移函数 $H_{ij}(s)$ 的公共极点。但是，有时某个转移函数的分子分母可能有公共因子而消去，相应地，该转移函数就会少去一个极点。不管有无个别转移函数具有此类公共因子，对整个系统而言，方程式（9 - 52）的根也就是系统的自然频率。因此，式（9 - 52）是系统的特征方程，它的根是特征根，或称 $\boldsymbol{A}$ 矩阵的特征根。设这些根为 $\lambda_1,\lambda_2,\cdots,\lambda_n$，则系统的零输入响应应具有 $y_{zi}(t)=c_1e^{\lambda_1 t}+c_2e^{\lambda_2 t}+\cdots+c_ne^{\lambda_n t}$ 的形式。当某一转移函数 $H_{ij}(s)$ 因为有公共因子而消去一极点时，对于 j 处输入冲激激励在 i 处的输出响应中，不出现等于此极点的自然频率项。

由以上分析可以看出，在复频域中求解状态方程时，矩阵 $(s\boldsymbol{I}-\boldsymbol{A})^{-1}$ 具有重要的作用，因此对它还要稍作讨论。在式（9 - 43）中，当输入激励为零时，$F(s)=0$，再令

$$\boldsymbol{\Phi}(s)=(s\boldsymbol{I}-\boldsymbol{A})^{-1} \tag{9-53}$$

则式（9 - 43）表示零输入响应的状态变量的变换式

$$\boldsymbol{X}(s)=\boldsymbol{\Phi}(s)\boldsymbol{x}(0) \tag{9-54}$$

对式（9 - 54）取拉普拉斯反变换，得状态变量的零输入响应为

$$\boldsymbol{x}(t)=\boldsymbol{\phi}(t)\boldsymbol{x}(0) \tag{9-55}$$

其中

$$\boldsymbol{\phi}(t)=\mathscr{L}^{-1}\{\boldsymbol{\Phi}(s)\}=\mathscr{L}^{-1}\{(s\boldsymbol{I}-\boldsymbol{A})^{-1}\}=\mathscr{L}^{-1}\left\{\frac{\mathrm{adj}(s\boldsymbol{I}-\boldsymbol{A})}{|s\boldsymbol{I}-\boldsymbol{A}|}\right\} \tag{9-56}$$

式（9 - 55）说明，一个零输入的系统，它在 $t=0$ 时的状态可通过与矩阵 $\boldsymbol{\phi}(t)$ 相乘而转变到任何 $t\geqslant 0$ 时的状态。矩阵 $\boldsymbol{\phi}(t)$ 是矩阵 $(s\boldsymbol{I}-\boldsymbol{A})^{-1}$ 的拉普拉斯反变换，起着从系统的一个状态过渡到另一个状态的联系作用，所以称为状态过渡矩阵，亦称基本矩阵。由于 $t=0$ 是时间的某个参考点，在设定时有一定的任意性，利用状态过渡矩阵，实际上可以在系统的任意两时刻的状态之间转变。下一节还将证明 $\boldsymbol{\phi}(t)$ 等于矩阵指数函数 $e^{\boldsymbol{A}t}$，这也是一个矩阵，在状态方程的时域法中具有重要意义。

【例 9 - 4】 已知一系统的状态方程和输出方程为

$$\begin{cases} x'_1(t)=x_1(t)+f(t) \\ x'_2(t)=x_1(t)-3x_2(t) \end{cases}$$

$$y(t)=-\frac{1}{4}x_1(t)+x_2(t)$$

系统的初始状态为 $x_1(0)=1,x_2(0)=2$，输入激励为一单位阶跃函数，即 $f(t)=\varepsilon(t)$。试求此系统的输出响应。

解 将系统的状态方程和输出方程都写成矩阵形式，得

$$\begin{bmatrix} x'_1 \\ x'_2 \end{bmatrix} = \begin{bmatrix} 1 & 0 \\ 1 & -3 \end{bmatrix} \begin{bmatrix} x_1 \\ x_2 \end{bmatrix} + \begin{bmatrix} 1 \\ 0 \end{bmatrix} \varepsilon(t)$$

$$y = \begin{bmatrix} -\frac{1}{4} & 1 \end{bmatrix} \begin{bmatrix} x_1 \\ x_2 \end{bmatrix}$$

由以上两矩阵方程可知，除 $\boldsymbol{D}$ 为零外，其余 $\boldsymbol{A}$、$\boldsymbol{B}$、$\boldsymbol{C}$ 矩阵分别为

$$\boldsymbol{A} = \begin{bmatrix} 1 & 0 \\ 1 & -3 \end{bmatrix}, \boldsymbol{B} = \begin{bmatrix} 1 \\ 0 \end{bmatrix}, \boldsymbol{C} = \begin{bmatrix} -\frac{1}{4} & 1 \end{bmatrix}$$

系统的初始状态为

$$\boldsymbol{x}(0) = \begin{bmatrix} x_1(0) \\ x_2(0) \end{bmatrix} = \begin{bmatrix} 1 \\ 2 \end{bmatrix}$$

将这些矩阵代入式（9-46），即可求得输出响应的变换式。为此，先求矩阵 $(s\boldsymbol{I}-\boldsymbol{A})^{-1}$，有

$$s\boldsymbol{I} - \boldsymbol{A} = s\begin{bmatrix} 1 & 0 \\ 0 & 1 \end{bmatrix} - \begin{bmatrix} 1 & 0 \\ 1 & -3 \end{bmatrix} = \begin{bmatrix} s-1 & 0 \\ -1 & s+3 \end{bmatrix}$$

$$|s\boldsymbol{I} - \boldsymbol{A}| = (s-1)(s+3)$$

$$\mathrm{adj}(s\boldsymbol{I} - \boldsymbol{A}) = \begin{bmatrix} s+3 & 0 \\ 1 & s-1 \end{bmatrix}$$

故有

$$(s\boldsymbol{I} - \boldsymbol{A})^{-1} = \frac{\mathrm{adj}(s\boldsymbol{I} - \boldsymbol{A})}{|s\boldsymbol{I} - \boldsymbol{A}|} = \frac{1}{(s-1)(s+3)}\begin{bmatrix} s+3 & 0 \\ 1 & s-1 \end{bmatrix} = \begin{bmatrix} \frac{1}{s-1} & 0 \\ \frac{1}{(s-1)(s+3)} & \frac{1}{s+3} \end{bmatrix}$$

由式（9-46）的第一项求系统响应的零输入分量变换式得

$$\begin{aligned} \boldsymbol{Y}_{zi}(s) &= \boldsymbol{C}(s\boldsymbol{I} - \boldsymbol{A})^{-1}\boldsymbol{x}(0) \\ &= \begin{bmatrix} -\frac{1}{4} & 1 \end{bmatrix} \begin{bmatrix} \frac{1}{s-1} & 0 \\ \frac{1}{(s-1)(s+3)} & \frac{1}{s+3} \end{bmatrix} \begin{bmatrix} 1 \\ 2 \end{bmatrix} \\ &= \begin{bmatrix} -\frac{1}{4(s+3)} & \frac{1}{s+3} \end{bmatrix} \begin{bmatrix} 1 \\ 2 \end{bmatrix} = \frac{7}{4}\frac{1}{s+3} \end{aligned}$$

由式（9-46）的第二项求系统响应的零状态分量变换式得

$$\boldsymbol{Y}_{zs}(s) = [\boldsymbol{C}(s\boldsymbol{I} - \boldsymbol{A})^{-1}\boldsymbol{B} + \boldsymbol{D}]\boldsymbol{F}(s)$$

因为 $\boldsymbol{D}$ 为零矩阵，$F(s) = L\{\varepsilon(t)\} = \frac{1}{s}$，故有

$$\begin{aligned} \boldsymbol{Y}_{zs}(s) &= \begin{bmatrix} -\frac{1}{4} & 1 \end{bmatrix} \begin{bmatrix} \frac{1}{s-1} & 0 \\ \frac{1}{(s-1)(s+3)} & \frac{1}{s+3} \end{bmatrix} \begin{bmatrix} 1 \\ 0 \end{bmatrix} \frac{1}{s} \\ &= \begin{bmatrix} -\frac{1}{4(s+3)} & \frac{1}{s+3} \end{bmatrix} \begin{bmatrix} 1 \\ 0 \end{bmatrix} \frac{1}{s} = \frac{1}{12}\left(\frac{1}{s+3} - \frac{1}{s}\right) \end{aligned}$$

将以上零输入和零状态两分量进行反变换后相加得系统的全响应，即

$$y_{zi}(t)=\mathscr{L}^{-1}\left[\frac{7}{4}\cdot\frac{1}{s+3}\right]=\frac{7}{4}e^{-3t}\varepsilon(t)$$

$$y_{zs}(t)=\mathscr{L}^{-1}\left[\frac{1}{12}\left(\frac{1}{s+3}-\frac{1}{s}\right)\right]=\frac{1}{12}(e^{-3t}-1)\varepsilon(t)$$

$$y(t)=y_{zi}(t)+y_{zs}(t)=\left[\frac{7}{4}e^{-3t}+\frac{1}{12}e^{-3t}-\frac{1}{12}\right]\varepsilon(t)$$

$$=\left[\frac{11}{6}e^{-3t}-\frac{1}{12}\right]\varepsilon(t)$$

二、连续时间系统状态方程的时域解法

在时域求解方法中需要用到“矩阵指数函数”，先给出矩阵指数函数 e^{At} 的定义和主要性质。它的定义为

$$e^{At}=\boldsymbol{I}+\boldsymbol{A}t+\frac{\boldsymbol{A}^2t^2}{2!}+\frac{\boldsymbol{A}^3t^3}{3!}+\cdots+\frac{\boldsymbol{A}^nt^n}{n!}+\cdots=\sum_{k=0}^{\infty}\frac{\boldsymbol{A}^kt^k}{k!} \quad (9-57)$$

式中，$\boldsymbol{A}$ 为 $n\times n$ 方阵；e^{At} 也是一个 $n\times n$ 矩阵。它的主要性质有

$$e^0=\boldsymbol{I} \quad (9-58)$$

$$e^{-\boldsymbol{A}t}e^{\boldsymbol{A}t}=e^{\boldsymbol{A}t}e^{-\boldsymbol{A}t}=\boldsymbol{I} \quad (9-59)$$

$$\frac{d}{dt}e^{\boldsymbol{A}t}=Ae^{\boldsymbol{A}t}=e^{\boldsymbol{A}t}\boldsymbol{A} \quad (9-60)$$

下面对给定的状态方程进行时域求解，已知

$$\dot{\boldsymbol{x}}=\boldsymbol{A}\boldsymbol{x}+\boldsymbol{B}\boldsymbol{f}$$

并给定起始状态矢量

$$\boldsymbol{x}(0)=\begin{bmatrix}x_1(0)\\x_2(0)\\\vdots\\x_n(0)\end{bmatrix}$$

将该式两边左乘 e^{-At}，移项得

$$e^{-\boldsymbol{A}t}\dot{\boldsymbol{x}}=e^{-\boldsymbol{A}t}\boldsymbol{A}\boldsymbol{x}+e^{-\boldsymbol{A}t}\boldsymbol{B}\boldsymbol{f}$$

或

$$e^{-\boldsymbol{A}t}\dot{\boldsymbol{x}}-e^{-\boldsymbol{A}t}\boldsymbol{A}\boldsymbol{x}=e^{-\boldsymbol{A}t}\boldsymbol{B}\boldsymbol{f}$$

化简得

$$\frac{d}{dt}[e^{-\boldsymbol{A}t}\boldsymbol{x}(t)]=e^{-\boldsymbol{A}t}\boldsymbol{B}\boldsymbol{f}(t) \quad (9-61)$$

两边取积分，以 t 和 0 为积分的上下限时间，并考虑式（9-61）的起始条件，有

$$e^{-\boldsymbol{A}t}\boldsymbol{x}(t)-\boldsymbol{x}(0)=\int_0^t e^{-\boldsymbol{A}\tau}\boldsymbol{B}\boldsymbol{f}(\tau)d\tau$$

此等式两边左乘 e^{At} 并移项，最后得

$$x(t)=e^{\boldsymbol{A}t}\boldsymbol{x}(0)+\int_0^t e^{-\boldsymbol{A}(t-\tau)}\boldsymbol{B}\boldsymbol{f}(\tau)d\tau$$

$$=e^{\boldsymbol{A}t}\boldsymbol{x}(0)+e^{\boldsymbol{A}t}*\boldsymbol{B}\boldsymbol{f}(t) \quad (9-62)$$

将式（9-62）的 $\boldsymbol{x}(t)$ 代入输出方程 $\boldsymbol{y}(t)=\boldsymbol{C}\boldsymbol{x}(t)+\boldsymbol{D}\boldsymbol{f}(t)$，即可得

$$\boldsymbol{y}(t)=\boldsymbol{C}[e^{\boldsymbol{A}t}\boldsymbol{x}(0)+e^{\boldsymbol{A}t}*\boldsymbol{B}\boldsymbol{f}(t)]+\boldsymbol{D}\boldsymbol{f}(t)$$

由于 $\boldsymbol{B}$ 为一常数矩阵，所以 $e^{\boldsymbol{A}t} * \boldsymbol{B}\boldsymbol{f}(t) = e^{\boldsymbol{A}t}\boldsymbol{B} * \boldsymbol{f}(t)$。又利用单位冲激函数与某函数相卷积等于该函数本身，即 $\boldsymbol{\delta}(t) * \boldsymbol{f}(t) = f(t)$ 的特性。现在定义一个对角线矩阵 $\boldsymbol{\delta}(t)$，它的行数和列数都等于输入激励的个数 m，它所有对角线上的元素均为单位冲激函数 $\delta(t)$，显然可有

$$\delta(t) * f(t) = f(t)$$

将这些结果代入输出方程中，得输出响应为

$$\begin{aligned}\boldsymbol{y}(t) &= \boldsymbol{C}[e^{\boldsymbol{A}t}\boldsymbol{x}(0) + e^{\boldsymbol{A}t}\boldsymbol{B} * \boldsymbol{f}(t)] + \boldsymbol{D}\boldsymbol{\delta}(t) * \boldsymbol{f}(t) \\ &= \boldsymbol{C}e^{\boldsymbol{A}t}\boldsymbol{x}(0) + [\boldsymbol{C}e^{\boldsymbol{A}t}\boldsymbol{B} + \boldsymbol{D}\boldsymbol{\delta}(t)] * \boldsymbol{f}(t) \\ &= \underbrace{\boldsymbol{C}\boldsymbol{\phi}(t)\boldsymbol{x}(0)}_{\text{零输入解}} + \underbrace{[\boldsymbol{C}\boldsymbol{\phi}(t)\boldsymbol{B} + \boldsymbol{D}\boldsymbol{\delta}(T)] * \boldsymbol{f}(t)}_{\text{零状态解}}\end{aligned} \tag{9-63}$$

将时域求解结果式（9-62）和式（9-63）与变换域求解结果式（9-44）相比较，可以发现 $(s\boldsymbol{I} - \boldsymbol{A})^{-1}$ 就是 $e^{\boldsymbol{A}t}$ 的拉普拉斯变换，即

$$(s\boldsymbol{I} - \boldsymbol{A})^{-1} = \mathscr{L}\{e^{\boldsymbol{A}t}\} \tag{9-64}$$

状态方程的解或输出方程的解都由两部分相加组成，第一部分是零输入解，由 $x(0)$ 引起，第二部分是零状态解，由激励信号 $f(t)$ 引起。两部分的变化规律都与矩阵 $e^{\boldsymbol{A}t}$ 有关，可以说 $e^{\boldsymbol{A}t}$ 反映了系统状态变化的本质。$e^{\boldsymbol{A}t}$ 称为“状态转移矩阵”，而它的拉普拉斯变换 $(s\boldsymbol{I} - \boldsymbol{A})^{-1}$ 称为“特征矩阵”。

在时域中求解状态变量，为求得最终结果必须先求出矩阵 $e^{\boldsymbol{A}t}$。求此矩阵的方法很多，这里首先考虑如何应用拉普拉斯变换求解 $e^{\boldsymbol{A}t}$。

式（9-62）是时域中的状态变量解，式（9-43）则是复频域中的状态变量解，后者即为前者的拉普拉斯变换式。比较这两式，根据卷积定理，很容易看出时间函数 $e^{\boldsymbol{A}t}$ 是复变函数 $(s\boldsymbol{I} - \boldsymbol{A})^{-1}$ 的反变换式，即

$$\mathscr{L}^{-1}[(s\boldsymbol{I} - \boldsymbol{A})^{-1}] = e^{\boldsymbol{A}t} = \boldsymbol{\phi}(t) \tag{9-65}$$

或

$$\mathscr{L}[e^{\boldsymbol{A}t}] = (s\boldsymbol{I} - \boldsymbol{A})^{-1}$$

由此可见，矩阵 $e^{\boldsymbol{A}t}$ 也即是第三节所讨论的式（9-56）所示的状态过渡矩阵 $\boldsymbol{\phi}(t)$。这样就提供了一个矩阵指数函数 $e^{\boldsymbol{A}t}$ 的计算方法。按照式（9-57）的定义用无穷级数去计算 $e^{\boldsymbol{A}t}$ 会遇到很大困难，但若按式（9-65）或式（9-56）去计算，将会比较方便。

除了用上述拉普拉斯反变换的方法计算矩阵 $e^{\boldsymbol{A}t}$ 外，为了更便于利用计算机进行计算，还有其他若干种方法。这里简要介绍一种常用的应用凯莱—哈密尔顿（Cayley-Hamilton）定理来计算 $e^{\boldsymbol{A}t}$ 的方法。

凯莱—哈密尔顿定理：任一矩阵符合其本身的特征方程。

例如，设 n 阶矩阵 $\boldsymbol{A}$ 的特征方程为

$$\Delta(s) = s^n + a_{n-1}s^{n-1} + \cdots + a_1 s + a_0 = 0$$

则

$$\boldsymbol{A}^n + a_{n-1}\boldsymbol{A}^{n-1} + \cdots + a_1\boldsymbol{A} + a_0 = 0 \tag{9-66}$$

若特征方程的 n 个根为 $\lambda_1, \lambda_2, \cdots, \lambda_n$，则其中任一根 λ_j 符合特征方程，即

$$\lambda_j^n + a_{n-1}\lambda_j^{n-1} + \cdots + a_1\lambda_j + a_0 = 0 \tag{9-67}$$

按式（9-57）的定义，$e^{\boldsymbol{A}t}$ 是包含有无穷项的矩阵 $\boldsymbol{A}$ 的幂级数，但由式（9-66）不难证明，它可以表示为 $\boldsymbol{I}$，$\boldsymbol{A}$，$\boldsymbol{A}^2$，…，$\boldsymbol{A}^{n-1}$ 等 n 个矩阵的线性组合，即

$$\begin{aligned}\mathrm{e}^{\boldsymbol{A}t}&=\boldsymbol{I}+t\boldsymbol{A}+\frac{t^2}{2!}\boldsymbol{A}^2+\frac{t^3}{3!}\boldsymbol{A}^3+\cdots\\&=\alpha_0\boldsymbol{I}+\alpha_1\boldsymbol{A}+\alpha_2\boldsymbol{A}^2+\cdots+\alpha_{n-1}\boldsymbol{A}^{n-1}\\&=\sum_{i=0}^{n-1}\alpha_i\boldsymbol{A}_i\end{aligned}\tag{9-68}$$

其中，系数 α_i 都是时间函数。为了将 $\mathrm{e}^{\boldsymbol{A}t}$ 表示为有限项的幂多项式，必须求出这些系数。比较式（9-66）和式（9-67），可以看出两者具有相同的形式，因此将式（9-68）中的 $\boldsymbol{A}$ 换成 λ_j，此式必然仍能成立，即

$$\mathrm{e}^{\lambda_j t}=a_0+a_1\lambda_j+a_2\lambda_j^2+\cdots+a_{n-1}\lambda_j^{n-1}=\sum_{i=0}^{n-1}a_i\lambda^i\tag{9-69}$$

将 λ_j 的 n 个值代入式（9-69），可得 n 个方程，可以解得 $\alpha_0,\alpha_1,\cdots,\alpha_{n-1}$ 共 n 个系数。即

$$\begin{bmatrix}1&\lambda_1&\lambda_1^2&\cdots&\lambda_1^{n-1}\\1&\lambda_2&\lambda_2^2&\cdots&\lambda_2^{n-1}\\\vdots&\vdots&\vdots&\cdots&\vdots\\1&\lambda_n&\lambda_n^2&\cdots&\lambda_n^{n-1}\end{bmatrix}\begin{bmatrix}\alpha_0\\\alpha_1\\\vdots\\\alpha_{n-1}\end{bmatrix}=\begin{bmatrix}\mathrm{e}^{\lambda_1 t}\\\mathrm{e}^{\lambda_2 t}\\\vdots\\\mathrm{e}^{\lambda_n t}\end{bmatrix}\tag{9-70}$$

则

$$\begin{bmatrix}\alpha_0\\\alpha_1\\\vdots\\\alpha_{n-1}\end{bmatrix}=\begin{bmatrix}1&\lambda_1&\lambda_1^2&\cdots&\lambda_1^{n-1}\\1&\lambda_2&\lambda_2^2&\cdots&\lambda_2^{n-1}\\\vdots&\vdots&\vdots&\cdots&\vdots\\1&\lambda_n&\lambda_n^2&\cdots&\lambda_n^{n-1}\end{bmatrix}^{-1}\begin{bmatrix}\mathrm{e}^{\lambda_1 t}\\\mathrm{e}^{\lambda_2 t}\\\vdots\\\mathrm{e}^{\lambda_n t}\end{bmatrix}\tag{9-71}$$

若特征方程有重根，例如某一 λ_j 为三阶重根，则式（9-70）中的相应方程为

$$\begin{bmatrix}1&\lambda_j&\lambda_j^2&\cdots&\lambda_j^{n-1}\\0&1&2\lambda_j&\cdots&(n-1)\lambda_j^{n-2}\\0&0&2&\cdots&(n-1)(n-2)\lambda_j^{n-3}\end{bmatrix}\begin{bmatrix}\alpha_0\\\alpha_1\\\vdots\\\alpha_{n-1}\end{bmatrix}=\begin{bmatrix}\mathrm{e}^{\lambda_1 t}\\\mathrm{e}^{\lambda_2 t}\\\vdots\\\mathrm{e}^{\lambda_n t}\end{bmatrix}\tag{9-72}$$

式中，第一个方程与式（9-70）中相应的方程有相同的形式；第二个方程是将第一个方程对 λ_j 取导数而得；第三个方程又是将第二个方程对 λ_j 取导数而得。对于 m 阶重根，可以依此类推。

按上述方法求得了各个 α 以后，就可以根据式（9-68）由矩阵 $\boldsymbol{A}$ 的有限项幂级数之和来求 $\mathrm{e}^{\boldsymbol{A}t}$。在应用计算机计算 $\mathrm{e}^{\boldsymbol{A}t}$ 时，这个利用凯莱—哈密尔顿定理的方法，是一个比较方便的计算法。

【例 9-5】 用时域分析法求解［例 9-4］的系统在单位阶跃函数激励下的输出响应。

解　［例 9-4］的系统的状态方程和输出方程分别为

$$\begin{bmatrix}\dot{x}_1\\\dot{x}_2\end{bmatrix}=\begin{bmatrix}1&0\\1&-3\end{bmatrix}\begin{bmatrix}x_1\\x_2\end{bmatrix}+\begin{bmatrix}1\\0\end{bmatrix}\varepsilon(t)$$

$$y=\begin{bmatrix}-\frac{1}{4}&1\end{bmatrix}\begin{bmatrix}x_1\\x_2\end{bmatrix}$$

初始状态为

$$\boldsymbol{x}(0)=\begin{bmatrix}1\\2\end{bmatrix}$$

由方程可知，除系统的 **D** 矩阵为零外，其余 **A**、**B**、**C** 矩阵分别为

$$\boldsymbol{A}=\begin{bmatrix}1&0\\1&-3\end{bmatrix};\ \boldsymbol{B}=\begin{bmatrix}1\\0\end{bmatrix};\ \boldsymbol{C}=\begin{bmatrix}-\frac{1}{4}&1\end{bmatrix}$$

在［例 9－4］中，已求得该系统的状态过渡矩阵为

$$\mathrm{e}^{\boldsymbol{A}t}=\boldsymbol{\phi}(t)=\mathscr{L}^{-1}\{(s\boldsymbol{I}-\boldsymbol{A})^{-1}\}$$

$$=\begin{bmatrix}\mathrm{e}^{t}&0\\\frac{1}{4}(\mathrm{e}^{t}-\mathrm{e}^{-3t})&\mathrm{e}^{-3t}\end{bmatrix}$$

利用式（9－63）分别求系统的零输入响应和零状态响应为

$$\boldsymbol{y}_{\mathrm{zi}}(t)=\boldsymbol{C}\boldsymbol{\phi}(t)\boldsymbol{x}(0)=\begin{bmatrix}-\frac{1}{4}&1\end{bmatrix}\begin{bmatrix}\mathrm{e}^{t}&0\\\frac{1}{4}(\mathrm{e}^{t}-\mathrm{e}^{-3t})&\mathrm{e}^{-3t}\end{bmatrix}\begin{bmatrix}1\\2\end{bmatrix}\varepsilon(t)$$

$$=\begin{bmatrix}-\frac{1}{4}\mathrm{e}^{-3t}&\mathrm{e}^{-3t}\end{bmatrix}\begin{bmatrix}1\\2\end{bmatrix}\varepsilon(t)$$

$$=\left[-\frac{1}{4}\mathrm{e}^{-3t}+2\mathrm{e}^{-3t}\right]\varepsilon(t)=\frac{7}{4}\mathrm{e}^{-3t}\varepsilon(t)$$

$$\boldsymbol{y}_{\mathrm{zs}}(t)=[\boldsymbol{C}\boldsymbol{\phi}(t)\boldsymbol{B}+\boldsymbol{D}\boldsymbol{\delta}(t)]*\boldsymbol{f}(t)$$

$$=\begin{bmatrix}-\frac{1}{4}&1\end{bmatrix}\begin{bmatrix}\mathrm{e}^{t}&0\\\frac{1}{4}(\mathrm{e}^{t}-\mathrm{e}^{-3t})&\mathrm{e}^{-3t}\end{bmatrix}\begin{bmatrix}1\\0\end{bmatrix}*\varepsilon(t)$$

$$=\int_{0}^{t}-\frac{1}{4}\mathrm{e}^{-3(t-\tau)}\mathrm{d}\tau=\frac{1}{12}(\mathrm{e}^{-3t}-1)\varepsilon(t)$$

系统的全响应为以上两分量之和，即

$$\boldsymbol{y}(t)=\left[\frac{7}{4}\mathrm{e}^{-3t}+\frac{1}{12}(\mathrm{e}^{-3t}-1)\right]\varepsilon(t)=\left[\frac{11}{6}\mathrm{e}^{-3t}-\frac{1}{12}\right]\varepsilon(t)$$

【例 9－6】 试应用凯莱—哈密尔顿定理计算［例 9－5］中的 $\mathrm{e}^{\boldsymbol{A}t}$。

解 该题状态方程中的系数矩阵 **A** 为

$$\boldsymbol{A}=\begin{bmatrix}1&0\\1&-3\end{bmatrix}$$

系统的特征方程为

$$|s\boldsymbol{I}-\boldsymbol{A}|=(s-1)(s+3)=0$$

即系统的特征根为

$$\lambda_1=1;\quad \lambda_2=-3$$

由式（9－70）可得

$$\begin{bmatrix}1&1\\1&-3\end{bmatrix}\begin{bmatrix}\alpha_0\\\alpha_1\end{bmatrix}=\begin{bmatrix}\mathrm{e}^{t}\\\mathrm{e}^{-3t}\end{bmatrix}$$

$$\begin{bmatrix}\alpha_0\\\alpha_1\end{bmatrix}=\begin{bmatrix}1&1\\1&-3\end{bmatrix}^{-1}\begin{bmatrix}\mathrm{e}^{t}\\\mathrm{e}^{-3t}\end{bmatrix}=-\frac{1}{4}\begin{bmatrix}-3&-3\\-1&1\end{bmatrix}\begin{bmatrix}\mathrm{e}^{t}\\\mathrm{e}^{-3t}\end{bmatrix}$$

$$=\begin{bmatrix}\frac{1}{4}(3e^{t}+e^{-3t})\\ \frac{1}{4}(e^{t}-e^{-3t})\end{bmatrix}$$

再由式（9-68）得 $e^{\boldsymbol{A}t}$ 矩阵为

$$\begin{aligned}e^{\boldsymbol{A}t}&=\frac{1}{4}(3e^{t}+e^{-3t})\begin{bmatrix}1&0\\0&1\end{bmatrix}+\frac{1}{4}(e^{t}-e^{-3t})\begin{bmatrix}1&0\\1&-3\end{bmatrix}\\&=\begin{bmatrix}e^{t}&0\\ \frac{1}{4}(e^{t}-e^{-3t})&e^{-3t}\end{bmatrix}\qquad(t>0)\end{aligned}$$

第五节　离散时间系统状态空间表达式的建立

一、离散时间系统状态空间表达式的一般形式

对于一个动态的时域离散系统，它的数学模型是用各阶差分方程形式描述的。作为离散系统的状态方程表现为一阶差分联立方程组的形式，即

$$\begin{cases}x_1(k+1)=a_{11}x_1(k)+a_{12}x_2(k)+\cdots+a_{1n}x_n(k)\\+b_{11}f_1(k)+b_{12}f_2(k)+\cdots+b_{1m}f_m(k)\\x_2(k+1)=a_{21}x_1(k)+a_{22}x_2(k)+\cdots+a_{2n}x_n(k)\\+b_{21}f_1(k)+b_{22}f_2(k)+\cdots+b_{2m}f_m(k)\\\vdots\\x_n(k+1)=a_{n1}x_1(k)+a_{n2}x_2(k)+\cdots+a_{nn}x_n(k)\\+b_{n1}f_1(k)+b_{n2}f_2(k)+\cdots+b_{nm}f_m(k)\end{cases}\tag{9-73}$$

输出方程为

$$\begin{cases}y_1(k)=c_{11}x_1(k)+c_{12}x_2(k)+\cdots+c_{1n}x_n(k)\\+d_{11}f_1(k)+d_{12}f_2(k)+\cdots+d_{1m}f_m(k)\\y_2(k)=c_{21}x_1(k)+c_{22}x_2(k)+\cdots+c_{2n}x_n(k)\\+d_{21}f_1(k)+d_{22}f_2(k)+\cdots+d_{2m}f_m(k)\\\vdots\\y_r(k)=c_{r1}x_1(k)+c_{r2}x_2(k)+\cdots+c_{rn}x_n(k)\\+d_{r1}f_1(k)+d_{r2}f_2(k)+\cdots+d_{rm}f_m(k)\end{cases}\tag{9-74}$$

表示成矢量方程形式为

$$\begin{cases}\boldsymbol{x}(k+1)=\boldsymbol{A}\boldsymbol{x}(k)+\boldsymbol{B}\boldsymbol{f}(k)\\\boldsymbol{y}(k)=\boldsymbol{C}\boldsymbol{x}(k)+\boldsymbol{D}\boldsymbol{f}(k)\end{cases}\tag{9-75}$$

式中，$\boldsymbol{x}(k)$ 为状态矢量；$\boldsymbol{f}(k)$ 为输入矢量；$\boldsymbol{y}(k)$ 为输出矢量；$\boldsymbol{A}$、$\boldsymbol{B}$、$\boldsymbol{C}$、$\boldsymbol{D}$ 为相应的系数矩阵。

$$\boldsymbol{x}(k)=\begin{bmatrix}x_1(k)\\x_2(k)\\\vdots\\x_n(k)\end{bmatrix},\ \boldsymbol{f}(k)=\begin{bmatrix}f_1(k)\\f_2(k)\\\vdots\\f_m(k)\end{bmatrix},\ \boldsymbol{y}(k)=\begin{bmatrix}y_1(k)\\y_2(k)\\\vdots\\y_r(k)\end{bmatrix}$$

$$\boldsymbol{A}=\begin{bmatrix}a_{11}a_{12}\cdots a_{1n}\\a_{21}a_{22}\cdots a_{2n}\\\vdots\\a_{n1}a_{n2}\cdots a_{nn}\end{bmatrix};\ \boldsymbol{B}=\begin{bmatrix}b_{11}b_{12}\cdots b_{1n}\\b_{21}b_{22}\cdots b_{2n}\\\vdots\\b_{n1}b_{n2}\cdots b_{nn}\end{bmatrix}$$

$$\boldsymbol{C}=\begin{bmatrix}c_{11}c_{12}\cdots c_{1r}\\c_{21}c_{22}\cdots c_{2r}\\\vdots\\c_{r1}c_{r2}\cdots c_{rn}\end{bmatrix};\ \boldsymbol{D}=\begin{bmatrix}d_{11}d_{12}\cdots d_{1m}\\d_{21}d_{22}\cdots d_{2m}\\\vdots\\d_{r1}d_{r2}\cdots d_{rm}\end{bmatrix}$$

观察离散系统的状态方程可以看出，$k+1$ 时刻的状态变量是 k 时刻状态变量和输入信号的函数。在离散系统中，动态元件是延时单元，因而状态变量常常取延时单元的输出。

二、由系统的输入/输出差分方程建立状态方程

若已知离散时间系统的差分方程，可直接将系统的差分方程转换为状态方程，现举例说明。

【例 9-7】 已知离散系统的二阶差分方程为

$$y(k+2)+3y(k+1)+2y(k)=4f(k)$$

试列出其状态方程和输出方程。

解 令 $y(k)$ 和 $y(k+1)$ 为系统的状态变量，即

$$x_1(k)=y(k)$$
$$x_2(k)=y(k+1)$$

则由差分方程得到系统的状态方程为

$$x_1(k+1)=y(k+1)=x_2(k)$$
$$x_2(k+1)=y(k+2)=4f(k)-2x_1(k)-3x_2(k)$$

系统的输出方程为

$$y(k)=x_1(k)$$

写成矩阵形式为

$$\begin{bmatrix}x_1(k+1)\\x_2(k+1)\end{bmatrix}=\begin{bmatrix}0&1\\-2&-3\end{bmatrix}\begin{bmatrix}x_1(k)\\x_2(k)\end{bmatrix}+\begin{bmatrix}0\\4\end{bmatrix}f(k)$$

$$y(k)=\begin{bmatrix}1&0\end{bmatrix}\begin{bmatrix}x_1(k)\\x_2(k)\end{bmatrix}$$

第六节　离散时间系统状态空间表达式的求解

离散时间系统的状态方程和输出方程的一般形式如式（9-76）、式（9-77）所示，即

$$\boldsymbol{x}(k+1)=\boldsymbol{A}\boldsymbol{x}(k)+\boldsymbol{B}\boldsymbol{f}(k) \tag{9-76}$$

$$\boldsymbol{y}(k)=\boldsymbol{C}\boldsymbol{x}(k)+\boldsymbol{D}\boldsymbol{f}(k) \tag{9-77}$$

本节要研究的，是如何求解式（9-76）所示的状态方程；至于式（9-77）所示的输出矢量，只要解得了状态矢量 $\boldsymbol{x}(k)$，就很容易通过矩阵的代数运算求出。

一、离散时间系统状态方程的时域解法

当式（9-76）中给定了输入激励函数 $f(k)$ 和初始条件 $\boldsymbol{x}(0)$ 时，为求解此式，只要把

式中的 k 依次用 0、1、2、…等值反复代入，即

$$x(1)=\boldsymbol{A}x(0)+\boldsymbol{B}f(0)$$

$$x(2)=\boldsymbol{A}x(1)+\boldsymbol{B}f(1)=\boldsymbol{A}^2x(0)+\boldsymbol{AB}f(0)+\boldsymbol{B}f(1)$$

$$x(3)=\boldsymbol{A}x(2)+\boldsymbol{B}f(2)=\boldsymbol{A}^3x(0)+\boldsymbol{A}^2\boldsymbol{B}f(0)+\boldsymbol{AB}f(1)+\boldsymbol{B}f(2)$$

$$\vdots$$

以此类推

$$\begin{aligned}\boldsymbol{x}(k)&=\boldsymbol{A}^kx(0)+\boldsymbol{A}^{k-1}\boldsymbol{B}f(0)+\boldsymbol{A}^{k-2}\boldsymbol{B}f(1)+\cdots+\boldsymbol{B}f(k-1)\\&=\boldsymbol{A}^kx(0)+\sum_{j=0}^{k-1}\boldsymbol{A}^{k-1-j}\boldsymbol{B}f(j)\end{aligned}\tag{9-78}$$

式（9-78）就是所要求的状态变量的时域解。式中右方第一项仅由初始状态决定而与输入激励无关，故为零输入分量；取和的诸项仅由输入激励决定而与初始状态无关，故为零状态分量。由式（9-78）可以看出，将状态矢量 $\boldsymbol{x}(k)$ 的零输入分量与它的初始值 $\boldsymbol{x}(0)$ 相联系的，是矩阵 $\boldsymbol{A}^k$；而零状态分量则是矩阵 $\boldsymbol{A}^{k-1}$ 与矢量 $\boldsymbol{Bf}(k)$ 的卷积和。若将式（9-78）与式（9-62）连续时间系统状态方程的时域解

$$\boldsymbol{x}(t)=\mathrm{e}^{\boldsymbol{A}t}\boldsymbol{x}(0)+\int_0^t\mathrm{e}^{\boldsymbol{A}(t-\tau)}\boldsymbol{Bf}(\tau)\mathrm{d}\tau$$

相比较，则两者的相似关系是很明显的，但又不是完全严格相对应。在这两个式子中，矩阵 $\boldsymbol{A}^k$ 与 $\mathrm{e}^{\boldsymbol{A}t}$ 相当。前面已经定义 $\boldsymbol{\phi}(t)=\mathrm{e}^{\boldsymbol{A}t}$，并称之为状态过渡矩阵。同样，在这里也可令

$$\boldsymbol{\phi}(k)=\boldsymbol{A}^k\tag{9-79}$$

相应地，这矩阵称为离散时间系统的状态过渡矩阵或基本矩阵，因此式（9-78）可以写成

$$\boldsymbol{x}(k)=\boldsymbol{\phi}(k)\boldsymbol{x}(0)+\sum_{j=0}^{k-1}\boldsymbol{\phi}(k-1-j)\boldsymbol{Bf}(j)\tag{9-80}$$

求得了状态矢量 $\boldsymbol{x}(k)$、输出矢量 $\boldsymbol{y}(k)$ 就可由式（9-77）直接写出为

$$\begin{aligned}\boldsymbol{y}(k)&=\boldsymbol{CA}^k\boldsymbol{x}(0)+\sum_{j=0}^{k-1}\boldsymbol{CA}^{k-1-j}\boldsymbol{Bf}(j)+\boldsymbol{Df}(k)\\&=\boldsymbol{C\phi}(k)\boldsymbol{x}(0)+\sum_{j=0}^{k-1}\boldsymbol{C\phi}(k-1-j)\boldsymbol{Bf}(j)+\boldsymbol{Df}(k)\end{aligned}\tag{9-81}$$

式（9-81）与连续时间系统中的输出矢量的时域解

$$\boldsymbol{y}(t)=\boldsymbol{C}\mathrm{e}^{\boldsymbol{A}t}\boldsymbol{x}(0)+\int_0^t\boldsymbol{C}\mathrm{e}^{\boldsymbol{A}(t-\tau)}\boldsymbol{Bf}(\tau)\mathrm{d}\tau+\boldsymbol{Df}(t)$$

相当。

求状态矢量和输出矢量时，都需要计算状态过渡矩阵 $\boldsymbol{\phi}(k)=\boldsymbol{A}^k$。这矩阵当然可以用矩阵 $\boldsymbol{A}$ 自乘 k 次来算得。但当 k 值较大时，计算工作就十分繁重。在计算状态过渡矩阵的其他方法中，最方便的还是利用 Z 变换来计算。

二、离散时间系统状态方程的 Z 变换解法

现在来研究状态方程的 Z 变换解法。将式（9-76）等式双方进行 Z 变换。对一个矩阵函数进行 Z 变换就是将该矩阵函数的每一元素进行 Z 变换。因此式（9-76）的 Z 变换式为

$$z\boldsymbol{X}(z)-z\boldsymbol{x}(0)=\boldsymbol{AX}(z)+\boldsymbol{BF}(z)$$

经移项整理得

$$(z\boldsymbol{I}-\boldsymbol{A})\boldsymbol{X}(z)=z\boldsymbol{x}(0)+\boldsymbol{BF}(z)$$

其中 $\boldsymbol{I}$ 为单位矩阵。由此式解 $\boldsymbol{X}(z)$ 得

$$\begin{aligned}\boldsymbol{X}(z) &= (z\boldsymbol{I}-\boldsymbol{A})^{-1}z\boldsymbol{x}(0)+(z\boldsymbol{I}-\boldsymbol{A})^{-1}\boldsymbol{BF}(z)\\ &= (\boldsymbol{I}-z^{-1}\boldsymbol{A})^{-1}\boldsymbol{x}(0)+(z\boldsymbol{I}-\boldsymbol{A})^{-1}\boldsymbol{BF}(z)\end{aligned} \tag{9-82}$$

取反 Z 变换，得状态矢量为

$$\boldsymbol{x}(k)=\mathscr{Z}^{-1}[(\boldsymbol{I}-z^{-1}\boldsymbol{A})^{-1}]\boldsymbol{x}(0)+\mathscr{Z}^{-1}[(z\boldsymbol{I}-\boldsymbol{A})^{-1}\boldsymbol{BF}(z)] \tag{9-83}$$

这就是用 Z 变换求得的状态矢量的解。式（9-83）中右方第一项是零输入分量，第二项是零状态分量。将此式与式（9-78）相比较，则容易看出

$$\boldsymbol{A}^k=\mathscr{Z}^{-1}[(\boldsymbol{I}-z^{-1}\boldsymbol{A})^{-1}] \tag{9-84}$$

或

$$\mathscr{Z}[\boldsymbol{A}^k]=\mathscr{Z}[\boldsymbol{\phi}(k)]=\boldsymbol{\Phi}(z)=(\boldsymbol{I}-z^{-1}\boldsymbol{A})^{-1} \tag{9-85}$$

$\boldsymbol{\Phi}(z)$ 是状态过渡矩阵 $\boldsymbol{\phi}(k)$ 的 Z 变换，取其反变换即可算出 $\boldsymbol{\phi}(k)=\boldsymbol{A}^k$。这是计算状态过渡矩阵较为方便的方法。将式（9-85）与连续时间系统的状态过渡矩阵的拉普拉斯变换 $\boldsymbol{\Phi}(s)=(s\boldsymbol{I}-\boldsymbol{A})^{-1}$ 相比较，可以看出两者的相似之处，但两者又不是完全相对应的。

有了状态矢量的 Z 变换 $\boldsymbol{X}(z)$，则输出矢量的 Z 变换就可写出

$$\begin{aligned}\boldsymbol{Y}(z) &= \boldsymbol{CX}(z)+\boldsymbol{DF}(z)=\boldsymbol{C}(\boldsymbol{I}-z^{-1}\boldsymbol{A})^{-1}\boldsymbol{x}(0)+[\boldsymbol{C}(z\boldsymbol{I}-\boldsymbol{A})^{-1}\boldsymbol{B}+\boldsymbol{D}]\boldsymbol{F}(z)\\ &= \boldsymbol{C\Phi}(z)\boldsymbol{x}(0)+[\boldsymbol{C}z^{-1}\boldsymbol{\Phi}(z)\boldsymbol{B}+\boldsymbol{D}]\boldsymbol{F}(z)\end{aligned} \tag{9-86}$$

式（9-86）与连续时间系统的输出矢量的拉普拉斯变换

$$\boldsymbol{Y}(s)=\boldsymbol{C\Phi}(s)\boldsymbol{x}(0)+[\boldsymbol{C\Phi}(s)\boldsymbol{B}+\boldsymbol{D}]\boldsymbol{F}(s)$$

相当，但亦有不完全相对应之处。

式（9-86）中等式右方第一项是零输入响应的 Z 变换 $Y_{zi}(z)$，第二项是零状态响应的 Z 变换 $Y_{zs}(z)$。正像由标量函数变换式 $Y_{zs}(z)=H(z)F(z)$ 定义转移函数 $H(z)$ 一样，对于矢量函数变换式（9-86）中的零状态响应，也有

$$\boldsymbol{Y}_{zs}(z)=[\boldsymbol{C}z^{-1}\boldsymbol{\Phi}(z)\boldsymbol{B}+\boldsymbol{D}]\boldsymbol{F}(z)=\boldsymbol{H}(z)\boldsymbol{F}(z) \tag{9-87}$$

其中

$$\boldsymbol{H}(z)=\boldsymbol{C}z^{-1}\boldsymbol{\Phi}(z)\boldsymbol{B}+\boldsymbol{D}=\boldsymbol{C}(z\boldsymbol{I}-\boldsymbol{A})^{-1}\boldsymbol{B}+\boldsymbol{D} \tag{9-88}$$

是离散时间系统的转移函数矩阵，它的元素 $H_{ij}(z)$ 是输入激励源只有 $f_j(k)$ 时联系输出 $y_i(k)$ 和输入 $f_j(k)$ 的转移函数。转移函数矩阵的反 Z 变换是系统的单位函数响应矩阵，即

$$\boldsymbol{h}(k)=\mathscr{Z}^{-1}[\boldsymbol{H}(z)] \tag{9-89}$$

它的元素 $h_{ij}(k)$ 表示第 j 个输入为 $f_j(k)=\delta(k)$，而其他输入均为零时的第 i 个输出处的零状态响应 $y_i(k)$。

【例 9-8】 已知 $\boldsymbol{A}=\begin{bmatrix}\frac{1}{2} & 0\\ \frac{1}{4} & \frac{1}{4}\end{bmatrix}$，求 $\boldsymbol{A}^k$。

解 由式（9-84）得

$$\mathscr{Z}[\boldsymbol{A}^k]=(\boldsymbol{I}-z^{-1}\boldsymbol{A})^{-1}=\begin{bmatrix}1-\frac{1}{2}z^{-1} & 0\\ -\frac{1}{4}z^{-1} & 1-\frac{1}{4}z^{-1}\end{bmatrix}^{-1}$$

$$= \frac{1}{\left(1-\frac{1}{2}z^{-1}\right)\left(1-\frac{1}{4}z^{-1}\right)}\begin{bmatrix} 1-\frac{1}{4}z^{-1} & 0 \\ \frac{1}{4}z^{-1} & 1-\frac{1}{2}z^{-1} \end{bmatrix}$$

$$= \begin{bmatrix} \dfrac{1}{1-\frac{1}{2}z^{-1}} & 0 \\ \dfrac{\frac{1}{4}z^{-1}}{\left(1-\frac{1}{2}z^{-1}\right)\left(1-\frac{1}{4}z^{-1}\right)} & \dfrac{1}{1-\frac{1}{4}z^{-1}} \end{bmatrix}$$

$$\boldsymbol{A}^k = \begin{bmatrix} \left(\frac{1}{2}\right)^k & 0 \\ \left(\frac{1}{2}\right)^k - \left(\frac{1}{4}\right)^k & \left(\frac{1}{4}\right)^k \end{bmatrix} = \left(\frac{1}{4}\right)^k \begin{bmatrix} 2^k & 0 \\ 2^k-1 & 1 \end{bmatrix} \quad (k \geqslant 0)$$

【例 9 - 9】 有一组实数满足下列差分方程

$$a(k+2) = a(k) + a(k+1) \quad (k \geqslant 0)$$

若初始值 $a(0)=0$，$a(1)=1$，求 $a(k)$。

解 令状态变量 $x_1(k)=a(k)$，$x_2(k)=a(k+1)$，则原差分方程可化为状态方程

$$\begin{cases} x_1(k+1) = x_2(k) \\ x_2(k+1) = x_1(k) + x_2(k) \end{cases}$$

这里不需要输出方程，因欲求的解即 $a(k)=x_1(k)$，所以只需要解状态方程。将上述状态方程写成矩阵形式

$$\boldsymbol{x}(k+1) = \boldsymbol{A}\boldsymbol{x}(k)$$

其中

$$\boldsymbol{A} = \begin{bmatrix} 0 & 1 \\ 1 & 1 \end{bmatrix}$$

由式（9 - 76）得此方程的解为

$$\boldsymbol{x}(k) = \boldsymbol{A}^k \boldsymbol{x}(0)$$

其中 $\boldsymbol{x}(0) = \begin{bmatrix} 0 \\ 1 \end{bmatrix}$。现在只要求出矩阵 $\boldsymbol{A}^k$，则立刻可得到结果。由式（9 - 84）得

$$\mathscr{Z}\left[\boldsymbol{A}^k\right] = \boldsymbol{\Phi}(z) = (\boldsymbol{I} - z^{-1}\boldsymbol{A})^{-1} = \left(\begin{bmatrix} 1 & 0 \\ 0 & 1 \end{bmatrix} - \begin{bmatrix} 0 & \frac{1}{z} \\ \frac{1}{z} & \frac{1}{z} \end{bmatrix}\right)^{-1}$$

$$= \begin{bmatrix} 1 & -\frac{1}{z} \\ -\frac{1}{z} & 1-\frac{1}{z} \end{bmatrix}^{-1} = \frac{z}{z^2-z-1}\begin{bmatrix} z-1 & 1 \\ 1 & z \end{bmatrix}$$

$$\frac{\boldsymbol{\Phi}(z)}{z} = \frac{1}{z^2-z-1}\begin{bmatrix} z-1 & 1 \\ 1 & z \end{bmatrix} = \frac{\boldsymbol{K}_1}{z-v_1} + \frac{\boldsymbol{K}_2}{z-v_2}$$

其中，v_1 和 v_2 为特征方程 $z^2-z-1=0$ 的两根，即 $v_1 = \frac{1+\sqrt{5}}{2}$，$v_2 = \frac{1-\sqrt{5}}{2}$。部分分式的

系数矩阵 K_1 和 K_2 为

$$\boldsymbol{K}_1=\frac{z-v_1}{z^2-z-1}\begin{bmatrix}z-1 & 1\\ 1 & z\end{bmatrix}\Bigg|_{z=v_1}=\frac{\begin{bmatrix}v_1-1 & 1\\ 1 & v_1\end{bmatrix}}{v_1-v_2}$$

$$\boldsymbol{K}_2=\frac{z-v_2}{z^2-z-1}\begin{bmatrix}z-1 & 1\\ 1 & z\end{bmatrix}\Bigg|_{z=v_2}=\frac{\begin{bmatrix}v_2-1 & 1\\ 1 & v_2\end{bmatrix}}{v_2-v_1}$$

将 v_1 和 v_2 的数值代入，可得 $\boldsymbol{A}^k$ 的 Z 变换

$$\boldsymbol{\Phi}(z)=\frac{\begin{bmatrix}\frac{-1+\sqrt{5}}{2} & 1\\ 1 & \frac{1+\sqrt{5}}{2}\end{bmatrix}}{\sqrt{5}}\frac{z}{z-\frac{1+\sqrt{5}}{2}}$$

$$=\frac{\begin{bmatrix}\frac{1+\sqrt{5}}{2} & -1\\ -1 & \frac{-1+\sqrt{5}}{2}\end{bmatrix}}{\sqrt{5}}\frac{z}{z-\frac{1-\sqrt{5}}{2}}$$

取反变换，得

$$\boldsymbol{A}^k=\frac{\sqrt{5}}{5}\begin{bmatrix}\frac{-1+\sqrt{5}}{2} & 1\\ 1 & \frac{1+\sqrt{5}}{2}\end{bmatrix}\left(\frac{1+\sqrt{5}}{2}\right)^k\varepsilon(k)$$
$$+\frac{\sqrt{5}}{5}\begin{bmatrix}\frac{1+\sqrt{5}}{2} & -1\\ -1 & \frac{-1+\sqrt{5}}{2}\end{bmatrix}\left(\frac{1-\sqrt{5}}{2}\right)^k\varepsilon(k)$$

于是可得

$$\boldsymbol{x}(k)=\boldsymbol{A}^k\boldsymbol{x}(0)=\boldsymbol{A}^k\begin{bmatrix}0\\ 1\end{bmatrix}$$
$$=\frac{\sqrt{5}}{5}\begin{bmatrix}1\\ \frac{1+\sqrt{5}}{2}\end{bmatrix}\left(\frac{1+\sqrt{5}}{2}\right)^k\varepsilon(k)+\frac{\sqrt{5}}{5}\begin{bmatrix}-1\\ \frac{-1+\sqrt{5}}{2}\end{bmatrix}\left(\frac{1-\sqrt{5}}{2}\right)^k\varepsilon(k)$$
$$=\frac{\sqrt{5}}{5}\begin{bmatrix}\left(\frac{1+\sqrt{5}}{2}\right)^k-\left(\frac{1-\sqrt{5}}{2}\right)^k\\ \left(\frac{1+\sqrt{5}}{2}\right)^{k+1}-\left(\frac{1-\sqrt{5}}{2}\right)^{k+1}\end{bmatrix}\varepsilon(k)$$

最后得欲求的 $a(k)$ 为

$$a(k)=x_1(k)=\left[\frac{\sqrt{5}}{5}\left(\frac{1+\sqrt{5}}{2}\right)^k-\frac{\sqrt{5}}{5}\left(\frac{1-\sqrt{5}}{2}\right)^k\right]\varepsilon(k)$$

这个求解过程，要比对差分方程进行 Z 变换求解，或对该齐次式直接在时域中求零输入响应，都要繁复得多。与在连续变量系统中一样，用状态变量法去分析简单的系统，反而会不必要地增加计算的复杂性。但是当分析复杂系统时，特别是当分析的系统有多个输入和多个输出时，除了增加矢量的分量数目和矩阵的行列数目外，解算步骤仍然是相同的，便于将复杂问题交给计算机去解算。

第七节　连续时间状态空间表达式的离散化

数字计算机所处理的数据是数字量，它不仅在数值上是整量化的，而且在时间上是离散化的。如果采用数字计算机对连续时间状态方程求解，那么必须先将其化为离散时间状态方程。当然，在对连续受控对象进行在线控制时，同样也有一个将连续数学模型的受控对象离散化的问题。

离散按一个等采样周期 T 的采样过程处理，即将 t 变为 kT，其中 T 为采样周期，而 $k=0,1,2,\cdots$ 为一正整数。输入量 $\boldsymbol{u}(t)$ 则认为只在采样时刻发生变化，在相邻两采样时刻之间，$\boldsymbol{u}(t)$ 是通过零阶保持器保持不变的，且等于前一个采样时刻之值。换句话说，在 kT 和 $(k+1)T$ 之间，$\boldsymbol{u}(t)=\boldsymbol{u}(kT)=$ 常数。

在以上假定情况下，对于连续时间的状态空间表达式

$$\dot{\boldsymbol{x}}=\boldsymbol{Ax}+\boldsymbol{Bu}$$
$$\boldsymbol{y}=\boldsymbol{Cx}+\boldsymbol{Du}$$

将其离散化后，则得离散时间状态空间表达式为

$$\begin{aligned}\boldsymbol{x}(k+1)&=\boldsymbol{G}(T)\boldsymbol{x}(k)+\boldsymbol{H}(T)\boldsymbol{u}(k)\\ \boldsymbol{y}(k)&=\boldsymbol{Cx}(k)+\boldsymbol{Du}(k)\end{aligned}\tag{9-90}$$

式中

$$\boldsymbol{G}(T)=\mathrm{e}^{\boldsymbol{A}T}$$
$$\boldsymbol{H}(T)=\left(\int_0^t \mathrm{e}^{\boldsymbol{A}t}\,\mathrm{d}t\right)\boldsymbol{B}$$

在采样周期 T 较小，一般当其为系统最小时间常数的 1/10 左右时，离散化的状态方程可近似表示为

$$\boldsymbol{x}[(k+1)T]=(T\boldsymbol{A}+\boldsymbol{I})\boldsymbol{x}(kT)+T\boldsymbol{Bu}(kT)\tag{9-91}$$

即

$$\boldsymbol{G}(T)\approx T\boldsymbol{A}+\boldsymbol{I}$$
$$\boldsymbol{H}(T)\approx T\boldsymbol{B}$$

习　题

9-1　写出图 9-8 所示电路的状态方程。

9-2　写出图 9-9 所示电路的状态方程。

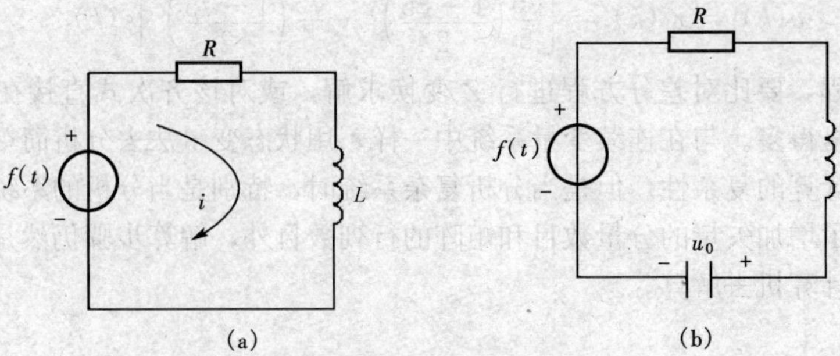

图 9 - 8　习题 9 - 1 图

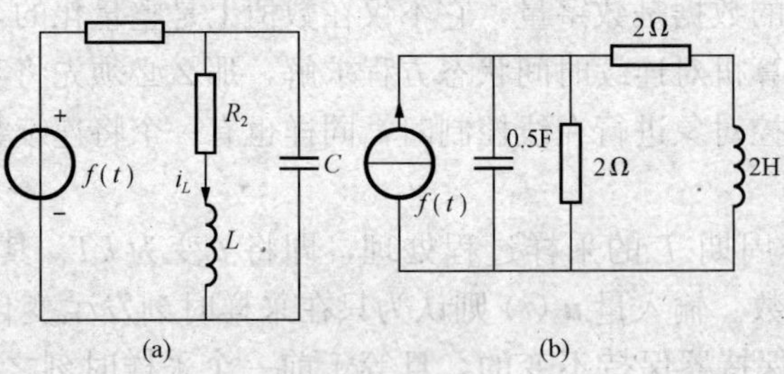

图 9 - 9　习题 9 - 2 图

9 - 3　写出图 9 - 10 所示电路的状态方程。

9 - 4　写出图 9 - 11 所示电路的状态方程。

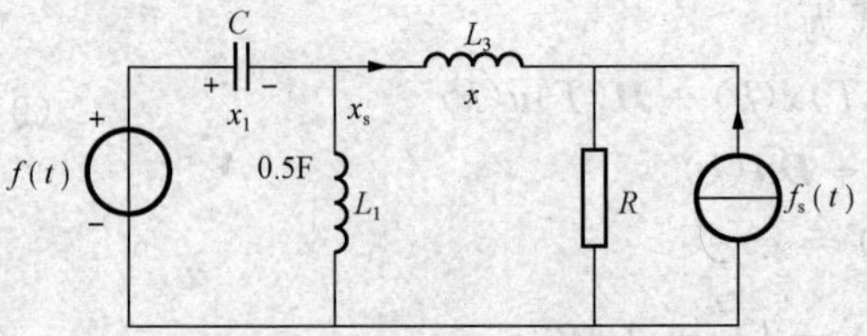

图 9 - 10　习题 9 - 3 图

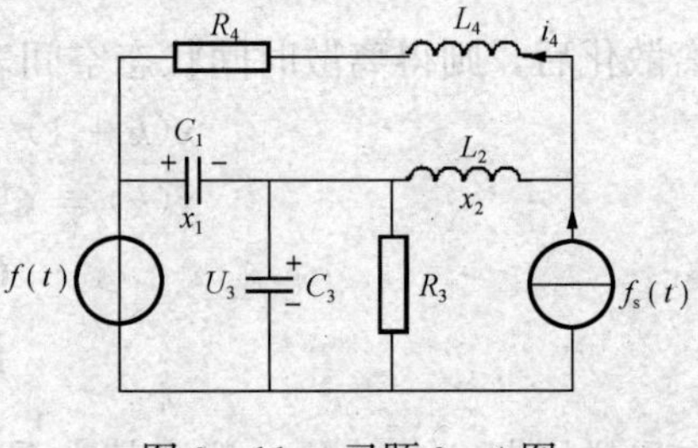

图 9 - 11　习题 9 - 4 图

9 - 5　电路如图 9 - 12 所示，试写出其状态方程，若输出为 u_{R1}、u_{R2}，试写出其输出方程。

9 - 6　电路如图 9 - 13 所示，试写出其状态方程和输出方程。图中，$R_1=1\Omega$，$R_2=1\Omega$，$C=2\text{F}$，$L_1=L_2=1\text{H}$。

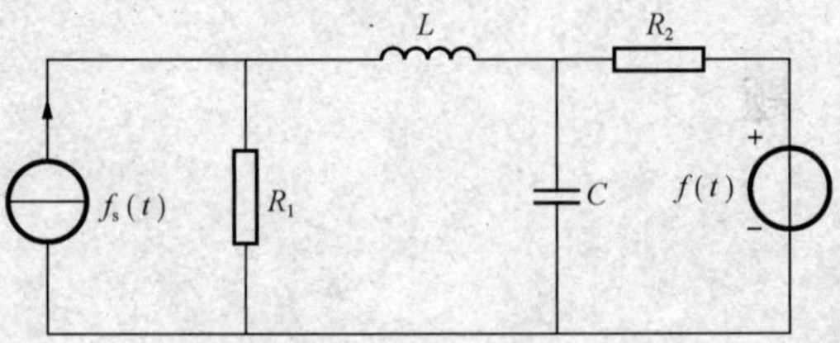

图 9 - 12　习题 9 - 5 图

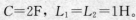

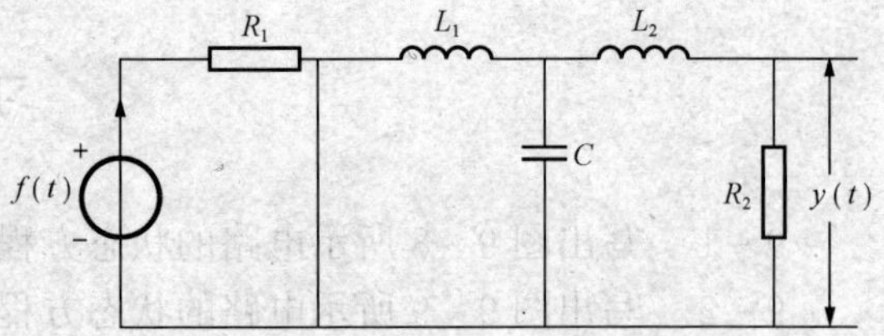

图 9 - 13　习题 9 - 6 图

9 - 7　已知 LC 滤波电路如图 9 - 14 所示，试求其状态方程。

9 - 8　设图 9 - 15 所示电路的元件参数 $R=5/6\Omega$，$C=1\text{F}$，$L=1/6\text{H}$，$f(t)=5\sin t\varepsilon(t)\text{V}$。电路的初始状态为 $i_L(0)=5\text{A}$，$u_C(0)=4\text{V}$。试完成：

(1) 求状态过渡矩阵 $\boldsymbol{\phi}(t)=\mathscr{L}^{-1}[\boldsymbol{\Phi}(s)]=\mathscr{L}^{-1}[(s\boldsymbol{I}-\boldsymbol{A})^{-1}]$ 及系统的自然频率。

(2) 用复频域解法求响应电流 $i(t)$，并指出其中的零输入响应与零状态响应。

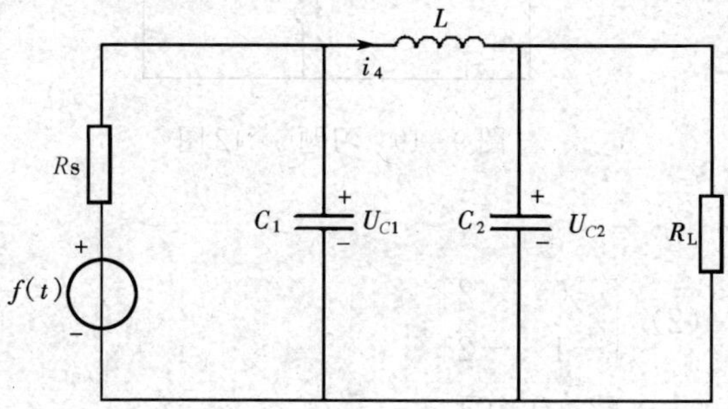

图 9 - 14　习题 9 - 7 图

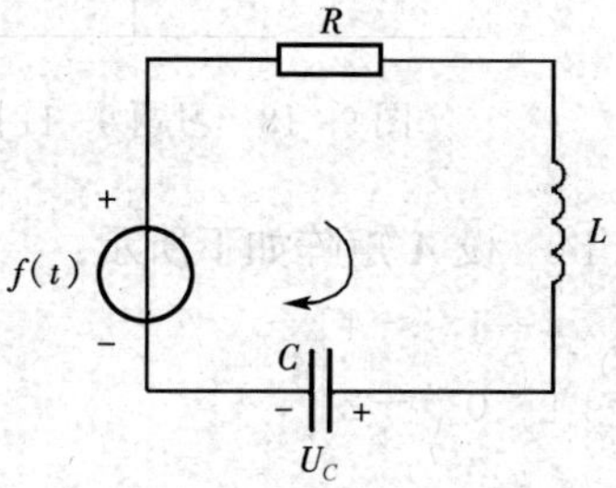

图 9 - 15　习题 9 - 8 图

9 - 9　设图 9 - 16 所示电路中，激励为 $f_1(t)=\varepsilon(t)$，$f_2(t)=\delta(t)$，电容初始电压 $u_C(0)=1\text{V}$，电感初始电流为 0。试用复频域解法求状态过渡矩阵和状态矢量。

9 - 10　设图 9 - 17 所示电路中，如 $f(t)=\varepsilon(t)\text{V}$，$f_s(t)=\delta(t)\text{A}$，初始状态为零。列写状态方程并用复频域解法求 $u_{C1}(t)$。

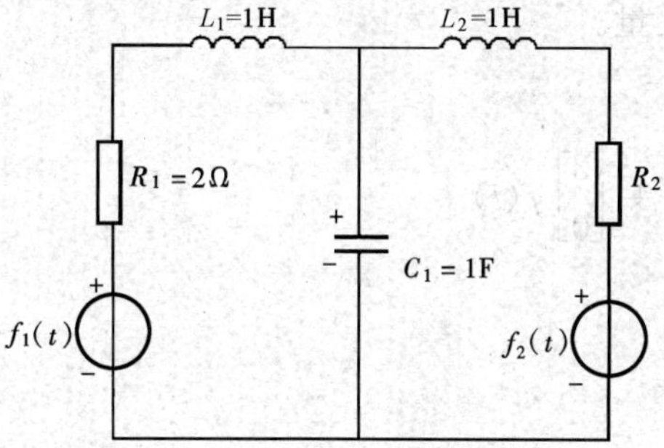

图 9 - 16　习题 9 - 9 图

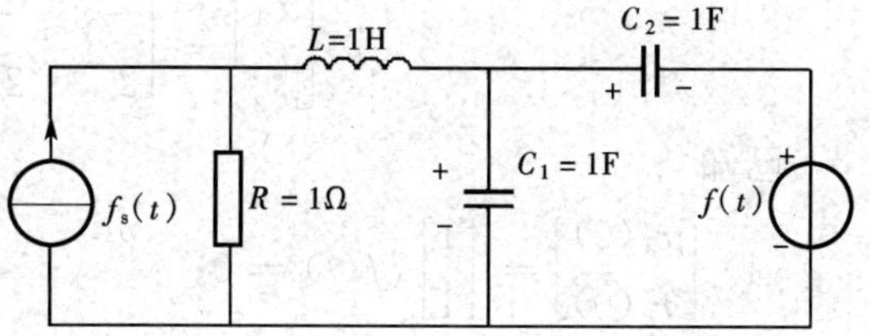

图 9 - 17　习题 9 - 10 图

9 - 11　已知电路如图 9 - 18 所示，$R=1\Omega$，$C=1\text{F}$，$L=1\text{H}$，$i_L(0)=0A$，$u_C(t)=0V$。试用状态法求 $U_C(t)$ 和 $i_L(t)$。

9 - 12　已知电路如图 9 - 19 所示，$R=1\Omega$，$C=1\text{F}$，$L=1\text{H}$，$i_L(0)=0A$；$u_C(t)=0V$。试用状态法求 $U_C(t)$ 和 $i_L(t)$。

9 - 13　已知系统矩阵方程参数如下：

(1) $\boldsymbol{A}=\begin{bmatrix}-3 & 1\\ -2 & 0\end{bmatrix}$，$\boldsymbol{B}=\begin{bmatrix}1\\ 0\end{bmatrix}$，$\boldsymbol{C}=[0\quad 1]$，$\boldsymbol{D}=0$，$f(t)=\varepsilon(t)$，$\boldsymbol{x}(0)=\begin{bmatrix}2\\ 0\end{bmatrix}$；

(2) $\boldsymbol{A}=\begin{bmatrix}-1 & 1\\ -1 & -1\end{bmatrix}$，$\boldsymbol{B}=\begin{bmatrix}0\\ 1\end{bmatrix}$，$\boldsymbol{C}=[1\quad 1]$，$\boldsymbol{D}=1$，$f(t)=\varepsilon(t)$，$\boldsymbol{x}(0)=\begin{bmatrix}2\\ 1\end{bmatrix}$。

试求该系统函数矩阵 $\boldsymbol{H}(s)$ 及其零状态响应。

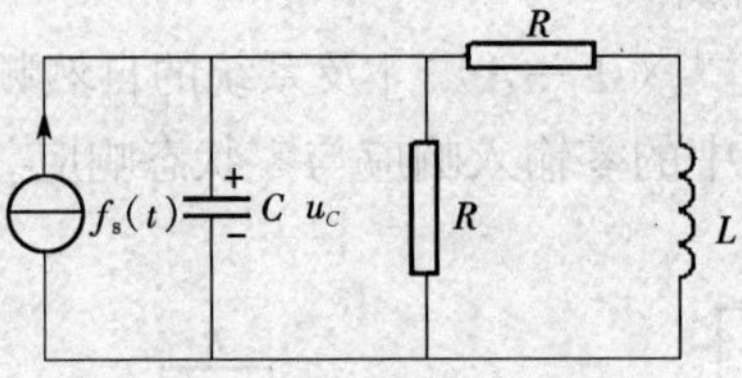

图 9 - 18　习题 9 - 11 图

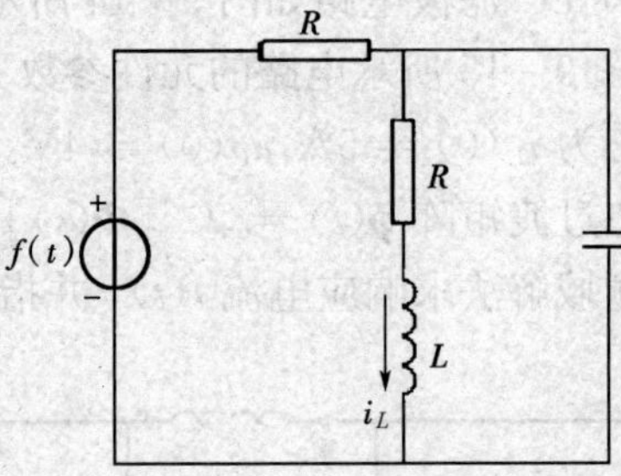

图 9 - 19　习题 9 - 12 图

9 - 14　设 **A** 矩阵如下所示：

(1) $\begin{bmatrix} -1 & 1 \\ 0 & -2 \end{bmatrix}$；　　(2) $\begin{bmatrix} 0 & 2 \\ -1 & -2 \end{bmatrix}$；

(3) $\begin{bmatrix} -4 & -3 \\ 1 & 0 \end{bmatrix}$；　　(4) $\begin{bmatrix} 2 & 0 & 0 \\ 0 & 1 & 0 \\ 0 & 0 & 3 \end{bmatrix}$。

试求矩阵指数函数 e^{At} 及系统的自然频率。

9 - 15　已知 $\boldsymbol{A}=\begin{bmatrix} 1 & 0 & 0 \\ 0 & 1 & 0 \\ 0 & 1 & 2 \end{bmatrix}$，求 $\boldsymbol{\phi}(t)$。

9 - 16　用时域解法求题 9 - 8～题 9 - 10 的状态变量。

9 - 17　试用变换域法解下列状态方程。

$$\begin{bmatrix} \dot{x}_1 \\ \dot{x}_2 \end{bmatrix} = \begin{bmatrix} -3 & -2 \\ 2 & 2 \end{bmatrix} \begin{bmatrix} x_1 \\ x_2 \end{bmatrix} + \begin{bmatrix} 3 \\ 0 \end{bmatrix} f(t)$$

已知

(1) $\begin{bmatrix} x_1(0) \\ x_2(0) \end{bmatrix} = \begin{bmatrix} 1 \\ 1 \end{bmatrix}, f(t)=0$；

(2) $\begin{bmatrix} x_1(0) \\ x_2(0) \end{bmatrix} = \begin{bmatrix} 2 \\ -1 \end{bmatrix}, f(t)=\varepsilon(t)$。

9 - 18　设某 LTI 系统的状态方程和输出方程为

$$\dot{\boldsymbol{x}}(t) = \begin{bmatrix} -2 & 1 \\ 0 & -1 \end{bmatrix} \boldsymbol{x}(t) + \begin{bmatrix} 1 \\ 0 \end{bmatrix} f(t)$$

$y(t)=[1 \quad 0], x(t)x(0)=\begin{bmatrix} 1 \\ 1 \end{bmatrix}, f(t)=\varepsilon(t)$，试用时域法求 $y(t)$。

9 - 19　离散时间系数的差分方程描述：

(1) $y(k+2)+2y(k+1)+y(k)=f(k+2)$；

(2) $y(k+2)+3y(k+1)+2y(k)=f(k+1)+f(k)$；

(3) $y(k)+3y(k-1)+2y(k-2)+y(k-3)=f(k-1)+2f(k-2)+f(k-3)$。

试列写该系统的状态方程与输出方程。

9-20　列写出如图 9-20 所示框图系统的状态方程与输出方程。

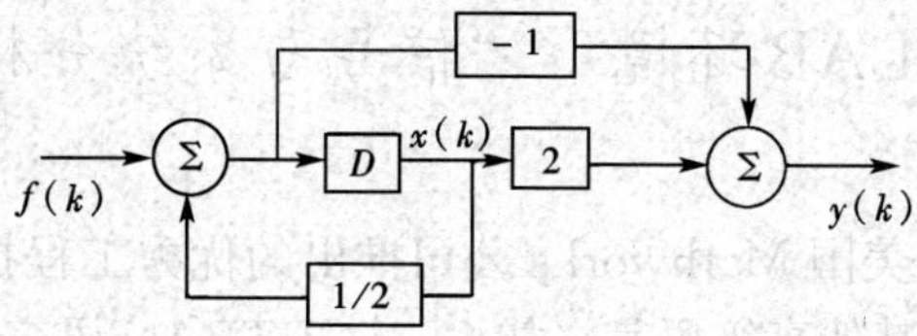

(a)

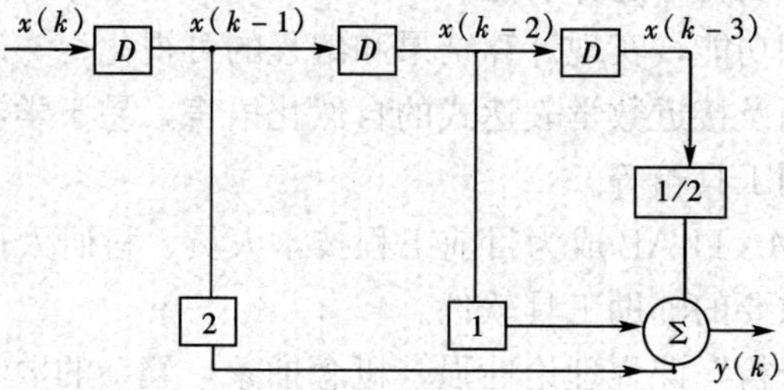

(b)

图 9-20　习题 9-20 图

9-21　已知

$$\boldsymbol{x}(\boldsymbol{k}+\mathbf{1})=\begin{bmatrix}0 & 1\\ 3 & 2\end{bmatrix}\boldsymbol{x}(\boldsymbol{k})$$

$$\boldsymbol{x}(\mathbf{0})=\begin{bmatrix}1\\ 0\end{bmatrix}$$

$$y(k)=[3\quad 3]\boldsymbol{x}(k)$$

试求 $y(k)$。

9-22　已知方程 $y(k+2)+3y(k+1)+2y(k)=f(k), f(k)=\varepsilon(k)$，试求 $y(k)$。

9-23　已知方程 $y(k+2)+6y(k+1)+8y(k)=f(k), f(t)=\varepsilon(k)$，试求 $y(k)$。

附录A MATLAB环境下“信号与系统分析”课程实验

MATLAB是1984年由美国Mathworks公司推出的优秀工程技术软件，它作为新兴的编程语言和可视化工具有着其他高级语言（如C、FORTRAN语言等）所不能比拟的优势：

（1）高效的数值计算及符号运算功能；

（2）完备的图形处理功能，实现计算结果和编程的可视化；

（3）友好的用户界面及接近数学表达式的自然化语言，易于学习和掌握；

（4）功能丰富的应用工具箱等。

基于上述特点，使MATLAB成为目前工程技术人员、科研人员以及在校大学生、硕士生和博士生广泛使用的重要的辅助工具软件。

因为“信号与系统分析”课程理论性强，概念抽象，繁杂的数学公式推导及求解耗费了学生大量的时间与精力，而忽视了对概念和精髓的理解，解决这一问题的方法之一就是利用计算机辅助教学，将教学难点、重点以及波形通过可视化图形予以演示。对于以往专门用于科学计算的语言，编写图形界面的功能较弱，因而用其开发的程序，界面往往不够友好，用户使用不够方便；而专门用于可视化的语言，对科学计算的功能又相对弱一些，MATLAB兼顾了两者的优点，既可进行数值计算又有强大的图形处理功能。由于我国许多高校对MATLAB还尚未纳入本科生教学计划中，而本课又没有专门的学时来学习，所以在MATLAB平台上设计开发出一套界面友好、便于操作的实验软件系统，即使用户没有完全掌握MATLAB也可以使用。

软件系统由时域分析、频域分析和复频域分析三大部分构成，每一部分中包含了多个子项，可完成多项实验。在一个主界面下可依次进入各界面。

一、时域分析

1. 信号的运算

在这个窗口中完成信号的加减、相乘、奇偶分解。侧重介绍加法运算。待加的函数有两种选择：【正弦函数】和【文本文件】。如果选择【正弦函数】，那么要设置正弦量的三要素以及采样间隔，按【确认】即可得到波形；如果选择【文本文件】，那么在从磁盘目录中选取文件后，将自动计算采样间隔，画出波形。在完成两个原始信号的设定后，点击【相加】即可在第三个坐标系中得到相加后的波形。如果需要保存，通过【保存】按钮得到一个操作窗口，选择保存路径及定义文件名后，即保存为一个文本文件。此实验通过图像看到随着谐波次数的增多逐步趋于方波的过程，并非常直观地反映了吉布斯现象，同时验证了周期信号由频域中无穷多项不同频率的正弦信号的叠加而成，如附图A-1所示。

2. LTI系统的零态响应特性

见附图A-2。当建立了实际LTI系统的数学模型以后，通过输入微分方程的左、右端系数（这里要求$n>m$），点击【冲激响应】即可观察到冲激响应波形。它反映了系统的固有特性，与输入系统的激励无关。这里激励信号设置了阶跃、冲激、正弦、指数和t的多项式函数，完全满足了教学的需要。当要观察阶跃信号激励下的零状态响应时，选中阶跃激励前的双位按钮，输入幅值，点击【卷积】即可看到该系统在阶跃信号激励下的零状态响应波形。当要观察其他激励下的零状态响应波形时，重新输入激励信号，可以看到由于系统模型没变，冲激响应波形也没有变化，很直观地反映了冲激响应只取决于系统而与输入无关的性质。

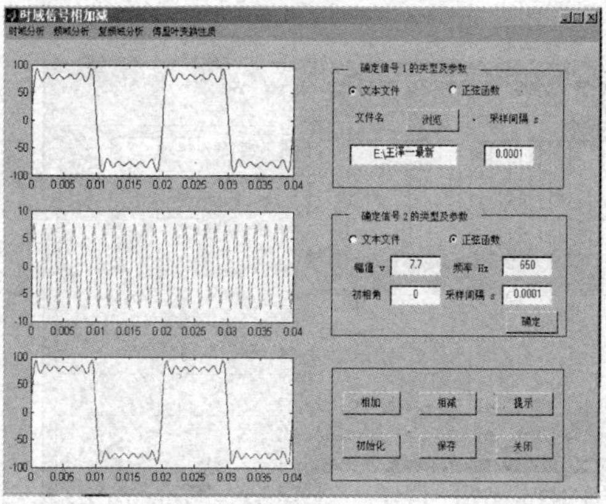

附图 A-1 时域信号加减图

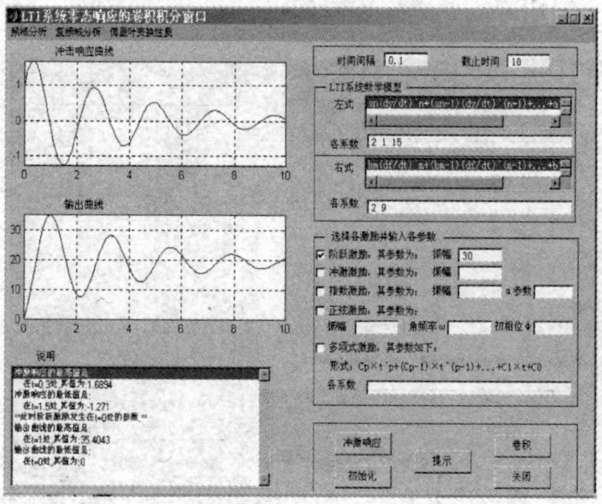

附图 A-2 LTI 系统零状态响应的卷积积分窗口

二、频域分析

1. 连续周期与非周期信号的频谱

（1）周期信号。周期信号的频谱是冲激序列。以正、余弦信号为例，见附图 A-3。在原始信号选择列表框中选中正弦或余弦，接着要求输入时间范围（$t \geqslant 0$）、时间间隔、频率范围以及输入点数。输入点数要求是 2^M 次幂（由 FFT 算法要求所致）。点击【傅里叶变换】即可得到正、余弦信号的幅频谱图，再点击【加入噪声】看原时间信号，已被噪声淹没，很难区分出原时间信号，但进行傅里叶变换后，频谱图上的有用时间信号的幅值最大，说明频谱图能识别信号中的各个不同频率分量。点击【功率密度谱】可看到谱平方的波形。

（2）对非周期信号。非周期信号在原始信号选择列表框中，供选择的有门函数脉冲、三角脉冲和指数信号等。当选中一个非周期信号后，输入时间轴范围和时间间隔，输入脉高设默认值为 1，输入脉宽不能超过时间轴范围。点击【显示波形】可看到时间信号，点击【傅里叶变换】可显示信号的频谱图。在此实验中可观察到时域信号持续时间的变化，将会引起频域中频宽的相反的变化，两者呈反比关系。

2. 离散周期与非周期信号的频谱

见附图 A-4，离散序列选择框中包含周期与非周期信号，共有单位方波、方波、锯齿波、三角波以及指数和复指数等可供选择。比如选中单位方波，确定周期 N（当然非周期输入时，该框变色，为不可编辑状态），输入占空比，点击【原始序列】，坐标图中显示了单位方波波形，点击【DFS】另一坐标图中显示了傅里叶变换波形。在其他信号输入时，还有一些约束条件，比如正值比、斜率、底数等。

3. 傅里叶变换的主要性质

时移性质：见附图 A-5。选中显示原函数，点击【时域函数】，出现指数波形，再分别点击【幅频特性】、【相频特性】，显示了波形曲线；给出时移系数，选中时移后函数，再点击【幅频特性】、【相频特性】，可见幅频特性相同，只是发生了相移，性质得证。在同一坐标中出现的两种波形以红、绿颜色以示区别，并便于比较。

频移性质：各按件与附图 A-5 相似，实验结果见附图 A-6。说明时域信号乘以指数函数（注意：这里只做出相乘后的实数波形，这在界面中的提示中都有说明），频谱搬移。

另有时域尺度变换性质，卷积定理、采样定理等分别见附图 A-7～附图 A-9。这里不再一一讲解。

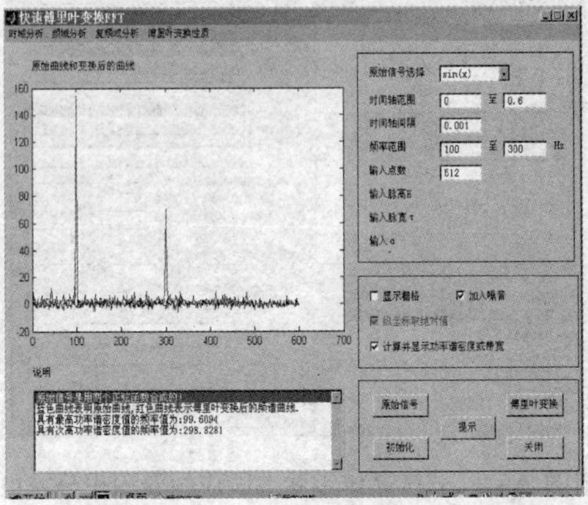

附图 A-3 傅里叶变换 FFT

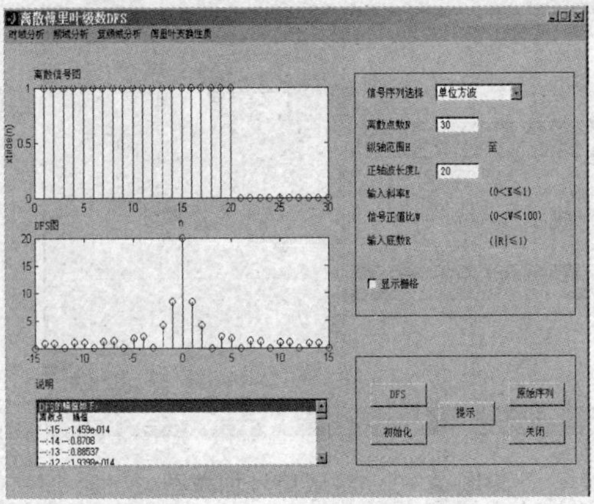

附图 A-4 离散傅里叶级数 DFS

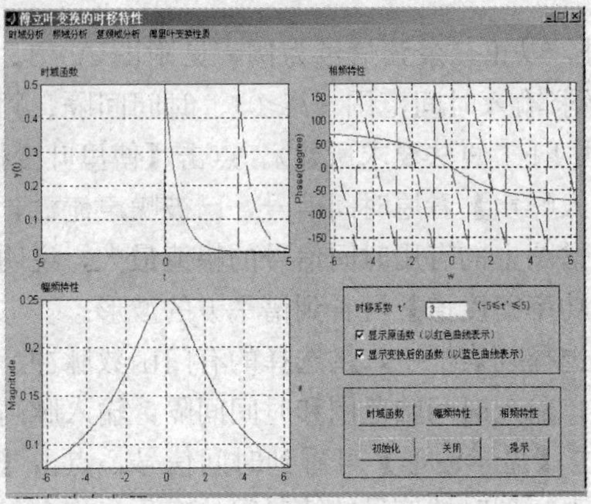

附图 A-5 傅里叶变换的时移特性

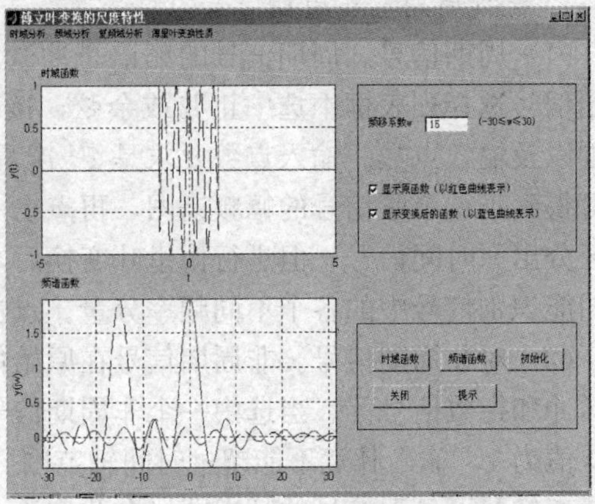

附图 A-6 傅里叶变换的频移特性

4. 复频域分析

在该窗口中完成系统传递函数形式的转换以及给出系统的频率响应特性。首先输入传递函数的分子、分母多项式的系数，要求 $n \leqslant m$，点击【绘图】，则在坐标系中显示传递函数的零、极点图，点击【转换形式】得到传递函数的零、极点形式的表达式，单击【状态空间】，便进入状态空间形式的窗口，可分别得到 $\boldsymbol{A}$ 阵、$\boldsymbol{B}$ 阵、$\boldsymbol{C}$ 阵和 $\boldsymbol{D}$ 阵，单击【频率响应】即可得到该系统频率响应的波特图，如附图 A-10 所示。解决了频率特性在课堂上只能定性给出，无法精确定量地画出的问题。

附图 A-11、附图 A-12 给出差分方程的求解和离散傅里叶正反变换的图形界面。

在以上所有各个实验窗口中都设置了【初始化】和【返回】，可以重复多次赋值，多次实验，比较各个实验结果。为了初学者实验的顺利进行，各实验都有【提示】，简单说明实验原理和操作方法，如附图 A-7 所示。

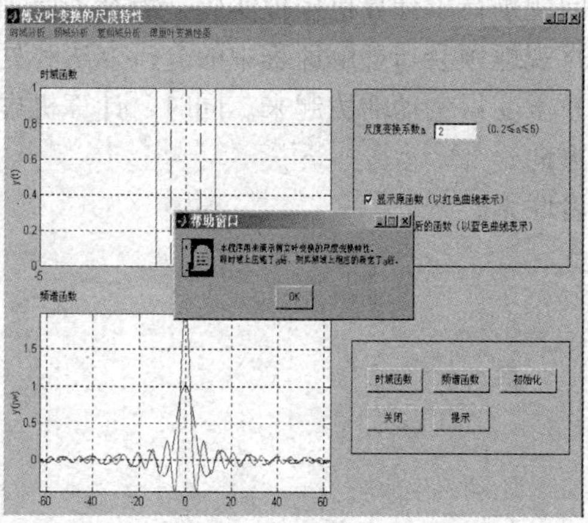

附图 A-7　傅里叶变换的尺度变换特性

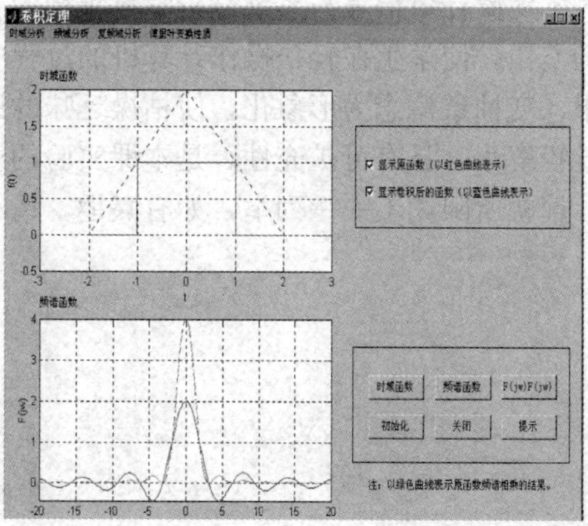

附图 A-8　卷积定理

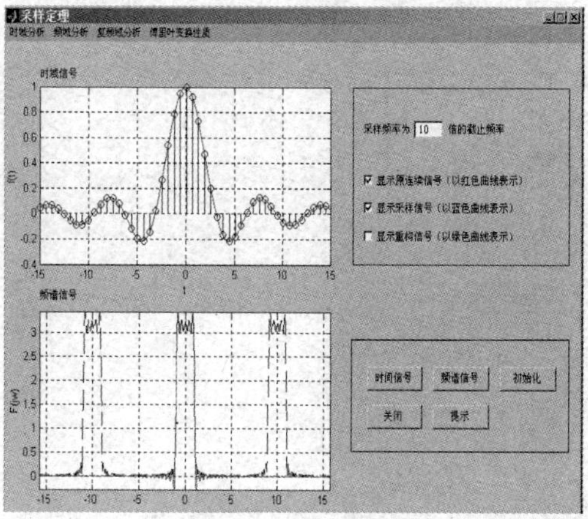

附图 A-9　采样定理

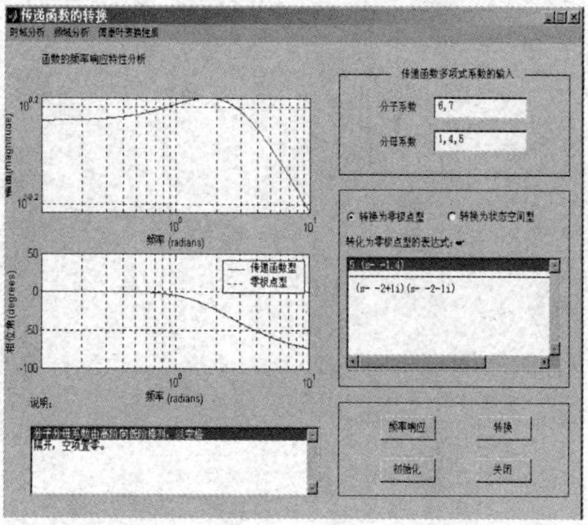

附图 A-10　传递函数的转换

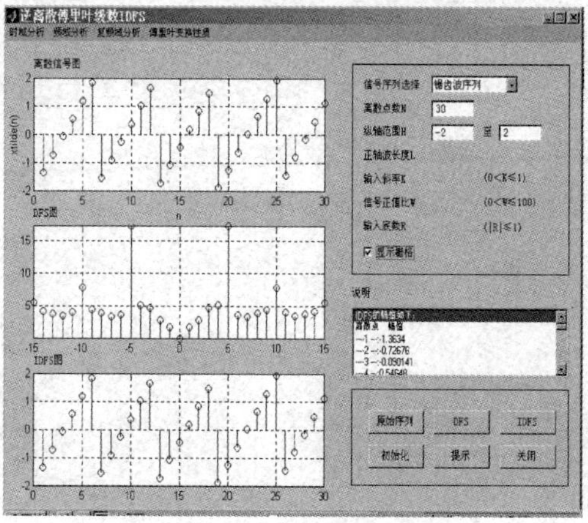

附图 A-11　逆离散傅里叶级数

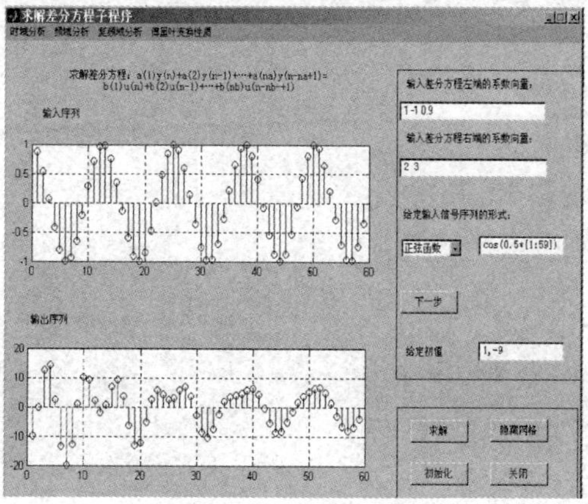

附图 A-12　求解差分方程子程序

本实验针对信号与系统分析学科领域的主要问题进行了计算机虚拟实验，填补了课程实验的空白，使学生在轻松操作计算机的过程中，直观地领会与理解课程中的分析方法和处理结果，变抽象概念为形象化，使枯燥乏味的课堂教学变得生动活泼起来。同时，计算机虚拟实验投资小，具有可扩充性，是本课实验的发展方向。

篇幅所限，不一一列举，如有兴趣，请与作者联系。

附录 B　各变换的性质及常用信号的变换公式

B1　连续时间 LTI 系统

单位冲激响应　$h(t)$

卷积　$y(t)=f(t)*h(t)=\int_{-\infty}^{\infty}f(\tau)h(t-\tau)\mathrm{d}\tau$

两因果信号卷积　$y(t)=f(t)*h(t)=\int_{0}^{t}f(\tau)h(t-\tau)\mathrm{d}\tau$

因果性　$h(t)=0(t<0)$

稳定性　$\int_{-\infty}^{\infty}|h(t)|\mathrm{d}t<\infty$

B2　傅里叶变换

定义式为

$$f(t)\xleftrightarrow{F}F(\mathrm{j}\omega)$$

$$F(\mathrm{j}\omega)=\int_{-\infty}^{\infty}f(t)\mathrm{e}^{-\mathrm{j}\omega t}\mathrm{d}t$$

$$f(t)=\frac{1}{2\pi}\int_{-\infty}^{\infty}F(\mathrm{j}\omega)\mathrm{e}^{\mathrm{j}\omega t}\mathrm{d}\omega$$

性质：

线性　$a_1f_1(t)+a_2f_2(t)\longleftrightarrow a_1F_1(\mathrm{j}\omega)+a_2F_2(\mathrm{j}\omega)$

时间平移　$f(t-t_0)\longleftrightarrow \mathrm{e}^{-\mathrm{j}\omega t_0}F(\mathrm{j}\omega)$

频率平移　$\mathrm{e}^{\mathrm{j}\omega_0 t}f(t)\longleftrightarrow F(\mathrm{j}\omega-\mathrm{j}\omega_0)$

时间比例　$f(at)\longleftrightarrow \frac{1}{|a|}F\left(\frac{\mathrm{j}\omega}{a}\right)$

时域微分　$\frac{\mathrm{d}f(t)}{\mathrm{d}t}\longleftrightarrow \mathrm{j}\omega F(\mathrm{j}\omega)$

频域微分　$(-\mathrm{j}t)f(t)\longleftrightarrow \frac{\mathrm{d}F(\mathrm{j}\omega)}{\mathrm{d}\omega}$

时域积分　$\int_{-\infty}^{t}f(\tau)\mathrm{d}\tau\longleftrightarrow \pi F(0)\delta(\omega)+\frac{1}{\mathrm{j}\omega}F(\mathrm{j}\omega)$

时域卷积　$f_1(t)*f_2(t)\longleftrightarrow F_1(\mathrm{j}\omega)F_2(\mathrm{j}\omega)$

时域乘积　$f_1(t)f_2(t)\longleftrightarrow \frac{1}{2\pi}F_1(\mathrm{j}\omega)*F_2(\mathrm{j}\omega)$

实信号　$f(t)=f_\mathrm{e}(t)+f_\mathrm{o}(t)\longleftrightarrow F(\mathrm{j}\omega)=A(\omega)+\mathrm{j}B(\omega)$

$$F(-\mathrm{j}\omega)=\overset{*}{F}(\mathrm{j}\omega)$$

偶部分　$f_\mathrm{e}(t)\longleftrightarrow \mathrm{Re}\{F(\mathrm{j}\omega)\}=A(\omega)$

奇部分　$f_\mathrm{o}(t)\longleftrightarrow \mathrm{jIm}\{F(\mathrm{j}\omega)\}=\mathrm{j}B(\omega)$

帕斯瓦尔（Parseval）关系式

$$\int_{-\infty}^{\infty}|f(t)|^2\mathrm{d}t=\frac{1}{2\pi}\int_{-\infty}^{\infty}|F(\mathrm{j}\omega)|^2\mathrm{d}\omega$$

常用傅里叶变换对

$$\delta(t) \longleftrightarrow 1$$

$$\delta(t-t_0) \longleftrightarrow \mathrm{e}^{-\mathrm{j}\omega t_0}$$

$$1 \longleftrightarrow 2\pi\delta(\omega)$$

$$\mathrm{e}^{\mathrm{j}\omega_0 t} \longleftrightarrow 2\pi\delta(\omega-\omega_0)$$

$$\cos\omega_0 t \longleftrightarrow \pi[\delta(\omega-\omega_0)+\delta(\omega+\omega_0)]$$

$$\sin\omega_0 t \longleftrightarrow \mathrm{j}\pi[\delta(\omega+\omega_0)-\delta(\omega-\omega_0)]$$

$$\varepsilon(t) \longleftrightarrow \pi\delta(\omega)+\frac{1}{\mathrm{j}\omega}$$

$$\varepsilon(-t) \longleftrightarrow \pi\delta(\omega)-\frac{1}{\mathrm{j}\omega}$$

$$\mathrm{e}^{-at}\varepsilon(t) \longleftrightarrow \frac{1}{\mathrm{j}\omega+a}(a>0)$$

$$t\mathrm{e}^{-at}\varepsilon(t) \longleftrightarrow \frac{1}{(\mathrm{j}\omega+a)^2}(a>0)$$

$$\mathrm{e}^{-a|t|} \longleftrightarrow \frac{2a}{a^2+\omega^2}(a>0)$$

$$\frac{1}{a^2+t^2} \longleftrightarrow \mathrm{e}^{-a|\omega|}$$

$$\mathrm{e}^{-at^2} \longleftrightarrow \sqrt{\frac{\pi}{a}}\mathrm{e}^{-\omega^2/4a}(a>0)$$

$$g_{2a}(t)=\begin{cases}1(|t|<a)\\0(|t|>a)\end{cases} \longleftrightarrow 2a\frac{\sin\omega a}{\omega a}=2aSa(\omega a)$$

$$\frac{\sin at}{\pi t}=\frac{a}{\pi}Sa(at) \longleftrightarrow g_{2a}(\omega)=\begin{cases}1(|\omega|<a)\\0(|\omega|>a)\end{cases}$$

$$\sum_{k=-\infty}^{\infty}\delta(t-kT) \longleftrightarrow \omega_0\sum_{k=-\infty}^{\infty}\delta(\omega-k\omega_0)\left(\omega_0=\frac{2\pi}{T}\right)$$

B3 单边拉普拉斯变换

定义式

$$f(t) \overset{L}{\longleftrightarrow} F(s)$$

$$F(s)=\int_{0_-}^{+\infty}f(t)\mathrm{e}^{-st}\,\mathrm{d}t$$

$$f(t)=\frac{1}{2\pi\mathrm{j}}\int_{c-\mathrm{j}\infty}^{c+\mathrm{j}\infty}F(s)\mathrm{e}^{st}\,\mathrm{d}s$$

性质：

线性 $a_1f_1(t)+a_2f_2(t) \longleftrightarrow a_1F_1(s)+a_2F_2(s)(R'\supset R_1\cap R_2)$

时间平移 $f(t-t_0)\varepsilon(t-t_0) \longleftrightarrow \mathrm{e}^{-st_0}F(s)(R'=R)$

s 域平移 $\mathrm{e}^{s_0t}f(t) \longleftrightarrow F(s-s_0)[R'=R+\mathrm{Re}(s_0)]$

时间比例 $f(at) \longleftrightarrow \frac{1}{a}F\left(\frac{s}{a}\right)(R'=aR)$

时域微分 $\frac{\mathrm{d}f(t)}{\mathrm{d}t} \longleftrightarrow sF(s)-f(0_-)$

$$\frac{d^2 f(t)}{dt^2} \longleftrightarrow s^2F(s)-sf(0_-)-f'(0_-)$$

$$\frac{d^n f(t)}{dt^n} \longleftrightarrow s^nF(s)-s^{n-1}f(0_-)-s^{n-2}f(0_-)-\cdots-f^{(n-1)}(0_-)$$

s 域微分 $-tf(t) \longleftrightarrow \frac{dF(s)}{ds}(R'=R)$

时域积分 $\int_{0^-}^{t} f(\tau)d\tau \longleftrightarrow \frac{1}{s}F(s)$

$$\int_{-\infty}^{t} f(\tau)d(\tau) \longleftrightarrow \frac{1}{s}F(s)+\frac{1}{s}\int_{-\infty}^{0_-} f(\tau)d\tau$$

卷积 $f_1(t)*f_2(t) \longleftrightarrow F_1(s)F_2(s)(R'\supset R_1\cap R_2)$

初值定理 $f(0_-)=\lim_{s\to\infty} sF(s)$

终值定理 $\lim_{t\to\infty} f(t)=\lim_{s\to 0} sF(s)$

部分拉普拉斯变换对

$$\delta(t) \longleftrightarrow 1(\text{全体 } s)$$

$$\varepsilon(t) \longleftrightarrow \frac{1}{s}[\mathrm{Re}(s)>0]$$

$$t \longleftrightarrow \frac{1}{s^2}[\mathrm{Re}(s)>0]$$

$$t^k \longleftrightarrow \frac{k!}{s^{k+1}}[\mathrm{Re}(s)>0]$$

$$e^{-at} \longleftrightarrow \frac{1}{s+a}[\mathrm{Re}(s)>-\mathrm{Re}(a)]$$

$$te^{-at} \longleftrightarrow \frac{1}{(s+a)^2}[\mathrm{Re}(s)>-\mathrm{Re}(a)]$$

$$\cos\omega_0 t \longleftrightarrow \frac{s}{s^2+\omega_0^2}[\mathrm{Re}(s)>0]$$

$$\sin\omega_0 t \longleftrightarrow \frac{\omega_0}{s^2+\omega_0^2}[\mathrm{Re}(s)>0]$$

$$e^{-at}\cos\omega_0 t \longleftrightarrow \frac{s+a}{(s+a)^2+\omega_0^2}[\mathrm{Re}(s)>-\mathrm{Re}(a)]$$

$$e^{-at}\sin\omega_0 t \longleftrightarrow \frac{\omega_0}{(s+a)^2+\omega_0^2}[\mathrm{Re}(s)>-\mathrm{Re}(a)]$$

B4 离散时间 LTI 系统

单位冲激响应 $h(k)$

卷积 $y(k)=x(k)*h(k)=\sum_{j=-\infty}^{\infty} x(j)h(k-j)$

两因果信号卷积 $y(k)=x(k)*h(k)=\sum_{j=0}^{k} x(j)h(k-j)$

因果性 $h(k)=0(k<0)$

稳定性 $\sum_{k=-\infty}^{\infty} |h(k)|<\infty$

B5 单边 z 变换

定义式

$$x(k) \overset{z}{\longleftrightarrow} X(z)$$

$$X(z) = \sum_{k=0}^{\infty} x(k) z^{-k}$$

$$x(k) = \frac{1}{2\pi j} \oint_c X(z) z^{k-1} dz$$

性质：

线性 $a_1 x_1(k) + a_2 x_2(k) \longleftrightarrow a_1 X_1(z) + a_2 X_2(z) (R' \supset R_1 \cap R_2)$

时移：

左移 j 时，$x(k-j) \longleftrightarrow z^{-j} X(z) + z^{-j+1} x(-1) + z^{-j+2} x(-2) + \cdots + x(-j)$

若 $x(k)$ 是因果信号，$x(k-j) \longleftrightarrow z^{-j} X(z)$

右移 j 时，$x(k+j) \longleftrightarrow z^j X(z) - z^j x(0) - z^{j-1} x(1) - \cdots - zx(j-1)$

$$= z^j X(z) - z^j \sum_{k=0}^{j-1} x(k) z^{-k}$$

乘 k $kx(k) \longleftrightarrow -z \frac{dX(z)}{dz} (R' = R)$

尺度定理 $r^k x(k) \longleftrightarrow X\left(\frac{z}{r}\right)$

卷积 $x_1(k) * x_2(k) \longleftrightarrow X_1(z) X_2(z) (R' \supset R_1 \cap R_2)$

初值定理 $x(0) = \lim_{z \to \infty} X(z)$

终值定理 $\lim_{N \to \infty} x(k) = \lim_{z \to 1} (z-1) X(z)$

部分 z 变换对

$\delta(k) \longleftrightarrow 1$（$z$ 平面）

$\delta(k-i) \longleftrightarrow z^{-i} (z \neq 0)$

$\varepsilon(k) \longleftrightarrow \frac{z}{z-1} (|z| > 1)$

$\varepsilon(k-j) \longleftrightarrow \frac{z^{-j+1}}{z-1} (|z| > 1)$

$k \longleftrightarrow \frac{z}{(z-1)^2} (|z| > 1)$

$k^n \longleftrightarrow \left(-z \frac{d}{dz}\right)^n \left(\frac{1}{1-z^{-1}}\right) (|z| > 1)$

$r^k \longleftrightarrow \frac{z}{z-r} (|z| > |r|)$

$kr^k \longleftrightarrow \frac{rz}{(z-r)^2} (|z| > |r|)$

$(k+1) r^k \longleftrightarrow \left(\frac{z}{z-r}\right)^2 (|z| > |r|)$

$\frac{1}{2}(k+1)(k+2) r^k \longleftrightarrow \left(\frac{z}{z-r}\right)^3 (|z| > |r|)$

$\frac{1}{(p-1)!}(k+1)(k+2)\cdots(k+p-1) r^k \longleftrightarrow \left(\frac{z}{z-r}\right)^p (|z| > |r|)$

$$e^{k\lambda} \longleftrightarrow \frac{z}{z-e^{\lambda}}(|z|>|e^{\lambda}|)$$

$$\cos k\beta \longleftrightarrow \frac{z(z-\cos\beta)}{z^2-2z\cos\beta+1}(|z|>1)$$

$$\sin k\beta \longleftrightarrow \frac{z\sin\beta}{z^2-2z\cos\beta+1}(|z|>1)$$

$$e^{k\alpha}\cos k\beta \longleftrightarrow \frac{1-e^{\alpha}\cos\beta z^{-1}}{1-2e^{\alpha}\cos\beta z^{-1}+e^{2\alpha}z^{-2}}(|z|>|e^{\lambda}|)$$

$$e^{k\alpha}\sin k\beta \longleftrightarrow \frac{e^{\alpha}\sin\beta z^{-1}}{1-2e^{\alpha}\cos\beta z^{-1}+e^{2\alpha}z^{-2}}(|z|>|e^{\lambda}|)$$

$$2re^{k\alpha}\cos(k\beta+\theta) \longleftrightarrow \frac{C}{1-rz^{-1}}+\frac{C^*}{1-r^*z^{-1}}(|z|>|r|;C=re^{j\theta};r=e^{\alpha+j\beta})$$

B6　离散傅里叶变换

定义式

$$x(k)=0\quad(k\leqslant 0\ \cup\ k\geqslant N-1)$$

$$x(k)\xleftrightarrow{\text{DFT}}X(n)$$

$$X(n)=\sum_{k=0}^{N-1}x(k)W_N^{nk}\quad(n=0,1,\cdots,N-1;W_N=e^{-j(2\pi/N)})$$

$$x(k)=\frac{1}{N}\sum_{k=0}^{N-1}X(n)W_N^{-nk}\quad(n=0,1\cdots N-1)$$

性质：

线性　$a_1x_1(k)+a_2x_2(k) \longleftrightarrow a_1X_1(n)+a_2X_2(n)$

圆周时移　$x((k-m))_NG_N(k) \longleftrightarrow W_N^{mn}X(n)$

圆周频移　$W_N^{-mk}X(k) \longleftrightarrow x[(n-m)_NG_N(n)]$

时域圆周卷积　$x_1(k)*x_2(k) \longleftrightarrow X_1(n)X_2(n)$

时域圆周乘积　$x_1(k)x_2(k) \longleftrightarrow \frac{1}{N}X_1(n)*X_2(n)$

共轭　$\overset{*}{x}(k) \longleftrightarrow \overset{*}{X}(N-n)$

实序列　$x(k)=x_e(k)+x_o(k) \longleftrightarrow X(n)=A(n)+jB(n)$

偶部分　$x_e(k) \longleftrightarrow \mathrm{Re}\{X(n)\}=A(n)$

奇部分　$x_o(k) \longleftrightarrow j\mathrm{Im}\{X(n)\}=jB(n)$

帕斯瓦尔关系

$$\sum_{k=0}^{N-1}|x(k)|^2=\frac{1}{N}\sum_{n=0}^{N-1}|X(n)|^2$$

B7　离散时间傅里叶变换

定义式

$$x(k)\xleftrightarrow{F}X(\Omega)$$

$$X(\Omega)=\sum_{n=-\infty}^{\infty}x(k)z^{-j\Omega n}$$

$$x(k)=\frac{1}{2\pi}\int_0^{2\pi}X(\Omega)\mathrm{e}^{\mathrm{j}\Omega n}\mathrm{d}\Omega$$

性质：

周期性　$x(k)\longleftrightarrow X(\Omega)=X(\Omega+2\pi)$

线性　$a_1x_1(k)+a_2x_2(k)\longleftrightarrow a_1X_1(\Omega)+a_2X_2(\Omega)$

时间平移　$x(k-k_0)\longleftrightarrow \mathrm{e}^{-\mathrm{j}\Omega k_0}X(\Omega)$

频率平移　$\mathrm{e}^{\mathrm{j}\Omega_0 n}x(k)\longleftrightarrow X(\Omega-\Omega_0)$

共轭　$\overset{*}{x}(k)\longleftrightarrow \overset{*}{X}(-\Omega)$

时间翻转　$x(-k)\longleftrightarrow X(-\Omega)$

时间比例　$x_{\mathrm{m}}(k)=\begin{cases}x(k/m) & (k=nm)\\ 0 & (k\neq nm)\end{cases}\longleftrightarrow X(m\Omega)$

频率微分　$kx(k)\longleftrightarrow \mathrm{j}\dfrac{\mathrm{d}X(\Omega)}{\mathrm{d}\Omega}$

一阶差分　$x(k)-x(k-1)\longleftrightarrow (1-\mathrm{e}^{-\mathrm{j}\Omega})X(\Omega)$

累加　$\sum\limits_{k=-\infty}^{n}x(k)\longleftrightarrow \pi X(0)\delta(\Omega)+\dfrac{1}{1-\mathrm{e}^{-\mathrm{j}\Omega}}X(-\Omega)$

卷积　$x_1(k)*x_2(k)\longleftrightarrow X_1(\Omega)X_2(\Omega)$

乘积　$x_1(k)x_2(k)\longleftrightarrow \dfrac{1}{2\pi}X_1(\Omega)*X_2(\Omega)$

实信号　$x(k)=x_{\mathrm{e}}(k)+x_{\mathrm{o}}(k)\longleftrightarrow X(\Omega)=A(\Omega)+\mathrm{j}B(\Omega)$

$$X(-\Omega)=\overset{*}{X}(\Omega)$$

偶部分　$x_{\mathrm{e}}(k)\longleftrightarrow \mathrm{Re}\{X(\Omega)\}=A(\Omega)$

奇部分　$x_{\mathrm{o}}(k)\longleftrightarrow \mathrm{jIm}\{X(\Omega)\}=\mathrm{j}B(\Omega)$

帕斯瓦尔关系

$$\sum_{n=-\infty}^{\infty}|x(k)|^2=\frac{1}{2\pi}\int_0^{2\pi}|X(\Omega)|^2\mathrm{d}\Omega$$

常用傅里叶变换对

$\delta(k)\longleftrightarrow 1$

$\delta(k-k_0)\longleftrightarrow \mathrm{e}^{-\mathrm{j}\Omega k_0}$

$1\longleftrightarrow 2\pi\delta(\Omega)\quad(|\Omega|\leqslant\pi)$

$\mathrm{e}^{\mathrm{j}\Omega_0 k}\longleftrightarrow 2\pi\delta(\Omega-\Omega_0)\quad(|\Omega|\leqslant\pi,|\Omega_0|\leqslant\pi)$

$\cos\Omega_0 k\longleftrightarrow \pi[\delta(\Omega-\Omega_0)+\delta(\Omega+\Omega_0)]\quad(|\Omega|\leqslant\pi,|\Omega_0|\leqslant\pi)$

$\sin\Omega_0 k\longleftrightarrow -\mathrm{j}\pi[\delta(\Omega-\Omega_0)-\delta(\Omega+\Omega_0)]\quad(|\Omega|\leqslant\pi,|\Omega_0|\leqslant\pi)$

$\varepsilon(k)\longleftrightarrow \pi\delta(\Omega)+\dfrac{1}{1-\mathrm{e}^{-\mathrm{j}\Omega}}\quad(|\Omega|\leqslant\pi)$

$-\varepsilon(-k-1)\longleftrightarrow -\pi\delta(\Omega)+\dfrac{1}{1-\mathrm{e}^{-\mathrm{j}\Omega}}\quad(|\Omega|\leqslant\pi)$

$a^n\varepsilon(k)\longleftrightarrow \dfrac{1}{1-a\mathrm{e}^{-\mathrm{j}\Omega}}\quad(|a|<1)$

$$-a^k\varepsilon(-k-1) \longleftrightarrow \frac{1}{1-a\mathrm{e}^{-\mathrm{j}\Omega}} \quad (|a|>1)$$

$$(k+1)a^k\varepsilon(n) \longleftrightarrow \frac{1}{(1-a\mathrm{e}^{-\mathrm{j}\Omega})^2} \quad (|a|<1)$$

$$a^{|k|} \longleftrightarrow \frac{1-a^2}{1-2a\cos\Omega+a^2} \quad (|a|<1)$$

$$x(k)=\begin{cases}1 & (|k|\leqslant N_1)\\ 0 & (|k|>N_1)\end{cases} \longleftrightarrow \frac{\sin\left[\Omega\left(N_1+\frac{1}{2}\right)\right]}{\sin(\Omega/2)}$$

$$\frac{\sin WK}{\pi k}(0<W<\pi) \longleftrightarrow X(\Omega)=\begin{cases}1 & (0\leqslant|\Omega|\leqslant W)\\ 0 & (W<|\Omega|\leqslant\pi)\end{cases}$$

$$\sum_{k=-\infty}^{\infty}\delta(k-kN_0) \longleftrightarrow \Omega_0\sum_{k=-\infty}^{\infty}\delta(\Omega-k\Omega_0) \quad \left(\Omega_0=\frac{2\pi}{N_0}\right)$$

B8　傅里叶级数

$$f(t+T)=f(t)$$

复指数傅里叶级数

$$f(t)=\sum_{n=-\infty}^{\infty}\dot{F}_n\mathrm{e}^{\mathrm{j}n\omega_1 t} \quad \left(\omega_1=\frac{2\pi}{T}\right)$$

$$\dot{F}_n=\frac{1}{T}\int_0^T f(t)\mathrm{e}^{-\mathrm{j}n\omega_1 t}\mathrm{d}t$$

三角型傅里叶级数

$$f(t)=a_0+\sum_{n=1}^{\infty}(a_n\cos k\omega_1 t+b_n\sin k\omega_1 t)$$

$$a_0=\frac{1}{T}\int_0^T f(t)\mathrm{d}t$$

$$a_n=\frac{2}{T}\int_0^T f(t)\cos n\omega_1 t\mathrm{d}t$$

$$b_n=\frac{2}{T}\int_0^T f(t)\sin n\omega_1 t\mathrm{d}t$$

谐波型傅里叶级数

$$f(t)=A_0+\sum_{n=1}^{\infty}A_n\cos(n\omega_1 t+\varphi_n) \quad \omega_1=\frac{2\pi}{T}$$

各种傅里叶系数之间的关系

$$a_0=A_0;A_n=\sqrt{a_n^2+b_n^2};\varphi_n=\tan^{-1}\frac{-b_n}{a_n}$$

$$\dot{F}_n=\frac{1}{2}(a_n-\mathrm{j}b_n)=\frac{1}{2}A_n\mathrm{e}^{\mathrm{j}\varphi_n};\dot{F}_{-n}=\frac{1}{2}(a_n+\mathrm{j}b_n)=\frac{1}{2}A_n\mathrm{e}^{-\mathrm{j}\varphi_n}$$

傅里叶级数的帕斯瓦尔定理

$$\frac{1}{T}\int_T |f(t)|^2\mathrm{d}t=\sum_{n=-\infty}^{\infty}|\dot{F}_n|^2$$

附录C 常用的数学公式

C1 求和公式

$$\sum_{n=0}^{N-1} a^n = \begin{cases} \dfrac{1-a^N}{1-a} & (a \neq 1) \\ N & (a=1) \end{cases}$$

$$\sum_{n=0}^{\infty} a^n = \frac{1}{1-a} \quad (|a|<1)$$

$$\sum_{n=k}^{\infty} a^n = \frac{a^k}{1-a} \quad (|a|<1)$$

$$\sum_{n=0}^{\infty} na^n = \frac{a}{(1-a)^2} \quad (|a|<1)$$

$$\sum_{n=0}^{\infty} n^2 a^n = \frac{a^2+a}{(1-a)^3} \quad (|a|<1)$$

C2 Euler 公式

$$e^{\pm j\theta} = \cos\theta \pm j\sin\theta$$

$$\cos\theta = \frac{1}{2}(e^{j\theta} + e^{-j\theta})$$

$$\sin\theta = \frac{1}{2j}(e^{j\theta} - e^{-j\theta})$$

C3 三角恒等式

$$\sin^2\theta + \cos^2\theta = 1$$

$$\sin^2\theta = \frac{1}{2}(1-\cos 2\theta)$$

$$\cos^2\theta = \frac{1}{2}(1+\cos 2\theta)$$

$$\sin 2\theta = 2\sin\theta\cos\theta$$

$$\cos 2\theta = \cos^2\theta - \sin^2\theta = 1 - 2\sin^2\theta = 2\cos^2\theta - 1$$

$$\sin(\alpha \pm \beta) = \sin\alpha\cos\beta \pm \cos\alpha\sin\beta$$

$$\cos(\alpha \pm \beta) = \cos\alpha\cos\beta \mp \sin\alpha\sin\beta$$

$$\sin\alpha\sin\beta = \frac{1}{2}[\cos(\alpha-\beta) - \cos(\alpha+\beta)]$$

$$\cos\alpha\cos\beta = \frac{1}{2}[\cos(\alpha-\beta) + \cos(\alpha+\beta)]$$

$$\sin\alpha\cos\beta = \frac{1}{2}[\sin(\alpha-\beta) + \sin(\alpha+\beta)]$$

$$\sin\alpha + \sin\beta = 2\sin\frac{\alpha+\beta}{2}\cos\frac{\alpha-\beta}{2}$$

$$\cos\alpha + \cos\beta = 2\cos\frac{\alpha+\beta}{2}\cos\frac{\alpha-\beta}{2}$$

$$a\cos\alpha + b\sin\alpha = \sqrt{a^2+b^2}\cos\left(\alpha - \tan^{-1}\frac{b}{a}\right)$$

C4 幂级数展开

$$e^a = \sum_{k=0}^{\infty}\frac{a^k}{k!} = 1 + a + \frac{1}{2!}a^2 + \frac{1}{3!}a^3 + \cdots$$

$$(1+a)^n = 1 + na + \frac{n(n-1)}{2!}a^2 + \cdots + \binom{n}{k}a^k + \cdots + a^n$$

$$\ln(1+a) = a - \frac{1}{2}a^2 + \frac{1}{3}a^3 - \cdots + \frac{(-1)^{k+1}}{k}a^k + \cdots \quad (|a|<1)$$

C5 指数和对数函数

$$e^\alpha e^\beta = e^{\alpha+\beta}$$

$$\frac{e^\alpha}{e^\beta} = e^{\alpha-\beta}$$

$$\ln(\alpha\beta) = \ln\alpha + \ln\beta$$

$$\ln\frac{\alpha}{\beta} = \ln\alpha - \ln\beta$$

$$\ln\alpha^\beta = \beta\ln\alpha$$

$$\log_b N = \log_a N \log_b a = \frac{\log_a N}{\log_a b}$$

参 考 文 献

[1] 郑君里，应启珩，杨为理. 信号与系统. 2 版. 北京：高等教育出版社，2000.
[2] 吴大正. 信号与线性系统分析. 4 版. 北京：高等教育出版社，2008.
[3] 管致中，夏恭恪，孟桥. 信号与线性系统. 5 版. 北京：高等教育出版社，2011.
[4] 阎鸿森，王新凤，田惠生. 信号与线性系统. 西安：西安交通大学出版社，2006.
[5] 冯培悌. 计算机控制技术. 杭州：浙江大学出版社，1993.
[6] 徐守时. 信号与系统——理论、方法和应用. 合肥：中国科学技术大学出版社，1999.
[7] Alan V Oppenheim，Alan S Willsky，S Hamid Nawab. 信号与系统. 2 版. 刘树堂，译. 北京：电子工业出版社，2013.
[8] 宗伟. 信号与系统分析习题解答. 北京：中国电力出版社，2011.
[9] 乐正友. 信号与系统例题分析. 北京：清华大学出版社，2008.
[10] Steiglize K. An introduction to discrete systems. John Wiley & Sons Inc，1974.
[11] Zimeretal R E. Signals and systems. Macmillan Publishing Co Inc，1983.
[12] Leon O Chua. Computer aided analysis of electronic circuits. Prentice-Hall，1975.
[13] Lathi B P. Signals，systems and controls. Intext Educational Publishers，1974.
[14] Athans M. Systems，networks and computation（Multivariable methods）. Prentice-Hall，1974.
[15] 梁昆淼. 数学物理方法. 4 版. 北京：高等教育出版社，2010.
[16] Chirlian P M. Signals，systems and the computer. Intext Educational Publishers，1973.
[17] 程佩青. 数字信号处理教程. 北京：清华大学出版社，1995.
[18] 陈昌灵. 数字信号处理. 上海：华东师范大学出版社，1993.
[19] 周耀华，汪凯仁. 数字信号处理. 上海：复旦大学出版社，1992.
[20] 李素芝，万建伟. 时域离散信号处理. 长沙：国防科技大学出版社，1994.
[21] 张圣训，祈才君. 数字信号处理技术. 杭州：浙江大学出版社，1996.
[22] 吴新余，周井泉，沈元隆. 信号与系统—时域、频域分析及 MATLAB 软件的应用. 北京：电子工业出版社，1999.
[23] 张志涌，等. 精通 MATLAB 5. 3. 北京：北京航空航天大学出版社，2000.